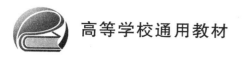高等学校通用教材

工 程 材 料

陈娇娇　主　编

史成坤　齐海涛　副主编

北京航空航天大学出版社

内 容 简 介

本书是作者结合近年来的教学经验和材料领域的最新发展,参照最新颁布的有关国家标准编写的,主要介绍各类工程材料的成分,组织结构与冷、热加工工艺,性能特点和应用范围,并以实例说明如何根据零件的不同服役条件和性能要求进行合理选材。

全书共分7章,包括工程材料的性能、材料的结构与结晶、材料的组织和性能控制方法、材料表面技术、工程金属材料(钢、铸铁、有色金属)、工程非金属材料(高分子材料、陶瓷材料、复合材料、功能材料)、零件选材及工艺路线设计。

为了使学生能够获得关于工程材料的理论及实际选用工程材料的综合知识,本书力图将上述内容有机地结合起来,以体现综合、系统、全新、实用的特点。各章后均附有习题与思考题,便于学生思考、复习、巩固所学知识。

本书主要供机械、能源动力、仪器、化学工程、航空航天、兵器、农业工程、工程力学、管理工程、环境工程等各类专业的大学本科学生使用,也可作为高等专科学校、高等职业学院等相关专业的教材和有关专业科技人员的参考用书。

图书在版编目(CIP)数据

工程材料 / 陈娇娇主编. -- 北京 ： 北京航空航天
大学出版社,2022.2
    ISBN 978 - 7 - 5124 - 3715 - 9

Ⅰ. ①工… Ⅱ. ①陈… Ⅲ. ①工程材料 Ⅳ. ①TB3

中国版本图书馆 CIP 数据核字(2022)第 006262 号

工 程 材 料

陈娇娇 主 编

史成坤 齐海涛 副主编

责任编辑 金友泉

*

北京航空航天大学出版社出版发行

北京市海淀区学院路 37 号(邮编 100191)　http://www.buaapress.com.cn
发行部电话:(010)82317024　传真:(010)82328026
读者信箱:goodtextbook@126.com　邮购电话:(010)82316936
涿州市新华印刷有限公司印装　各地书店经销

*

开本:787×1092　1/16　印张:22.75　字数:582 千字
2022 年 3 月第 1 版　2022 年 3 月第 1 次印刷　印数:3 000 册
ISBN 978 - 7 - 5124 - 3715 - 9　定价:69.00 元

前　　言

　　由于能源、材料和信息是现代社会和现代科学技术的三大支柱,而任何产品的制造、任何工程的建设离开材料都无法实现,故材料是社会经济的重要基础。学习并掌握工程材料的基本知识,对于工科院校机械类专业的学生是十分必要的。国内外许多高等院校已把"工程材料"课程设置为机械类专业的一门十分重要的专业基础课。

　　顾名思义,"工程"和"材料"是本书的两个关键词。"工程材料"课程是材料科学和材料工程的完美结合。材料科学强调材料的基本科学规律,关注材料的内部结构,探知材料的微观世界,解决材料的科学问题;而材料工程则强调材料的基本工程应用,关注材料的外在性能,揭示材料的宏观现象,解决材料的工程问题。两者相辅相成,前者为后者提供理论基础,后者为前者提供发展动力。

　　本教材是根据教育部课程指导小组有关机械类专业"工程材料"课程教学的基本要求,结合学校"双一流"学科建设的目标,在系统总结近年来的教学经验和新材料领域未来发展方向的基础上,参照近年来有关材料方面的最新国家标准编写而成的。全书由三部分内容组成:

　　第一部分为基本理论部分,由第1章至第4章组成,阐述工程材料学的基本概念和基本理论,其内容为工程材料的结构、组织和性能以及它们之间的关系,金属材料组织、性能的影响因素和规律,二元合金相图与铁碳合金、钢的热处理以及材料的表面改性技术。

　　第二部分为工程材料知识部分,包括第5章和第6章,着重介绍各类机械工程材料的成分、组织、性能与应用,包含常用的非合金钢、合金钢、铸铁、有色金属、非金属材料等;在系统讲述传统钢铁材料的同时,突出有色金属材料和非金属材料的性能特点和工程应用,同时对功能材料和其他新型前沿材料作了介绍,以扩展学生的知识面。

　　第三部分为工程材料的选材和工艺部分,由第7章组成,结合真实工程案例,介绍机械零件的失效与选材知识,以及典型零件的选材及其加工工艺路线设计方法,特别强调了热处理工艺的实际应用。

　　本书既加强了材料科学基础知识的内容,重视材料学理论在机械工程实际中的应用,引入工程应用实例,又注重引导学生理论联系实际,提高学习新型材料的兴趣,启发独立思考的能力。通过学习该门课程,可使学生掌握工程材料的基本理论,并具备对结构零件进行合理选材及制订零件工艺路线的初步能力,培养学生的"材料、设计、制造"一体化理念。

　　为了配合课程教学,便于学生自主学习和自由发展,本书增加了习题部分。习题采用多种形式,突出重点,既考虑有助于对基本理论的学习掌握,又充分重视对实际生产问题的了解与分析,以逐渐培养学生分析问题和解决问题的能力。

　　本书编写者分工如下:

　　第1章由史成坤、孙兼、陈娇娇编写;

　　第2章、第3章、第6章(6.1~6.3节)、第7章由陈娇娇编写;

　　第4章由陈娇娇、齐海涛编写;

　　第5章由刘雅静编写;

第 6 章 (6.4 节) 由陈娇娇、邱玉婷、齐海涛、史成坤编写。

附录由陈娇娇整理汇总。全书由陈娇娇通稿定稿。

本书的编写中,凝聚了全体编写教师的智慧,参考和引用了部分国内外专家学者的专著、教材及相关文献,在此特向有关作者致以深切的谢意。

由于编者水平有限,书中的不妥当之处在所难免,敬请读者和专家指正。

陈娇娇

2022 年 1 月 12 日

目　　录

第 1 章　工程材料的性能

材料的性能包括使用性能和工艺性能。使用性能是指在服役条件下,为保证安全可靠的工作,材料所必须具备的性能,包括力学性能、物理性能、化学性能等。工程材料使用性能的好坏,决定了零件的使用寿命和应用范围。工艺性能是指制造工艺过程中材料适应某种工艺的性能,也就是加工的难易程度,包括铸造性能、锻造性能、焊接性能、切削加工性和热处理工艺性等。工艺性能的好坏,决定了零件在加工中对成型的适应能力,直接影响零部件的制造方法和制造成本。本章主要围绕工程材料的力学性能和工艺性能展开。

1.1　材料的静态力学性能

材料的力学性能是指材料在外载荷作用下所表现出的行为,主要包括强度、塑性、硬度、韧性及疲劳强度等。根据材料的加载状态不同,力学性能有静态和动态之分。

静态力学性能是指材料在温度、应力状态和加载速率都固定不变的状态下受载荷作用所体现出的性能。

1.1.1　静态力学性能基础

静载荷的作用方式有拉伸、压缩、弯曲、剪切等形式,如图 1.1 所示。在不同静载荷方式的作用下,材料有不同的表现,但无一例外都会产生形状与尺寸的变化——变形。依照外力去除后变形能否恢复,变形可分为弹性变形(可恢复的变形)和塑性变形(不可恢复的残余变形)。当变形到一定程度而无法继续进行时,材料便发生断裂。

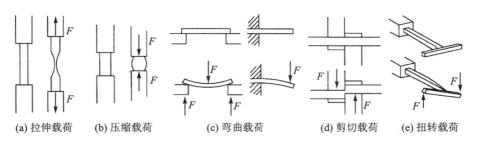

(a) 拉伸载荷　　(b) 压缩载荷　　(c) 弯曲载荷　　(d) 剪切载荷　　(e) 扭转载荷

图 1.1　静载荷作用方式

当材料受载荷作用时,其内部会产生与外力相平衡的内力。单位面积上的内力称为应力(R),材料在拉伸或压缩载荷作用下,其横截面上产生的应力为

$$R = \frac{F}{S} \tag{1.1}$$

式中:F—外力,N;S—横截面积,mm^2;R—应力,MPa。

材料受载后变形的程度称为应变(ε),对于受拉伸变形的材料,其应变为

$$\varepsilon = \frac{\Delta l}{l_0} \tag{1.2}$$

式中:Δl—伸长长度,mm;l_0—原长度,mm。

1.1.2　拉伸试验

研究材料在常温静载荷下的变形常采用静拉伸、压缩、弯曲、扭转和硬度等试验方法,其中静拉伸试验可以全面地揭示材料在静载荷作用下的变形规律。根据国家标准 GB/T 228.1—2010(《金属材料 拉伸试验 第一部分:室温试验方法》)规定,将标准试样(见图1.2)安装到拉伸试验机(见图1.3)的上下夹头间,然后缓慢地对试样两端施加轴向拉力 F,观察并测定由所加拉力引起的长度变化,直到试样拉断为止。

标准试样的形状与尺寸取决于被试验的金属产品的形状与尺寸,通常其横截面可以为圆形、矩形、多边形、环形等,按照相关标准制备[①]。图1.2(a)为圆形截面试样,图1.2(b)为矩形截面试样,其中 l_0 为试样的原始标距,d_0 为圆形截面试样的原始直径。

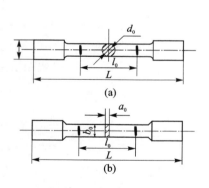

图 1.2　机加工试样

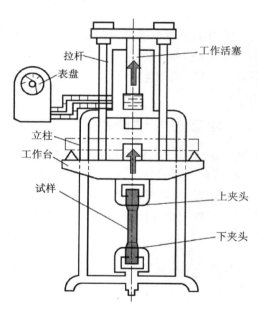

图 1.3　拉伸试验机示意图

以低碳钢材料为例,在拉伸试验中,通过试验机上的引伸计测量拉伸试样的微量变形 Δl,通过载荷传感器记录力 F 的大小,从而得到试样上所受力 F 与其绝对伸长量 Δl 的关系曲线,即力-伸长曲线(见图1.4(a))。为排除试样原始尺寸对 F-Δl 曲线的影响,经数学处理后即可得到工程上常用的应力 R 和应变 ε 的关系曲线,即 R-ε 曲线(见图1.4(b))。整个拉伸过程,载荷和变形的关系经历了以下4个阶段。

①　根据标准 GB/T 2975—2018《钢及钢产品 力学性能试验取样位置及试样制备》,试样的取样位置、截面形状和尺寸需根据产品的形状和尺寸确定。而根据标准 GB/T 228.1—2010,一般来说,试样的长度与横截面积呈一定的比例关系。

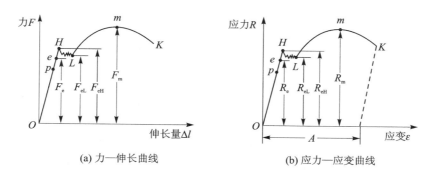

(a) 力—伸长曲线　　　　(b) 应力—应变曲线

图 1.4　低碳钢的拉伸曲线

（1）ope——弹性变形阶段

此阶段中，将外力去除后试样恢复原状，为弹性变形阶段。

（2）eH——微量塑性变形阶段

当载荷超过 e 点后，此时不仅有弹性变形，还发生了塑性变形。载荷卸掉后，一部分形变恢复，还有一部分形变不能恢复，形变不能恢复的变形称为塑性变形。

（3）HL——明显塑性变形阶段（屈服）

当外力增加到 H 点之后，试样开始产生明显的塑性变形。拉伸曲线出现"锯齿状"平台阶段，表明此时外力虽不增加，试样却继续伸长，即试样产生屈服现象。屈服标志着材料的力学响应由弹性变形阶段进入塑性变形阶段。

（3）Lm——强化阶段

屈服阶段之后，若使试样继续变形伸长，必须不断加大载荷，材料恢复了抵抗变形的能力。这种随着塑性变形增大，试样变形抗力也逐渐增大的现象称为变形强化，Lm 段即为强化阶段。在此阶段中，出现了整个拉伸曲线的最高点，也即最大拉力 F_m。

（4）mK——颈缩阶段

经过 m 点后，试样薄弱部分的直径发生局部收缩，有效横截面急剧减小，称为"颈缩"。m 点以后，所需载荷逐渐减小，变形主要集中于颈部，当变形达到 K 点时即断裂，mK 即为颈缩阶段。断裂后，试样的弹性变形消失，塑性变形永久保留在破断的试样上。

1.1.3　静态力学性能指标

1. 弹性指标

拉伸曲线的 op 段为直线，应力与应变之间呈正比例关系，材料符合胡克定律，p 点处的应力用 R_p 表示，称为比例极限。pe 段虽非正比例关系，仍属弹性变形阶段，e 点处的应力用 R_e 表示，称为弹性极限。

在比例阶段，应力与应变的比例常数 E（N/mm^2）称为弹性模量，即 $E=R/\varepsilon$。弹性模量反映了材料抵抗弹性变形的能力，即材料的刚度。某种材料的弹性模量越大，其相同载荷下的弹性变形就越小，刚度就越大。

弹性模量主要取决于金属的本身性质，与晶格类型和原子间距有关，热处理等强化手段对弹性模量影响极小。

一般的工程结构件在工作过程中都处于弹性变形状态,对刚度有一定的要求,不允许有较大的变形(弹簧除外),否则会因过量弹性变形而失效。除选择具有较大弹性模量的材料外,增大横截面积或改进结构形式均可使零、构件的刚度增加。

2. 强度指标

强度是材料抵抗塑性变形和断裂的能力,强度和塑性指标可从应力—应变曲线中得到。

(1)屈服强度

屈服强度是金属材料发生屈服现象时的屈服极限,亦即抵抗微量塑性变形的应力。它分为上屈服强度和下屈服强度。在拉伸曲线上,屈服阶段的力首次下降前的最大力值所对应的应力称为上屈服强度 R_{eH},最低点所对应的应力称为下屈服强度 R_{eL}(见图1.5)。通常用下屈服强度 R_{eL} 表示材料抵抗塑性变形的能力;R_{eL} 越大,材料越不容易发生塑性变形。

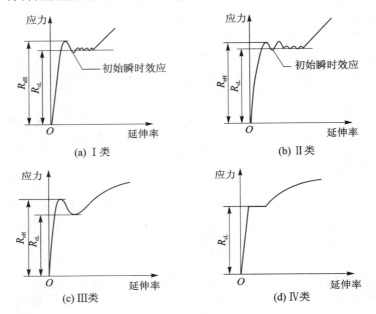

图 1.5　不同类型曲线的上屈服强度和下屈服强度(R_{eH} 和 R_{eL})

由于工业中使用的大多数材料(如铸铁、合金钢、铜合金、铝合金等)没有明显的屈服点,很难准确测定屈服强度,通常以规定塑性延伸强度(R_p)作为评判金属材料屈服性能的指标。R_p 等于规定的引伸计标距百分率时对应的应力,如图1.6所示。使用的符号应附下角标说明所规定的塑性延伸率,例如 $R_{p0.2}$ 表示规定塑性延伸率为 0.2 %时的应力。

(2)抗拉强度

当应力增加到 m 点时,试样开始局部变细,出现颈缩现象。此后由于试样截面积显著减小而不足以抵抗外力的作用,在 K 点发生断裂。断裂前的最大应力称为抗拉强度,以 R_m 表示。它反映了材料产生最大均匀变形的抗力。材料的抗拉强度容易测定,数值也比较准确。

R_{eL}、$R_{p0.2}$ 和 R_m 是机械零件设计计算的主要依据。在设计零件时,若不允许产生塑性变形,应以 R_{eL} 或 $R_{p0.2}$ 校核强度,如空气压缩机机匣螺栓等;若只要求使用时不断裂,则以 R_m 来校核强度,如一般机械上的连接螺栓等。用 R_m 作为强度指标时,应采用较大的安全系数,对于脆性材料必须用 R_m 作为强度指标。

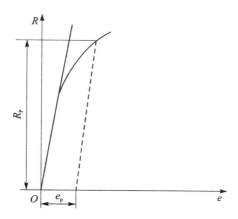

e—延伸率；e_p—规定的塑性延伸率；R—应力；R_p—规定塑性延伸强度

图 1.6　规定塑性延伸强度(R_p)

3. 塑性指标

材料在载荷作用下产生塑性变形而不被破坏的能力，称为塑性。塑性的好坏可通过前述的拉伸试验测定。常用的塑性指标是断后伸长率(A)和断面收缩率(Z)，即

$$A = \frac{l_1 - l_0}{l_0}, \qquad Z = \frac{S_0 - S_1}{S_0} \tag{1.3}$$

式中：l_0—试样原标距长度，mm；l_1—试样拉断后标距长度，mm；S_0—试样原始横截面积，mm^2；S_1—试样断裂处的横截面积，mm^2。

对于比例试样，长试样($l_0 = 10d_0 = 11.3\sqrt{S_0}$)测得的延伸率用 $A_{11.3}$ 表示，短试样($l_0 = 5d_0 = 5.65\sqrt{S_0}$)测得的延伸率用 A 表示。对于非比例试样，符号 A 应附以下脚注说明所使用的原始标距，以毫米(mm)表示，例如 $A_{80\ mm}$ 表示原始标距为 80 mm 的断后伸长率。

延伸率值的大小与试样长度有关，对于同一材料 $A > A_{11.3}$。Z 与试样的尺寸无关，而且对材料的塑性改变更为敏感，所以能更可靠地反映材料的塑性。A、Z 值越大，表示金属的塑性越好。

塑性指标在工程技术中具有重要的实用意义。塑性指标不直接用于机械零件的设计，因为塑性与材料的服役行为之间没有直接关系，但很多零件要求具有一定的塑性。良好的塑性可以使材料顺利地完成某些成型工艺，如翼肋、火焰筒的冷冲压及涡轮盘、涡轮轴的锻造等。良好的塑性还可以在一定程度上保证零件的工作安全，在零件偶然超载时，塑性变形引起的强化作用以及塑性变形对应力的缓和作用使零件不至于突然断裂。对于有裂纹的零件，塑性可以松弛裂纹尖端的局部应力，有利于阻止裂纹的进一步扩展。同时，塑性也能反映冶金质量的高低，可用于评定材料的质量。

另一方面，金属材料的塑性与其强度性能有关，一般强度越高，变形抗力越高，但变形能力下降，即塑性降低。一般 A 达到 5 ％，Z 达到 10 ％，即能满足绝大多数零件的使用要求。过高的追求塑性，会降低材料的强度。

4. 硬度指标

材料局部抵抗其他物体压入其表面的能力，称为硬度。硬度是衡量材料软硬程度的指标，

许多零件在使用过程中表面会产生划痕、凹坑,或长期使用后产生磨损,都是由于材料的硬度不足造成的。通常材料的硬度越高,耐磨性就越好。机械制造业所用的刀具、量具、模具等应具备较高的硬度,才能保证使用的性能和寿命。机械零件如齿轮、凸轮,也要求有一定的硬度,以保证足够的耐磨性和使用寿命。

硬度不是一个单纯的物理量,而是材料弹性、塑性、强度和韧性等力学性能的综合反映。有的硬度值可以间接反映金属强度及其在化学成分、金相组织和热处理工艺上的差异等。在生产中广泛用硬度作为产品图样的技术要求,来控制成批生产的零件质量。

硬度试验方法很多,在机械制造中广泛采用压入法。压入法的硬度是指金属材料抵抗比它更硬的物体压入其表面的能力。常用的硬度试验方法有布氏硬度、洛氏硬度和维氏硬度等。另外,采用回跳法的肖氏硬度用于测量塑料、橡胶与玻璃等非金属材料的硬度。硬度试验方法简便易行,试验时不破坏工件。

(1) 布氏硬度(HBW)

布氏硬度是 1900 年由瑞典工程师 J. A. Brinell 发明的。根据国标 GB/T 231.1—2018,布氏硬度值用布氏硬度机测定,其原理如图 1.7 所示:对一定直径 D(1 mm、2.5 mm、5 mm、10 mm)的碳化物合金球施加试验力 F 压入试样表面,经规定保持时间后,卸除试验力,测量试样表面压痕的直径 d。布氏硬度与试验力除以压痕表面积的商成正比,用 HBW 表示,其计算公式为

$$\text{HBW} = 0.102 \frac{2F}{\pi D(D - \sqrt{D^2 - d^2})} \tag{1.4}$$

式中:F—试验力,N;D—球直径,mm;d—压痕平均直径,mm。

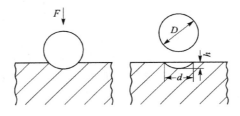

图 1.7　布氏硬度测量原理

实际测量时,可查相应的压痕直径与布氏硬度对照表查得硬度值。

布氏硬度值的表示方法是依次标出硬度数值、布氏硬度符号 HBW 和试验规范(压头直径 mm、试验力 kgf[①]、保持时间 s)。布氏硬度记为 200 HBW10/1 000/30,表示用直径为 10 mm 的硬质合金球,在 9 800 N(1 000 kgf)的载荷下保持 30 s 时测得布氏硬度值为 200。若试验力保持时间为 10~15 s,可以不标出,如 229 HBW10/30。布氏硬度值不标出单位。

布氏硬度值实质上是指材料压坑单位球面积上的抵抗力,其数值越大,表示材料越硬。布氏硬度测量压坑面积大,受材料不均匀度影响小,故测量误差小,硬度值准确、真实。但当材料太硬(HBW＞650)时,球形压头可能产生变形,则不宜采用布氏硬度。另外,由于布氏硬度压坑较大,也不宜用来检测成品、小件、薄件的硬度。

---

① 在国家标准中,力的单位是 N(牛)。由于工程实践中经常采用 kgf 和 gf,故本书亦保留使用,以方便工程技术人员使用。1 kgf＝1000 gf＝9.8N。

布氏硬度试验通常适用于铸铁、有色金属、退火、正火、调质钢，以及非金属材料等原料及半成品的硬度测量。

（2）洛氏硬度（HR）

洛氏硬度测定法是美国的 S. P. Rockwell 于 1914 年提出的，它基本上克服了布氏硬度的上述不足。

洛氏硬度值使用洛氏硬度机测定，其原理如图 1.8 所示：将特定尺寸、形状和材料的压头分两级试验力压入试样表面，初试验力加载后，测量初始压痕深度 h_1；随后施加主试验力，使压入深度达 h_2，在卸除主试验力后保持初试验力时测量最终压痕深度 h_3。以 $h_3 - h_1 = h$ 作为洛氏硬度值的计算深度。h 数值较小，且硬度越大其值越小。为了与人们的认知习惯（数值越大，硬度越大）一致，洛氏硬度值采用以下公式计算得到：

$$洛氏硬度 = N - \frac{h}{S} \tag{1.5}$$

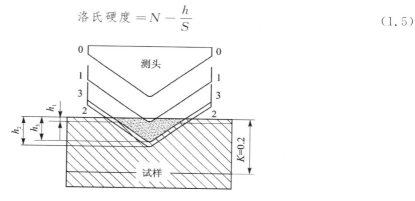

图 1.8 洛氏硬度测量原理

根据国标 GB/T 230.1—2018（《金属材料 洛氏硬度试验》），采用不同的压头和试验力可组合出 15 种洛氏硬度标尺，每种标尺用一个英文字母（A—K）在 HR 后注明。常用的是 HRA、HRB、HRC 三种，其硬度值可在洛氏硬度机的刻度盘上直接读出。在中等硬度情况下，洛氏硬度 HRC 与布氏硬度 HBW 之间的比例关系为 1:10，如 40 HRC 相当于 400 HBW。

表 1-1 所列为这三种标尺的实验条件和应用范围，其中 HRC 应用最多，一般经淬火处理的钢都用它。

表 1-1 常用洛氏硬度的三种标尺

洛氏硬度标尺	压头类型	初试验力	总试验力	标尺常数 S	全量程常数 N	适用范围	应用举例
HRA	金刚石锥	98.07 N	588.4 N	0.002 mm	100	20 HRA～95 HRA	硬质合金、表面硬化层
HRB	硬质合金球[1]	98.07 N	980.7 N	0.002 mm	130	10 HRBW～100 HRBW[2]	有色金属、退火钢
HRC	金刚石锥	98.07 N	1.471 kN	0.002 mm	100	20HRC～70HRC	淬火、回火钢

注：1. 碳化钨合金球形压头为标准型洛氏硬度压头，钢球仅适用于满足特定条件的薄金属片测量；

2. HRBW 为 HRB 的硬度单位。

需要指出的是，若对同一材料采用不同标尺测量，所得数值各不相同；反之，采用不同标尺测量不同材料，若得到相同数值，各材料的实际硬度并不相同。故上述三种标尺之间不能用所测得的硬度值直接对比来比较材料的硬度高低。

与布氏硬度相比,洛氏硬度法测量简便迅速,可直接读数,表面压坑小,多用于较薄材料或成品检测。但由于压坑过小,测量误差稍大,常采用不同部位多点测量,取其平均值。

（3）维氏硬度（HV）

维氏硬度是由英国史密斯（Robert L. Smith）和塞德兰德（George E. Sandland）于 1921 年在维克斯公司（Vickers Ltd）提出的,其测量原理如图 1.9 所示:将顶部两相对面夹角为 136°的正四棱锥体金刚石压头用一定的试验力（F）压入试样表面,保持规定时间后,卸除试验力,测量试样表面压痕对角线长度（d）,进而计算压痕表面积。根据国标 GB/T 4030.1—2009（《金属材料 维氏硬度试验》）,维氏硬度计算式为

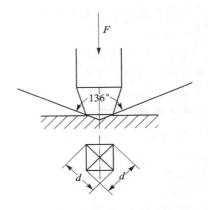

图 1.9　维氏硬度测量原理

$$维氏硬度 = 常数 \times \frac{试验力}{压痕表面积} = 0.189\frac{F}{d^2} \quad (1.6)$$

维氏硬度测量原理与布氏硬度相似,不同点是压头为金刚石四方角锥体。由于可用较小的试验力（5 gf）,故可测较薄的硬化层;由于使用的试验力范围大（5～120 gf）,所以可测很软和很硬的材料,且具有统一的硬度值。但维氏硬度试验操作比较麻烦,不适宜成批生产的质量检验,一般在生产中只有用洛氏硬度不能测定时,如钢件氮化层硬度,才用维氏硬度测定。

维氏硬度用符号 HV 表示,符号后面的数字按顺序分别表示试验力及试验力保持时间（10～15 s 不标注）。如 640HV30/20 表示:在试验力为 294.2 N（30 gf）下保持 20 s 测定的维氏硬度值为 640。

硬度指标在生产中应用广泛。在产品设计的技术条件中,硬度是一项重要的技术指标。对于工具、模具、刀具等有耐磨性要求的零件,硬度是直接的使用性能指标,如高速钢车刀要求硬度＞62 HRC,热锻模要求硬度 35～47 HRC。此外,硬度与强度之间存在着一定的内在联系,硬度测量迅速简便,又不破坏成品零件,常用零件如低碳钢的硬度来估算强度。

1.2　材料的动态力学性能

所谓动载荷是指随时间作用明显变化的载荷,与静载荷的主要不同就在于加载速度的差异,包括短时间快速作用的冲击载荷（如锻锤、爆炸冲击、起落架落地等）、随时间做周期性变化的周期载荷（如发动机曲轴）以及非周期变化的随机载荷等。在现代工业中,工程构件的工作条件日趋复杂,仅用静态力学性能无法衡量材料在某些动态力学条件下的工作状态,因此还需考虑材料的动态力学性能。

1.2.1　冲击韧度

冲击韧度是材料抵抗冲击载荷的能力。许多机械零件（如飞机起落架、发动机涡轮轴、汽车的变速齿轮等）在工作中受到冲击载荷的作用,应力分布与变形很不均匀,能引起材料断裂。因此,对这类零件进行设计时,除了要考虑前述的静态力学性能指标,还要考虑冲击韧度这种动态力学性能指标。在测定冲击韧度值时,不仅存在力的作用,而且伴随有力的作用速度,所

以它是一种能量参数。

根据国标 GB/T 229—2020(《金属材料 夏比摆锤冲击试验方法》),将试样制成带 V 型缺口或 U 型缺口的方形截面的标准试样,通常采用横梁式(见图 1.10)方法进行冲击试验。

横梁式冲击试验的过程为先将试样放在如图 1.11 所示的冲击试验机的支座上,并使试样缺口背向摆锤冲击方向与摆锤对正,然后将重量为 G(单位为 N)的摆锤提举到一定高度 H(单位为 m);摆锤落下将试样冲断,此时摆锤高度为 h(单位为 m)。试样断面单位面积上所消耗的功即为冲击韧度值 a_k,即

$$a_k = \frac{A_k}{S} \tag{1.7}$$

式中:A_k—冲击试样所吸收的功,$A_k = G(H-h)$,J;S—试样缺口处的横截面积,cm^2。

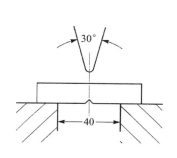

图 1.10　横梁式方法测量冲击韧度原理

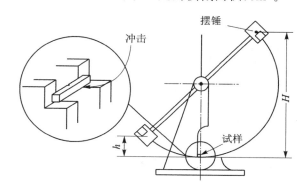

图 1.11　冲击试验机原理

用 U 型缺口试样测得的冲击韧度用 a_{kU} 表示,用 V 型缺口试样测得的冲击韧度用 a_{kV} 表示。

对于一般的常用钢材来说,所测冲击吸收功(A_k)越大,材料的韧性越好。a_k 值对材料组织缺陷十分敏感,是检验冶炼和热加工质量的有效方法。另外,温度对其影响也较大。由于冲击韧度值与诸多因素相关,因此其在选材时不能直接用于零件的强度计算。对于承受冲击载荷的零件,应当有一定的 a_k 值要求,以保证零件使用的安全性,如航空发动机轴要求 $a_k = 300 \sim 500 \ kJ/m^2$,一般零件 $a_k = 80 \sim 100 \ kJ/m^2$ 便可满足使用要求。

1.2.2　疲劳强度

机械零件在交变载荷作用下,其工作应力远小于抗拉强度,甚至小于屈服强度的情况下,在长时间工作后突然断裂的现象称为疲劳断裂。

交变载荷是指只有应力数值变化,没有方向变化的重复应力和既有应力数值变化、又有方向变化的交变应力。机床主轴、齿轮、弹簧、连杆等作旋转或往复运动的零件就是在上述应力作用下工作的。在交变载荷作用下,材料表面的刀痕、尖角等应力集中处和材料内部的夹渣、气孔、裂纹等缺陷处首先产生疲劳裂纹,并随应力循环周次的增加,疲劳裂纹不断扩展,使零件承受载荷的有效横截面积不断减少,直至不能承受外载荷时突然断裂。这就是疲劳的机理。疲劳断裂是机械零件失效的主要原因之一,断裂前没有明显的塑性变形而是突然发生,因此疲劳断裂经常造成重大的事故。

用来测定疲劳强度的方法有很多,其中应用最广泛的是旋转弯曲疲劳试验,实验装置如

图 1.12 所示。该试验的原理是:试样旋转并承受一弯矩,产生弯矩的力恒定不变且不转动,试样可装成悬臂,在一点或两点加力,或装成横梁,在四点加力,试验一直进行到试样失效或超过预定应力循环次数。试验测得材料所受的交变载荷的最大应力 S 与其断裂前应力循环次数 N(疲劳寿命)的关系曲线称为应力寿命曲线(S—N 曲线),如图 1.13 所示。

　　材料承受的最大交变应力越大,则断裂时的疲劳寿命越小;反之,S 越小,则 N 越大。当应力降低到某一数值时,曲线趋于水平,即表示在该应力作用下,材料经过无限多次应力循环而不断裂,此时的应力即为疲劳极限,用 R_{-1} 表示,它表征了材料抵抗疲劳断裂的能力。一般结构钢的疲劳寿命是 10^7 次,有色金属、某些超高强度钢和许多聚合物材料的是 10^8 次。

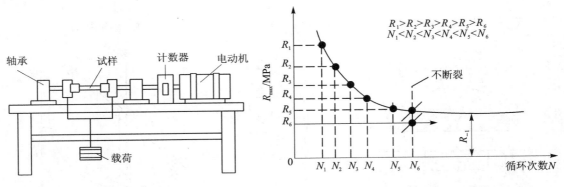

图 1.12　疲劳试验机原理图　　　　　　图 1.13　某材料的 S—N 曲线

　　机械零件的断裂有 80 % 是因疲劳造成的,采用改进设计(避免尖角、降低表面粗糙度值等)和采用表面强化工艺(表面淬火、化学热处理、喷丸、滚压等)方法都可提高零件的疲劳强度。加强原材料和零件成品的内部缺陷检查也可减少或避免疲劳断裂。

　　目前,金属材料室温拉伸实验方法采用最新标准 GB/T 228.1—2010,但是由于现在原有各有关手册和有关工厂企业所使用的金属力学性能数据均是按照国家标准 GB/T 228—1987《金属拉伸试验方法》的规定测定和标注,本书为了方便读者阅读,列出了新、旧标准关于金属材料强度与塑性有关指标的名词术语及符号对照表,即表 1 - 2。

表 1 - 2　力学性能符号、说明以及与旧国标的符号对照

名　称	新标准 GB/T228.1—2010	旧标准 GB/T 228—1987	单　位	简要说明
弹性模量	E	E	MPa	在比例阶段,应力与应变的比例常数
上屈服强度	R_{eH}	σ_{sU}	MPa	试样发生屈服而力首次下降前的最大应力
下屈服强度	R_{eL}	σ_{sL}	MPa	在屈服期间,不计初始瞬时效应时的最小应力
抗拉强度	R_m	σ_b	MPa	拉伸试验中最大力所对应的应力
规定塑性延伸强度	$R_{p0.2}$	$\sigma_{0.2}$	MPa	规定塑性延伸率为 0.2% 时对应的应力
断后伸长率	A 或 $A_{11.3}$	δ	—	塑性指标,断后标距的残余伸长与原始标距之比的百分率

名 称	新标准 GB/T228.1—2010	旧标准 GB/T 228—1987	单 位	简要说明
断面收缩率	Z	Ψ	—	塑性指标,试样断裂后横截面积的最大缩减量与原始横截面积之比的百分率
疲劳强度	R_{-1}	σ_{-1}	MPa	指经过无穷多次应力循环而不发生破坏时的最大应力值

1.3 材料的高低温性能

很多零件长期在高温或低温下工作,呈现出与常温时的性能差别。比如汽轮机、蒸气锅炉、航空发动机等长期工作在高温(约比温度 $T/T_m > 0.3$, T 为试验或工作温度, T_m 为熔点)环境下。一般随温度的升高,金属材料的强度和弹性模量降低而塑性增加,但当高温长时负载时,金属材料的塑性却显著降低,往往出现脆性断裂现象。而当工作温度远低于常温时,很多材料也会出现脆性增加,甚至断裂现象。由此可见,对于工作在高、低温环境下的材料,不能使用常温下短时拉伸的应力—应变曲线来评定其性能,还必须加入温度与时间两个因素。

1.3.1 高温性能

1. 蠕 变

蠕变是材料长时间在一定温度、恒定应力作用下发生的随时间而增长的塑性变形。这种变形造成材料强度下降、材料表面或内部裂纹扩展等现象,最后导致的材料断裂称为蠕变断裂。

在承受载荷的情况下,材料在任何温度下都会发生蠕变,但只有当约比温度大于 0.3 时才比较显著。不同材料出现明显蠕变的温度不同,例如,碳素钢要超过 $300 \sim 350 \ ℃$ 、合金钢要超过 $350 \sim 400 \ ℃$ 、钨要超过 $1\ 000 \ ℃$ 才发生明显蠕变,高熔点的陶瓷材料在 $1100 \ ℃$ 以上也不发生明显蠕变;而低熔点金属(铅、锡等)和高聚物在室温下就会产生明显蠕变。

图 1.14 表示了在恒温、恒载荷作用下应变与时间的关系,此为蠕变曲线。第Ⅰ阶段(t_1)称为减速蠕变阶段(ab 段),这一阶段开始时的蠕变速度很大,随着时间延长,蠕变速度逐渐减小;第Ⅱ阶段(t_2)称为恒速蠕变阶段(bc 段),这一阶段的蠕变速度几乎不变,也称为稳态蠕变阶段;第Ⅲ阶段(t_3)称为加速蠕变阶段(cd 段),这一阶段的蠕变速度随时间延长迅速增大,直至 d 点产生蠕变断裂。

长期工作在高温环境的材料,应具有一定的抵抗高温塑性变形的能力,即蠕变极限。该极限有以下两种表示方法:

(1) 在给定温度 $T(℃)$ 和规定时间 $t(h)$ 内达到规定变形量 $\varepsilon(\%)$ 的应力值,记为 $\sigma_{\varepsilon/t}^T$,单位为 MPa。这种蠕变强度一般用于需要提供总蠕变变形的构件设计。

(2) 在给定温度 $T(℃)$ 下,恒速蠕变阶段蠕变速度达到规定值时的应力值,记为 σ_v^T ,单位为 MPa。其中 v 为恒速蠕变速度($\%/h$)。这种蠕变强度一般用于受蠕变变形控制的,工作时间较长的构件设计。

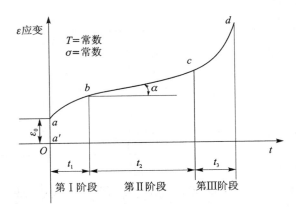

图 1.14 蠕变曲线

蠕变的另一种表现形式是应力松弛。这是承受弹性变形的材料,随时间增长,总应变保持不变,但却因弹性变形逐步转变为塑性变形,从而使应力自行逐渐衰减的现象。对于机械紧固件,若出现应力松弛,将会使紧固失效。

蠕变极限适用于需要在高温运行中严格控制变形的零件,如涡轮叶片。但对某些只要求保证高温工作下不断裂的材料,设计时需要能反映抵抗蠕变断裂的能力指标,即持久强度。持久强度是指材料在高温长时载荷作用下抵抗断裂的能力,其大小用给定温度 T(℃)下,恰好使材料经过规定时间 t(h)发生断裂的应力值表示,记为 σ_T^t(MPa)。这里所指规定时间是以零件的设计寿命为依据的,锅炉、汽轮机等机组的设计寿命为数万至数十万小时,而航空喷气发动机的寿命则为一千或几百小时。

2. 高温疲劳

金属材料在高温下的疲劳强度往往是疲劳与蠕变同时作用的结果,因此也常称其为蠕变范围内的疲劳。一般地说,当约比温度超过 0.5 时,材料的疲劳强度会急剧下降。随着温度的升高,疲劳强度逐渐下降。

1.3.2 低温性能

工程材料的冲击吸收功通常是在室温测得,若降低试验温度,在不同低温下进行冲击试验(称为低温冲击试验),可以得到冲击吸收功 A_k 随温度的变化曲线,如图 1.15 所示。由图可见,材料的冲击吸收功随试验温度降低而降低,当试验温度降到某一温度范围时,冲击吸收功明显降低,材料由韧性状态变为脆性状态,这种现象称为低温脆性(冷脆)。冲击吸收功急剧变化的临界温度称为韧脆转变温度(T_k)。

韧脆转变温度的高低是金属材料质量指标之一。材料的 T_k 越低,表明低温冲击韧性越好。这对于在寒冷地区这种低温下工作的机械结构(如极寒地区的运输机械、输送管道等)尤为重要。应当指出的是,并非所有材料都有韧脆转变现象。一般而言,BCC 晶格(BCC 定义见 2.1.2 节)的金属或以其为主的低、中强度结构钢,其 T_k 比较明显且较高,而 FCC 晶格(FCC 定义见 2.1.2 节)的金属或高强度钢,如铝及奥氏体合金钢等,则基本上没有这种温度效应。

低温脆性转变机理是材料学中的研究热点之一,相关理论较为丰富,如晶格位错理论:从微观角度分析,随着温度降低,位错运动受到越来越大的阻碍,材料的塑性变形变得越来越困

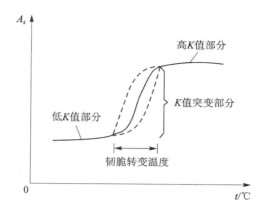

图 1.15 冲击吸收能量—温度曲线示意图

难,即由塑性断裂转变为脆性断裂。此外,还有能量理论:脆性材料断裂的主要原因是裂纹的扩展,当外力超出裂纹的承受范围时,便出现脆断,而低温时裂纹的承受范围急剧降低,表现出低温脆性等。

T_k 与 A、Z、α_k 一样属于安全性指标,不能用来直接进行零件的承载能力计算,而用来衡量零件的低温工作安全性。此外,韧性指标对材料的缺陷反应很敏感,能够灵敏地显示材料的宏观缺陷和组织微小变化,因此在生产中还用它来检验材料质量是否合格。

1.4 材料的工艺性能

零件从材料到加工成成品的整个生产过程比较复杂,要经历很多种工艺方法(见图 1.16),因而就要求材料具有相应的工艺性能,也就是材料对工艺方法的适应性。本节对加工过程中常涉及的几种工艺性能进行概念性的定义,具体指标和影响因素将会在 7.2.2 节中进行详细的阐述。

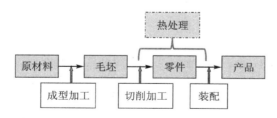

图 1.16 零件一般加工过程的简化流程图

1. 铸造性能

铸造性能是指材料在铸造时能够获得良好质量的充型完整的铸件的能力,可用流动性、收缩性和偏析倾向来衡量。

(1) 流动性

流动性指液态金属材料充满铸型型腔,获得轮廓清晰、形状完整和尺寸精确的优质铸件的能力。流动性主要受化学成分、浇铸温度及铸型等因素影响。流动性好的材料容易充满型腔,从而更易获得外形完整、尺寸精确、轮廓清晰的铸件。

（2）收缩性

铸件在冷却和凝固过程中，其体积和尺寸减小的现象称为收缩性。铸件收缩不仅影响尺寸，还会使铸件产生缩孔、疏松、内应力、变形甚至开裂等缺陷。因此，用于铸造的材料，其收缩性越小越好。

（3）偏　析

液态金属在铸型中凝固的过程中所形成的铸件各处化学成分不均匀现象称为铸造偏析。它包括三种类型：枝晶偏析（亦称晶内偏析，晶粒内化学成分不一致）、比重偏析（同一铸件中上、下部分成分不一致）及区域偏析（杂质的局部聚集）。铸件偏析会造成铸件各部分的力学性能不均匀，甚至会有很大差异，从而影响到铸件的使用寿命。因此，在铸件的生产中，应尽量防止偏析的产生。

采用流动性好、收缩性小、偏析倾向小的金属材料，可提高铸件质量。

2. 压力加工性能

压力加工性能是指材料利用在外力作用下产生塑性变形，来加工成型的难易程度，主要有两项衡量指标：塑性和变形抗力。塑性越高、变形抗力越小，表明压力加工性能越好。铜合金和铝合金在室温状态下就有良好的压力加工性能。碳钢在加热状态下压力加工性能较好，其中低碳钢最好，中碳钢次之，高碳钢较差。低合金钢的压力加工性能接近于中碳钢，高合金钢的较差。铸铁压力加工性能差（不能锻造）。

3. 焊接性能

两块材料在局部以加热、高温或高压的方式接合并牢固地焊接在一起的能力称为该材料的焊接性能。焊接性能好的材料可用一般的焊接方法和焊接工艺进行焊接，焊缝中不易产生气孔、夹渣或裂纹等缺陷，焊后接头强度与母材相近。焊接性能差的材料要采用特殊的焊接方法和焊接工艺才能焊接。在机械工业中，焊接的主要对象是钢材。碳质量分数是决定焊接性好坏的主要因素。低碳钢和碳质量分数低于 0.18 % 的合金钢有较好的焊接性能，碳质量分数大于 0.45 % 的碳钢和碳质量分数大于 0.35 % 的合金钢的焊接性能较差。碳质量分数和合金元素质量分数越高，焊接性能越差。

4. 热处理性能

热处理性能就是指金属经过热处理后其组织和性能改变的能力，包括淬硬性、淬透性、回火脆性、变形开裂倾向、氧化脱碳倾向等。热处理在机械制造业中应用极为广泛，能提高零件的使用性能，充分发挥材料的潜力，延长工件的使用寿命。此外，热处理还可以改善工件的性能（如改善切削加工、压力加工和焊接性能等），提高加工质量，减少刀具磨损。

5. 切削加工性能

切削加工性能主要用切削速度、表面粗糙度和刀具使用寿命来衡量。切削性能好的材料，切削时消耗的功率小，刀具寿命长，切屑易于折断脱落，切削后表面粗糙度值低。影响切削加工性能的因素有工件的化学成分、组织、硬度、导热性及加工硬化程度等。通常认为，具有适当硬度（170～230 HBW）和足够脆性的金属材料的切削性能良好，所以灰铸铁比钢的切削性能好，碳钢比高合金钢的切削性能好。而在碳钢中，中碳钢的切削性能最好。改变钢的成分（如加入少量铅、磷等元素）和进行适当的热处理（如低碳钢进行正火、高碳钢进行球化退火）是改善钢的切削加工性能的重要途径。

综上所述,零件从毛坯直至加工成合格成品的全部过程是一个整体,只有使所有加工工艺过程都符合设计要求,才能制成高质量的零件,达到所要求的使用性能。

习 题 与 思 考 题

一、填空题

1. 常用的强度判据是＿＿＿＿＿＿＿和＿＿＿＿＿＿＿＿＿。

2. 常用的塑性判据是＿＿＿＿＿＿＿和＿＿＿＿＿＿＿。

3. 金属疲劳的判据是＿＿＿＿＿＿＿。

4. 压入法硬度试验分为＿＿＿＿＿＿＿、＿＿＿＿＿＿＿和＿＿＿＿＿＿＿。

5. 金属材料的力学性能是指在载荷作用下其抵抗＿＿＿＿＿＿＿或＿＿＿＿＿＿＿＿＿的能力。

6. 维氏硬度可以比洛氏硬度所测试件厚度更＿＿＿＿＿＿＿(厚/薄)。

7. 金属的弹性模量是一个对组织＿＿＿＿＿＿＿(非常/不)敏感的量。

二、选择题

1. 不宜用于成品与表面薄层硬度测试方法的是(　　　)。

 A. 布氏硬度　　　　　B. 洛氏硬度　　　　　C. 维氏硬度

2. 适于测试硬质合金.表面淬火钢及薄片金属的硬度的测试方法是(　　　)。

 A. 布氏硬度　　　　B. 洛氏硬度　　　　C. 维氏硬度　　　D. 以上方法都可以

3. 用金刚石圆锥体作为压头可以用来测试(　　　)。

 A. 布氏硬度　　　　B. 洛氏硬度　　　　C. 维氏硬度　　　D. 以上都可以

4. 根据拉伸实验过程中拉伸实验力和伸长量关系,画出的力-伸长曲线(拉伸图)可以确定出金属的(　　　)。

 A. 强度和硬度　　　B. 强度和塑性　　　C. 强度和韧性　　D. 塑性和韧性

5. 拉伸实验中,试样所受的力为(　　　)。

 A. 冲击　　　　　　B. 多次冲击　　　　C. 交变载荷　　　D. 静态力

三、简答题

1. 金属拉伸试验经历哪几个阶段? 拉伸试验可以测定哪些力学性能?

2. 不同材料的拉伸曲线相同吗,为什么? 塑性材料和脆性材料的应力应变曲有何不同? 弹性变形的实质是什么?

3. 比例极限、弹性极限、屈服极限有何异同?

4. 标距不相同的延伸率能否进行比较? 为什么?

5. 疲劳破坏是怎样形成的? 提高零件疲劳寿命的方法有哪些? 为什么表面粗糙的零件会降低材料的疲劳强度?

6. 金属在高温下的力学性能有哪些特点? 高温力学性能用哪些指标衡量?

7. 材料的工艺性能有哪些?

第 2 章　材料的结构与结晶

材料的内部结构及化学成分是决定其性能的两个重要因素。"结构"是指材料中原子的聚集状态和分布规律、原子间的相互作用方式和结合方式,从宏观到微观可将"结构"分成不同的量级,即宏观组织结构、显微组织结构及微观结构。宏观组织结构是指用肉眼或放大镜(放大几十倍)可观察到的材料内部的形貌图像,如即晶粒、相的集合状态;显微组织结构是指借助光学显微镜(放大 100~2 000 倍)、电子显微镜(放大几千倍到几十万倍)可观察到的材料内部的微观形貌图像,如晶粒、相的集合状态或微区结构;微观结构则指比显微组织结构更细小的一类结构,包括化学键、原子排列方式(晶体、非晶、准晶结构)。习惯上,把宏观和显微组织结构称为组织,而微观结构则称为结构。本章从微观的角度介绍和分析材料的晶体结构概念,并对金属和合金的结晶过程进行阐述。

2.1　固体材料的晶体结构

2.1.1　材料的晶体结构理论

1. 晶体和非晶体

一切物质都是由原子组成的。固态的物质按其原子的聚集状态可以分为晶体和非晶体两大类(见图 2.1)。在晶体中,原子按一定的几何规律作周期性的重复排列,称为有序排列(长程有序)。绝大多数固体都为晶体,如石墨、金刚石、水晶、固态金属等。在非晶体中,原子杂乱无章地堆集在一起,称为无序排列。非晶态结构被认为是"冻结了"的液态结构,即非晶体在整体上是无序的,但原子之间也是靠化学键结合在一起的,所以在有限的小范围内观察,还是有一定的规律性(短程有序)。自然界中非晶物质较少,如松香、石蜡、木材、玻璃等。

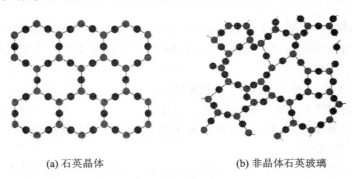

(a) 石英晶体　　　　　　　　　(b) 非晶体石英玻璃

图 2.1　晶体和非晶体的结构比较

晶体与非晶体的上述微观结构上的差异引起性能的差异,主要体现在熔点和各向异性两方面。

第一,晶体有固定的熔点而非晶体没有。在对晶体加热后,晶体从外界吸收热量,内部原子的平均动能增大,温度升高;当温度升高到熔点时,其原子运动已经剧烈到可以破坏这种规则的排列,于是晶体开始变成液体。在从固体向液体的转化过程中,吸收的热量用来破坏晶体的空间点阵,所以固液混合物的温度并不升高。如冰在常压下熔点为 0 ℃。而对于非晶体,它内部的粒子排列不规律,不同的地方开始熔化的温度不同,它的熔化过程是逐渐变软、流动性逐渐增加,所以没有固定的熔点。

第二,由于晶体各方向原子排列情况不同,其性能(如强度、弹性模量、导电性、热膨胀性等)呈各向异性。而非晶体的原子是杂乱排列的,各方向原子排列无明显差别,呈各向同性。

应当指出,晶体和非晶体在一定条件下可互相转化。例如,非晶态玻璃经高温长时间加热能变成晶态玻璃;而通常是晶态的金属,如从液态急冷也可获得非晶态金属。非晶态金属与晶态金属相比,具有高的强度与韧性等一系列突出性能及其他特殊性能,因而备受关注。

2. 晶体结构的基本概念

(1) 晶格和空间点阵

为了研究原子的排列规律,假定晶体中的原子都是固定不动的刚球,即晶体是由这些刚球堆垛而成的,如图 2.2(a)所示。显然,原子在各个方向都呈周期性排列。这种模型虽然立体感强,较为直观,但每个刚球密密麻麻地堆在一起,很难提取出内部排列的规律和特点,不便于研究。

为了清楚地表明原子在空间排列的规律性,通常将原子看成一个相应的几何点,而不考虑实际物质内容。这样就可以将晶体结构抽象成一组无限多个作周期性排列的几何点,这种从晶体结构抽象出来的、描述结构基元空间分布周期性的几何点,称为晶体的空间点阵,如图 2.2(b)所示。为了研究不同金属原子的排列规律,用假想的线条将各几何点的中心连接起来,构成一个三维空间格架,如图 2.2(c)所示。这种描述结构基元在晶体中排列方式的空间

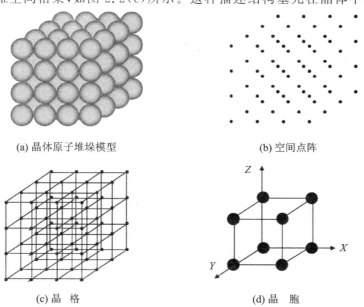

(a) 晶体原子堆垛模型　　　　　　　　(b) 空间点阵

(c) 晶格　　　　　　　　　(d) 晶胞

图 2.2　晶体、空间点阵、晶格和晶胞示意图

格架称为晶格。晶格中的每个点称为节点,晶格中各方位的原子面称为晶面,晶格中各方向的原子列称为晶向。

（2）晶胞和晶格常数

由于晶体原子排列方式呈周期性重复,故只需对晶格中最基本的单元进行分析便能确定原子的排列规律。能够代表晶格特征的基本单元称为"晶胞",如图 2.2(d)所示。晶胞在三维空间中重复排列便可构成晶格和晶体。

表征晶胞特征的参数有三条棱边长度 a,b,c（称为晶格常数,其大小以 nm 为单位）和三条棱边之间的夹角 α , β , γ 共六个,如图 2.3 所示。金属的晶格常数一般为 0.1～0.7 nm。不同的金属因其晶体晶格形式及晶格常数的不同,表现出不同的物理、化学和力学性能。金属的晶体结构可用 X 射线结构分析技术进行分析测定。

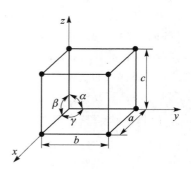

图 2.3　晶格常数

按照 a,b,c,α , β , γ 六个参数组合的可能方式和晶胞自身的对称性,可将晶体结构分为七大晶系,其中立方晶系（$a=b=c,\alpha=\beta=\gamma=90°$）较为重要。

2.1.2　金属的晶体结构

对金属而言,由于金属键结合力强且无方向性,所以金属原子总是趋向于最紧密的排列,使原子排列的方式大为减少。绝大多数金属都具有比较简单的晶体结构。其中,最典型、最常见的晶体结构有三种类型,即体心立方晶格、面心立方晶格和密排六方晶格。前两种属于立方晶系,后一种属于六方晶系。

1. 体心立方晶格（body centered cubic,BCC 或 bcc）

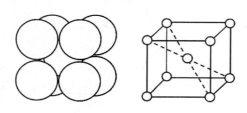

图 2.4　体心立方晶胞

这种晶格的晶胞是一个立方体,在立方体的八个角上和立方体中心各有一个原子,如图 2.4 所示,属于体心立方晶格的金属有 $\alpha-Fe$（912 ℃ 以下的纯铁）、Cr、W、V 等 20 余种。

（1）晶胞原子数

晶体是由大量晶胞堆砌而成,在体心立方晶胞中,每个角上的原子在晶格中同时属于 8 个相邻的晶胞,因而每个角上的原子仅有 1/8 属于一个晶胞,而中心的原子则完全属于这个晶胞。所以体心立方晶胞所含的原子数为 $n=1/8×8+1$,即 2 个。

（2）原子半径

原子半径通常是指晶胞中原子最密排的方向上相邻两原子之间平衡距离的一半,与晶格常数有一定的关系。体心立方晶胞中原子最密排的方向是立方体对角线,其长度为 $\sqrt{3}a$,故其原子半径 $r=(\sqrt{3}/4)a$。

（3）配位数

晶格中原子排列的紧密程度是反映晶体结构特征的一个重要因素,通常用配位数和致密度来表征。配位数是晶体结构中与任一原子周围最近邻且等距离的原子数。配位数越大,晶体中原子排列就越紧密。

在体心立方晶格中,以立方体中心的原子来看,与其最近邻且等距离的原子是周围顶角上的 8 个原子,所以体心立方晶格的配位数为 8（见图 2.7(a)）。

（4）致密度

在球体集合模型中,若把原子看作刚性球,那么原子与原子结合时必然存在空隙。晶体中原子排列的紧密程度可用该晶体晶胞中所含原子的体积与晶胞体积的比值来表示,称为晶体的致密度。晶体的致密度越大,晶体原子排列密度越高,原子结合越紧密。晶体的致密度可表示为

$$K = \frac{nU}{V}$$

式中:K—晶体的致密度;n——一个晶胞中包含的原子数;U—晶胞中一个原子的体积;V—晶胞的积。

体心立方晶格的晶胞中包含 2 个原子,晶胞的棱边长度（晶格常数）为 a,原子半径为 $(\sqrt{3}/4)a$,其致密度 K 为 0.68。这说明在体心立方晶格中,有 68 % 的体积为原子所占有,其余的 32 % 为间隙体积。

2. 面心立方晶格（face centered cubic,FCC 或 fcc）

这种晶格的晶胞也是一个立方体,在立方体的 8 个角上和 6 个面的中心各有一个原子,如图 2.5 所示。属于面心立方晶格的金属有 γ‑Fe（912～1 390 ℃之间的纯铁）、Al、Cu、Ni、Au、Ag、Pb 等 20 余种。

面心立方晶格的晶格尺寸为 a,晶胞原子个数为 4,原子半径为 $(\sqrt{2}/4)a$。从图 2.7(b)可以看出,晶胞中每个原子周围都

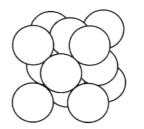
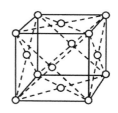

图 2.5　面心立方晶胞

有 12 个最近邻原子,所以面心立方晶胞的配位数是 12;致密度为 0.74（比体心立方晶格高）。

3. 密排六方晶格（hexagonal close-packed,HCP 或 hcp）

这种晶格的晶胞是一个六棱柱体,在柱体的上下两个六方面的角上及中心各有一个原子,在柱体中间还排列着三个原子,如图 2.6 所示。属于密排六方晶格的金属有 Mg、Zn、Be、Ti、Cd 等近 30 种。

对于典型的密排六方晶格,晶胞中的原子数为 6,其原子半径为 $r = a/2$,配位数为 12,致密度为 0.74。可见,HCP 结构的致密度和配位数与 FCC 完全相同,虽然两者都是最紧密的排列方式,但两种结构中的最密排面的堆垛次序不同。

致密度不同的结构互相转变时,会造成体积的膨胀或收缩。

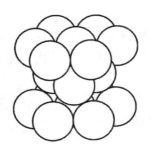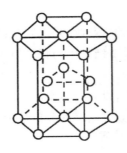

图 2.6　密排六方晶胞

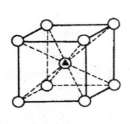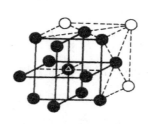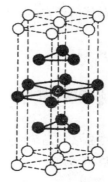

(a) 体心立方晶体结构　　(b) 面心立方晶体结构　　(c) 密排六方晶体结构

图 2.7　三种晶体结构配位数示意图

上述三种不同类型晶格的金属具有不同的性能。单就塑性来讲,FCC 晶格最好,HCP 晶格最差,BCC 晶格介于两者中间。另外,不同结构金属晶体中间隙的大小和形状不同,溶入其他原子形成合金时,溶质原子的溶解度就不同,金属晶体的晶格变形程度也不同,且溶解度越高,晶格畸变程度越大,形成的合金的强度和硬度提高就越显著。

4. 单晶体和多晶体

同一晶体中晶格类型与空间位向排列完全一致的称为单晶体,如图 2.8 所示。在单晶体中,由于存在着晶面或晶格上原子密度的不同,因而其各方向的物理、化学、力学性能也不相同,即单晶体具有各向异性。

单晶体为理想的晶体结构,而它只有在特殊条件下才能得到,如半导体元件、磁性材料、高温合金等。实际上,晶体在形成时,常会遇到一些不可避免的干扰,造成实际晶体与理想晶体(单晶体)的一些差异。例如,处于晶体表面的离子与晶体内部的离子就有差别。又如,晶体在成长时,常常是在许多部位同时发展,结果得到的不是单晶体,而是由许多细小晶体按不规则排列组合起来的多晶体,如图 2.9 所示。多晶体中,每一个小晶体称为一个晶粒,晶粒与晶粒之间的界面叫晶界。多晶体金属虽然每个晶粒都是各向异性的,但由于各个晶粒的位向不同,故各个晶粒的各向异性现象互相抵消,使多晶体金属显示出各向同性。

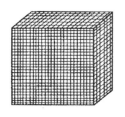
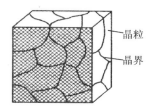

<table>
<tr><td>图 2.8 单晶体</td><td>图 2.9 多晶体</td></tr>
</table>

图 2.8 单晶体   图 2.9 多晶体

2.1.3 离子晶体和共价晶体结构

离子晶体在陶瓷材料中占有重要地位,如 MgO、Al_2O_3 等都是在陶瓷材料中具有明显离子键的晶体材料。构成离子晶体的基本质点是正、负离子,它们之间以静电作用力(库仑力)相结合,结合键为离子键。

常见的离子化合物的晶体结构有 AB、AB_2 和 A_2B_3 三种类型,如图 2.10 所示。

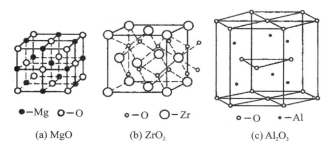

图 2.10 常见离子化合物的晶体结构

共价晶体在无机非金属材料中占有重要地位,是由同种非金属元素的原子或异种元素的原子以共价键结合而成的无限大分子。共价键在分子及晶体中普遍存在,氢分子中两个氢原子的结合是最典型的共价键结合。共价键在有机化合物中也很普遍。

共价结合元素的键数等于$(8-N)$,N 为外壳层的电子数。因此共价晶体的结构也应服从$(8-N)$法则,在结构中每个原子都有$(8-N)$个最近邻原子,如图 2.11 所示。这类结构的特点是使每一离子共享有 8 个电子,成为稳定的共价结合。由于共价键的饱和性和方向性特点,共价晶体结构的配位数比金属晶体和离子晶体均低。

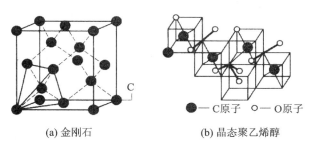

图 2.11 常见的共价晶体结构

2.1.4 晶体缺陷理论

实际应用的晶体材料中,原子的排列不可能像理想晶体那样规则和完整,而是不可避免地或多或少地存在一些原子偏离规则排列的区域,这就是晶体缺陷。一般说来,晶体中这些偏离其规定位置的原子数目很少(例如在 1 000 ℃的铜中,一万个晶格节点仅有一个空位),从整体上看晶体的结构还是接近完整的,但却对晶体的许多性能有很大的影响。也就是说,晶体缺陷在晶体的塑性和强度、扩散以及其他结构敏感性的问题上往往起主要作用,而晶体的完整部分反而处于次要地位。例如,工业金属材料的强度随缺陷密度的增加而提高,而导电性则下降。又如,晶体缺陷可用于提高陶瓷材料的导电性。

应该指出的是,晶体中存在缺陷,不等于晶体中存在缺点。在实际生产中,可以通过一定的工艺措施来控制晶体缺陷的数量和存在状态,从而调整材料的工艺性能和使用性能。

根据其几何形态特征,晶体缺陷可分为点缺陷(如空位)、线缺陷(位错)和面缺陷(如晶界、亚晶界)三类。

1. 点缺陷

点缺陷是指在三维尺度上都很小,不超过几个原子直径的缺陷。最常见的点缺陷是空位、间隙原子和置换原子,如图 2.12 所示。

空位指正常节点没有被原子或离子所占据,成为空节点。产生空位的主要原因在于晶体中原子的热振动。当晶体中某些原子的动能大大超过给定温度下的平均动能,原子可能脱离原来平衡位置的节点,跑到晶体的表面或晶体之外(包括晶界面、孔洞、裂纹等内表面),使晶体内形成无原子的节点及空位。空位的数目随温度的增加而升高。材料在加工过程中(如塑性变形、高能粒子辐射、热处理等)也能促进空位的形成。

间隙原子指在晶格的间隙中出现的多余原子。间隙可能是同类原子,也可能是异类原子(通常异类原子的半径远小于基体原子的半径,如钢中的氢、碳、氮)。间隙原子会造成其附近晶格的很大畸变。形成间隙原子是非常困难的,在纯金属中,主要的缺陷是空位而不是间隙原子。

置换原子是指占据基体原子平衡位置上的异类原子,一般置换原子的半径与基体原子相当或更大。置换原子在一定温度下也有一个平衡浓度值,也称为固溶度或溶解度。

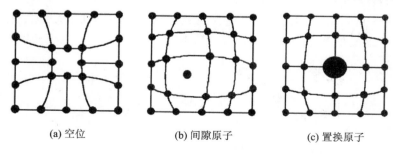

| (a) 空位 | (b) 间隙原子 | (c) 置换原子 |

图 2.12　常见点缺陷

以上三种点缺陷都会促使周围原子发生靠拢或撑开的现象,使晶格扭曲,造成晶格畸变,在点缺陷周围几个原子的范围内产生弹性应力场,使体系的内能增高。晶体中点缺陷的存在会引起材料性能的变化,如电阻增大、体积膨胀、密度减小;点缺陷造成的晶格畸变还使材料强度提高。此外,点缺陷的存在有利于金属内部原子的迁移(即扩散),因而凡与扩散有关的相变、化学热处理、高温下的塑性变形和断裂等,都与空位和间隙原子的存在和运动有着密切的关系。

2. 线缺陷

线缺陷的特征是在两个方向上的尺寸很小,在第三个方向上的尺寸却很大,甚至可以贯穿整个晶体,其主要类型是位错。位错能够在金属的结晶、塑性变形和相变等过程中形成。位错有多种类型,但其中最简单、最基本的类型有两种:刃型位错和螺型位错。这里主要介绍这两种位错的基本概念。

(1)刃型位错

图 2.13 为最简单的刃型位错示意图。该晶体的一部分相对于另一部分出现一个多余的半原子面,这个多余的半原子面犹如切入晶体的刀片,刀片的刃口线即为位错线(DC)。半原子面在上面的称为正刃型位错,半原子面在下面的称为负刃型位错。

刃型位错具有以下特征:刃型位错有一额外半原子面;刃型位错的位错线可以理解为晶体中已滑移区与未滑移区的边界线;对于正刃型位错,滑移面之上的点阵受到压应力,滑移面之下的点阵受到拉应力;负刃型位错与此相反;位错线与晶体滑移的方向垂直。

(2)螺型位错

晶体中的另一种线缺陷如图 2.14 所示。晶体的上下部分发生错动,若将错动区的原子用线连接起来,则具有螺旋形特征,这种线缺陷称为螺型位错。螺型位错无额外半原子面;位错线与滑移方向平行。

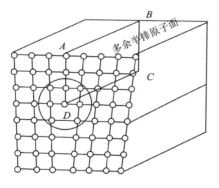

图 2.13　刃型位错示意图

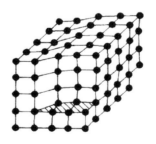

图 2.14　螺型位错示意图

位错理论是现代物理冶金和材料科学的基础。人们最早提出对位错的设想,是在对晶体强度作了一系列的理论计算,发现在众多实验中,晶体的实际强度远低于其理论强度,因而无法用理想晶体的模型来解释,由此提出位错理论。位错有下列特点:

① 在位错线附近发生晶格畸变,产生内应力。刃型位错原子排列较密区域原子受到压应力,原子排列较疏区域原子受到拉应力。

② 位错具有易动性,在外力作用下,位错能产生移动。

③ 位错在晶体中的移动会使金属塑性变形容易进行。但当位错密度增加到一定程度时,位错移动变得困难,又会使金属的强度提高,这种现象称为位错强化。

位错的数量可用位错密度 ρ 表示,它指单位体积晶体中所包含位错线的总长度。金属在不同状态下,位错密度差异很大。一般退火金属晶体中,$\rho \approx 10^4 \sim 10^8 \text{cm}^{-2}$;而经剧烈冷加工的金属中,$\rho \approx 10^{12} \sim 10^{14} \text{cm}^{-2}$。位错对材料性能的影响比点缺陷更大,对金属材料性能的影响尤甚。位错密度和金属强度的关系如图 2.15 所示,从该图可知,对金属获得高强度的方法有以下两种:

① 尽量减小位错密度。如将晶体拉得很细(晶须),得到丝状单晶体,因直径很小,基本上不含位错等缺陷,故强度通常比普通材料高很多。

② 尽量增大位错密度。如对金属进行压力加工,使其位错密度增加,强度变高。

事实上,没有缺陷的晶体,目前还很难得到,所以生产中一般都是采用增加位错密度的措施来提高强度(但塑性会随之降低),可以说金属材料中的各种强化机制几乎都是以位错为基础的。

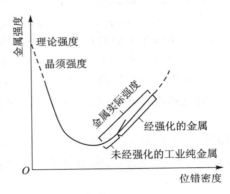

图 2.15　位错密度和金属强度的关系

3. 面缺陷

面缺陷是指在两个方向上尺寸很大,在另一方向上尺寸较小的缺陷,包括晶体表面、晶界与亚晶界。

(1) 晶　界

实际金属一般为多晶体,由大量外形不规则的单晶体即晶粒组成。晶界在空中呈网状,原子排列的总体特点是,兼顾相邻两晶粒的特点,使晶格由一个晶粒的位向,通过晶界的协调,逐步过渡为相邻晶粒的位向。晶界实际上是位向不同的晶粒之间的过渡层,晶界上原子的排列虽不是非晶体式混乱排列,但规则性较差,如图 2.16 所示。金属多晶体中,各晶粒之间的位向差大都为 30°～40°,晶界层厚度一般在几个原子间距到几百个原子间距内变动。

(2) 亚晶界

实际晶粒也不是完全理想的晶体,而是由许多位向相差很小的所谓亚晶粒组成的。亚晶粒尺寸比晶粒小 2～3 个数量级,一般为 $10^{-6} \sim 10^{-4} \text{cm}$。亚晶粒之间位向差很小,一般小于 1°～2°,亚晶粒之间的界面称为亚晶界。亚晶界实际上是由一系列刃型位错所构成的,如图 2.16 所示。

亚晶界与晶界的作用相似,有如下特点:

① 由于界面能的存在,使晶界的熔点低于晶粒内部,且易于腐蚀和氧化。

② 晶界的原子混乱排列和高能量有利于固态相变的形核。

③ 晶界增加了位错移动阻力,故晶界处的硬度、强度高;晶界面积越大,强度越高。

总之,面缺陷是晶体中不稳定的区域,原子处于较高的能量状态。通过细化晶粒,增加晶界面积来提高金属强度的方法称为细晶强化,这是强化晶体材料力学性能的有效手段。必须指出,这种强化与位错强化不同,细晶强化不仅使金属强度提高,还使其塑性、韧性得到改善。

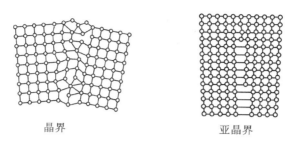

晶界　　　　　　　　　　亚晶界

图 2.16　晶界和亚晶界示意图

2.2　一般工程材料的结构特点

2.2.1　合金的相结构

合金是指两种或两种以上金属元素或金属与非金属元素通过熔炼、烧结等方法制成的具有金属特性的物质。如钢与铸铁是铁和碳的合金;黄铜与锡青铜分别是铜与锌、铜与锡的合金。合金在强度、硬度等力学性能方面比纯金属高得多,工业中使用的金属材料几乎全部是合金。

需要注意区分合金中"组元""相"和"组织"的概念。

① 组元是指组成合金的独立物质。组元通常指纯元素,也可以是稳定的化合物。根据合金的组元数,合金分为二元合金、三元合金等。

② 相是一种聚集状态,是合金中结构相同、成分和性能均一并以界面相互分开的均匀组成部分。如纯金属液体为单相,在结晶过程中液体和固体共存时则为两相。需要注意的是,相的区别并非只限于物质的状态,在固态下由于晶体结构不同也会同时存在几个相。

③ 组织是指用肉眼或光学显微镜观察到的内部构造的图像,如金属的晶粒。

"组织"与"相"只是材料内部构造不同尺度的两个概念。相的基本组成部分是"原子",组织的基本组成部分是"相";原子间的结合键、相的成分与结构决定了相的性能,组织中相的数量、大小及分布状态决定了材料的力学性能。

根据合金元素之间相互作用的不同,合金中的相结构可分成两大类:一类是固溶体,其晶体结构与组成合金的基本金属组元的结构相同;另一类是金属化合物,其晶体结构与组元的结构不同。

1. 固溶体

固溶体是指一个或几个组元的原子(化合物)溶入另一个组元的晶格中,而仍保持另一组元的晶格类型的固态晶体。固溶体的特征是:溶剂为含量较多的基体金属,晶格类型保持不变;溶质为含量较少的合金元素,晶格类型消失。例如碳原子溶解到 $\alpha-Fe$ 的晶格中,形成的固溶体(称铁素体)具有 $\alpha-Fe$ 原来的体心立方晶格,而碳失去原来的密排六方结构,以单个原

子溶入 α-Fe 的晶格,也就是说 α-Fe 是溶剂,碳是溶质。同理,碳原子溶解到 γ-Fe 的晶格中,形成的固溶体(称奥氏体)具有和 γ-Fe 相同的面心立方晶格。由于固溶体的成分范围是可变的,而且有一个溶解度极限,故通常固溶体不能用一个化学分子式来表示。

根据溶质原子在溶剂晶格中所处的位置,固溶体分为置换固溶体和间隙固溶体两种。

(1)置换固溶体

溶质原子置换了部分溶剂晶格中溶剂原子而形成的固溶体,称为置换固溶体,如图 2.17(a)所示。只有当二组元的原子半径差小于 14%～15% 时,才有利于形成置换固溶体;否则,就容易形成间隙固溶体。如合金钢中的 Mn,Cr,Ni,Si,Mo 等元素都能与 Fe 形成置换固溶体。

(2)间隙固溶体

溶质原子位于溶剂晶格间隙中所形成的固溶体称为间隙固溶体,如图 2.17(b)所示。过渡族金属元素(如 Fe,Co,Ni,Mn,Cr,Mo)和 C,N,B,H 等原子半径较小的非金属元素结合在一起,就能形成间隙固溶体。在金属材料的相结构中,形成间隙固溶体的例子很多。例如,碳钢中 C 原子溶入 α-Fe 晶格空隙中形成的间隙固溶体,称为铁素体;C 原子溶入 γ-Fe 晶格空隙中形成的间隙固溶体,称为奥氏体。

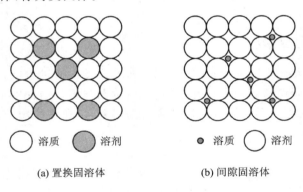

　　　　○ 溶质　　● 溶剂　　　　　　　● 溶质　　○ 溶剂

　　　　(a)置换固溶体　　　　　　　　(b)间隙固溶体

图 2.17　固溶体示意图

若按照溶质原子在溶剂中的溶解度来分类,固溶体可分为有限固溶体和无限固溶体两种。有限固溶体指溶质原子在固溶体中的浓度有一定的限度,超过这个限度,就会有其他合金相析出;无限固溶体指溶质和溶剂元素能以任意比例相互溶解,即溶解度可以达到100%。图 2.18 为形成无限固溶体时两组原子连续置换示意图。对间隙固溶体而言,由于溶剂晶格的间隙有限,所以其只能有限溶解溶质原子,因此间隙固溶体一定是有限固溶体。而对于原子半径、电化学特性接近、晶格类型相同的组元,容易形成置换固溶体,并有可能形成无限固溶体。

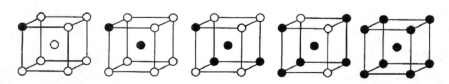

图 2.18　形成无限固溶体时两组元原子连续置换示意图

（3）固溶强化

虽然固溶体保持着金属溶剂的晶格类型，但与纯组元比较，结构已经发生了变化，甚至变化很大。例如，由于溶质和溶剂的原子大小不同，固溶体中溶质原子附近的局部范围内必然造成晶格畸变，如图 2.19 所示。晶格畸变随溶质原子浓度的增高而加大，溶质原子与溶剂原子的尺寸相差越大，所引起的晶格畸变也越严重。晶格畸变增加了位错移动的阻力，提高了合金的强度和硬度。这种通过溶入溶质元素而使溶剂金属强度、硬度提高的现象称为固溶强化。固溶强化是提高金属材料力学性能的主要方法之一。

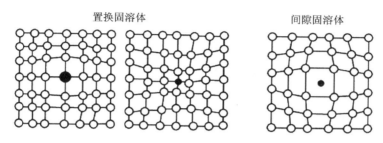

置换固溶体　　　　　　　　　　间隙固溶体

图 2.19　固溶体晶格畸变

实践表明，固溶体中溶质含量适当时，可以显著提高材料的强度和硬度，而塑性、韧性没有明显降低，固溶体的强度和塑性、韧性之间有较好的配合。南京长江大桥大量使用含锰的低合金结构钢，原因之一就是锰的固溶强化作用提高了该材料的强度，从而节约了钢材并减轻了大桥结构的自重。

间隙固溶体的强化效果比置换固溶体更为显著。例如：马氏体是含过饱和碳的间隙固溶体，晶格畸变严重，固溶强化效应显著，碳钢也是如此；而合金钢中尽管有不少元素代替部分铁原子形成置换固溶体，但其马氏体的高硬度主要还是源自过饱和碳的间隙作用。

不过，通过单纯的固溶强化所达到的最高强度毕竟有限，仍难以满足人们对结构材料的要求。因此，常用金属材料通常是以固溶体作为基体相，为了提高强度，还需要一种强化相——金属化合物。

2．金属化合物

在合金中，除了固溶体外还可能形成金属化合物。合金组元之间相互作用形成的晶格类型和特性均不同于任一组元的新相称为金属化合物。一般可用分子式来大致表示其组成。如碳钢中的渗碳体（Fe_3C）是铁与碳形成的金属化合物，但其晶格类型既不同于铁，也不同于碳，表现为图 2.20 所示的复杂结构。

金属化合物的种类较多，根据其结构特点，常分为以下三类。

① 正常价化合物：由元素周期表上相距较远而化学性质相差较大的两元素形成的、严格遵守化合价规律的化合物，即为正常价化合物，其成分可用确定的化学式来表示，如 MnS，Mg_2Si，Cu_2Se，ZnS 等。正常价化合物一般具有较高的硬度和较大的脆性。在工业合金中只有少数的合金系才能形成这类化合物。

② 电子化合物：不遵守一般的化合价规律，但符合一定电子浓度（化合物的价电子数与原子数之比值）规律的化合物即为电子化合物。这类化合物的形成规律与电子浓度密切相关，电子浓度不同，所形成的化合物的晶格类型也不同。它虽然可用化学式表示，但其成分可以在一

定的范围内变化。例如 Cu - Zn 合金中,当电子浓度为 3/2 时,形成化合物 CuZn,其晶体结构为 BCC;电子浓度为 21/13 时,形成化合物 Cu_5Zn_8,其晶体结构为复杂立方晶格。电子化合物常见于有色金属合金中。

③ 间隙化合物:这是由过渡族金属元素与 C,H,N,B 等原子半径较小的非金属元素形成的。最常见的有金属碳化物、氮化物、硼化物等。间隙化合物一般都有较高的熔点、较高的硬度和较大的脆性(即硬而脆),但塑性很差(见表 2 - 1)。间隙化合物存在于钢中,对钢的强度及耐磨性起着重要的作用。如碳钢中的 Fe_3C 可以提高钢的强度和硬度,工具钢中的 VC 可提高钢的耐磨性,高速钢中的间隙化合物可使其在高温下保持高硬度,WC 和 TiC 则是制造硬质合金的主要材料。

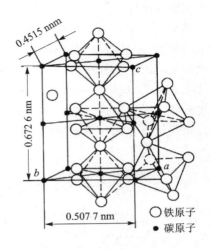

图 2.20　金属化合物的结构

表 2 - 1　一些碳化物的硬度和熔点

碳化物类型	间　　隙　　相							复杂结构间隙化合物		
成　分	TiC	ZrC	VC	NbC	TaC	WC	MoC	$Cr_{23}C_6$	Cr_7C_3	Fe_3C
硬度 HV	2 850	2 840	2 010	2 050	1 550	1 730	1 480	1 650	1 450	800
熔点/℃	3 410	3 805	3 023	3 770	4 150	2 867	2 960	1 520	1 665	1 227

常见的金属化合物,通常都是硬而脆的,因此不能作为金属结构材料的基体相。一般常用金属材料(如钢)都是以固溶体作为基体相,在其中以弥散状态(细粒状、细点状)分布有少量的金属化合物作为强化相,又称为第二相。

金属化合物使合金的强度、硬度和耐磨性提高,但塑性、韧性降低。弥散度越高,金属强度、硬度越高。这种以弥散粒子作为第二强化相而使金属强度、硬度提高的现象称为弥散强化。由于第二强化相粒子很小,故对合金的塑性、韧性影响较小。简而言之,弥散强化使材料既具有足够强度又具有良好韧性,在生产中得到了广泛应用。

综上所述,合金中的基本相的结构特征见表 2 - 2。

表 2 - 2　合金基本相的结构特征分类

类　　型	分　　类	在合金中位置及所起作用	主要力学性能特点
固溶体	间隙固溶体 置换固溶体	基体相 提高塑、韧性	塑、韧性好,强度比纯组元高
金　属 化合物	正常价化合物 电子化合物 具有简单晶体结构的间隙相 具有复杂晶格的间隙化合物	强化相 提高强度、硬度、耐磨性	熔点高、硬度高而脆性大

2.2.2　聚合物的结构

高分子材料以高分子化合物为主要部分，适当加入添加剂构成，也称为聚合物或高聚物。聚合物从不同角度可以分成不同的类型。例如从聚合物分子结构上可分为线型聚合物和三维网型聚合物；从聚合物受热时的行为上可分为热塑性聚合物和热固性聚合物。

1. 大分子及其构成

（1）链式结构及链节

通常，相对分子质量小于 500 的称为低分子物质，相对分子质量大于 5000 的称为高分子物质，如表 2 - 3 所列。

表 2 - 3　一些物质的相对分子质量

化　合　物			相对分子质量
低分子	无机	铁	55.8（相对原子质量）
		水	18
		石英	60
	有机	甲烷	16
		苯	78
		三硬脂酸甘油酯	890
高分子	天然	天然纤维素	≈570 000
		丝蛋白	≈150 000
		天然橡胶	200 000～500 000
	合成	聚氯乙烯	12 000～160 000
		聚甲基丙烯酸甲酯	50 000～140 000
		尼龙 66	20 000～25 000

高分子化合物都是相对分子质量较大的化合物，其相对分子质量的数量级通常在 10^3～10^6 之间，如聚乙烯等材料的相对分子质量可高达几百万。高分子化合物的相对分子质量虽然大，但是它的化学组成都比较简单，这成千上万个的原子通常仅包括碳、氢、氧、氮等几种元素。高分子化合物的分子整体是由众多小分子单元键合而成的长链状分子，如图 2.21 所示。

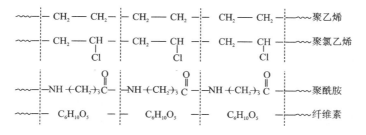

图 2.21　高分子化合物分子式

通常，高分子化合物都是由低分子化合物通过聚合反应而合成的，而这些低分子化合物则称为单体。值得一提的是,聚合物的重复单元(见图 2.21 的中虚线部分)往往与形成它的单体的化学组成基本一致。为了方便起见,可将聚乙烯写为 $\left[CH_2-CH_2\right]_n$,其中 $\left[CH_2-CH_2\right]$ 称为结构单元,也称链节;n 为结构单元的重复数,称为聚合度。高分子长链可以由一种结构单元组成(称为均聚物),也可以由几种结构单元组成(称为共聚物)。

几种主要的高分子链结构单元如图 2.22 所示。

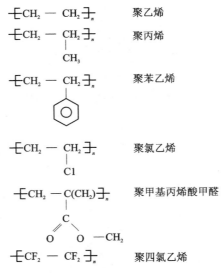

图 2.22　几种主要的结构单元

(2) 高分子的大小

高分子的大小可以用分子量或聚合度来表示。

由于高聚物的相对分子质量较大,常规的聚合反应很难制备出分子长度完全一致的聚合物。因此,制备出的聚合物实际上是相对分子质量大小不同的同系混合物,它们的相对分子质量或聚合度通常是在一定范围之内的,也可以说是指平均相对分子质量或平均聚合度。例如,聚氯乙烯的相对分子质量就是在 $(2\sim16)\times10^4$ 范围内。

这种相对分子质量大小不等的现象,称为高分子的多分散性(即不均一性)。这在低分子中是不存在的。因此,高聚物不会像精确的小分子化合物一样,有着固定的物理常数。这一特性在高聚物的熔融温度(一个较宽的温度范围)上可以体现出来。

从材料使用性能的角度考虑,聚合物的相对分子质量分布越窄,其性能越好,但合成成本和困难程度也会增大。因此,不断改善分子设计制备出相对分子质量分布窄的高聚物一直以来都是材料研究者共同追求的目标。

2. 高分子的结构特点

(1) 高分子链的空间构型

化学成分相同而具有不同空间构型的现象称为立体异构(类似金属中的同素异构)。图 2.23 为乙烯类聚合物的三种立体异构,即全同立构(取代基全在平面的一侧)、间同立构(取代基间接分布在平面两侧)和无规立构(取代基无规则分布在平面两侧)。取代基在大分子主链上前后排列顺序不同,或者在大分子主链两侧排列的位置不同,均会对高聚物性能产生影响。如成分相同的聚合物,全同立构和间同立构者容易结晶,具有较好的性能,其硬度、密度和软化温度都较高;而无规立构则不容易结晶,性能较差,易软化。

此外,主链侧取代基的大小不同、极性不同,均会对性能产生很大影响。

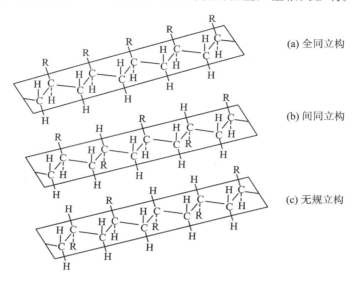

图 2.23　高分子立体构型

共聚物的链结构更加复杂。两种单体合成的共聚物,可能有下列四种链结构,如图 2.24 所示的无规共聚、交替共聚、嵌段共聚、接枝共聚。

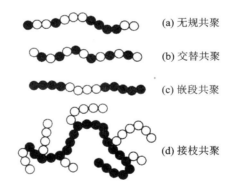

图 2.24　共聚物的链结构

(2) 链的几何形状

大分子链的形状主要有线型、支化型和体型(网状)三类。图 2.25 为高分子链的形状示意图。

① 线型分子结构:线型分子结构是由许多链节组成的长链,通常是卷曲成不规则的线圈状;但遇热或溶剂的作用,则结合力减弱。分子链可伸可缩,这类结构的高聚物弹性、塑性好,硬度低,常可被溶剂溶解和受热熔化,为"可溶可熔",如热塑性塑料。乙烯类高聚物如聚乙烯、聚氯乙烯、聚苯乙烯等,未硫化的橡胶及合成纤维等,均具有线型结构。

② 支链型分子结构:支链型分子结构在主链上带有一些或长或短的小支链,整个分子呈树枝状。由于存在支链,分子链之间不易形成规则排列,难于完全结晶为晶体,同时支链可形成三维缠结,使塑性变形难以进行。与线型分子相比较,支链型分子的弹性提高,但结晶度、成

(a) 线 型　　　　　(b) 支链型　　　　　(c) 体(网)型

图 2.25　高分子链的形状示意图

形加工温度及强度都较低。所以，支链型分子结构一般对高聚物的性能不利，支链越复杂和支链型分子结构程度越高，影响越大。具有这类结构的有高压聚乙烯、接枝型 ABS 树脂和耐冲击性聚苯乙烯等。

③ 体型结构：体(网)型分子结构是指在线型或支化型分子链之间，沿横向通过链节以共价键连接起来形成的三维网状大分子。这类结构的高聚物对热和溶剂的作用都比线型高聚物稳定，常为"不溶不熔"，具有较好的耐热性、难熔性、尺寸稳定性和机械强度，但塑性低，脆性大，因而不能塑性加工，成型加工只能在网状结构形成前进行，材料不能反复使用。具有这类结构的材料有热固性塑料和硫化橡胶。

综上，不同链形态的聚合物性质是不同的，例如，用高压高温法制成的低密度聚乙烯具有支化链结构，密度低，有弹性，软化温度较低，被大量用于制作薄膜；用低压法制成的高密度聚乙烯具有线型结构，密度高，强度也好，软化温度较高，可用于制备重包装薄膜及塑料器皿等；而经辐照或过氧化物交联的聚乙烯树脂强度更好，耐温性更高，可以用于制作海底电缆的套管等（见表 2-4）。

表 2-4　不同链结构聚乙烯的性能

聚合物种类	链形态	密度	耐热性/℃	强度	用途举例
低压聚乙烯	线型	高	90	中	周转箱
高压聚乙烯	支化	低	60	低	食品袋
交联聚乙烯	交联	中	125	高	电缆套管

（3）单键内旋和链的柔顺性

大分子链和其他的物质一样，处于不停的热运动中，这种运动是由共价单链内旋转引起的。大分子链的主链都是通过共价键连接起来的，有一定的键长和键角，如 C-C 键在保持键角（109°28′）和键长（0.154 nm）不变情况下，每个单键可绕邻近单键任意旋转，这就是单键的内旋转，大量的单链都随时进行着旋转，如图 2.26 所示。

单键内旋转的结果，使原子排列位置不断变化，链段就会出现许多空间形象，将分子链的空间形象称为高分子链的构象。而且单

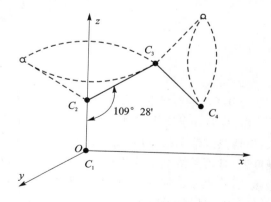

图 2.26　C-C 键的内旋转示意图

键内旋转的频率很高(如室温下乙烷分子可达 $10^{11} \sim 10^{12}$ Hz),就必然造成大分子的微观形态瞬息万变,就像一团随便卷在一起的细钢丝一样,对外力有很大的适应性,即在拉力作用下,可将其伸展拉直,外力去除后,又缩回到原来的卷曲状或线团状。这种由于大分子链构象变化而获得不同蜷曲程度的特性称为大分子链的柔顺性,这是聚合物具有弹性的原因。

当大分子主链全部由单键组成,或主链中含有芳杂环,或主链侧的侧基极性大、体积大时,柔顺性变差;当温度升高时,分子热运动加剧,内旋转变得容易,柔性增加。总之,分子链内旋转越容易,其柔性越好。

分子链的柔性好坏会直接影响聚合物的性能,一般柔性分子链聚合物的强度、硬度和熔点较低,但弹性和韧性好;刚性分子链聚合物与之相反,其强度、硬度和熔点较高,而弹性和韧性差。

(4) 高分子凝聚态结构

高分子材料的性能不仅取决于分子结构,还取决于这些分子是如何排列、堆砌起来的聚集态结构。事实上,聚集态结构对聚合物的性能影响更大。物质是由无数分子组成的,这些分子聚在一起,会有不同的排列形式。分子堆砌在一起的结构就称为聚集态结构。

小分子的个体小,变化比较单一,一般只有结晶和非晶两种状态,物质可以以气态、液态和固态三种聚集态存在。高分子的相对分子质量很大,分子的组成不同,分子间的相互作用力不同,因此,分子链聚集在一起的形态也不同,它的聚集态结构就变得十分复杂。对于高分子化合物,并不存在气态,但可以有液态和固态。高分子的聚集态主要有非晶态、晶态和取向态等。

① 高分子非晶态(无定型态):非晶态小分子物质可以是液体或非晶固体,其结构特征是近程有序而远程无序。高分子线型大分子链很长,当其固化时,由于黏度增大,很难进行有规则的排列,多呈混乱无序的分布,组成无定型结构。实验表明,高聚物的无定型结构和低分子物质的非晶态结构类似(见图 2.27 (c)),它们共同的结构特征都是"远程无序,近程有序"。高分子在非晶态时,可以为液体、高弹体或玻璃体。高弹体是受力时能表现出高弹性的非晶态高分子。

许多高聚物具有非晶态结构,如聚氯乙烯、聚苯乙烯和有机玻璃等塑料,以及几乎所有的橡胶。

② 高分子的结晶态:部分聚合物在塑料加工机中被加热熔融,然后从熔体中冷却成型时,长链的分子会按照一定的顺序规整地排列起来,形成有序的结晶结构。大多数聚合物从熔体中冷却时形成的结晶具有球状的形态,称为球晶。

在实际的高分子材料中,相对分子质量很大,分子的运动受到牵制,因此,在通常条件下,它们不能像小分子化合物那样形成完美的单晶结构,也不能完全结晶(100 %结晶)。所谓的晶态高分子材料实际为晶态和非晶态的集合结构,结晶部分由许多分散的小晶体组成,每个高分子链可以穿越若干个小晶体及小晶体间的非晶区。分子链在小晶体中相互平行,而在非晶区中是随机的。不同小晶体的取向也是随机的。上述状态就是所谓缨状微束模型或两相模型,如图 2.27(b)所示。

通常用高聚物中结晶区域所占百分数,即结晶度来表示高聚物的结晶程度。高聚物的结晶度变化范围很宽,一般为 30 %～90 %(特殊情况下可达 98 %)。高聚物的结晶过程也是由形核和核长大完成。聚合物能否结晶与它的分子组成和结构有很大关系。例如,具有对称线型结构的低压聚乙烯,有很高的结晶度(80 %～90 %),而带有大量支化链的高压聚乙烯结晶

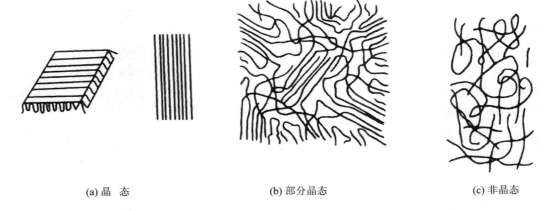

（a）晶　态　　　　　　　（b）部分晶态　　　　　　　（c）非晶态

图 2.27　高聚物三种聚集态结构示意图

度就较低（55 %～65 %）。聚丙烯分子具有很规整的结构,尼龙的分子中有很强的氢键相互作用,也都是结晶度很高的聚合物。

结晶对聚合物的性能影响重大。表 2-5 为聚乙烯的结晶度与力学性能的关系。

表 2-5　聚乙烯的结晶度与力学性能的关系

结晶度	抗裂强度/MPa	伸长率/%
40 %～53 %	7～16	90～800
60 %～80 %	20～39	15～100

结晶度越高,分子间作用力越强,因此高分子化合物的强度、硬度、刚度和熔点越高,耐热性和化学稳定性也越好,而弹性、伸长率、冲击韧性则降低。非晶态聚合物,由于分子链无规则排列,分子链的活动能力大,故弹性、延伸率和韧性等性能较好。例如,无规聚丙烯是一种非晶的高分子,它的相对分子质量也很大,但强度很差,是一种蜡状的固体,不能作结构材料使用。而聚丙烯树脂是高结晶度的聚合物,强度高,还能耐受较高的温度,是一种性质优良的塑料。高压聚乙烯具有支链结构,结晶度低,材料的性质就比较柔软,强度较低,而低压聚乙烯的结晶度高,材料的刚性好,强度也高。尼龙和聚酯都是结晶性聚合物,它们的强度都很好,是重要的工程塑料。橡胶的分子比较柔软、富有弹性,所以一般不希望它具有结晶结构。

对聚合物进行热处理或拉伸处理常常能进一步提高聚合物的结晶度。在热处理过程中,长链分子通过分子热运动调整它的位置,使分子排列得更加规整,结晶度提高。拉伸也有使分子排列得更加有序的作用。

非晶聚合物大都是透明的,如有机玻璃、聚苯乙烯和聚氯乙烯等都是透明度很好的塑料。而结晶聚合物有的透光好,有的透光差,这取决于晶粒的尺寸。如果晶粒的直径与可见光的波长相似,高聚物就不大透明,如聚乙烯。反之,如晶粒的尺寸大于可见光的波长（如聚丙烯）或小于可见光的波长（如涤纶）,则结晶高聚物仍有很好的透明性。

③ 高分子的取向态结构:线性高分子充分伸展时,长度与宽度相差极大（几百、几千、几万倍）。这种结构悬殊的不对称性使它们在某些情况下很容易沿某个特定方向占优势平行排列,这种现象就称为取向。未取向的聚合物材料是各向同性的,即各个方向上的性能相同,而取向

后的聚合物材料是各向异性的,即方向不同,性能也不同。例如,用过塑料包装绳的人都有这样的经验,要想把绳子拉断是十分困难的,而把绳子撕裂却非常容易。塑料包装绳所以会有这样的特性,是由于人们在加工时,对塑料绳进行拉伸,将原来卷曲的聚合物分子拉直,沿着拉伸的方向上较平行地排列起来。经过高温处理,这种结构就固定下来(见图 2.28),这就是取向态结构。取向态和结晶态都与高分子有序性相关:取向态是一维或二维有序,结晶态是三维有序。

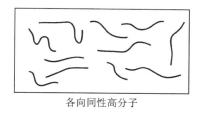 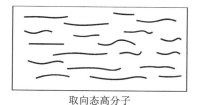

各向同性高分子　　　　　　　　　　　　取向态高分子

图 2.28　高分子的取向态结构

　　纤维和塑料包装绳在制备时都要经过拉伸、取向,纺成的丝才会有很高的强度。拉伸是纤维制造过程中极为重要的一道工序。纤维的拉伸倍数越高,取向度越好,强度就越高。如钓鱼丝高强度纤维都需要经过高倍的拉伸。通过拉伸使聚合物的分子链取向,是提高聚合物机械强度的重要方法。美国杜邦公司利用这一原理制成了可以用于灌装可乐等碳酸饮料的耐压、高强度、质轻的聚酯塑料瓶,替代了易碎的玻璃瓶,降低了运输成本和破损率,对促进可口可乐的销售起了很大的作用。制瓶时,先将加热的聚酯型坯拉长,使分子沿纵向取向;然后在模子中用压缩空气将型坯吹成直径较大的瓶子,使分子又沿横向取向。这种双向拉伸的瓶子有很高的强度(见图 2.29)。

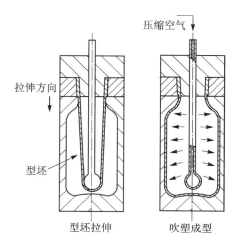

图 2.29　聚酯双向拉伸瓶的制备

2.2.3　陶瓷的相结构

　　提起陶瓷,人们不免想起茶杯饭碗、砖头瓦片之类,其实陶瓷的含义比这要广得多,是一切无机非金属材料的总称。陶瓷材料主要是由离子键、共价键,或者这两者的混合键键合组成的化合物,常见的有氧化物、氮化物、碳化物等。与金属材料不同,陶瓷材料的组织结构要复杂得多。这是因为工程陶瓷在生产过程中,各种物理和化学转变通常不能进行到终点,所以总处于不平衡状态,这种组织很不均匀,很难从相图上进行分析。

　　陶瓷是一种多晶态无机非金属材料,是粉末烧结体,一般由结晶相、玻璃相和气相(气孔)组成(见图 2.30)。这些相的结构、数量、晶粒大小、形态、结晶特性、分布状况、晶界及表面特征的不同,都会对陶瓷的性能产生重要影响。其中晶相是陶瓷的主要组成相,往往决定着陶瓷的物理、化学性能;玻璃相是一种非晶态低熔点固体相,起粘结晶相、抑制晶粒长大、填充气孔间隙、降低烧结温度等作用。陶瓷中的玻璃相可达 20 %～60 %,陶瓷中的玻璃相经常与晶界相联系。气孔是陶瓷生产过程中不可避免残存下来的,一般会使材料性能降低,但有时为了特殊需要,会有目的的控制气孔之生成。

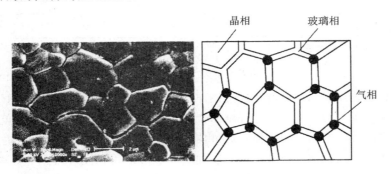

图 2.30　陶瓷显微组织和示意图

1. 晶体相

　　晶体相是陶瓷中的主要组成物,数量较多。陶瓷的性能主要取决于结晶相的结构、数量、形态和分布。例如,氧化铝陶瓷(刚玉瓷)由于 Al_2O_3 晶体中的氧和铝是以很强的离子键结合,其结构紧密,具有强度高、耐高温和绝缘耐蚀的优良性能,是优异的工具材料和耐火材料。倘若陶瓷中有多种晶体共存时,数量最多、作用最突出的为主晶相。另外,和其他所有晶体材料一样,陶瓷中的晶体相也存在着各种晶体缺陷。

　　陶瓷中的晶体相主要有硅酸盐、氧化物和非氧化合物三种。

　　(1) 硅酸盐结构

　　硅酸盐是传统陶瓷的主要原料,如长石、高岭土、滑石等,同时又是陶瓷组织中的重要晶体相,是由硅氧四面体 $[SiO_4]$ 为基本结构单元所组成的,即四个氧离子构成四面体,硅离子居四面体间隙。$[SiO_4]$ 就像高分子化合物大分子链中的基本结构单元——链节一样,既可以孤立地在结构中存在,也可以互成单链、双链或层状连接,如图 2.31 所示,因此,硅酸盐有无机高分子化合物之称。

　　(2) 氧化物结构

　　氧化物是大多数典型陶瓷尤其是特种陶瓷的主要组成之一,主要由离子键结合,有时也有共价键。氧化物结构中,正负离子的分布特点是以尺寸较大的氧离子占据节点位置组成密排形式的骨架(面心立方或六方晶格),尺寸较小的阳离子填充空隙(如四面体间隙或八面体间隙),形成牢固的离子键。

　　常见的氧化物晶体相有 AO、AO_2、A_2O_3、ABO_3 和 AB_2O_4 等(A 和 B 均表示阳离子)。这些氧化物的结构共同点是,氧根据阳离子所占间隙的位置和数量不同,可形成各种形式的氧

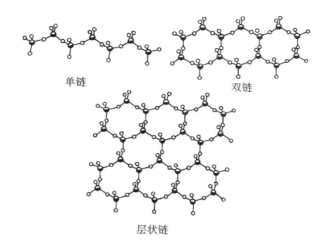

单链　　　　　　　　双链

层状链

图 2.31　[SiO₄]四面体连接模型

化物。

（3）非氧化物结构

非氧化物是指不含氧的金属碳化物、氮化物、硼化物和硅化物。图 2.32 为三种典型的非氧化物的结构。非氧化物是特种陶瓷特别是金属陶瓷的主要组成之一，主要由强大的共价键结合，但也有一定成分的金属键和离子键。

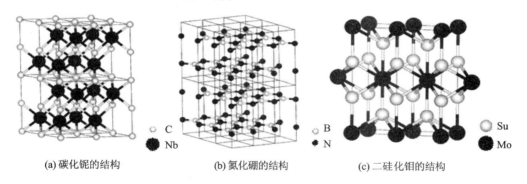

(a) 碳化铌的结构　　　　　(b) 氮化硼的结构　　　　　(c) 二硅化钼的结构

图 2.32　三种典型的非氧化化合物的结构

金属碳化物大多数是共价键和金属键之间的过渡键，以共价键为主。TiC、ZrC 和 NbC 等陶瓷结构是碳原子填入密排立方或六方金属晶格的八面体间隙之中；而 Fe_3C、Ni_3C 和 WC 等陶瓷结构是由碳原子或碳原子链与金属构成各种复杂结构。

氮化物的结合键与碳化物相似，但金属键弱些。常见的氮化硅 Si_3N_4 和氮化铝 AlN 都属于六方晶系。

硼化物和硅化物的结构比较相近，都是以较强的共价键结合，均可连接成链、网和骨架，构成独立的基本单元，而金属原子则位于基本单元之间。

2．玻璃相

玻璃相是一种非晶态低熔点固体相，是熔融的陶瓷组分在快速冷却时原子还未来得及自行排列成周期性结构而形成的无定形固态玻璃相。一般黏度较大的物质，如 Al_2O_3、SiO_2、

B_2O_3 等化合物的液体,快速冷却时很容易凝固成非晶态的玻璃体,而缓慢冷却或保温一段时间,则往往会形成不透明的晶体。玻璃相的特点是与硅氧四面体组成不规则的空间网,形成玻璃的骨架。

玻璃相的数量随不同陶瓷而异,在固相烧结的陶瓷(如特种陶瓷)中几乎不含玻璃相;而在有液相参加烧结的陶瓷(如工业陶瓷和日用陶瓷)中,则存在较多的玻璃相。玻璃相的强度比基体要低,热稳定性差,在较低温度下会软化,不能成为陶瓷的主相。此外,玻璃相结构疏松,空隙中常用金属离子填充,会降低陶瓷的电绝缘性,增加介电消耗。所以工业陶瓷中的玻璃相应控制在一定范围,一般为 15 ％～40 ％。

3. 气　相

气相是指陶瓷组织结构中的气孔,既可以分布在晶粒内,也可以分布在晶界上,部分非晶相中也会有气孔。

气孔的形成原因比较复杂,由原料粒度级配、杂质、烧结工艺和化学组成等多重因素共同决定。根据气孔率可判断陶瓷材料的致密化程度。一般来说,气孔的存在对陶瓷材料的性能是不利的,它往往是应力集中的地方,并且有可能直接成为裂纹,这将使材料强度大大降低(见图 2.33)。所以,应力求降低气孔的大小和数量,使气孔呈细小球形并均匀分布。普通陶瓷的气孔率在 5 ％～10 ％之间,特种陶瓷的气孔率在 5 ％以下,金属陶瓷要求在 0.5 ％以下。气相对光有散射作用而会降低陶瓷的透明度,对于透光的功能陶瓷材料,则结构陶瓷中最好不含气相。对于隔热陶瓷、保温陶瓷和过滤多孔陶瓷,则希望气孔数量多,分布和大小均匀一些。

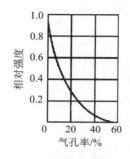

图 2.33　气孔对陶瓷强度的影响

2.3　纯金属的结晶

液相向固相的转变是一个相变过程,掌握结晶过程的基本规律将为研究其他相变奠定基础。纯金属和合金的结晶,两者既有联系又有区别,合金的结晶比纯金属的结晶要复杂些。为简单起见,先研究纯金属结晶。

金属材料的成形,除粉末冶金材料外,一般要经过熔炼和浇注,即经历液态转变为固态的结晶过程。金属在焊接时,焊缝中的金属也要发生结晶。广义上讲,金属从一种原子排列状态(晶态或非晶态)转变为另一种原子规则排列状态(晶态)的过程均属于结晶过程。通常把金属从液态转变为固体晶态的过程称为一次结晶,而把金属从一种固体晶态转变为另一种固体晶态的过程称为二次结晶或重结晶。金属结晶时形成的铸态组织,不仅影响其铸态的性能,而且也影响其经冷、热加工后材料的组织与性能。因此有必要了解金属的结晶规律,以利于控制金属产品的质量。

2.3.1　纯金属结晶的条件

研究纯金属结晶过程最常用、最简单的方法是热分析法。即将纯金属加热到熔化状态,然后将其缓慢冷却。在冷却过程中每隔一定时间测量一次温度,直至结晶完毕,这样可得到一系列时间与温度相对应的数据。将记录的数据标注在同一时间—温度坐标图中，可画出如图 2.34(a)所示的曲线，该曲线称为冷却曲线。

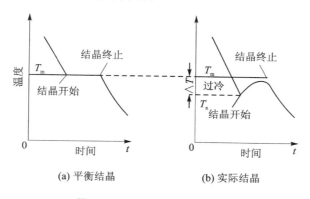

图 2.34　金属冷却曲线示意图

由冷却曲线可知，液态金属随时间的增长温度随之下降，当降至某一温度时出现了一个"恒温"平台，这个温度是金属的平衡结晶温度(或理论结晶温度)T_m。因为在该温度时，金属液已开始结晶，结晶时放出的结晶潜热与冷却时向外界散失的热量相平衡，所以温度保持不变。随后，由于没有结晶潜热放出，固态金属的温度就按原来的冷却速度继续下降。上述过程是以极其缓慢的速度冷却，相当于结晶过程中每一瞬间都是平衡过程，所以称为理论冷却曲线。

但是，实际金属凝固时，只有冷却到低于 T_m 的某一温度 T_n 时，结晶过程才能有效地进行(见图 2.34(b))。这种实际结晶温度总是低于理论结晶温度的现象叫过冷现象。过冷是结晶的必要条件。理论结晶温度与实际结晶温度的差值称为过冷度，即 $\Delta T = T_m - T_n$。

随金属的性质和纯度的不同以及冷却速度的差异，过冷度变化很大。同一种金属，其纯度越高，则过冷度越大；冷却速度越快，则金属的实际结晶温度越低，过冷度越大(见图 2.35)。当液态金属以极其缓慢的速度冷却时，金属的实际结晶温度就接近于理论结晶温度，这时的过冷度接近于零。但是，不管冷却速度多么缓慢，都不可能在理论结晶温度进行结晶。

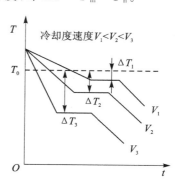

图 2.35　液态金属不同冷却速度时的冷却曲线

为什么液态金属在理论结晶温度不能结晶，而必须在一定的过冷条件下才能进行，这是由热力学条件决定的。结晶是一个自发过程，但必须具备一定条件，即需要驱动力。自然界的一切自发转变过程，总是由一种较高的能量状态趋向较低的能量状态，就像水总是自动流向低处，降低自己的势能一样，结晶过程的状况也是如此。

在恒温条件下，只有引起体系自由能(即能够对外做功的那部分能量)降低的过程才能自发进行。从图 2.36 可以看出，液态自由能变化曲线比固态自由能变化曲线陡，两条曲线的交点处液、固两相自由能相等($G_L = G_S$)，液态和固态处于动态平衡，可长期共存，此时对应的温度 T_m 即为理论结晶温度。显然，高于 T_m 温度时，液态比固态的自由能低，金属处于液态更稳定;低于 T_m 温度时,金属处于固态更稳定。

对应着过冷度 ΔT,金属在液态与固态之间存在的自由能差 ΔG 就是促使液态金属结晶的驱动力。一旦液态金属的过冷度足够大,使其结晶的 ΔG 大于建立新界面所需要的表面能时,结晶过程就开始进行。过冷度越大,液、固两相的自由能差越大,即结晶驱动力越大,结晶速度便越快。可见结晶的必要条件是液态金属具有一定的过冷度。

需要指出的是,纯金属和合金的结晶过程区别在于,纯金属的结晶是一个恒温过程;但大多数合金的结晶过程却在一个温度区间内进行。

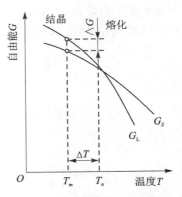

图 2.36　液相和固相自由能
与温度关系曲线

2.3.2　金属的结晶过程

液体金属的结晶过程由晶核的形成和长大两个基本过程组成。

研究证明,液体金属中总是存在着许多类似于晶体原子规则排列的小集团,称为近程有序。由于液态金属原子的热振动很激烈,原子间距离较大而结合力较弱,使得这些近程有序的原子集团很不稳定,时聚时散,此起彼伏。只有当温度降至理论结晶温度以下时,大于一定尺寸的原子团才会稳定下来,在液态金属中形成一些极小的晶体作为结晶核心,称为晶核。

晶核形成后即不断吸附周围液体中的原子,使它们按定的排列规律附着在这些晶核上。与此同时,在液态金属中又不断产生新的晶核,新晶核又不断长大,直到液态金属全部消失为止。每个晶核长大后即成为一个晶粒,同时相邻晶粒之间自然形成了晶界,如图 2.37 所示。就每一个晶体的结晶过程来说,它在时间上都可划分为先形核和后长大两个阶段;但就整个金属来说,形核和长大在整个结晶过程中是同时进行的。

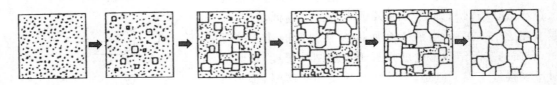

图 2.37　金属结晶过程示意图

晶核长大初期的外形是比较规则的,但当晶体棱角形成后,因棱角处的散热条件优于其他部位,过冷度最大,生长速度最快,故优先沿一定方向生长出空间骨架。这种骨架形同树干,称为一次晶轴。在一次晶轴增长和变粗的同时,在其侧面生出新的枝芽,枝芽发展成枝干,此为二次晶轴。随着时间的推移,二次晶轴成长的同时又可长出三次晶轴等。如此不断成长和分枝下去,直至液体全部消失。最终结晶得到一个具有树枝形状的晶粒(树枝晶),形成的树枝晶是单晶体(见图 2.38)。

一般而言,枝晶在三维空间得以均衡发展,各方向上的一次轴近似相等,这时的晶粒称为等轴晶粒,呈多边形。当所有的枝晶都严密合缝地对接起来,液态金属完全消失后,就看不出来树枝的模样,只能看到如图 2.39 所示的多边形晶粒的边界。如果结晶过程中金属凝固收缩而得不到充分的液体补充,最后凝固的枝晶间隙就很难被填满,晶体的树枝状形态就很容易显露出来。例如,在许多金属的铸锭表面常能直接观察到如化石般树枝状的凸纹。

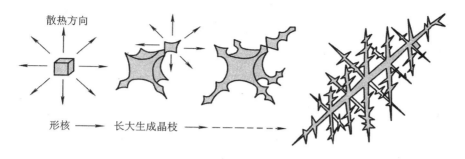

图 2.38　晶体树枝状长大示意图

图 2.39　长大后的晶粒

2.3.3　晶粒大小及控制

实际金属结晶之后,获得由大量晶粒组成的多晶体。晶粒的一般尺寸为 $10^{-2} \sim 10^{-1}$ mm,但也有大至几个或十几个毫米的。晶核数目越多,晶粒越细小,金属的强度越高,塑性及韧性越好。因此,在实际生产中总希望得到细小均匀的晶粒组织。

用细化晶粒来提高材料强度的方法,称为细晶强化。表 2 - 6 列出了晶粒大小对纯铁力学性能的影响。

表 2 - 6　晶粒大小对纯铁力学性能的影响

晶粒平均直径 d/mm	抗拉强度 R_{m}/MPa	屈服强度 R_{eL}/MPa	断后伸长率 A/%
9.7	165	40	28.8
7.0	180	38	30.6
2.5	211	44	39.5
0.2	263	57	48.8
0.16	264	65	50.7
0.1	278	116	50.0

1. 金属结晶后的晶粒大小

金属的结晶过程 Z 是晶核不断形成和不断长大的过程。因此可引入形核率 N 和晶核长大速度 v 这两个物理参数来描述结晶过程的规律。它们之间存在以下关系:

$$Z \propto \sqrt{N/v} \tag{2.1}$$

形核率 N 是指在单位时间和单位体积内所产生的晶核数。显然 N 越大,单位体积的生成晶核的数量越多,晶体的晶粒也就越细。晶核长大速度 v 指单位时间内晶核向周围长大的平均速率。显然 v 越大,结晶时单位体积生成晶核的数量就越少,晶粒就越粗。因此,凡是能促进形核率 N 或抑制长大速率 v 的因素,都能使 N/v 获得较大的比值,即晶粒细化。

2. 细化晶粒的措施

为了细化铸锭和焊缝区的晶粒,在工业生产中常采用以下几种方法:

① 增大过冷度:金属结晶的过冷度越大,其冷却速度也越大,形成的晶核数目越多,结晶后的晶粒越细。在实际生产中,过冷细化的办法只适用于尺寸较小的铸件。而对厚的铸件不适用。因为当铸件截面较大时,只是表面冷得快,而心部冷却很慢,因此无法使整个体积内获得细小均匀晶粒。

近 20 年来,随着超高速(达 $10^5 \sim 10^{11}$ K/s)急冷技术的发展,已成功地研制出超细晶金属、亚稳态结构金属、非晶态金属等具有优良力学性能和特殊物理、化学性能的新材料。

② 变质处理:变质处理又称孕育处理。它是在金属结晶前加入一些细小的变质剂作为"人工晶核"(非自发形核),起到增加形核率或降低长大速度的作用,从而获得均匀细小的晶粒。与增大过冷度相比,变质处理细化晶粒效果更好,因而在生产上应用更广泛。例如在铸铁液中加入硅、钙(见图 2.40),在铝硅合金液中加入钠盐等。

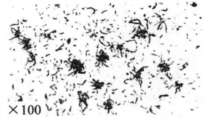

$\times 100$　　　　　　$\times 100$

图 2.40　铸铁变质处理前后的组织对比图

3. 振动搅拌

在液态金属结晶过程中,输入一定频率的振动波,形成的对流使成长中的树枝晶臂折断,增加了晶核数目,从而可显著地提高形核率,细化晶粒。常用的振动方法有机械振动、超声波振动、电磁搅拌等。特别是在钢的连铸中,电磁搅拌已成为控制凝固组织的重要技术。

2.3.4　铸锭的结晶组织

金属铸件凝固时,由于表面和心部的结晶条件不同,铸锭的宏观组织是不均匀的,其典型的宏观组织从表层到中心分别由表层等轴细晶粒区、柱状晶粒区和中心等轴粗晶粒区三层组成,如图 2.41 所示。

（1）表层等轴细晶粒区

当高温的液态金属被浇注到铸型中时,液态金属首先与铸型的模壁接触。由于模壁温度较低,表层金属遭到剧烈的冷却,造成较大的过冷度,形成大量晶核;另外铸壁也易引起非均匀形核,增加了形核率。故在铸锭表层形成一层厚度较薄、晶粒纤细的等轴晶区,如图 2.41 中

"1"所示。所谓等轴晶粒,是指晶体的长、宽、高三轴近似相等,呈粒状。

表层细晶区的晶粒十分细小,组织致密,力学性能好,但由于细晶区的厚度一般都很薄,有的只有几毫米厚,因此没有多大的实际意义。

（2）柱状晶粒区

在表层等轴细晶粒区形成的同时,模壁温度很快升高,使铸锭中金属液体的冷却速度下降,过冷度降低。此外,细晶区形成时释放出的结晶潜热,使细晶粒层前沿金属液体的温度升高,过冷度降低,导致形核率大大降低,难以形成新的结晶核心,结晶只能通过已有晶体的继续生长来进行。由于散热方向垂直于模壁,因此晶体沿着与散热相反的方向择优生长,形成如图2.41中"2"所示的轴垂直于模壁的柱状晶区,而倾斜于模壁方向长大的另一些晶粒受到阻碍,终止生长。

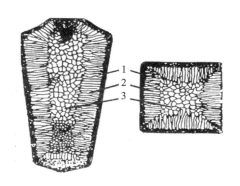

1—表层细晶区；2—柱状晶区；3—中心等轴晶区

图 2.41　铸锭晶粒区示意图

（3）中心等轴粗晶粒区

当柱状晶长大到一定程度时,由于冷却速度进一步下降及结晶潜热的不断放出,铸件截面的温度差越来越小,过冷度大大减小,导致柱状晶的长大停止。当心部液体全部冷却至实际结晶温度以下时,杂质和被冲下的晶枝碎块成为剩余金属液体的晶核,这些晶核由于在不同方向上的长大速度相同,从而形成粗大的等轴晶粒区,如图2.41中"3"所示。

在三类晶粒区中,心部等轴粗晶粒区的晶粒粗大,容易产生疏松,因此性能比另外两类差。钢锭一般不希望得到柱状晶粒区,原因是铸锭一般都是坯料,还要进行轧制等各种加工,而柱状晶方向性过于明显,且晶粒之间往往结合较弱,轧制时容易在柱状晶处开裂,故要尽量减少或避免形成明显的柱状晶区。在生产上常用振动浇注或变质处理等方法来减少钢锭中的柱状晶粒区。而对于塑性好、杂质少的有色金属则希望获得柱状晶粒。这是因为柱状晶粒组织较致密,力学性能良好,再加上这些金属塑性好,在压力加工时不会产生开裂现象。

实际上,铸锭的组织,并不都具备三个晶区,它是随着合金种类、化学成分、铸锭的尺寸形状、铸造工艺的改变而变化的,改变这些因素,可以改变三个晶区的宽窄和晶粒大小,甚至获得只有一个晶区所构成的铸锭组织。在某些场合,例如涡轮叶片等要求沿某一方向具有优越性能的铸件,也可用一定的工艺方法使铸件全部由同一方向的柱状晶组成,这种工艺称为定向凝固。

2.3.5　同素异构转变

　　大多数金属从液态结晶成为晶体后,在固态下只有一种晶体结构。但有少数金属如铁、钴、钛、锡等,在结晶完成后继续冷却的过程中还会发生晶体结构的转变。金属的这种在固态下由一种晶格向另一种晶格的转变称为同素异构转变。

　　金属的同素异构转变与液态金属的结晶过程相似,符合结晶过程的一般规律,即有一定的转变温度,转变时需要过冷度,有结晶潜热产生,并依靠形核和长大来完成。但它又与液态结晶不同,即同素异构转变是在固态下发生的。因此,通常将这种固态下的晶体结构变化过程称为重结晶。

　　此外,由于晶体致密度不同,固态转变时将伴有体积突变。例如,当纯铁由室温加热至912 ℃时,致密度较小的 α-Fe 转变为致密度较大的 γ-Fe,体积突然减小;而冷却时则相反,体积会膨胀。这样就会产生应力并可能导致晶体变形,严重时会导致工件变形和开裂。

　　图 2.42 为纯铁在结晶时的冷却曲线。液态纯铁在 1 538 ℃时结晶,得到具有体心立方晶格的 δ-Fe;当冷却至 1 394 ℃时转变为面心立方晶格,称 γ-Fe;继续冷至 912 ℃时又转变为体心立方晶格,称 α-Fe,以后一直冷却至室温晶格类型不再发生变化。

$$\delta\text{-Fe} \underset{}{\overset{1\,394\,℃}{\rightleftharpoons}} \gamma\text{-Fe} \underset{}{\overset{912\,℃}{\rightleftharpoons}} \alpha\text{-Fe}$$
$$\text{(体心立方晶格)}\qquad\text{(面心立方晶格)}\qquad\text{(体心立方晶格)}$$

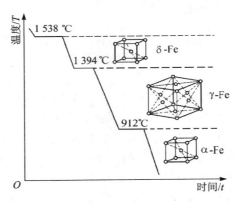

图 2.42　纯铁的冷却曲线图

　　α-Fe 和 γ-Fe 的同素异构转变示意过程如图 2.43 所示,即纯金属冷却到一定温度时,首先在 γ-Fe 的晶界处形成 α-Fe 的晶核;然后逐渐长大,直到完全取代 γ-Fe 为止。铁的同素异构转变具有十分重要的意义,正是由于铁在不同温度下具有不同的晶体结构,对碳和合金元素的溶解能力不同,才能通过热理改变其组织和性能,这是钢铁材料性能多种多样、用途广泛的主要原因之一。

　　许多无机材料和聚合物材料也都具有类似同素异构转变的特性,如石墨和金刚石同属于碳,但因晶体结构不同而具有截然不同的性能。

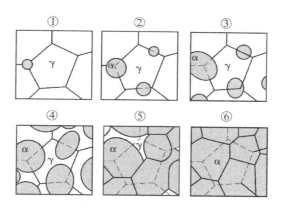

图 2.43　纯铁同素异构转变示意图

2.4　合金的结晶

合金的结晶通常在一定温度范围内进行,过程较为复杂,运用合金相图可分析合金的结晶过程。

相图是用来研究材料体系在平衡(极其缓慢冷却或加热)条件下,于不同温度时相和组织的状态以及变化规律的最有效工具,它主要应用于金属材料与无机材料。相图也称为平衡图或状态图,所谓平衡是指在一定条件下合金系中参与相变过程的各相的成分和相对重量不再变化所达到的一种状态,此时合金系的状态稳定,不随时间而改变。

在生产和科研实践中了解固体材料制备的基本过程,控制其制备条件,利用相图分析某一材料在某温度下存在的平衡相及相成分、相组织变化等,从而判断材料的性能是十分必要的。它是制定合金熔炼、铸造、焊接、锻造及热处理工艺、无机材料的烧成温度、聚合物的合成条件等的重要依据。掌握相图的分析和使用方法,对于了解合金的组织状态、预测合金的性能以及研究和开发新的合金材料,具有重要的指导意义。

2.4.1　二元合金相图

1. 相图的建立过程

纯金属可以用一条表示温度的纵坐标将其在不同温度下的组织状态表示出来。图 2.44 所示为纯铜的冷却曲线,1 点为纯铜冷却曲线上的结晶温度(1 083 ℃)在温度轴上的投影,即纯铜的相转变温度(称为临界点)。1 点以上表示纯铜处于液体状态(液相);1 点以下表示纯铜处于固体状态(固相)。所以纯金属的相图,只用一条温度纵坐标轴就能表示。

二元合金中组成相的变化不仅与温度有关,而且还与合金成分有关。因此不能像纯金属那样简单地用一个温度坐标轴表示,必须增加一个表示合金成分的横坐标。通过测定合金系中各种成分合金的相变的温度,可以确定不同相存在的温度和成分界限,从而建立相图。

下面以 Cu - Ni 合金系为例,简单介绍用热分析法建立相图的过程。

① 配制一系列不同成分的铜镍合金,如表 2 - 7 所列。若配制的合金数目越多,所用金属的纯度愈高,热分析时冷却速度越缓慢,则测定的合金相图就越精确。

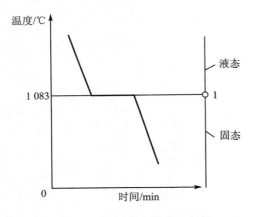

图 2.44　纯铜的冷却曲线及相图

表 2－7　不同成分的铜镍合金

元　素	合金系				
	合金 I	合金 II	合金 III	合金 IV	合金 V
Cu	100 %	75 %	50 %	25 %	0 %
Ni	0 %	25 %	50 %	75 %	100 %

② 合金熔化后缓慢冷却,测出每种合金的冷却曲线,找出各冷却曲线上的临界点(转折点或平台)的温度。

③ 画出温度—成分坐标系,在各合金成分垂线上标出临界点温度。

④ 将物理意义相同的点(如转变开始点、转变结束点)连成曲线,标明各区域内所存在的相,即得到如图 2.45 所示的 Cu－Ni 合金相图。

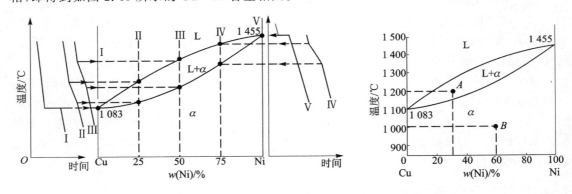

图 2.45　Cu－Ni 合金冷却曲线及相图的建立

上图是一种最简单的二元相图,横坐标表示合金成分(一般为溶质的质量百分数),左、右端点分别表示纯金属 Cu、Ni,其余的为合金系的每一种合金成分。坐标平面上的任一点表示一定成分的合金在一定温度时的稳定相状态。例如,A 点表示含 30 %Ni 的铜镍合金在 1 200 ℃时处于液相 L＋固相 α 的两相状态;B 点表示含 60 %Ni 的铜镍合金在 1 000 ℃时处于单一 α 固相状态。

Cu－Ni 合金相图比较简单,实际上多数合金的相图很复杂。但是,任何复杂的相图都是由一些简单的基本相图组成的。下面介绍四个基本的二元相图,即匀晶相图、共晶相图、包晶相图和共析相图。

2. 匀晶相图

两组元在液态无限互溶,在固态也无限互溶、形成固溶体的二元相图称为二元匀晶相图,例如 Cu－Ni、Au－Ag 合金相图等。在这类合金中,结晶时都是由液相结晶出单相的固溶体,这种结晶过程称为匀晶转变。

现以 Cu–Ni 合金相图为例,对匀晶相图及其合金的结晶过程进行分析。

(1) 相图分析

Cu–Ni 相图(见图 2.46)为典型的匀晶相图。图中 aa_1b 线为液相线,该线以上合金处于液相;ac_1b 线为固相线,该线以下合金处于固相。若任意做一条垂直成分线,则其和液相线、固相线的交点分别表示该成分合金在平衡状态下冷却时结晶的始点、终点。L 为液相,是 Cu 和 Ni 形成的液溶体;α 为固相,是 Cu 和 Ni 组成的无限固溶体。图中有两个单相区:液相线以上的 L 相区和固相线以下的 α 相区;图中还有一个两相区:液相线和固相线之间的 L+α 相区。

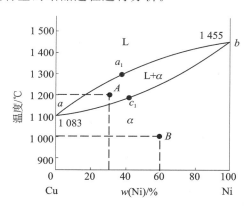

图 2.46　Cu–Ni 匀晶相图

(2) 合金的结晶过程

以 M 点成分的 Cu–Ni 合金(Ni 含量为 $l_1\%$)为例分析结晶过程,该合金的冷却曲线和结晶过程如图 2.47 所示。首先利用相图画出该成分合金的冷却曲线,在 t_1 点温度以上,合金为液相 L。缓慢冷却至 t_1 温度时,开始从液相中结晶出 α_1(其 Ni 的质量分数高于 M 合金中 Ni 的质量分数),即 $l_1 \xrightarrow{\;t_1\;} \alpha_1$。其原因可解释为:当液相冷却到 t_1 温度时,结晶出 α_1 成分的固溶体;当 α_1 点成分的合金重新加热到 t_1 温度时,便开始熔化。所以,在 t_1 温度时,与成分为 l_1 的液相处于平衡状态的 α 固溶体的成分一定是 α_1。

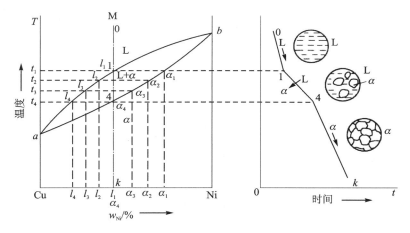

图 2.47　匀晶合金的结晶过程

随温度下降,结晶出来的 α 固溶体量逐渐增多,剩余的液相 L 量逐渐减少。当温度降至 t_2 时,固溶体的成分为 α_2,液相的成分为 t_2(Ni 的质量分数低于合金 Ni 的质量分数),即 $l_2 \xrightarrow{\;t_2\;} \alpha_2$。为保持相平衡,在 t_1 温度结晶出来的 α_1 相,必须改变为与 α_2 相一致的成分;相应的

液相成分也必须由 l_1 向 l_2 变化……一直冷却到温度 t_4 时,其相平衡关系 $l_4 \xrightarrow{t_4} \alpha_4$,匀晶转变完成,合金全部结晶为单相固溶体。最后的相平衡,必然使从液相中结晶出来的全部 α 相都具有 α_4 的成分,并使最后一滴液相的成分达到 l_4 的成分。

由此可知,M 合金的平衡结晶过程特点是:固溶体合金在一定温度范围内进行结晶,已结晶的固溶体成分不断沿固相线变化(即 $\alpha_1 \rightarrow \alpha_2 \rightarrow \alpha_3 \rightarrow \alpha_4$),剩余液相成分不断沿液相线变化(即 $l_1 \rightarrow l_2 \rightarrow l_3 \rightarrow l_4$),最终得到成分与原液相成分相同的固溶体组织。其他成分合金的平衡结晶过程也完全类似。

(3)不平衡结晶——枝晶偏析

在图 2.47 的结晶过程中,α 相的成分是变化的。只有在极其缓慢地冷却时合金中的原子才能充分扩散,固相成分沿着固相线均匀地变化,最终才会得到成分均匀的固溶体。在实际结晶过程中,很难保持体系的平衡状态,冷却过程往往是比较快的(即不平衡结晶),此时 Ni 原子不能充分进行扩散,这时先结晶出的固相含高熔点组元 Ni 较多,后结晶出的固相含低熔点组元 Cu 较多,则最终得到的固溶体成分就会不均匀。因结晶一般是以树枝状方式进行,先结晶的主干和后结晶的分枝成分不一致,故这种偏析称为枝晶偏析。因这种偏析发生在一个晶粒内,故又称晶内偏析。

枝晶偏析会影响合金的力学性能(特别是使塑性和韧性显著降低),耐蚀性和加工工艺性能也会变差。为消除枝晶偏析,可采用高温扩散退火(又称均匀化退火)的方法,即将铸件加热至低于固相线 100 ℃~200 ℃ 的高温,进行较长时间保温,使偏析原子充分扩散,以达到成分均匀化的目的。

3. 共晶相图

二元共晶相图指两组元在液态无限互溶、固态有限溶解,通过共晶反应形成两相机械混合物的二元系相图,例如 Al–Si、Ag–Cu、Mg–Al、Pb–Sn 等合金相图。共晶反应是液相在冷却过程中同时结晶出两个结构不同的固相的过程。现以 Pb–Sn 合金相图为例,对共晶相图及其合金的结晶过程进行分析。

(1)相图分析

图 2.48 为 Pb–Sn 二元合金相图,对此相图的分析如下。

该合金系有三种相:Pb 与 Sn 形成的无限互溶液体 L 相,固态下,Pb 能溶解一定量的 Sn,形成有限固溶体 α 相,其溶解度(cf 线)随温度的下降而减小;Sn 中也能溶解一定量的 Pb,形成有限固溶体 β 相,其溶解度(eg 线)也是随温度的下降而减小。

相图中有三个单相区(L、α、β 相区);三个两相区(L+α、L+β、α+β 相区);一条 L+α+β 的三相并存线(水平线 cde)。

a、b 点分别代表纯 Pb、纯 Sn 的熔点;adb 为液相线,在此线以上所有合金均为液态;ac 和 be 为固相线,在此线以下所有合金均为固态;液、固相线之间则为液、固相共存区。d 为共晶点,表示此点成分(共晶成分)的合金冷却到共晶温度时,共同结晶出 c 点成分的 α 相和 e 点成分的 β 相,即 $L_d \rightarrow \alpha_c + \beta_e$。这种由一种液相在恒温下同时结晶出两种固相的反应叫作共晶反应;所生成的两相混合物(α+β)叫共晶组织。发生共晶反应时有三相共存,它们各自的成分是确定的,反应在恒温下平衡进行。水平线 cde 为共晶反应钱,成分在 ce 之间的合金平衡结晶时都会发生共晶反应。

cf 线为 Sn 在 α 中的溶解度线(或 α 相的固溶线)。温度降低,固溶体的溶解度下降,即溶质在溶剂中的极限溶解度下降。因此,Sn 含量大于 f 点的合金从高温冷却到室温时,会从 α 相中析出 β 相以降低其 Sn 含量。从固态 α 相中析出的 β 相称为二次 β,常写作 $β_{II}$;这种二次结晶可表达为:$α \rightarrow β_{II}$。

eg 线为 Pb 在 β 中的溶解度线(或 β 相的固溶线)。Sn 含量小于 g 点的合金,冷却过程中同样发生二次结晶,析出二次 α($β \rightarrow α_{II}$)。

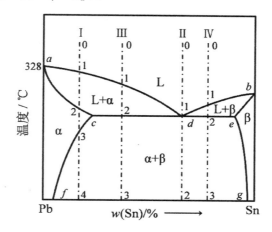

图 2.48　Pb - Sn 合金相图及成分线

(2)典型合金的结晶过程

Pb - Sn 相图中对应于共晶点的合金,称为共晶合金(如合金 II)。成分位于共晶点 d 左、c 点右的合金,称为亚共晶合金(如合金 III)。成分位于共晶点 d 右、e 点左的合金,称为过共晶合金(如合金 IV)。成分位于 c 点左或 e 点右的合金,称为端部固溶体合金(如合金 I)。下面对以上几种典型合金的平衡结晶过程进行分析。

① 合金 I:合金 I 的平衡结晶过程如图 2.49 所示。

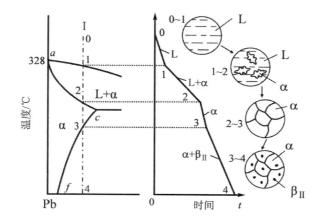

图 2.49　合金 I 结晶过程示意图

0～1:液相 L 降温,至 1 点开始匀晶结晶过程。

1～2:部分液相 L 经匀晶结晶转变为初生 α 固溶体;从 1 点开始结晶,至 2 点结晶完毕,其结晶过程与匀晶合金的平衡结晶相同。

1～2：L、α 两相共存。

2～3：初生 α 相不变。

3～4：从 3 点冷至 4 点，α 相中的 Sn 含量过饱和，必须降低（即 Sn 在 α 中的溶解度沿 cf 线降低）。由于合金 1 中 Sn 含量大于 f 点对应的 Sn 含量，所以从 3 点冷至 4 点就会从初生 α 相中析出 β，以使 α 相中的 Sn 含量降低至 f 点对应的 Sn 含量。我们把从 α 相中析出的 β 相称为二次 β，记为 β_{II}。

最终合金的室温组织为 $\alpha + \beta_{II}$，其组成相是 f 点成分的 α 相和 g 点成分的 β 相。

综上，合金 I 的结晶由下列两种性质的反应组成：匀晶反应＋二次析出反应。

这里需要注意区分初生相和次生相的概念。初生相是由液体中首先结晶出来的固相，亦称初晶。而次生相指由固溶体中析出的新固相，亦称二次相。在同一相图中，初生相 α（或 β）与次生相 α_{II}（或 β_{II}）是属于同一相，但却形成两种不同的组织。这是由于它们的形成条件、形态、数量、分布等均不相同所致。初生相由于结晶温度较高，结晶条件较好，并以树枝状方式长大，所以一般较粗大。而次生相是在低温下仅靠原子扩散从固态下析出，因固态下原子扩散能力小，析出的次生相不易长大，一般都比较细小，分布于晶界或固溶体中。需要注意的是，由于次生相的析出是通过原子在固溶体中的扩散来完成的，故快冷时可抑制或阻止次生相的析出，在室温下得到过饱和固溶体。过饱和固溶体与二次相的析出在工程上具有重要意义。

② 合金 II：合金 II 为共晶合金，其结晶过程如图 2.50 所示。

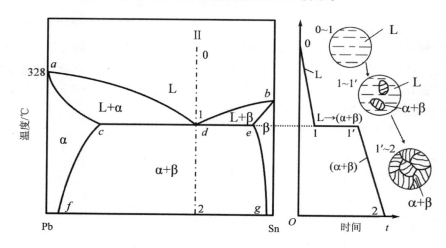

图 2.50　共晶合金结晶过程示意图

0～1～1′：合金从液态冷却到 1 点温度后，发生共晶反应：$L_d \to \alpha_c + \beta_e$，经一定时间到 1′ 时反应结束，全部转变为共晶体（$\alpha_c + \beta_e$）。

1′～2：从共晶温度冷却至室温时，共晶体中的 α_c 和 β_e 均发生二次结晶，即从 α 中析出 β_{II}、从 β 中析出 α_{II}。在这一过程中 α 的成分由 c 点变为 f 点，β 的成分由 e 点变为 g 点。由于共晶体中的二次相常依附于共晶体中的同类相析出（即析出的 α_{II}、β_{II} 分别相应地同 α、β 相连在一起），使共晶体的形态和成分并未产生变化，在金相显微镜下也难以分辨，故不用单独考虑。

最终合金的室温组织全部为共晶体（α＋β）；而其组成相仍为 α 相和 β 相。

合金 Ⅱ 结晶过程中的反应特征为:共晶反应+二次析出反应。

③ 合金 Ⅲ:合金 Ⅲ 是亚共晶合金,其结晶过程如图 2.51 所示。

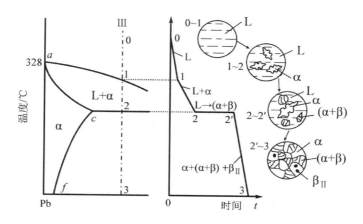

图 2.51　亚共晶合金结晶过程示意图

0~1:液相 L 降温,至 1 点开始结晶出 α。

1~2~2′:合金冷却到 1 点温度后,由匀晶反应生成 α 固溶体,此为初生 α 固溶体。从 1 点到 2 点温度的冷却过程中,α 的成分沿 ac 线变化,液相 L 成分沿 ad 线变化;且 α 相逐渐增多,液相逐渐减少。当刚冷却到 2 点温度时,合金由 c 点成分的初生 α 相(α_c)和 d 点成分的液相(L_d)组成。然后剩余液相进行共晶反应:$L_d \rightarrow \alpha_c + \beta_e$,但初生 α 相不变化。经一定时间到 2′ 点共晶反应结束,合金此刻组织为 $\alpha_c + (\alpha_c + \beta_e)$。

2′~3:从共晶温度继续往下冷却,初生 α 相中不断析出次生相 β_{II},成分由 c 点降至 f 点;而共晶体如前所述,形态、成分和总量保持不变。最终合金的室温组织为 $\alpha + (\alpha + \beta) + \beta_{II}$。

由上述可见,合金 Ⅲ 在结晶过程中的反应特征为:匀晶反应+共晶反应+二次析出反应。

成分在 cd 之间的所有亚共晶合金的结晶过程均与合全 Ⅲ 相同,仅组织组成物和组成相的相对质量不同。成分越靠近共晶点,合金中共晶体的含量越多。

④ 合金 Ⅳ:过共晶合金(见图 2.48 中的合金 Ⅳ)的结晶过程与亚共晶合金相似,也包括匀晶反应、共晶反应和二次析出等三个转变阶段;不同之处是其初生相为 β 固溶体,二次结晶过程为 $\beta \rightarrow \alpha_{II}$。所以过共晶合金的最终室温组织为 $\beta + (\alpha + \beta) + \alpha_{II}$。

(3) 标注组织的共晶相图

从上述分析可知:

若成分在 f~c 点范围内,合金的组织为 $\alpha + \beta_{II}$(如合金 Ⅰ);

若成分在 c~d 点范围内(即亚共晶合金),其组织为 $\alpha + (\alpha + \beta) + \beta_{II}$(如合金 Ⅲ);

若成分为 d 点(即共晶合金),其组织为共晶体 $(\alpha + \beta)$(如合金 Ⅱ);

若成分在 d~e 点范围内(即过共晶合金),其组织为 $\beta + (\alpha + \beta) + \alpha_{II}$(如合金 Ⅳ);

若成分在 e~g 点范围内,其组织为 $\beta + \alpha_{II}$。

综上,虽然成分位于 f~g 点之间合金组织均由 α、β 两相组成,但是由于合金成分和结晶过程的差异,其组成相的大小、数量和分布状况即合金的组织发生很大的变化,这将导致合金性能改变。其中 α、β、$(\alpha + \beta)$ 及 α_{II}、β_{II} 在显微组织上均能清楚地区分开,是显微组织的独立组成部分,是其组织组成物。但从相的本质看,它们又都是由 α、β 两相组成,因此 α、β 两相为其相组成物。

　　研究相图的目的是要了解不同成分的合金室温下的组织构成。将组织标注在相图上（见图 2.52），可以很方便地分析和比较合金的性能，并使相图更具有实际意义。这样便于从相图上了解合金系中任一合金在任一温度下的组织状态，以及该合金在结晶过程中的组织变化。

4. 包晶相图

　　包晶相图与前述共晶相图的共同点是，液态时两组元均可无限互溶，固态时则只有有限固溶度，因而形成有限固溶体。但其相图中水平线所代表的结晶过程与共晶水平线却截然不同。现以 Pt - Ag 合金相图为例（见图 2.53），对包晶相图进行简要分析。

　　Pt - Ag 合金相图中存在三种相：Pt 与 Ag 形成的液溶体 L 相；Ag 溶于 Pt 中的有限固溶体 α 相；Pt 溶于 Ag 中的有限固溶体 β 相。

　　水平线 ced 为包晶反应线。e 点为包晶点，e 点成分的合金冷却到 e 点所对应的温度（包晶温度）时发生以下反应：$\alpha_e + L_d \rightarrow \beta_e$，这种由一种液相与一种固相在恒温下相互作用而转变为另一种固相的反应叫作包晶反应。发生包晶反应时三相共存，它们的成分确定，反应在恒温下平衡地进行。cf 为 Ag 在 α 中的溶解度线，eg 为 Pt 在 β 中的溶解度线。

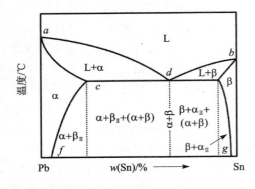

图 2.52　标注组织的共晶相图

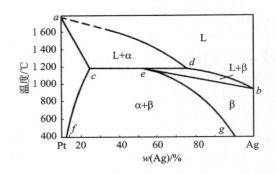

图 2.53　Pt - Ag 合金相图

5. 共析相图

　　共析相图形状与共晶相图相似，如图 2.54 所示。d 点成分（共析成分）的合金从液相冷却到 d 点温度（共析温度）时发生共析反应，$\gamma_d \rightarrow \alpha_c + \beta_e$。各种成分的合金的结晶过程分析同共晶相图。

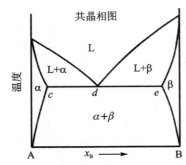

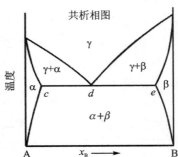

图 2.54　共晶相图和共析相图

共析转变和共晶转变的相似之处在于,都是由一个相分解为两个相的三相恒温转变,三相成分点在相图上的分布也一样。两者的区别是,共晶转变是由液相同时结晶出两个固相,而共析转变是由一个固相转变为另外两个固相。由于共析反应是在固态合金中进行的,转变温度较低,其原子扩散比较困难,容易产生较大的过冷,形核率较高,所以共析组织远比共晶组织细致均匀得多,主要有片状和粒状两种基本形态。冷却速度过大时,共析反应易被抑制。

2.4.2　合金性能和相图之间的关系

合金的性能取决于合金的成分和组织,而相图直接反映了合金的成分和平衡组织的关系。因此,可以利用相图大致判断不同成分合金的性能变化。

1. 合金使用性能和相图的关系

合金的使用性能包括合金的力学性能、物理性能及其他性能等。图 2.55 表示了匀晶相图、共晶或共析相图和合金力学性能(硬度、强度)、物理性能(电导率)之间的关系。

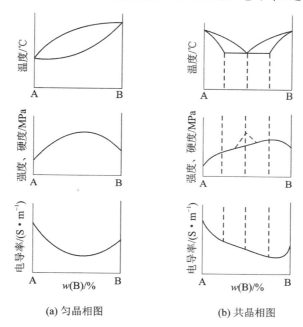

(a) 匀晶相图　　　　　(b) 共晶相图

图 2.55　相图与合金的硬度、强度及电导率之间的关系

对匀晶系合金而言(见图 2.55(a)),由于固溶强化的原因,合金的强度和硬度随溶质组元含量增加而提高。若 A,B 两组元的强度大致相同的话,则合金的最高强度应是 $w_B = 50\%$ 的地方。合金塑性的变化规律正好与上述相反,塑性值随着溶质浓度的增加而降低。电导率与成分的变化关系与强度硬度的相似,均呈曲线变化,这是由于随溶质组元含量增加,晶格畸变增大,增加了合金中自由电子的阻力所致。

对于共晶系或共析系合金而言,当合金形成两相混合物时,随成分变化,合金的强度、硬度、电导率等性能在两组分的性能间呈直线变化,如图 2.55(b)所示。当两相的大小和分布都比较均匀时,合金的性能大致是两相性能的算术平均值,例如

$$合金的硬度(HBW) = w_{(\alpha)} \cdot HBW_\alpha + w_{(\beta)} \cdot HBW_\beta$$

　　若共晶组织十分细密,且在不平衡结晶出现伪共晶时,其强度和硬度将偏离直线关系而出现峰值,如图 2.55(b)中的虚线所示。

2. 合金的工艺性能与相图的关系

　　合金的工艺性能包括铸造性能及压力加工性能等。铸造性能主要是指液态合金的流动性、收缩性和合金的偏析等性能,它与相图中液、固相线之间的距离密切相关。

　　图 2.56 表示合金的流动性、缩孔性质与相图的关系。固溶体合金的流动性不如纯金属和共晶合金,而且液、固相线间的距离越宽,即结晶温度范围越大,形成枝晶偏析的倾向性越大,同时由于先结晶的树枝晶阻碍未结晶的液体的流动,则流动性越差,分散缩孔越多。因此,在其他条件许可的情况下,铸造用金属材料尽可能选用共晶成分的合金。

　　合金的压力加工性能主要是指其适合压力加工的能力。单相固溶体合金具有较好的塑性,变形均匀,所以其压力加工性能良好;而两相混合物的塑性变形能力差,特别是组织中存在较多脆性化合物时,不利于压力加工,所以相图中两相区合金的压力加工性能不如单相固溶体的好。

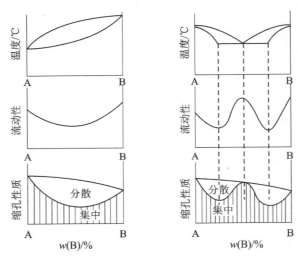

图 2.56　相图与合金铸造性能之间的关系

3. 根据相图判断合金的热处理工艺可行性

　　根据相图可以初步判断合金可能承受的热处理方式。相图中的单相合金不能进行热处理,只有相图中存在同素异构转变、共析转变、固溶度变化的合金才能进行热处理。

　　① 对于固溶体类合金,由于其不发生固态转变,可以采用高温扩散退火处理以改善固溶体的枝晶偏析。

　　② 对于有脱溶转变的合金,由于其有溶解度变化,可以采用固溶处理及时效处理,提高合金的强度,这是铝合金及耐热合金的主要热处理方式。

　　③ 对于有共析转变的合金,一般将其加热到固溶体单相区,然后快速冷却,抑制共析转变的发生,从而获得不同的亚稳组织,如马氏体、贝氏体等。

　　具体热处理工艺见第 3 章热处理部分内容。

2.4.3　铁碳合金的基本组织

一般说来,纯铁也并不是很纯,总会有一些杂质。工业纯铁常含有质量分数为 0.1 %～0.2 %的杂质,其力学性能指标为:$R_m=176～274$ MPa,$A=30 %～50 %$、$Z=70 %～80 %$、硬度 50～80HBW,$a_k=160～200$ (J·cm^{-2})。工业纯铁虽然塑性较好,但强度较低,所以很少用它制造机械零件。

在纯铁中加入少量的碳形成铁碳合金,可使强度和硬度明显提高。铁和碳发生相互作用形成固溶体和金属化合物,同时固溶体和金属化合物又可以组成具有不同性能的多相组织。

铁碳合金的基本组织有铁素体、奥氏体、渗碳体、珠光体和莱氏体。

1. 铁素体(F 或 α)与奥氏体(A 或 γ)

不同结构的铁与碳可形成不同的固溶体,铁素体与奥氏体是铁碳相图中两个重要的基本相,这两个相都是碳在铁中的间隙固溶体。但它们也有很多不同之处。

① 晶体结构:碳原子溶入 α-Fe 中所形成的间隙固溶体,称为铁素体(F);而碳原子溶入 γ-Fe 中所形成的间隙固溶体,称为奥氏体(A)。F 为 BCC 晶格,A 为 FCC 晶格。

② 溶碳能力:从铁碳相图可知,铁素体中碳的固溶度极小,室温时约为 0.0008 %、600 ℃时约为 0.005 7 %、在 727 ℃时溶碳量最大,约为 0.021 8 %;而奥氏体是高温相,碳的固溶度较大,在 1148 ℃时最大达 2.11 %。显然,F 的溶碳能力比 A 要小得多。

③ 组织形态:如图 2.57 和图 2.58 所示,单相状态的 F 与 A 都呈多边形的等轴晶粒。

④ 力学性能:F 与 A 力学性能相近,都是塑韧相。

图 2.57　铁素体的显微组织

图 2.58　奥氏体的显微组织

2. 渗碳体(Fe_3C)

渗碳体是铁和碳相互作用而形成的一种具有复杂晶体结构的金属化合物,常用化学分子式 Fe_3C 表示。渗碳体中碳的质量分数为 6.69 %,熔点为 1 227 ℃,硬度很高(950～1 050 HV),塑性和韧性极低,脆性大。

渗碳体是钢中的主要强化相,其在钢中具有多种多样的组织形态,这些形态主要与形成条件有关:

① 一次渗碳体是从液相中结晶出来的,一般呈粗大片状;

② 二次渗碳体是从奥氏体中沿晶界析出的,一般都是呈网状;

③ 三次渗碳体是从铁素体中沿晶界析出的,一般也是呈网状或断续网状。

④ 共析渗碳体(珠光体)中的渗碳体一般呈薄片状;

⑤ 共晶渗碳体(莱氏体)中的渗碳体是基体。

以上铁碳合金中五种渗碳体的特征见表 2－8。

这里需要指出的是:以上五种渗碳体的成分、晶格结构及力学性能都是相同的,只是由于它们的生成条件不同而具有不同的形态,从而导致 $Fe-Fe_3C$ 合金具有不同的组织和性能。

表 2－8　铁碳合金中五种渗碳体的特征

名　称	符　号	母　相	形成温度/℃	组织形态	分布情况	对性能的影响
一次渗碳体	Fe_3C_I	L	＞1148	粗大条状	自液相中直接结晶出	增加硬脆性
二次渗碳体	Fe_3C_{II}	A	1148～727	网状	在 A 晶界上	严重降低强度和韧性
三次渗碳体	Fe_3C_{III}	F	＜727	短条状	数量极少(沿晶界)	降低塑、韧性(常忽略不计)
共晶渗碳体	$Fe_3C_{共晶}$	L_d	1148	块、片状	莱氏体的基体相	产生硬脆性
共析渗碳体	$Fe_3C_{共析}$	A_s	727	细片状	与片状 F 构成层片状 P	提高综合力学性能

3. 珠光体(P)

珠光体是由铁素体和渗碳体组成的多相组织,用符号 P 表示。珠光体中碳的质量分数平均为 0.77 ％,由于珠光体组织是由软的铁素体和硬的渗碳体组成,因此,其性能介于铁素体和渗碳体之间,即具有一定的强度($R_m＝770$ MPa)和塑性(A 为 20 ％～25 ％),硬度适中(180 HBW)。

4. 莱氏体(Ld 或 Ld′)

碳质量分数为 4.3 ％的液态铁碳合金冷却到 1 148 ℃时,同时结晶出奥氏体和渗碳体的多相组织称为莱氏体,用符号 Ld 表示。而在 727 ℃以下莱氏体由珠光体和渗碳体组成,称为低温莱氏体,用符号 Ld′表示。

2.4.4　Fe－Fe₃C 相图分析

铁和碳可以形成一系列化合物,如 Fe_3C、Fe_2C、FeC 等,因此整个 Fe－C 相图包括 Fe－Fe_3C、Fe_3C-Fe_2C、Fe_2C-FeC、$FeC-C$ 等几个部分(见图 2.59)。Fe_3C 的含碳量为 6.69 ％,当铁碳合金含碳量超过 6.69 ％时脆性很大,没有实用价值,所以本节讨论的铁碳相图,实际是 Fe－Fe_3C 相图。该相图的两个组元是 Fe 和 Fe_3C。

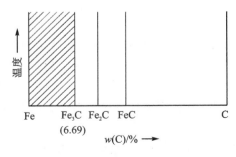

图 2.59　Fe－C 合金的各种化合物

1. Fe-Fe₃C 相图中各点的温度、含碳量及含义

Fe-Fe₃C 相图及相图中各点的温度、含碳量等见图 2.60 及表 2-9。需要说明的是,图 2.60 及表 2-9 中代表符号属通用,一般不随意改变。此外,在相图的左上角靠近 δ-Fe 部分 还有一部分高温转变(见图 2.60 中的局部放大图),由于实用意义不大,可将其简化。

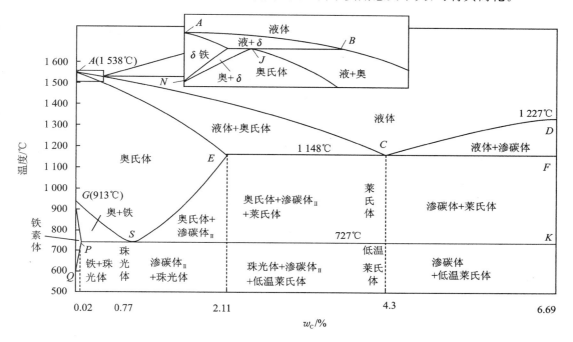

图 2.60   Fe-Fe₃C 相图

表 2-9   相图中各点的温度、含碳量及含义

符 号	温度/℃	含碳量[%(质量)]	含 义
A	1 538	0	纯铁的熔点
C	1 148	4.30	共晶点
D	1 227	6.69	Fe₃C 的熔点
E	1 148	2.11	碳在 γ-Fe 中的最大溶解度
F	1 148	6.69	Fe₃C 的成分
G	912	0	γ-Fe→α-Fe 同素异构转变点
K	727	6.69	Fe₃C 的成分
N	1 394	0	δ-Fe→γ-Fe 同素异构转变点
P	727	0.021 8	碳在 α-Fe 中的最大溶解度
S	727	0.77	共析点

2. Fe - Fe₃C 相图中重要的点和线

（1）相图中的特性点

① C 点为共晶点。合金在平衡结晶过程中冷却到 1 148 ℃时，C 点成分的液相发生共晶反应，生成 E 点成分的奥氏体和渗碳体，反应式为 $L_C \rightarrow A_E + Fe_3C$。共晶反应的产物是 A 与 Fe_3C 的共晶混合物，称高温莱氏体，用符号 Ld 表示。

② S 点为共析点。合金在平衡结晶过程中冷却到 727 ℃时，S 点成分的奥氏体发生共析反应，生成 P 点成分的铁素体和渗碳体，反应式为 $A_S \rightarrow F_P + Fe_3C$。共析反应的产物是 F 与 Fe_3C 的共析混合物，称珠光体，用符号 P 表示。在显微镜下珠光体的形态呈层片状，即渗碳体片与铁素体片相间分布。珠光体的强度较高，塑性、韧性和硬度介于渗碳体和铁素体之间。

（2）相图中的特性线

① 相图中的 ACD 线为液相线，在 ACD 线以上合金为液体态，用符号 L 表示。液体态合金冷却到此线时开始结晶，在 AC 线以下结晶出奥氏体，在 CD 线以下结晶出渗碳体，称为一次渗碳体（Fe_3C_I）。

② $AECF$ 线为固相线，在此线以下合金为固态。液相线与固相线之间为合金的结晶区域，这个区域内液体和固体共存。

③ 水平线 ECF 为共晶反应线；碳含量在 2.11 ％～6.69 ％之间的铁碳合金，在平衡结晶过程中均发生共晶反应。

④ 水平线 PSK 为共析反应线；碳含量 0.021 8 ％～6.69 ％之间的铁碳合金，在平衡结晶过程中均发生共析反应。PSK 线在热处理中亦称 A_1 线。

⑤ GS 线是合金冷却时自奥氏体中开始析出铁素体的临界温度线，通常称 A_3 线。

⑥ ES 线是碳在奥氏体中的固溶线，通常称 A_{cm} 线。由于在 1 148 ℃时奥氏体中溶碳量最大可达 2.11 ％，而在 727 ℃时仅为 0.77 ％，因此碳含量大于 0.77 ％的铁碳合金自 1148 ℃冷至 727 ℃的过程中，将从 A 中析出二次渗碳体（Fe_3C_{II}）。A_{cm} 线亦是从 A 中开始析出 Fe_3C_{II} 的临界温度线。

⑦ PQ 线是碳在铁素体中的固溶线。在 727 ℃时铁素体中溶碳量最大可达 0.0218 ％，室温时仅为 0.000 8 ％，因此碳含量大于 0.000 8 ％的铁碳合金自 727 ℃冷却至室温的过程中，将从 F 中析出三次渗碳体（Fe_3C_{III}）。PQ 线亦为从 F 中开始析出 Fe_3C_{III} 的临界温度线。Fe_3C_{III} 数量极少，往往可以忽略。下面分析铁碳合金平衡结晶过程时，均忽略这一析出过程。

3. 典型铁碳合金的平衡结晶过程

钢（或碳钢）和铸铁都是铁碳合金，既可按成分（碳质量分数的多少）来划分，也可按是否发生共晶反应来区分。对于 $w_c < 2.11$ ％或不发生共晶反应的铁碳合金，称为钢；而 $w_c > 2.11$ ％或发生共晶反应的铁碳合金，称为铸铁。由于此铸铁的断口一般呈白亮色，故又称为白口铸铁。

具体来说，铁碳合金可分为三大类七小种，如表 2 - 10 所列。

（1）共析钢结晶过程分析

共析钢（$w_c = 0.77$ ％）的冷却曲线和平衡结晶过程如图 2.61 所示。合金冷却时，于 1 点起从液相 L 中结晶出奥氏体 A，至 2 点全部结晶完毕。在 2～3 点冷却过程中 A 保持不变。至 3 点时（727 ℃），A 发生共析反应生成珠光体 P；至 3′时，A 已全部转变为 P。从 3′继续冷却至 4 点，P 不发生转变。因此共析钢的室温平衡组织全部为 P。P 呈层片状（见图 2.62），它是 F 和 Fe_3C 两相层片交替重叠构成的整合组织（共析混合物），较宽的层片为 F（白色），较薄的层片为 Fe_3C（黑色）。

综上，共析碳钢结晶过程中的基本反应为"匀晶反应＋共析反应"。

表 2 - 10　铁碳合金分类

合金种类	工业纯铁	碳　钢			白口铸铁		
		亚共析钢	共析钢	过共析钢	亚共晶 白口铸铁	共晶 白口铸铁	过共晶 白口铸铁
$w_c/\%$	<0.0218	0.0218～0.77	0.77	0.77～2.11	2.11～4.3	4.3	4.3～6.69
室温组织	F	F＋P	P	P＋Fe_3C_{II}	P＋Fe_3C_{II}＋Ld'	Ld'	Fe_3C_I＋Ld'
室温组织形态							
力学性能	软	塑、韧性好	综合力学性能好	硬度大	硬而脆		

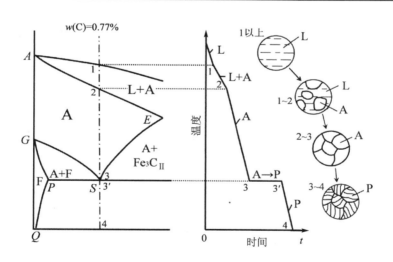

图 2.61　共析钢结晶过程示意图

（2）亚共析钢结晶过程分析

以含碳 0.4 % 的铁碳合金为例，其冷却曲线和平衡结晶过程如图 2.63 所示。合金冷却时，从 1 点起自 L 中不断结晶出 A，至 2 点合金全部转变为 A。在 2～3 点间 A 冷却不变。从 3 点起，冷却时由 A 中析出铁素体 F，F 在 A 晶界处优先成核并长大，且 A 和 F 的成分分别沿 GS 和 GP 线变化。至 4 点时（727 ℃），A 的成分变为 0.77 % 的 C，而 F 的成分变为 0.0218 % 的 C，此时 A 发生共析反应，转变为 P；而 F 不发生变化。从 4' 继续冷却至 5 点，合金组织不变，因此亚共析钢的室温平衡组织为 F＋P。F 呈白色块状、P 呈层片状。

亚共析钢平衡结晶过程的基本反应为"匀晶反应＋固溶体转变反应＋共析反应"。

图 2.62　共析钢室温平衡状态显微组织

需要注意的是,任一成分的亚共析钢室温平衡组织均由 F+P 组成,但随钢中碳质量分数的增加,钢中的 P 量增多,F 量减少。

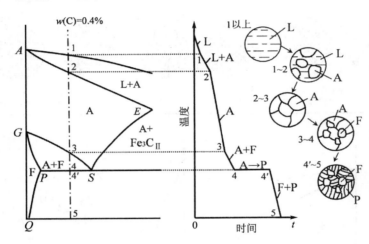

图 2.63　亚共析钢结晶过程示意图

(3) 过共析钢结晶过程分析

以碳含量为 1.2 ％的铁碳合金为例,其冷却曲线和平衡结晶过程如图 2.64 所示。1～3 点的冷却过程同亚共析钢。从 3 点起,由 A 中析出二次渗碳体 Fe_3C_{II},Fe_3C_{II} 呈网状分布在 A 晶界上;且 A 成分沿 ES 线变化。至 4 点时 A 的碳含量降为 0.77 ％,4～4′发生共析反应转变为 P,而 Fe_3C_{II} 不变化。在 4′～5 间冷却时组织不发生转变。因此过共析钢的室温平衡组织为 Fe_3C_{II}+P。在显微镜下,Fe_3C_{II} 呈网状分布在层片状 P 周围(见图 2.65),故二次渗碳体又叫网状渗碳体。

过共析钢平衡结晶过程的基本反应为"匀晶反应+二次析出反应+共析反应"。

任一成分的过共析钢室温平衡组织均由 P+Fe_3C_{II} 组成,但随钢中碳质量分数的增加,组织中 Fe_3C_{II} 量增多,P 量则减少。

(4) 共晶白口铸铁结晶过程分析

共晶白口铸铁(w_c=4.3 ％)的冷却曲线和平衡结晶过程如图 2.66 所示。合金在 1 点发生共晶反应,由 L 转变为高温莱氏体 Ld(A+Fe_3C)。在 1′～2 点间,Ld 中的 A 成分沿固溶度线 ES 变化,且不断析出 Fe_3C_{II}。由于共晶 A 析出的 Fe_3C_{II} 与共晶 Fe_3C 无界线相连,在显微

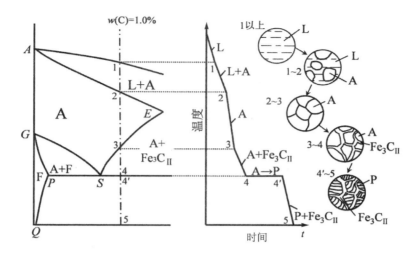

图 2.64　过共析钢结晶过程示意图

图 2.65　T12 退火态的显微组织—珠光体＋二次渗碳体（网状分布）

镜下无法分辨,故忽略不计。

至 2 点时 A 的碳含量降为 0.77 %,并发生共析反应转变为 P;此时高温莱氏体 Ld 转变成低温莱氏体 Ld′(P+Fe₃C)。从 2′～3 点组织不变化,所以共晶白口铸铁的室温平衡组织仍为 Ld′,Ld′ 由黑色条状或粒状 P 和白色 Fe₃C 基体组成(见图 2.67)。

综上,共晶白口铁结晶过程的基本反应为"共晶反应＋二次析出反应＋共析反应"。

(5) 亚共晶白口铸铁结晶过程分析

亚共晶白口铸铁(w_c=3 %)的冷却曲线和平衡结晶过程如图 2.68 所示。合金自 1 点起,从 L 中结晶出初生 A,且 L 和 A 的成分分别沿 AC 和 AE 线变化。至 2 点时 L 的成分变为含 4.3 % 的 C,而 A 的成分变为含 2.11 % 的 C;此时,L 发生共晶反应转变为 Ld,而初生 A 不参与反应。在 2′～3 点间继续冷却时,初生 A 不断在其晶界上析出 Fe_3C_{II},同时 Ld 中的 A 也析出 Fe_3C_{II}(忽略不计)。至 3 点温度时,所有 A(即初生 A 和共晶 A)的成分均变为 0.77 % 的 C,并发生共析反应转变为 P;高温莱氏体 Ld 也转变为低温莱氏体 Ld′。在 3′～4 点冷却时不引起组织转变。因此亚共晶白口铸铁的室温平衡组织为 P＋Fe_3C_{II}＋Ld′。其中,网状 Fe_3C_{II} 分布在块状 P 的周围,Ld′ 则由细密黑色条状或粒状 P 和白色 Fe₃C 基体组成(见图 2.69)。

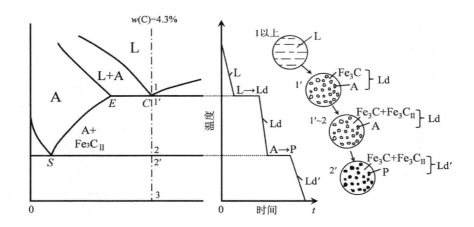

图 2.66　共晶白口铸铁结晶过程示意图

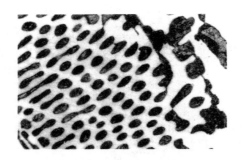

图 2.67　共晶白口铸铁室温平衡组织（Ld′）

综上，亚共晶白口铸铁结晶过程的基本反应为"匀晶反应＋共晶反应＋二次析出反应＋共析反应"。

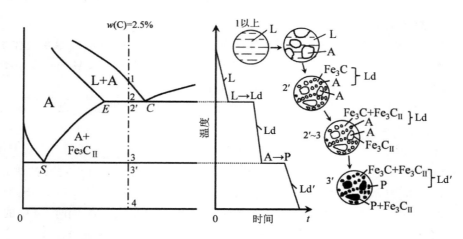

图 2.68　亚共晶白口铸铁结晶过程示意图

（6）过共晶白口铸铁结晶过程分析

过共晶白口铸铁的结晶过程与亚共晶白口铸铁类似，唯一的区别是：其先析出相是一次渗

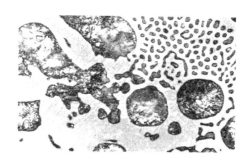

图 2.69 亚共晶白口铸铁室温平衡组织($P+Fe_3C_{II}+Ld'$)

碳体(Fe_3C_I)而不是 A;而且因为没有先析出 A,进而其室温组织中除 Ld' 中的 P 以外再无其他 P,即过共晶白口铸铁的室温平衡组织为 $Ld'+Fe_3C_I$(见图 2.70)。其中,Fe_3C_I 呈粗大白色长条状,Ld' 的形貌则如前述。

综上,过共晶白口铸铁结晶过程的基本反应为"匀晶反应+共晶反应+二次析出反应+共析反应"。

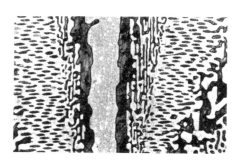

图 2.70 过共晶白口铸铁室温平衡组织($Ld'+Fe_3C_I$)

2.4.5 含碳量对铁碳合金平衡组织和性能的影响

1. 按组织划分的 Fe-Fe₃C 相图

由 $Fe-Fe_3C$ 相图可知,所有铁碳合金室温下的平衡组织都由 F 和 Fe_3C 两相组成,随含碳量增高,F 量逐渐减少(由 100 %按直线关系变为 0 %),Fe_3C 量逐渐增多(由 0 %按直线关系增至 100 %)。改变含碳量,不仅引起组成相的质量分数变化,而且产生不同结晶过程,从而导致组成相的形态、分布变化,最终导致铁碳合金的组织改变。

根据分析结果(见图 2.71),随着含碳量增加,铁碳合金室温组织按如下顺序变化:

$F(+Fe_3C_{III}) \rightarrow F+P \rightarrow P \rightarrow P+Fe_3C_{II} \rightarrow P+Fe_3C_{II}+Ld' \rightarrow Ld' \rightarrow Ld'+Fe_3C \rightarrow Fe_3C$

根据状态图可以判断,在温度缓慢变化条件下,任一成分的合金在某个温度时的组织是由哪些相组成的。图 2.72 为铁碳合金在室温下各组织组成物与含碳量的关系示意图。当含碳量小于 0.0218 %时,组织全部为 F;等于 0.77 %时全部为 P;等于 4.3 %时全部为 Ld';等于 6.69 %时全部为 Fe_3C;而在它们之间的组织则为相应组织的混合物。

2. 碳钢的力学性能与含碳量的关系

组织的变化会引起性能的变化(见图 2.73)。

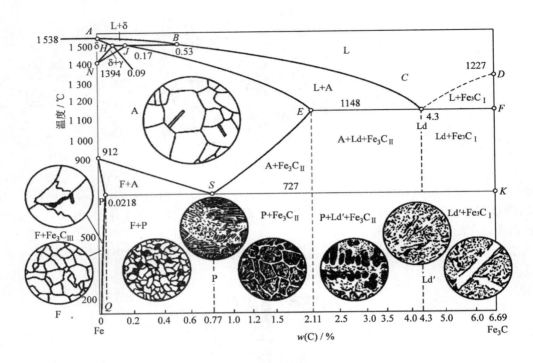

图 2.71　标注组织的 Fe–Fe₃C 相图

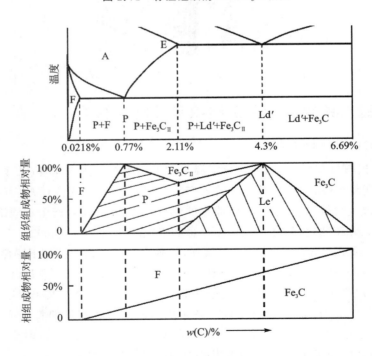

图 2.72　铁碳合金的含碳量与组织的对应关系

① 硬度。硬度主要取决于组成相的硬度和相对量,而受它们形态的影响相对较小。随碳质量分数的增加,由于高硬度的 Fe_3C 增多,低硬度的 F 减少,所以合金的硬度呈直线关系增大,由全部为铁素体时的 80HBW 增大到全部为渗碳体时的约 800HBW。

② 强度。强度是一个对组织形态很敏感的性能。随碳质量分数增加,亚共析钢中 P 增多而 F 减少。P 的强度比 F 高,所以亚共析钢的强度随碳含量的增大而增大;但当碳含量超过共析成分之后,由于强度很低、脆性很大的 Fe_3C_{II} 沿晶界析出,合金强度的增高变慢;到 $w(C)$ 约 0.9 %时,Fe_3C_{II} 沿晶界形成完整的网。需要注意的是,Fe_3C_{II} 呈连续网状分布时,虽然不影响合金的硬度,确使合金的强度和韧性急剧下降。这是因为 Fe_3C_{II} 呈连续网状包围着 P,犹如包着一层脆性外壳,致使合金的强度、韧性急剧下降。到 $w(C)$ 约 2.11 %后,合金中出现 Ld' 时,强度已降到很低的值。再增加碳含量时,由于合金基体都为脆性很高的 Fe_3C,强度变化不大且值很低,趋近于 Fe_3C 的强度(约 20~30 MPa)。

③ 塑性。Fe_3C 是极脆的相,没有塑性,故不能为合金的塑性作出贡献。合金的塑性全部由 F 提供,所以随碳含量的增大,F 量不断减少时,合金的塑性连续下降。到合金成为白口铸铁时,塑性就降到近于零值了,这也是白口铸铁脆性大、工业上很少应用的根本原因。

④ 冲击韧度对组织十分敏感,碳含量增加时,脆性的渗碳体增多,当出现网状二次渗碳体时,韧性急剧下降。总体来看,随碳含量增加,韧性的下降趋势要大于塑性。

工业上为了保证铁碳合金具有适当的塑性的韧性,合金中渗碳体的数量不宜过多。对碳素钢及普通低、中合金钢来说,其碳的质量分数一般都不超过 1.3 %。

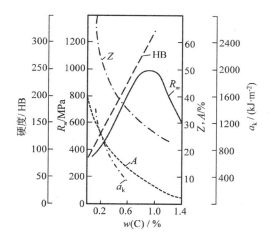

图 2.73　铁碳合金性能随含碳量的变化

2.4.6　Fe - Fe_3C 相图的应用和局限性

1. Fe - Fe_3C 相图的应用

(1) 在钢铁材料选用方面的应用

Fe - Fe_3C 相图所表明的某些成分-组织-性能的规律,为钢铁材料选用提供了根据,如:

① 建筑结构和各种型钢需用塑性、韧性好的材料,因此可选用碳含量较低的钢材。

② 各种机械零件需要强度、塑性及韧性都较好的材料,应选用碳含量适中的中碳钢。

③ 各种工具要用硬度高和耐磨性好的材料,则选用含碳量高的钢种。

④ 纯铁的强度低,不宜用做结构材料,但由于其导磁率高,矫顽力低,可作软磁材料使用,例如做电磁铁的铁芯等。

⑤ 白口铸铁硬度高、脆性大,不能切削加工,也不能锻造,但其耐磨性好,铸造性能优良,可用于少数需耐磨而不受冲击的零件(如拔丝模、轧辊、球磨机的磨球等)。此外,白口铸铁还可用作可锻铸铁的毛坯。

(2) 在铸造工艺方面的应用

根据 $Fe-Fe_3C$ 相图可以确定合金的浇注温度。浇注温度一般在液相线以上 50 ℃～100 ℃。从相图上可看出,纯铁和共晶白口铸铁的铸造性能比钢好,能获得优质铸件,所以铸造合金成分常选在共晶成分附近。在铸钢生产中,碳的质量分数则规定为 0.15 %～0.60 %,因为这个范围内的结晶温度区间较小,铸造性能相对较好。

(3) 在锻造工艺方面的应用

w_C 低的钢比 w_C 高的钢可锻性好。另外,钢处于高温奥氏体状态时强度较低,塑性较好,因此锻造或轧制选在单相奥氏体区内进行。一般始锻、始轧温度控制在固相线以下 100 ℃～200 ℃ 范围内。温度高时,钢的变形抗力小,节约能源,但温度不能过高,防止钢材严重烧损或发生晶界熔化(过烧)。

(4) 在焊接工艺方面的应用

焊接时,焊缝与母材间各个区域的加热温度是不同的,而不同的加热温度可获得不同的组织和性能。因此,利用 $Fe-Fe_3C$ 相图可分析碳钢焊缝组织,并可采取适当的热处理措施来减轻或消除组织不均匀而引起的性能不均匀,或选用适当成分的钢材来减轻焊接过程对焊缝区组织和性能产生的不利影响。

(5) 在热处理工艺方面的应用

$Fe-Fe_3C$ 相图对于制订热处理工艺有着特别重要的意义。一些热处理工艺如退火、正火、淬火的加热温度都是依据 $Fe-Fe_3C$ 相图确定的。这将在第 3 章中详细阐述。

总之,铁碳合金相图在生产中具有重大的实际意义,它为钢铁材料的选材及制定热加工工艺提供了重要依据。

2. $Fe-Fe_3C$ 相图的局限性

(1) 实际生产中应用的钢和铸铁往往还含有其他元素

$Fe-Fe_3C$ 相图只反映铁碳二元合金中相的平衡状态。而实际生产中应用的钢和铸铁,除了铁和碳以外,往往含有或有意加入其他元素(如 Mn,S,P 等)。当被加入元素的含量较高时,相图将发生重大变化,这种情况下铁碳相图已不适用。此时,必须分析其动力学转变规律和结晶过程。

(2) 铁碳相图反映的不是实际冷却条件下的组织

$Fe-Fe_3C$ 相图反映的是平衡条件下铁碳合金中相的状态。相的平衡只有在非常缓慢的冷却和加热,或者在给定温度长期保温的情况下才能达到。也就是说,相图没有反映时间的作用。所以,钢铁在实际生产和加工过程中,若冷却和加热速度较快,其组织转变就不能用相图进行分析。

习题与思考题

一、名词解释

比较并解释下列名词(注意指出两者区别所在):

1. 相、相组分(相组成物)、组织与组织组分(组织组成物)
2. 固溶体与金属化合物
3. 晶体与非晶体
4. 单晶体与多晶体
5. 晶格与晶胞
6. 匀晶反应、共晶反应与共析反应
7. 铁素体、渗碳体与珠光体
8. α-Fe,α 相与铁素体
9. γ-Fe,γ 相与奥氏体
10. 凝固、结晶与相图

二、填空题

1. 结晶过程是依靠两个密切联系的基本过程来实现的,这两个过程是_____和_____。
2. 当对金属液体进行变质处理时,变质剂的作用是_____。
3. 过冷度是指_____,其表示符号为_____。
4. 共析渗碳体与二次渗碳体的成分、结构_____,组织形态_____。
5. 奥氏体向珠光体的转变是_____。
6. 固溶体的强度和硬度比溶剂的强度和硬度_____。

三、判断题

1. 凡是由液体凝固成固体的过程都是结晶过程。(　　　)
2. 室温下,金属晶粒越细,则强度越高、塑性越低。(　　　)
3. 在实际金属和合金中,自发生核常起着优先和主导的作用。(　　　)
4. 间隙固溶体一定是无限固溶体。(　　　)
5. 铁素体的本质是碳在 α-Fe 中的间隙相。(　　　)
6. 合金元素对钢的强化效果主要是固溶强化。(　　　)
7. 一个合金的室温组织为 $\alpha+\beta_{II}+(\alpha+\beta)$,它由三相组成。(　　　)

四、选择题

1. 晶体中的位错属于_____。
   (a) 体缺陷　　　　　　(b) 线缺陷　　　　　　(c)面缺陷　　　　　　(d)点缺陷
2. 金属结晶时,冷却速度越快,其实际结晶温度将_____。
   (a) 越高　　　　　　(b) 越低　　　　　　(c)越接近理论结晶温度
3. 为细化晶粒,可采用_____。
   (a) 快速浇注　　　　　　　　　　(b) 加变质剂
   (c) 以砂型代金属型　　　　　　　(d) 以砂型代金属型

4. 固溶体的晶体结构_____。

  （a）与溶剂相同   （b）与溶质相同   （c）为其他晶型

5. 奥氏体是_____。

  （a）碳在 γ-Fe 中的间隙固溶体   （b）碳在 α-Fe 中的间隙固溶体

  （c）碳在 α-Fe 中的有限固溶体   （d）碳在 γ-Fe 中的有限固溶体

6. 珠光体是一种_____。

  （a）单相固溶体   （b）两相混合物   （c）Fe 与 C 的化合物

7. 铁素体的机械性能特点是_____。

  （a）强度高、塑性好、硬度低   （b）强度低、塑性差、硬度低

  （c）强度低、塑性好、硬度低   （d）强度高、塑性差、硬度低

8. 共析成分的合金在共析反应 $\gamma \rightarrow \alpha+\beta$ 刚结束时,其组成相为_____。

  （a）$\gamma+\alpha+\beta$ （b）$\alpha+\beta$ （c）$(\alpha+\beta)$

五、简答题

1. 为什么单晶体表现各向异性,而多晶体不表现? 在何种情况下多晶体也能显示出各向异性来?

2. 什么叫结晶? 结晶的条件是什么? 为什么结晶时纯金属的冷却曲线上会出现水平段?

3. 金属晶界的结构有何特点? 它对金属的性能有何影响?

4. 在实际应用中,细晶粒金属材料往往具有较好的常温力学性能,细化晶粒的措施有哪些?

5. 如果其他条件相同,试比较下列铸造条件下铸件晶粒的大小:

  1）金属模浇注与砂模浇注；

  2）浇注时振动搅拌或不振动搅拌；

  3）薄铸件与厚铸件；

  4）浇注时加变质剂与不加变质剂。

6. 分别说出含碳 0.2 ％、0.5 ％、0.8 ％、2 ％的铁碳合金,当温度由 1 000 ℃ 降低至 20 ℃ 时的组织变化。

7. 说明直径为 10 mm 的 45 钢试样分别经下列温度加热:700 ℃、760 ℃、840 ℃、1100 ℃,保温后在水中冷却得到的室温组织。

8. 说出当含碳量由 0.02 ％增加到 2.0 ％时,铁碳合金室温下的组织和性能所发生的变化,并做解释。

9. 应用 Fe-Fe$_3$C 相图解释:

  1）室温下含碳 0.8 ％的钢比含碳 1.2 ％的钢强度高而硬度低；

  2）低温菜氏体的塑性比珠光体差；

  3）在 1 000 ℃时含碳 0.4 ％的钢能锻造而含碳 4 ％的生铸铁不能锻造；

  4）一般要把钢加热至高温（1 000 ℃～1 250 ℃）下进行热轧或锻造。

10. 用示意图表示珠光体、索氏体、屈氏体和马氏体在显微镜下的形态特征。

第 3 章　材料的组织和性能控制方法

金属的铸态组织往往具有晶粒粗大、组织不均匀、成分偏析及组织疏松等缺陷,所以金属材料在冶炼浇注后的原始性能一般不能满足使用要求,必须采用某些工艺方法(如热处理、塑性变形等)使之具有理想的性能。而性能主要取决于内部组织结构,一切改变内部结构的手段均属改性方法。如金属经过轧制、锻造、挤压、拉拔、冲压等塑性加工后,不仅改变了外形和尺寸,内部组织和结构也发生了变化,进而其性能也发生变化,故塑性变形是改善金属材料性能的一个重要手段;再如凡是重要的机械零部件都要进行热处理,因为热处理不仅可以强化金属材料,充分发挥其内部潜力,提高或改善工件的使用性能和可加工性,而且能提高加工质量,延长工件使用寿命。

本章主要介绍塑性变形、热处理、表面处理等工艺对金属材料组织与性能的影响规律。在实际生产中,可以通过采用不同的工艺方法和工艺参数对金属材料组织与性能进行控制,以获得所需的工艺性能和使用性能。

3.1　材料的变形

3.1.1　金属的塑性变形

金属在外力作用下产生变形,当外力去除后不能恢复的永久性变形称为塑性变形。工程上应用的金属材料几乎都是多晶体。多晶体的变形是与组成它的各个晶粒(单晶体)的变形行为息息相关的,故首先研究金属单晶体的塑性变形。

1. 单晶体的塑性变形

在常温和低温下,单晶体塑性变形的主要方式是滑移和孪生。由于孪生变形仅发生在低温、高速加载的场合,且多见于像 Zn、Mg 等密排六方结构的金属,与滑移变形相比不甚重要,故本小节仅介绍滑移。

单晶体金属的原子按一定规则排列(见图 3.1(b));单晶体受力后,外力 P 在任何晶面上都可分解为垂直于与晶面的正应力 σ 和平行于晶面的切应力 τ(见图 3.1(a))。

(1) 正应力 σ

正应力只能引起弹性变形,即当受力较小时,晶体内原子间距发生微小变化,原子稍偏离平衡位置处于不稳定状态(见图 3.1(c)),当外力去除后原子则返回平衡位置,晶体变形随之消失;如果应力超过原子间结合力时,则晶体断裂;即正应力只能引起晶格的弹性伸长,或进一步把晶体拉断。

(2) 切应力 τ

切应力可使晶格在发生弹性歪扭(见图 3.1(e))之后,进一步造成滑移(见图 3.1(f))。通过大量的晶面滑移,最终使试样拉长变细。当外力卸去后,晶格发生了永久变形,原子间距仍恢复原状(见图 3.1(g))。这种在切应力作用下,晶体的一部分相对于另一部分沿一定晶面

（滑移面）和晶向（滑移方向）发生相对滑动的现象称为滑移。金属晶体只有在切应力的作用下才能产生塑性变形。

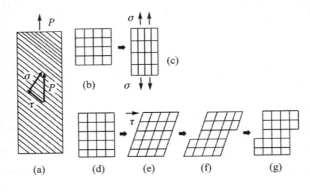

图 3.1　单晶体变形示意图

2. 滑移变形机理及特点

1934 年，G. I. 泰勒等人将位错概念引入晶体中，并把它和滑移变形联系起来，使人们对滑移过程的本质有了更明确的认识。滑移是塑性变形的基本方式，具有如下特点：

（1）滑移只能在切应力的作用下发生。单晶体开始滑移时，外力在滑移面上的切应力沿滑移方向上的分量必须达到一定值，即临界切应力，以 τ_k 表示。τ_k 的大小取决于金属的本性；τ_k 越小，则滑移越容易。

（2）滑移前后，晶体位向不发生变化。

（3）非刚性移动。最初人们设想滑移是晶体的一部分相对于另一部分做整体的刚性移动，即滑移面的上层原子相对于下层原子同时移动。但按此模型计算出滑移所需的临界切应力和实际测出的结果相差很大。例如理论计算铜的 $\tau_k=1\,500$ MPa，而实际测出的 $\tau_k=0.98$ MPa。研究证明，塑性变形不是由沿着整个滑移面同时进行的简单的刚性滑移造成的，而是通过位错在滑移面上的运动来实现的。如图 3.2 所示，位错中心附近的极少量原子作微量位移，多余的半个原子面就从 PQ 位置移到了 $P'Q'$ 位置。显然，这种方式的位错运动，也就是说使少数原子产生这样小的位移，只需要一个很小的切应力就可以了。

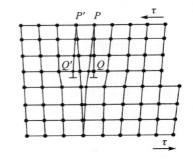

图 3.2　位错中心原子微量位移

图 3.3 展示了一个刃型位错在剪应力作用下，多余的半个原子平面从滑移面的左侧逐步转移到右侧，造成上、下部分晶体相对滑移了一个原子间距的全过程；若有大量位错重复按此方式滑过晶体，就会在晶体表面形成显微镜下能观察到的滑移痕迹，宏观上即产生塑性变形。位错移至晶体表面后会消失，为使塑性变形能不断地进行，就必须有大量新的位错出现，这就是位错增殖。因此可以认为，晶体的滑移过程实质上就是位错的移动和增殖的过程。

图 3.4 所示的移动地毯的实例，可形象说明位错在变形过程中的实质性作用。当人们打算移动地毯时，拉其一端使地毯沿地板滑移需较大的力，而先使地毯产生一横向折皱，然后使

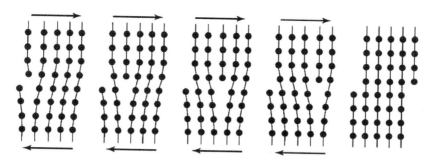

图 3.3 含位错晶体的滑移

此折皱横过地板,这种情况下用较小的力即可使地毯移过一定距离,地毯的折部就相当于晶体中的位错。

由此可见,微观上的位错运动与宏观上的塑性变形是一对因果关系;金属晶体的塑性变形,是由于晶体中存在着位错,位错中心的原子位移引起了位错运动,大量的位错运动引起晶体滑移的结果。位错滑移运动所需的剪应力远远小于刚性滑移;无位错的金属晶体理论强度约为 $E/10$,而实际金属中有大量位错,其强度只有约 $E/200$ 到 $E/300$(E 为弹性模量)。

(4)滑移量。晶体发生的总变形量一定是滑移方向上原子间距的整数倍。因为位错每移出晶体一次即造成一个原子间距的变形量。

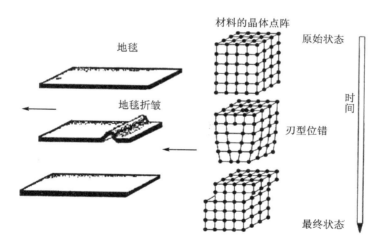

图 3.4 滑移时位错运动示意图

(5)滑移线和滑移带。滑移线是位错运动到晶体表面所产生的台阶。将一个表面经过抛光的纯锌单晶进行拉伸试验,在试样的表面上出现了许多互相平行的倾斜线条痕迹,这线条痕迹称为滑移带(见图 3.5)。实际上,一条滑移带是由许多密集在一起的滑移线组成的(见图 3.6),滑移线与滑移带的排列并不是随意的,它们彼此之间或相互平行,或呈一定角度。

(6)滑移变形的同时伴随有晶体的转动。在拉伸时,单晶体发生滑移,外力轴将发生错动,产生一力偶,迫使滑移面向拉伸轴平行方向转动(见图 3.7)。同时晶体还会以滑移面的法线为转轴转动,使滑移方向趋于最大切应力方向。

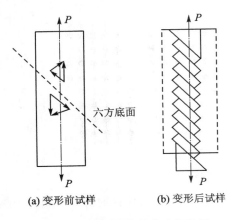

(a) 变形前试样   (b) 变形后试样

图 3.5 锌单晶体拉伸试验示意图

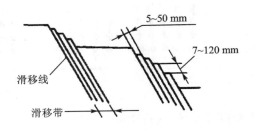

图 3.6 滑移线与滑移带图

（7）滑移一般是沿晶体的密排面上的密排方向进行。密排面指原子密度最大的面、密排方向指原子密度最大的方向。由于密排面之间（见图 3.8 之Ⅰ-Ⅰ）、密排方向之间的间距最大，原子结合力较弱，滑移的所需的临界分切应力最小，故易滑动。因此滑移总是沿着晶体中原子密度最大的晶面（即密排面）和其上密度最大的晶向（即密排方向）进行。

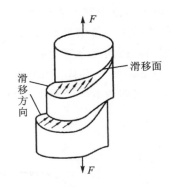

图 3.7 单晶体的滑移变形

　　一个滑移面与其上的一个滑移方向组成一个滑移系，三种常见的晶格的滑移系见表 3-1。滑移系越多，金属发生滑移的可能性越大，塑性就越好。又因为滑移方向对滑移所起的作用比滑移面大，故面心立方晶格金属比体心立方晶格金属的塑性更好，密排六方晶格金属的塑性最差。

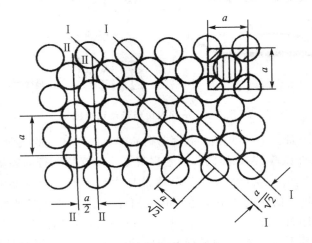

图 3.8 滑移面和密排方向示意图

表 3－1　金属三种常见晶格的滑移系

晶格		体心立方晶格	面心立方晶格	密排六方晶格
滑移面	6个		4个	1个
一个滑移面上的滑移方向	2个		3个	3个
滑移系		6×2=12个	4×3=12个	1×3=3个

3. 多晶体的塑性变形

多晶体是由许多形状、大小、取向各不相同的单晶体所组成的。多晶体中每个晶粒的塑性变形与单晶体相同,都是以滑移的方式进行。但是由于多晶体各晶粒之间晶界的存在和位向不同,使得各个晶粒的塑性变形互相受到阻碍与制约,故多晶体的塑性变形过程要比单晶体复杂得多,并具有一些新的特点。

（1）各晶粒变形的不同时性

在多晶体中,由于各晶粒的晶格位向不同,各滑移系的取向也不同,在外力作用下,各晶粒内滑移系上的分切应力也不相同。如图 3.9 所示,在对多晶体金属施加外力 F 后,外力作用于滑移面上滑移方向的分切应力为:

$$\tau = \frac{F \cdot \cos \lambda}{A/\cos \varphi} = \frac{F}{A} \cdot \cos \lambda \cdot \cos \varphi \propto \sin 2\lambda \qquad (3-1)$$

式中:λ 为外力和滑移方向的夹角;φ 为外力和滑移面法线的夹角;A 为晶粒截面积。

显然,凡滑移面和滑移方向位于或接近于与外力呈 45°方位的晶粒必将首先发生滑移变形,通常称这些位向的晶粒为处于"软位向"。而滑移面和滑移方向处于或接近于与外力相平行或垂直的晶粒则称它们是处于"硬位向",因为在这些晶粒中所受到的分切应力为最小,最难发生变形。与单晶体变形一样,首批处于软位向的晶粒,在滑移过程中也要发生转动。转动的结果,可能会导致从软位向逐步到硬位向,使之不再继续滑移,而引起邻近未变形的硬位向晶粒转动到"软位向"并开始滑移。由此可见,多晶体的塑性变形,先发生于软位向晶粒,后发展到硬位向晶粒,是一个变形有先后和不均匀的过程。

（2）各晶粒变形的相互协调性

多晶体的每个晶粒都处于其他晶粒的包围之中,由于各相邻晶粒位向不同,当一个晶粒发生塑性变形时,为了保持金属的连续性,周围的晶粒若不发生塑性变形,则必以弹性变形来与之协调,否则就不能保持晶粒之间的连续性,会造成孔隙而导致材料破裂(见图 3.10)。为了与先变形晶粒相协调,要求相邻晶粒不只在取向最有利的滑移系中进行滑移,还必须在几个滑移系(其中包括取向并非有利的滑移系)上同时进行滑移。由于晶粒间的这种相互约束,使得多晶体金属的塑性变形抗力比单晶体高。

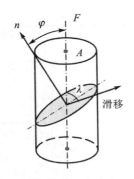

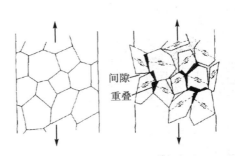

图 3.9　单晶体某滑移系上的分切应力　　　图 3.10　多晶体晶粒变形连续性示意图

（3）晶界阻碍位错运动

晶界是相邻晶粒晶格位向过渡的地方。晶界处的原子排列比较紊乱，杂质和缺陷较多。当滑移变形时，位错运动到晶界附近会受到晶界的阻碍而堆积起来（即位错的塞积），如图 3.11 所示。要使变形继续进行，必须增加外力，可见晶界使金属的塑性变形抗力提高。图 3.12 为双晶粒试样的拉伸试验示意图，在拉伸到一定的伸长量后发现试样呈竹节状，即在晶界处变形很小，而远离晶界的晶粒内变形量很大。这说明晶界的变形抗力大于晶内。多晶体塑性变形的不均匀是造成内应力的原因。

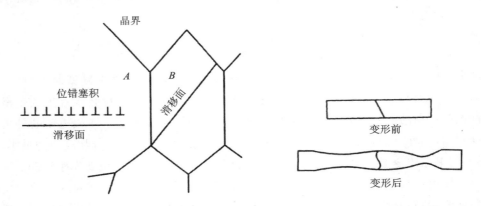

图 3.11　位错在晶界处的堆积示意图　图 3.12　仅有两个晶粒的试样在拉伸时变形的示意图

此外，在多晶体中，金属晶粒越细小，晶界面积越大，需要协调的具有不同位向的晶粒越多，其塑性变形的抗力（即强度、硬度）就越高。细晶粒金属不仅强度、硬度高，而且塑性、韧性也好。因为晶粒越细，在一定体积内有利于滑移和能参与滑移的晶粒数目也越多，这样在同样变形量下，变形分散在更多晶粒内进行，同时每个晶粒内的变形也比较均匀，而不会产生应力过分集中现象。同时，因晶界的影响较大，晶粒内部与晶界附近的变形量差减小，晶粒的变形也会比较均匀，减少了应力集中，使金属在断裂之前可发生较大的塑性变形。此外，晶粒越细，晶界的曲折越多，更不利于裂纹的传播，在断裂过程中可吸收更高的能量，表现出较高的韧性。

这种通过细化晶粒、增加晶界以提高金属强度和塑性、韧性的方法称为细晶强化，它是金属的一种非常重要的强韧化手段。

4. 合金的塑性变形

工业上广泛应用的金属材料大都是合金。按其组成相不同,可分为单相固溶体和多相混合物两种,其塑性变形各有不同的特点。

（1）单相固溶体的塑性变形与固溶强化

单相固溶体的组织与纯金属的组织基本相同,其塑性变形过程与多晶体的纯金属相似,具有相同的变形方式和特点。所不同的是溶质原子的存在,使溶剂的晶格发生畸变,并在周围造成一个弹性应力场,此应力场与运动位错的应力场发生交互作用,使产生滑移的临界切应力远比纯金属大,从而提高了合金的强度和硬度,这便是固溶强化。

一般地,间隙式溶质原子（如钢中的 C、N 等）比置换式溶质原子（如钢中的 Cr、Ni、Mn、Si 等）所造成的强化大 $10\sim100$ 倍以上,但同时对塑性、韧性的伤害也较大。

（2）多相合金的塑性变形与弥散强化

单相合金借固溶强化提高强度的作用有限,两相或多相合金的强化作用更显著。后者发生塑性变形时,其变形能力除了决定于基体相的性质外,在很大程度上还取决于第二相的性质、数量、大小、形状与分布等。合金中的第二相可以是纯金属,也可以是固溶体或化合物,但工业上所用合金中的第二相大多是硬而脆的化合物。

① 硬脆相以连续网状分布在塑性相的晶界上（Fe_3C_{II} 呈网状分布）。当发生塑性变形时,硬而脆的晶界网络处产生严重的应力集中,造成过早的断裂。

② 硬脆相以层片状分布在基体晶粒内时,能提高合金强度,且片层越细,强化效果越好,塑性也较好（类似于细晶强化）。

③ 硬脆相较粗颗粒分布在晶内（第二相尺寸与基体晶粒尺寸属同一数量级）,强度降低,塑性、韧性提高。如过共析钢经球化退火后的球状 Fe_3C,因基体连续,Fe_3C 对基体变形的阻碍作用大大减弱。

④ 硬脆相以细小弥散的微粒分布在晶内（第二相尺寸远小于基体晶粒尺寸,且弥散分布于晶粒内）,将产生显著的弥散强化作用,使合金的强度、硬度显著提高,而塑性、韧性稍有降低。

弥散强化的原因是第二相在晶内弥散分布,一方面使相界面积显著增多,并使其周围晶格发生畸变;另一方面,第二相质点本身成为位错运动的障碍物,位错需绕过第二相质点而消耗额外的能量,使变形抗力增加。因此,第二相粒子越细小,弥散度越高,合金的强度越高。例如,钢中的碳化物所引起的强化作用就属于弥散强化。

应该指出的是,第二相弥散分布产生强化时,对合金的塑性和韧性的影响应该是较小的,因为弥散分布的粒子几乎不影响基体的连续性。塑性变形时,第二相质点可随基体相的变形而流动,不会造成明显的应力集中,因此合金仍能承受较大的变形量而不致破裂。

3.1.2　无机材料（陶瓷）的变形特点

金属材料结构简单,金属键无方向性,一般具有五个以上滑移系统,位错容易运动,塑性变形容易,无论单晶还是多晶都具有一定的延展性。与金属材料相比,陶瓷材料有极高的强度,其弹性模量比金属大很多。但大多数陶瓷材料缺乏塑性变形能力和韧性,极限应变小于 $0.1\%\sim0.2\%$;即在室温拉伸时,弹性变形阶段结束后,立即脆性断裂,与金属材料有本质区别（见图 3.13）。并且,陶瓷的抗冲击、抗热冲击能力也很差。

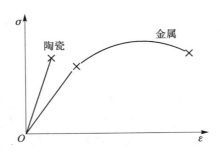

图 3.13　陶瓷与金属的应力应变曲线

陶瓷材料不易发生塑性变形的原因是,大多数陶瓷材料晶体结构复杂、组成复杂,共价键具有方向性,有较高的抗晶格畸变和阻碍位错运动的能力;离子键虽方向性不明显,但滑移不仅要受到密排面和密排方向的限制,而且要受到静电作用力的限制,实际可移动滑移系较少。

随着温度的升高和时间的延长,有些陶瓷材料(如含有玻璃相的陶瓷材料)可表现出一定的塑性变形能力。此时,陶瓷材料的塑性变形主要是以蠕变的形式发生。这种行为对于高温结构陶瓷是非常重要的。

3.1.3　聚合物材料的变形特点

1. 聚合物的力学状态

聚合物特有的大分子链结构,决定了其具有与低分子物质不同的变形规律和力学性能。在恒定载荷作用下,温度对于高分子材料的力学状态和变形起重要作用。

(1) 线型非晶态聚合物的三种力学状态

以线型无定形高分子材料为例,伴随着温度的变化,这类高聚物在恒定应力下的温度-形变曲线(亦称热-机或热-力学曲线)如图 3.14 所示,可以呈现出三种不同的力学状态:玻璃态、高弹态和粘流态。

① 玻璃态:在较低温度环境时,高聚物呈刚性固体态,在外力作用下只有很小的形变,像玻璃一样处于非晶态,所以称这种状态为玻璃态。T_g 是高聚物的重要特征温度,叫做玻璃化温度。它不是一个固定的温度值,而是随测试方法和条件不同而变化的。

高聚物的温度低于 T_g 时处于玻璃态。和其他低分子固体材料一样,玻璃态的高聚物受力时,瞬时产生应变并达到平衡;且应力和应变成正比。玻璃态的弹性变形量一般较小,具有一定的刚度。玻璃态的存在,是高聚物中链节的微小热振动及链中键长和键角的弹性变形所决定的。

一般来说,以塑料形式使用的状态是高分子材料的玻璃态。所有室温下处于玻璃态的高聚物叫做塑料,工程塑料的 T_g 一般均高于室温,如聚苯乙烯的 $T_g=80$ ℃,尼龙的 $T_g=40$ ℃～50 ℃,聚碳酸酯的 $T_g=150$ ℃。

② 高弹态:当高聚物温度高于玻璃化温度 T_g,低于粘流温度 T_f 时,存在一种独特的物理状态,即高弹态(也叫橡胶态),它为高分子材料所独有。高弹态是橡胶的使用状态。所有室温下处于高弹态的高分子材料叫做橡胶。橡胶的玻璃化温度都低于室温。例如,天然橡胶的 $T_g=-73$ ℃(工作温度为 -50 ℃～120 ℃);顺丁橡胶 $T_g=-105$ ℃(工作温度 -70 ℃～140 ℃)。

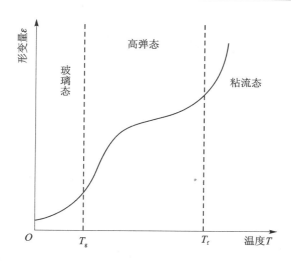

图 3.14　线型无定型高分子材料的变形量—温度曲线

高弹态的出现是高聚物中链段热运动的结果。当 $T > T_g$ 时,分子链动能增加,同时热膨胀造成的链间自由体积(即材料内部未被分子链占据的空间)也增大,链段的热运动得以进行,受外力作用时,分子链通过链段运动调整构象,使原来蜷曲链沿受力方向伸展,结果宏观表现为产生很大的变形。必须指出,这时并没有产生整个分子链质量重心的位移,因为无规缠结在一起的大量分子链之间还有许多结合点(分子间力作用或交联点)。当去除外力后,通过链段的运动,分子链段又回复至蜷曲状态,宏观变形消失。显然,这种调整构象的回复过程需要一定的时间。

玻璃化温度 T_g 在本质上就是高聚物中热运动单元的链段发生热运动的分界温度。低于 T_g 链段运动被冻结,高于 T_g 链段热运动发生。影响 T_g 的因素主要有相对分子质量、分子链的柔性和分子链间的结合力。

橡胶是在高弹态下使用的,橡胶的最大用途是制备轮胎。由于汽车要在室外使用,因此橡胶的 T_g 温度应越低越好。这样,即使在严寒的北方,汽车轮胎仍有较好的弹性,不会发生脆裂。

③ 粘流态:当温度进一步上升至黏流化温度 T_f 时,稍加外力即会产生明显的塑性变形。这时由于温度高,分子热运动加剧,不仅使链段运动,而且能使整个分子链运动,高聚物成为流动的黏液,称为粘流态。

粘流态是高聚物成型加工成制品的工艺状态。将高聚物原料(粉末、小颗粒或团状)加热至粘流态后,通过喷丝、吹塑、注塑、挤压、模铸等方法加工成各种形状的零件、型材或纤维等。加工成型过程的工艺条件(如应力、温度、冷却方式、模具形状等)都影响产品的组织结构和性能。

综上所述,高聚物在室温下处于玻璃态的称为塑料,处于高弹态的称为橡胶,处于粘流态的是流动树脂。作为塑料使用的高聚物,则 T_g 越高越好,这样在较高温度下仍保持玻璃态。作为橡胶使用的高聚物,其 T_g 越低越好,这样可以在较低温度时仍不失去弹性。

(2) 线型结晶高聚物的力学状态

对于完全晶态的线型高聚物,则和低分子晶体材料一样没有高弹态。对于部分晶态的线型高聚物,有固定熔点 T_m,温度低于 T_m 时为硬结晶态,温度高于 T_m 时则晶区熔融成为粘流态,这样在 $T_g \sim T_m$ 之间温度,存在一种既韧又硬的"皮革态"。因此,结晶度对高分子材料的物理状态和性能有显著影响。

（3）体型非晶态高聚物的力学状态

对于体型非晶态高聚物,具有三维网状结构,其交联点的密度对高聚物的物理状态有重要影响。若交联点密度较小,链段仍可以运动,具有高弹态,弹性好,如轻度硫化的橡胶。若交联点密度很大,链段运动由于受到更多的交联键限制而变得困难,此时材料的高弹态消失,高聚物就和低分子非晶态固体（如玻璃）一样,其性能硬而脆,如酚醛塑料。通常交联主要是用于橡胶制品的硫化、热固性树脂和胶黏剂的固化,可以提高材料的强度。

2. 聚合物材料的变形特点

（1）聚合物的高弹性

许多聚合物材料在玻璃化温度以上时具有典型的高弹性。高聚物的高弹性与一般材料的普弹性的差别就是因为构象的改变,由于高聚物极大的分子量使得高分子链有许多不同的构象,而构象的改变（形变时构象熵减小,恢复时增加）导致高分子链有其特有的柔顺性。内能在聚合物的高弹性形变中不起主要作用（它却是普弹形变的主要起因）。

高聚物的高弹性与气、液、固三态都有相似之处:

① 与气体的相似之处在于,高弹态时导致形变的应力会伴随温度的增加而增加;

② 与液体的相似之处在于,高弹态时高聚物的热膨胀系数和等温压缩系数与液体有着相同的数量级,表明此时高分子之间的相互作用与液体之间的作用力处于相同的数量级;

③ 与固体的相似之处在于,都具有稳定的尺寸,在变形初期,其弹性变形规律符合胡克定律。

线型高聚物分子长而具有柔性,当高聚物处于玻璃化温度以上时,具有典型的高弹性,即弹性变形大（可达 100 ％～1 000 ％）,弹性模量小。图 3.15 是橡胶的拉伸曲线,由图可以看出,在较小的应力范围内,其变形量增加很大。相比之下,金属材料的弹性变形不超过 1 ％。

（2）聚合物的黏弹性

理想的弹性固体材料受力时产生的弹性变形与时间无关（见图 3.16（b））,即变形与外力是同步的。而黏性液体流变是随时间而发展的。

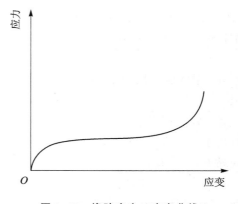

图 3.15　橡胶应力—应变曲线

高分子材料同时具备了固体的弹性和液体的黏性,这种特性被称为黏弹性。黏弹性和高弹性变形的主要差别是弹性回复快慢不同,黏弹性变形的形变量随时间的变化而发生改变,即为逐渐恢复过程（见图 3.16（c））,而高弹性变形后是立即恢复。

聚合物受力后产生的宏观变形,通过调整内部分子链构象实现。显然,这种分子链构象的改变需要时间,这就是聚合物黏弹性特别突出的原因。

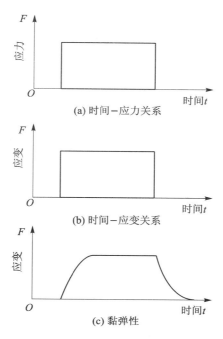

图 3.16　高分子材料应力—应变和时间关系示意图

（3）线型聚合物的塑性变形特点

部分聚合物材料由许多线型的大分子链组成，当局部大分子链受到外界作用时，其他部分不受或很少受到相同规模的作用，这样的微结构特征决定了这些聚合物材料具有很高的塑性。

多数高聚物，如聚乙烯、聚酰胺（尼龙）和橡胶等都具有如图 3.17 所示的应力-应变曲线。从图中可以看出，当变形量很小时为弹性变形，变形量达一定值时开始屈服，屈服点（B 点）对应的应变量一般在 5 %～10 %，远大于金属屈服点的应变量（约 1 %，甚至更小）。过了屈服点后，材料开始在局部地区出现缩颈，犹如塑性好的金属一样。但金属一旦出现缩颈，就预示着很快会发生断裂；而塑料出现缩颈后，再继续变形，其变形不是集中在原缩颈处，而是缩颈区扩大（向两端逐渐扩展），直到整个工作段全部变为缩颈后，才再度被均匀拉伸至断裂。如果试样在拉断前卸载，或试样因拉断而卸载，则拉伸中产生的大形变除少量可回复之外，大部分形变都将残留下来（变形量最大可达 200 %～300 %），这样一个拉伸形变过程称为冷拉。合成纤维的拉伸和塑料的冲压成型正是利用了高聚物的冷拉特性。

（4）温度和应变速率对应力—应变的影响

由于高聚物具有突出的黏弹性，其应力-应变行为受温度和应变速率的影响很大。图 3.18 给出了有机玻璃（聚甲基丙烯酸甲酯）在室温附近几十摄氏度范围内的一组应力-应变曲线。由图可见，随着温度的升高，有机玻璃的模量和强度下降，断裂伸长率增加。在 4 ℃时，有机玻璃是典型的刚而脆的材料，而到 66 ℃时，已变成典型的刚而韧的材料。其韧-脆的转变温度约在 20 ℃～30 ℃。

关于应变速率对高聚物应力—应变行为的影响规律，可以概括为"降低应变速率的效果相当于升高温度的效果"。

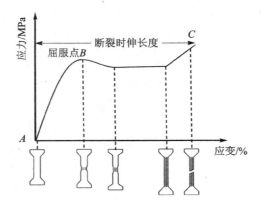

图 3.17 高聚物的应力—应变曲线及其试样变形的示意图

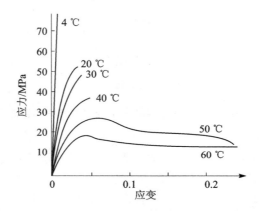

图 3.18 有机玻璃应力—应变曲线随温度变化图

3.2 冷变形加工对金属的影响

3.2.1 冷变形加工对金属组织和性能的影响

多晶体金属经过冷加工(塑性变形)后,性能发生明显变化,这种变化是由塑性变形时金属内部组织变化所决定的。

1. 形成纤维组织,性能趋于各向异性

多晶体金属经冷加工后,除了在晶粒内部出现滑移带等组织特征外,晶粒的形状也发生变化。例如,在轧制时,随着变形量的增加,原来的等轴晶粒及金属中的夹杂物沿轧制方向逐渐伸长,且变形量越大,晶粒伸长的程度也越显著。当变形量很大时,晶界变得模糊不清,各晶粒难以分辨,而呈现形如纤维状的条纹,通常称为纤维组织,如图3.19所示。纤维的分布方向即是金属流变伸展的方向。纤维组织使金属的力学性能具有明显的方向性,其纵向(沿纤维组织方向)的强度和塑性比横向(垂直于纤维组织方向)高得多。

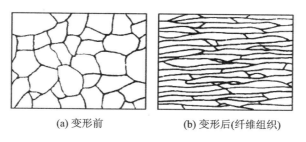

(a) 变形前　　　　　(b) 变形后(纤维组织)

图 3.19　变形前后晶粒形状变化示意图

2. 亚结构的细化

金属无塑性变形或塑性变形很小时,位错分布是均匀的。但当金属经大的冷塑性变形后,位错不断增值,由于位错运动及位错间的相互作用,大量位错堆积在局部地区,并相互缠结;如果变形量增大,就形成胞状亚结构,如图 3.20 所示。这时变形的晶粒是由许多称为胞的小单元所组成,各个胞之间有微小的取向差,高密度的缠结位错主要集中在胞的周围地带,构成胞壁。

在铸态金属中,胞状亚结构的直径约为 10^{-2} cm;经冷塑性变形后,胞的数量增多、尺寸减小,其直径将细化至 $10^{-4} \sim 10^{-6}$ cm;位错密度可由变形前的 10^6 cm^{-2}(退火态)增加到 10^{12} cm^{-2}。

3. 产生冷变形强化

金属组织的改变必然会引起性能的变化。其中最主要的是随变形程度的增加,强度和硬度不断提高,塑性和韧性不断降低,这种现象称为加工硬化(形变强化),如图 3.21 所示。

产生加工硬化的主要原因:一是随塑性变形量不断增大,位错密度不断增加,并使之产生的交互作用不断增强,使变形抗力增加;二是随塑性变形量的增大,使晶粒变形、破碎,形成亚晶粒,亚晶界阻止位错运动,使强度和硬度提高。加工硬化是金属材料的一项重要特性,在工业生产中具有重要的意义。

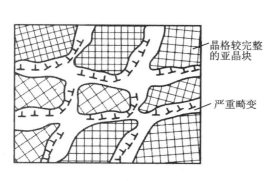

图 3.20　金属经变形后的亚结构

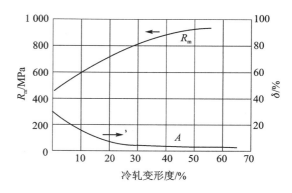

图 3.21　加工硬化对低碳钢强度和塑性的影响

① 冷变形强化是提高不方便进行热处理的合金构件强度、硬度和耐磨性的重要手段之一,特别是对那些不能进行热处理强化的金属及合金尤为重要。如工业纯铜、黄铜及奥氏体不锈钢等,冷变形加工是强化它们的主要手段。如材料为 Q345 钢的自行车链条经过五次轧制,

厚度由 3.5 mm 压缩到 1.2 mm，总变形量为 65 %，硬度从 150HBS 提高到 275HBS，抗拉强度从 510 MPa 提高到 980 MPa，承载能力提高了将近一倍；65 Mn 弹簧钢丝经冷拉后，抗拉强度可达 2 000～3000 MPa，比一般钢材的强度提高 4～6 倍。

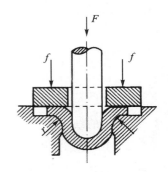

图 3.22　冲压示意图

② 加工硬化现象也是某些工件或半成品能够加工成形的重要因素，如冷拉、冷冲等。例如在图 3.22 所示的金属薄板在冷冲压过程中，由于 r 处变形最严重，当金属在 r 处变形到一定程度后，首先产生加工硬化，使随后的变形转移到其他部分，这样便可得到壁厚均匀的冲压件。

③ 加工硬化提高了金属零件在使用过程中的安全性。任何零件在使用过程中各部位的受力都无法保证是均匀的，何况还有偶然过载等情况，往往会在局部出现应力集中和过载。但由于加工硬化特性，这些局部地区的变形会自行停止，应力集中也可自行减弱；这样就使金属具有偶然的抗超载能力，从而在一定程度上提高了构件在使用中的安全性。

加工硬化也有不利的一面。例如冷轧钢板的过程中会愈轧愈硬，进一步变形就需要加大设备功率，增加动力消耗。再如，金属经加工硬化后，塑性大为降低，继续变形就会导致开裂，这给金属材料进一步的冷塑性变形带来困难。为此，必须在其加工的过程中安排一些中间退火工序，通过加热消除加工硬化现象，以恢复其进一步变形的能力。还需指出，塑性变形除了影响力学性能外，还会使金属的某些物理、化学性能发生变化，如导电性下降、化学活性增大、耐蚀性降低等。

4. 形成形变织构（择优取向）

未变形时，金属晶粒的位向呈统计分布，在大量变形（70 %～90 %）后，原来位向不同的各个晶粒中某些晶面或晶向能够获得接近一致的位向（见图 3.23）。这种由于塑性变形的结果而使晶粒具有择优取向的组织叫做"变形织构"。织构不是描述晶粒的形状，而是描述多晶体中晶粒取向的特征。

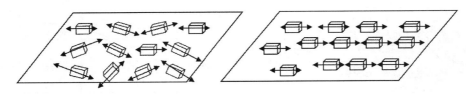

图 3.23　变形织构示意图

变形织构会使金属性能呈现明显的各向异性，在多数情况下织构的形成对金属后续加工或使用是不利的。例如，拉伸用的钢板是经过轧制生产的，沿轧制方向表现出很强的织构性，沿不同的方向表现出不同的伸长率，用这种板材拉伸成的筒形件，壁厚不均匀，沿口不平齐，易产生"制耳"现象（见图 3.24）。生产中为避免织构产生，常将零件的较大变形量分为几次变形来完成，并进行"中间退火"。但织构现象也有有利的一面，如采用具有织构的硅钢片制作变压器铁芯可显著提高其磁导率。

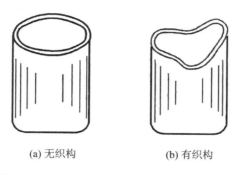

(a) 无织构　　　　　　　(b) 有织构

图 3.24 无制耳和有制耳的杯形拉伸件示意图

5. 产生残余应力

塑性变形时外力所做功除了使金属材料发生变形外,绝大部分转化为热能而耗散,而由于金属内部的变形不均匀及晶格畸变,还有不到 10 ％的功以残余应力的形式保留在金属内部,并使金属内能增加。这种在去除外力后,残留在金属内部的应力叫残余应力。残余应力不仅会降低金属的强度、耐蚀性,而且还会导致材料的变形、开裂和产生应力腐蚀。为消除和降低残留应力,通常要进行退火。

按照残余应力平衡范围的不同,通常可将其分为三种。

(1) 宏观内应力

宏观内应力是由于物体各部分的不均匀变形所引起的,其平衡范围是工件的整体范围。例如,金属拉丝加工后,因外缘部分的变形较心部少,致使外缘受拉应力,心部受压应力(见图 3.25);弯曲一金属棒后,则上部受压应力,下部受拉应力(见图 3.26)。就金属棒整体来说,拉、压应力互相抵消,互为平衡;但如果将表面车去一层,这种力的平衡被破坏,就会产生变形。一般来说,不希望金属件内部存在宏观内应力。但如果工件表面残留一层压应力时,反而可提高其使用寿命,如采用喷丸和化学热处理方法就是如此,可以有效地提高工件(像弹簧、齿轮等)的疲劳强度。

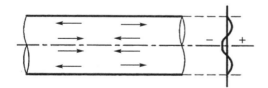
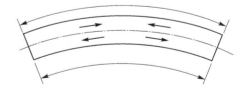

图 3.25 金属拉丝后的残余应力　　　　　**图 3.26 金属棒弯曲后的残余应力**

(2) 微观内应力

它是由于各晶粒或各亚晶粒之间的变形不均匀而产生的内应力,其平衡范围为几个晶粒或几个亚晶粒。虽然这种内应力所占比例不大(约占全部内应力的 1 ％～2 ％),但在某些局部区域有时内应力很大,可能造成显微裂纹并进而导致工件的断裂。

(3) 点阵畸变

金属在塑性变形中产生大量晶体缺陷(如位错、空位、间隙原子等),使点阵中的一部分原子偏离其平衡位置,造成了点阵畸变。其作用范围更小,在几十至几百纳米范围内。它使金属的硬度、强度升高。在变形金属的总储存能中,点阵畸变所占绝大部分(80 ％～90 ％)。点阵畸变能提高了变形金属的能量,使之处于热力学不稳定状态,具有转向稳定状态的自发趋势,这是"回复与再结晶"过程的驱动力。

3.2.2　冷变形加工金属的回复和再结晶过程

从热力学的角度来看,塑性变形引起了金属内能的增加,使金属处于不稳定的高自由能状态,具有向变形前低自由能状态自发恢复的趋势。但在常温下,原子的活动能力很小,形变金属的亚稳状态可维持相当长的时间而不发生明显的变化。如果温度升高,金属原子具有相当的扩散能力,就会发生回复、再结晶和晶粒长大等过程,如图 3.27 所示。

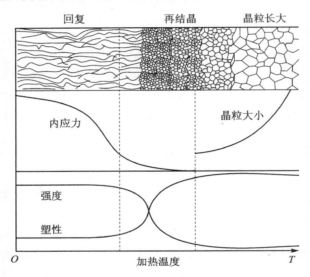

图 3.27　变形金属加热时组织和性能的变化

1. 回　复

回复是指冷变形加工的金属在加热时,在显微组织发生明显改变前(即在再结晶晶粒形成前)所产生的某些亚结构和性能的变化过程。此时,加热温度较低,金属内原子活动能力增强不多,原子能作短距离的移动,通过空位与间隙原子结合等方式,使点缺陷数量明显减少,晶格畸变程度大为减轻,大部分内应力得以消除。但由于变形金属的显微组织不发生明显变化,位错密度降低很少,故力学性能变化不大(强度、硬度略有下降,而塑性略有提高),加工硬化状态基本保留。但电阻和残余内应力等理化性能显著下降。

去应力退火是回复在金属加工中的应用之一,它既可基本保持金属的加工硬化性能,又可消除残余应力,从而避免工件的畸变或开裂。如弹簧钢丝冷卷之后即要进行一次 250 ℃～300 ℃的去应力退火,使其定型。对于精密零件,如机床丝杠,在每次车削加工之后,都要进行消除内应力的退火处理,防止变形和翘曲,保持尺寸精度。

2. 再结晶

(1) 再结晶概念

冷变形的金属加热至较高温度后,在原来变形的金属中会重新形成新的无畸变的等轴晶,直至完全取代原来的冷变形组织,这个过程称为金属的再结晶。再结晶的驱动力与回复一样,也是冷变形所产生的储存能。与回复不同,再结晶使金属的显微组织彻底改变,新晶粒位向与变形晶粒(即旧晶粒)不同,但晶格类型相同,故称为"再结晶"。

再结晶与重结晶(即同素异晶转变)的共同点是:两者都是形核与长大的过程。两者的区别是:再结晶前后各晶粒的晶格类型不变,成分不变;而重结晶则发生了晶格类型的变化。

再结晶同样是通过形核和长大两个过程而进行的。首先在变形晶粒的晶界或晶粒内滑移带上形成晶核,然后这些晶核逐渐长大,与此同时又形成新的晶核并长大,如此不断进行,直至变形晶粒全部消失,形成细小无变形的等轴晶粒,再结晶过程结束(见图 3.28)。同时,位错等晶体缺陷大大减少,再结晶后金属的内应力基本消除,且加工硬化效应消失(即强度、硬度显著下降,而塑性、韧性大大提高);也就是说,金属的性能又重新恢复到冷变形前的高塑性和低强度状态。

再结晶退火主要应用于金属材料冷压力加工工艺过程中,使冷压力加工得以进一步进行。例如冷拔钢丝,在最后成形前往往要经过数次中间再结晶退火。

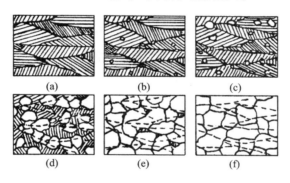

图 3.28　再结晶过程示意图

(2) 再结晶温度

再结晶不是一个恒温过程,它是自某一温度开始,随温度升高而连续进行的形核、长大过程,应当说明,没有经过冷变形加工的金属是不会发生再结晶的。所谓再结晶温度,系指在规定时间内,能够完成再结晶或再结晶达到规定程度的最低温度。在工业生产中,通常以经过 70 % 以上的大变形量的冷变形加工金属,经一小时退火能完全再结晶的最低温度规定为再结晶温度。

冷变形金属开始发生再结晶的最低温度称为再结晶温度。工业上通常以经 1 h 保温能完成再结晶的最低退火温度作为材料的再结晶温度。再结晶不是一个恒温过程,而是一个自某一温度开始的温度范围。试验结果表明,许多工业纯金属的最低再结晶温度 $T_{再}$ 与其熔点 $T_{熔}$,按热力学温度存在如下经验关系:

$$T_{再} = 0.4 T_{熔}(T \text{ 为热力学温度})$$

生产中实际使用的再结晶退火温度常比 $T_{再}$ 再高 150 ℃~250 ℃,例如钢的再结晶退火温度一般选用 600 ℃~700 ℃,这样既保证完全再结晶又不致使晶粒粗化。

再结晶温度与下列因素有关:

　　① 预先变形度：再结晶温度主要决定于变形度。金属预先冷变形程度越大，金属冷变形程度越大，产生的位错等晶体缺陷便越多，内能越高，组织越不稳定，再结晶温度便越低。当预先变形度达到一定程度后（70 %～80 %）之后，再结晶温度趋于一定值，称为最低再结晶温度（见图 3.29）。

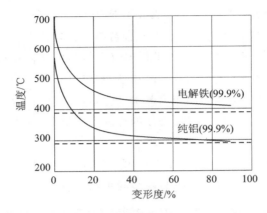

图 3.29　预先变形度对金属再结晶温度的影响

　　② 金属的熔点：熔点越高，最低再结晶温度也就越高。

　　③ 杂质与合金元素：一般来说，金属的纯度越高，其再结晶温度就越低。如果金属中存在杂质和合金元素（特别是高熔点元素），会阻碍原子扩散和晶界迁移，可显著提高最低再结晶温度。例如高纯度铝（99.999）最低再结晶温度为 80 ℃，而工业纯铝（99.0 %）的最低再结晶温度提高到了 290 ℃。

　　④ 保温时间：再结晶是一个扩散过程，需要一定的时间才能完成。退火时保温时间越长，原子扩散移动越能充分地进行，故增加退火保温时间对再结晶有利。

3. 晶粒长大

　　冷变形金属在再结晶刚完成时，一般得到细小均匀的等轴再结晶初始晶粒。随着加热温度的升高或保温时间的延长，等轴晶粒将长大，最后得到粗大晶粒的组织，对金属的力学性能是不利的，会使金属的强度、硬度和塑性、韧性均明显降低。

　　晶粒长大是个自发过程，它能减少晶界面积，从而降低总的界面能，使组织变得稳定。晶粒长大是通过晶界的迁移，由晶粒的互相吞并来实现的，如图 3.30 所示。晶粒长大过程中，大晶粒逐渐吞并小晶粒，晶界本身趋于平直化，且三个晶粒的晶界的交角趋于 120°，使晶界处于平衡状态，从而实现晶粒均匀长大，即正常晶粒长大。

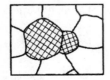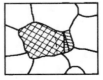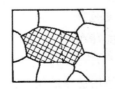

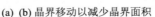

(a) (b) 晶界移动以减少晶界面积　　　　(c) 小晶粒被吞并

图 3.30　晶粒长大示意图

3.3　金属的热变形加工

3.3.1　热加工与冷加工的区别

对于大尺寸或难于冷加工变形的金属材料,生产上往往采用热加工变形,如锻造、轧制等。金属在高温下强度、硬度低,而塑性、韧性高,在高温下对金属进行塑性变形加工比在较低温度下容易,于是生产上便有热变形加工与冷变形加工之分。

再结晶温度是热加工与冷加工的分界线;凡在金属的再结晶温度以上进行的加工称为热加工,在再结晶温度以下进行的加工称为冷加工。例如钨的最低再结晶温度为 1 200 ℃,对钨来说,即便在 1 000 ℃拉制钨丝仍属于冷加工;锡的最低再结晶温度约为 −7 ℃,在室温下进行的加工已属于热加工。

在冷加工过程中,因位错增值产生加工硬化,故其变形量不能大,特别是每道工序的变形量更受到限制,适于薄板材、线材的加工成形。热加工过程中,硬化和软化两个过程同时发生,加工硬化不断被回复和再结晶所抵消,金属处于高塑性、低变形抗力的软化状态,从而使变形能够继续下去,如图 3.31(b)所示。

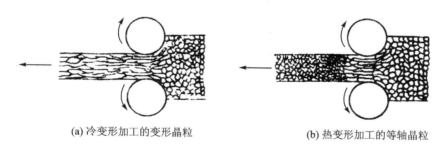

(a) 冷变形加工的变形晶粒　　　　　　　(b) 热变形加工的等轴晶粒

图 3.31　钢材冷、热变形加工过程示意图

在高温下金属的强度低,变形阻力小,有利于减少动力消耗。因此,除一些铸件和烧结件外,几乎所有的金属在制成产品的过程中都要进行热加工。虽然在实际热变形过程中,加工硬化与变形是同步的,但由于再结晶属热扩散过程,硬化与软化这两个因素往往不能恰好相互抵消。例如当变形速度大、加热温度低时,由于变形所引起的硬化因素占优势,所以随着加工过程的进行,变形阻力越来越大,可能会造成内部裂纹;反之,当变形速度较小而加热温度较高时,由于再结晶和晶粒长大占优势,会造成晶粒粗大或晶界氧化,使金属的力学性能变差。因此,金属材料的热加工速度和变形温度必须严格控制,使两者尽量配合恰当。常用金属材料的热加工(锻造)温度范围如表 3-2 所列。

表 3-2　常用金属材料的热加工(锻造)温度范围

材　　料	始锻温度/℃	终锻温度/℃
碳素结构钢及合金结构钢	1 200～1 280	750～800
碳素工具钢及合金工具钢	1 150～1 180	800～850
高速工具钢	1 090～1 150	930～950

续表 3-2

材　料	始锻温度/℃	终锻温度/℃
铬不锈钢(12Cr13)	1 120~1.180	870~925
纯铝	450	350
纯铜	860	650

3.3.2 热加工对金属组织和性能的影响

1. 改善铸件组织

通过热加工可使钢中的组织缺陷得到明显改善,如气孔焊合、疏松压实,使金属材料的致密度增加;铸态时将粗大的柱状晶粒与枝晶变为细小均匀的等轴晶粒;使高速钢、高铬钢等金属材料中的碳化物被打碎且均匀分布,从而改善它们对金属基体的削弱作用,并使由这类钢锻制的工件在以后的热处理时硬度分布均匀,提高工件的使用性能和寿命。这些变化都使金属材料的性能得到明显提高,见表 3-3。

表 3-3　碳钢($w_c = 0.3 \%$)铸造和锻造后的力学性能比较

状　态	R_m/MPa	R_{eL}/MPa	A/%	Z/%	a_K/(J·cm^{-2})
锻造	519	304	20	45	69
铸造	490	274	15	27	34

2. 改善偏析

热塑性变形能够破碎枝晶和加速扩散,可以在一定程度上改善铸锭组织的偏析,其对枝晶偏析的改善较大,对区域性偏析的改善不明显。

3. 形成锻造流线

在热塑性变形过程中,随着变形程度的增大,金属内部粗大的树枝晶逐渐沿主变形方向伸长。与此同时,铸锭中的偏析、杂质、夹杂物等也沿着变形方向延伸,例如一些脆性杂质(氧化物、碳化物、氮化物等)破碎成链状,塑性夹杂物(如 MnS 等)则变成条状、线状或片层状。于是在磨面腐蚀的试样上便可以看到顺着主变形方向形成彼此平行的宏观条纹组织,称其为"加工流线",具有流线的组织称为纤维组织。

由于加工流线的出现,使金属材料的性能在不同的方向上有明显的差异。通常顺流线方向力学性能较佳,而垂直于流线方向力学性能较差,塑性和冲击韧度尤其如此。这是因为试样承受拉伸时,在顺流线方向上显微空隙不易于扩大和贯穿到整个试样的横截面上,而在垂直于流线方向上,由于显微隙的排列与纤维组织方向趋于一致,容易导致试样的断裂。表 3-4 中的 $w_{(C)} = 0.45 \%$ 的碳钢力学性能与流线方向的关系。

表 3-4　纤维方向对 45 钢力学性能的影响

方　向	R_m/MPa	R_{eL}/MPa	A/%	Z/%	a_K/(J·cm^{-2})
横向	675	440	10	31	30
纵向	715	470	17.5	62.8	62

采用正确的热加工工艺,可以使流线合理分布(尽量使流线与应力方向一致),保证金属材料的力学性能。图 3.32 给出了锻造曲轴、切削曲轴的流线分布。图 3.32(a)所示为用模锻法制造中小型曲轴,其优点之一就是其流线能沿曲轴的轮廓分布,它在工作时的最大拉应力将与其流线平行,而冲击应力与其流线垂直,因此曲轴不易断裂;但如果曲轴是由锻钢切削加工而成,其流线分布不当(见图 3.32(b)),则其在工作中极易沿轴肩处发生断裂。总之,一般情况下,沿工件外形轮廓连续分布的流线是较为理想的状态。

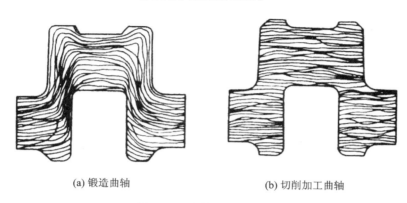

(a) 锻造曲轴   (b) 切削加工曲轴

图 3.32 曲轴的流线分布

需要注意的是,用热处理方法不能消除或改变工件中的流线分布,而只能依靠适当的塑性变形加以改善。在某些场合下,不能希望金属材料中出现各向异性,此时须采用不同方向的变形(如锻造时采用锻粗与拔长交替进行)以打乱流线的方向性。

4. 形成带状组织

如果钢在铸态组织中存在比较严重的偏析,或热加工终锻(终轧)温度过低时,钢内会出现与热形变加工方向大致平行的条带所组成的偏析组织,这种组织称为带状组织。图 3.33 为高速钢中带状碳化物组织。带状组织的存在是一种缺陷,它会使钢的性能变坏,特别是横向的塑性、韧性降低,切削性能恶化。

与纤维组织不同的是,带状组织一般可用热处理方法(如多次正火或扩散退火)加以消除。

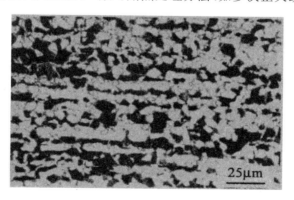

25μm

图 3.33 钢中带状组织

3.4 金属的热处理原理

热处理是将固态金属或合金在一定介质中加热、保温和冷却,以获得预期的组织结构和性能的工艺。本节主要阐述钢在加热与冷却过程中的组织转变规律。

3.4.1 钢的加热及组织转变

1. 钢的相变点(临界温度)

相变点是指金属或合金在加热或冷却过程中发生相变的温度,又称临界点。

大多数热处理工艺(如淬火、正火、退火等)的第一步都需要先将钢加热到临界温度以上获得全部或部分奥氏体组织,即进行奥氏体化。由 $Fe-Fe_3C$ 相图可知,亚共析钢加热到 GS 线(A_3)以上、过共析钢加热到 ES 线(A_{cm})以上、共析钢加热到超过 PSK 线(A_1)时,可全部转变为奥氏体。其中,A_1、A_3、A_{cm} 为平衡条件下的临界温度。

但是,$Fe-Fe_3C$ 相图上反映出的相变点 A_1、A_3、A_{cm} 是平衡条件下的固态相变点,即在非常缓慢加热或冷却条件下钢发生组织转变的温度。在实际生产中,加热速度和冷却速度都比较快相变温度与平衡相变点之间有一定差异。且加热和冷却的速度越大,这种差异也越大。具体来说,加热时,非平衡条件下的相变温度高于平衡条件下的相变温度(过热);冷却时,非平衡条件下的相变温度低于平衡条件下的相变温度(过冷)。为了区别于平衡相变点,通常将加热时的实际临界温度标为 A_{c1}、A_{c3}、A_{ccm},冷却时的实际临界温度标为 A_{r1}、A_{r3}、A_{rcm}。

钢的实际临界点含义如下:

A_{c1}——加热时,珠光体转变为奥氏体的温度;

A_{r1}——冷却时,奥氏体转变为珠光体的温度;

A_{c3}——加热时,铁素体转变为奥氏体的温度;

A_{r3}——冷却时,奥氏体转变为铁素体的开始温度;

A_{ccm}——加热时,二次渗碳体溶入奥氏体的终了温度;

A_{rcm}——冷却时,二次渗碳体从奥氏体中析出的开始温度。

以上各临界点在铁碳相图中的位置示意如图 3.34 所示。

2. 奥氏体的形成过程

加热是热处理的第一道工序。生产中有两种本质不同的加热,一种是在低于 A_1(727 ℃)温度加热,另一种是在高于 A_1 温度加热。在这两种加热条件下所发生的组织转变是截然不同的,本节讨论钢在加热到 A_1 温度以上时所发生的转变。

由 $Fe-Fe_3C$ 相图(见图 2.60)可知,将共析钢、亚共析钢和过共析钢分别加热到 A_1、A_3、A_{cm} 以上时,都完全转变为单相奥氏体,通常把这种加热转变过程称为奥氏体化。该过程遵循形核与长大的相变基本规律,通过 A 晶核的形成、A 晶核的长大、剩余 Fe_3C 的溶解、A 成分均匀化四个基本过程来完成。共析钢的 A 形成过程如图 3.35 所示。

综上,热处理工序中加热的目的就是为了使钢获得奥氏体组织。钢只有处于奥氏体状态才能通过不同的冷却方式使其转变为不同的组织,从而获得所需要的性能。

现以共析钢为例,说明加热时组织转变的情况。

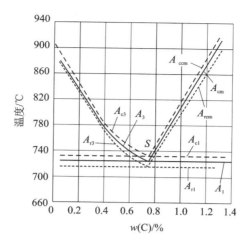

图 3.34　加热和冷却对临界温度的影响

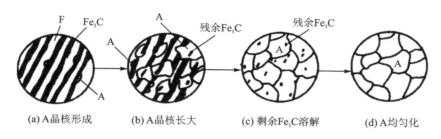

图 3.35　共析钢奥氏体形成过程示意图

（1）奥氏体晶核的形核

奥氏体晶核总是在铁素体和渗碳体相界面处优先形核，它是通过同素异构转变 $\alpha - Fe \rightarrow \gamma - Fe$ 和渗碳体的溶解来实现的。相界面处碳成分不均匀，原子排列紊乱，位错、空位密度大，能量较高，从能量、结构和浓度方面都有利于 A 形核，如图 3.35（a）所示。

（2）奥氏体晶核的长大

奥氏体晶核形成后，它一面与渗碳体相接，另一面与铁素体相接，由于 F 的晶格类型和碳浓度比 Fe_3C 更接近于 A，所以 A 晶核优先向 F 内长大；而 Fe_3C 在加热保温时不断分解，引起碳在奥氏体中不断地由高浓度向低浓度扩散。这种碳浓度破坏平衡和恢复平衡的反复循环过程，使奥氏体逐渐向渗碳体和铁素体两方向推移而长大。同时，新的 A 晶核也不断形成并随之长大，直至 F 全部转变为 A 为止，如图 3.35（b）所示。

（3）剩余渗碳体的溶解

由于 $\alpha - Fe \rightarrow \gamma - Fe$ 的转变速度大于渗碳体的溶解速度，当 A 完全形成后，低碳的 F 消失，高碳的 Fe_3C 还有一部分尚未溶解。随保温时间延长，A 和 Fe_3C 相界面处的碳原子必然向 A 内部扩散，剩余的 Fe_3C 将随加热时间的延长而逐步溶解，直到消失，如图 3.35（c）所示。

（4）奥氏体成分均匀化

当 Fe_3C 刚溶解完毕时，奥氏体的成分是不均匀的，在原 F 部位碳浓度偏低，原 Fe_3C 部位碳浓度偏高。只有经过足够长时间保温，通过碳原子的扩散使成分逐渐趋于均匀，最终得到成分均匀的单相奥氏体等轴晶粒，如图 3.35（d）所示。

亚共析钢、过共析钢的 A 形成过程和共析钢基本相同。不同的是,共析钢加热到 A_{c1} 以上即可获得单一的 A 组织。而对于亚共析钢,在 $A_{c1}\sim A_{c3}$ 的升温过程中,先共析铁素体逐步向奥氏体转变,加热到 A_{c3} 以上时才能得到单一的 A 组织;对于过共析钢,在 $A_{c1}\sim A_{ccm}$ 的升温过程中,先共析二次渗碳体逐步溶入奥氏体中,只有温度上升到 A_{ccm} 以上才能得到单一的奥氏体组织。

3. 影响奥氏体形成的因素

A 的形核和长大需要通过原子扩散来实现。所以,只要是影响 A 形核、长大和原子扩散的因素,都会对 A 的形成过程产生影响。

(1) 加热温度

随着加热温度的升高,原子扩散能力增强,特别是碳在奥氏体中的扩散能力增强,缩短转变所需的时间,表 3-5 证明了这一点。但温度过高会使 A 晶粒粗大,材料的力学性能下降。

表 3-5 为 A 的形核率、长大速度和温度的关系温度。

表 3-5　奥氏体形核率、长大速度和温度的关系

温度/℃	740	750	760	780	800
形核率/(个·mm^{-3}·s^{-1})	2 280	—	11 000	51 500	616 000
长大速度/(mm·s^{-1})	0.000 5	0.001	0.010	0.026	0.041

(2) 钢的成分

随碳含量升高,铁素体和渗碳体相界面增多;此外,增加碳含量有利于提高碳在 A 中的扩散能力,加速奥氏体的形成。

钢中加入合金元素并不改变奥氏体形成的基本过程,但显著影响其形成速度。一般除 Co 以外的合金元素,大都降低 A 形成的速度,推迟奥氏体化进程。因此合金钢的奥氏体形成速度一般比碳钢慢,在热处理时,合金钢的加热保温时间要长。

(3) 原始组织

在钢成分相同的情况下,组织中珠光体越细,则相界面越多,越有利于 A 的形成。因此,加热时奥氏体化的速度,片状珠光体比球状珠光体快,细片状珠光体比粗片状珠光体快。

4. 奥氏体晶粒大小及控制

钢加热时所获得的 A 晶粒大小,将直接影响到随后冷却过程中发生的转变及转变所获得的组织与性能。A 晶粒细小均匀,冷却后钢的组织也细小弥散,强度、塑性及韧性都较高。反之,晶粒粗大,性能变坏,特别是冲击韧度更差。因此,为了获得细小晶粒的奥氏体,有必要研究奥氏体晶粒度及奥氏体晶粒大小的控制方法。晶粒度是表示晶粒大小的尺度。常见的 A 晶粒度有以下三种。

(1) 起始晶粒度

珠光体刚转变成奥氏体时,其晶粒是细小的,这时的晶粒大小称为起始晶粒度。但这种晶粒度难以测量,且会随着温度升高和保温时间延长而长大。故起始晶粒度在实际生产中意义不大。

(2) 实际晶粒度

钢在某一具体加热条件下所得到的 A 晶粒大小称为实际晶粒度,一般比起始粒度大些,它直接影响钢冷却后的力学性能。在热处理时,只有清楚地了解和掌握 A 的实际晶粒度,才能有效地控制钢的性能。对同一种钢而言,当 A 晶粒细小时,冷却后的组织也细小,其强度较高,塑性、韧性较好;当 A 晶粒粗大时,以同样条件冷却后的组织也粗大。粗大的 A 晶粒会导致钢的力学性能降低,特别是韧性下降,甚至在淬火时形成裂纹。当加热时 A 晶粒大小超过规定尺寸时就成为一种加热缺陷,称之为"过热"。因此,凡是重要的工件,如高速切削刀具等,淬火时都要对 A 晶粒度进行金相评级,以保证淬火后钢的性能。

（3）本质晶粒度

在规定加热条件下（930×(1±10) ℃,保温 3～8 h）的奥氏体晶粒度称为奥氏体本质晶粒度。随着温度升高,晶粒长大倾向小的钢称为本质细晶粒钢,晶粒长大倾向大的钢称为本质粗晶粒钢。由此可见,奥氏体本质晶粒度是表征奥氏体晶粒长大的倾向性,而不是实际奥氏体晶粒大小的度量。

实践证明,A 晶粒长大的倾向主要取决于钢的成分和冶炼条件。碳含量越高,晶粒度越大。但当碳含量超过一定限度时,形成过剩的二次渗碳体,反而阻碍了晶粒长大,晶粒长大的倾向性降低。此外,冶炼时用 Al 脱氧,使之形成 AlN 微粒;或加入 Nb、Zr、V、Ti 等强碳化物形成元素,形成弥散分布的碳化物颗粒分布在奥氏体晶界上。这些第二相微粒能阻止 A 晶粒长大,有利于 A 晶粒细化。但当超过一定温度时,第二相微粒溶 A 中,晶粒反而急剧长大。

3.4.2　钢的冷却及组织转变

钢经加热获得均匀的奥氏体组织,只是为随后的冷却转变做准备。同一种钢,同样的奥氏体化条件,冷却速度不同,所获得的组织结构就不相同,其力学性能差别也很大（见表 3-6）,因此控制奥氏体在冷却时的转变过程是热处理的关键。

表 3-6　45 钢不同方式冷却的力学性能（加热温度 840 ℃）

冷却方式	R_{eL}/MPa	R_m/MPa	A/%	Z/%	HRC
炉冷（退火）	281	532	32.5	49.3	15～18
空冷（正火）	340	720	15～18	45～50	18～24
油冷（油淬）	620	900	18—20	48	40～50
水冷（水淬）	720	1 100	7～8	12～24	52～60

奥氏体在冷却时发生的组织转变,既可在恒温下进行,也可在连续冷却过程中进行。常用的冷却方式有连续冷却和等温冷却两种,两者的热处理工艺如图 3.36 所示。连续冷却是把加热到奥氏体状态的钢,以某一速度连续冷却到室温,使奥氏体在连续冷却过程中发生转变。等温冷却是把加热到奥氏体状态的钢,快速冷却到 A_{r1} 以下某一温度下等温却停留一段时间,使奥氏体发生转变,然后再冷却到室温。

以上两种冷却方式的冷却速度较快,因此不能依据铁碳状态图来判定和分析其组织转变,而要用 TTT 曲线（T-time,T-temperature,T-transformation,等温

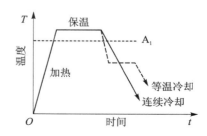

图 3.36　热处理工艺示意图

冷却曲线)或 CCT 曲线(C-continuous,C-cooling,T-transformation,连续冷却曲线)对冷却过程中的组织转变进行分析。TTT 曲线和 CCT 曲线反映了奥氏体在冷却时的冷却速度与相变间的关系,它们是选择和制订热处理工艺的重要依据。

过冷奥氏体的等温冷却转变(TTT 曲线):A 晶粒在临界点 A_1 以上是稳定相,冷却到 A_1 以下则为不稳定相,将要发生转变。但转变前须经过一段孕育期。这种在 A_1 以下存在的,且不稳定的、将要发生转变的奥氏体叫做过冷奥氏体($A_过$),又叫亚稳奥氏体。过冷奥氏体在热力学上处于不稳定状态,在一定条件下会发生分解转变。

研究过冷奥氏体在不同温度下进行等温转变的重要工具是过冷奥氏体等温转变曲线。转变曲线表明了过冷奥氏体在不同过冷温度下的等温过程中,转变温度(T-time)、转变时间(T-temperature)与转变产物量(T-transformation)之间的关系。它的建立是利用过冷奥氏体转变产物的组织形态和性能的变化来测定的。

1. 奥氏体等温转变图测定原理

现以共析钢为例。首先将共析钢制成若干个一定尺寸的薄片试样,分为几组,每组数个试样,把它们同时加热到 A_{c1} 以上的温度,使其成为均匀的奥氏体组织,然后把各组试样分别迅速放入临界点 A_1 以下某一温度(如 700 ℃,650 ℃,600 ℃,550 ℃,500 ℃…)进行保温,同时记录时间,每隔一定时间取出一块试样,立即淬入水中。然后测量其硬度并在显微镜下观察其组织,测出试样在不同温度下过冷奥氏体发生相变的开始时间和终了时间,并把它们标在温度—时间坐标上,然后将所有转变开始点和转变终了点分别用光滑曲线连接起来,便得到了该钢种的过冷奥氏体等温转变曲线,如图 3.37 所示。由于该曲线形状类似"C"字,故曾称为"C曲线"。由于过冷奥氏体在不同温度下等温转变经历的时间相差很大,故 C 曲线的横坐标时间需采用对数坐标来表示。

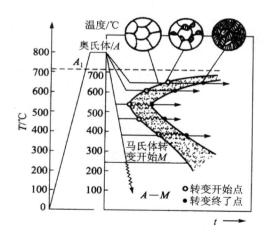

图 3.37　共析钢 C 曲线的建立

2. 奥氏体等温转变图分析

图 3.38 所示为共析钢的奥氏体等温转变图,该转变有如下特点。

① A_1 线是奥氏体向珠光体转变的临界温度,图的左边一条"C"形曲线(aa')为过冷奥氏体转变开始线,右边一条"C"形曲线(bb')为过冷奥氏体转变终了线,它们分别表示转变开始时

间和终了时间随等温温度的变化,其中转变开始前时间称为孕育期。在奥氏体等温转变图下部的 M_s 和 M_f 水平线分别是过冷奥氏体向马氏体转变的开始线和终了线,马氏体转变不是等温转变,只有在连续冷却条件下才可能获得马氏体。

② 过冷奥氏体在各个温度等温转变时,都要经历一段孕育期,孕育期和转变速度随等温温度而变化。孕育期愈长,过冷奥氏体愈稳定,转变期也长。孕育期最短处,奥氏体最不稳定,转变最快。这里称为 C 曲线的"鼻尖"。

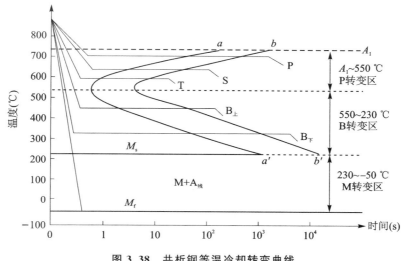

图 3.38 共析钢等温冷却转变曲线

对于碳钢来说,"鼻尖"处的温度一般为 550 ℃。C 曲线"鼻尖"出现转变速度的极大值,是由于奥氏体的转变取决于相变驱动力和原子扩散两个因素的缘故。随等温温度的降低,即过冷度的增大,相变自由能差增大,相变驱动力也就增大;而铁、碳原子的扩散能力却随过冷度的增大而减小。在这一对矛盾因素的综合影响下,必然会出现奥氏体转变速度的极大值,如图 3.38 所示。

③ A_1 线以上是奥氏体稳定区;A_1 线以下 M_s 线以上,过冷奥氏体转变开始线以左,是过冷奥氏体区;A_1 线以下、转变结束线以右是转变产物区;转变开始线和结束线之间是过冷奥氏体和转变产物共存区。M_s 线以下,是马氏体区(或者叫马氏体与残余奥氏体共存区)。这种钢在淬火后总会保留一部分未转变的奥氏体称为残余奥氏体,用 $A_{残}$ 表示。

④ 转变类型随等温温度而变化,可发生三种不同的转变。

Ⅰ. A_1～560 ℃之间的高温转变,其转变产物是珠光体(P),故又称为珠光体型转变(包括珠光体 P、索氏体 S 和屈氏体 T);

Ⅱ. 560 ℃～M_s 之间的中温转变,其转变产物是贝氏体(B),故又称为贝氏体型转变(包括上贝氏体 $B_上$ 和下贝氏体 $B_下$);

Ⅲ. M_s～M_f 之间为马氏体转变。马氏体与冷却速度无关,所以在奥氏体等温转变图上是水平线。

3. 过冷奥氏体等温转变过程及产物

过冷奥氏体在此范围内将发生 A→P(F＋Fe₃C)转变,它的形成伴随着两个过程同时进行:一是铁、碳原子的扩散,由此而形成高碳的渗碳体和低碳的铁素体;二是晶格的重构,由面心立方晶格的 A 转变为体心立方晶格的 F 和复杂立方晶格的 Fe_3C,它的转变过程是一在固态下长大的结晶过程。按照转变温度不同,等温转变可分为产物为珠光体的高温转变、产物为贝氏体的中温转变、产物为马氏体的低温转变三个类型,如表 3-7 所列。

表 3-7　共析碳钢过冷奥氏体冷却转变的类型、产物及特征

转变类型 产　物		形成温度/℃	转变机制	显微组织特征	形成特点	硬度 HRC	性能特点	获得工艺
珠光体型	P	A_1～650	扩散型	粗片状 F 与 Fe_3C 相间分布	片层间距 0.6～0.8 μm,500 倍分清	10～20	随片层间距减少、强度、硬度提高,塑性、韧性也有所改善	退火
	S	650～600		细片状 F 与 Fe_3C 相间分布	片层间距 0.25～0.4 μm,1 000 倍分清	25～30		正火
	T	600～550		极细片状 F 与 Fe_3C 相间分布	片层间距 0.1～0.2 μm,2 000 倍分清	30～40		等温处理
贝氏体型	$B_上$	550～350	半扩散型	羽毛状(光镜下),短杆状 Fe_3C 不均匀分布在过饱和 F 条间(电镜下)	粗大、平行密排 F 条间,不均匀断续分布着粗大短杆状 Fe_3C	40～50	脆性大,性能差,无实用价值	等温处理
	$B_下$	350～M_s		针片状(光镜下),在过饱和 F 针内均匀分布与长轴呈 55°～65°。排列的小薄片 ε 碳化物(电镜下)	过饱和 F 针细小,其内部呈一定方向析出的 ε 碳化物薄片更细小	50～60	较高的强韧性(较高强、硬度,一定塑韧性)	等温淬火
马氏体型	$M_针$	M_s～M_f (240～-50)	无扩散型	针片状(光镜下),双凸透镜状,其内部含高密度的孪晶(电镜下)	变温形成;高速长大;转变的不完全性、w_c>0.5 %钢中存残余奥氏体;M 的硬度主要取决于其碳含量	64～66	硬而脆	淬火
	$M_条$			板条状(光镜下),M 板条内存在有高密度的位错、构成胞状亚结构(电镜下)		30～50	高强韧性即较高硬、强度,足够的塑韧性	淬火

① 高温转变:共析钢奥氏体过冷到 A_1～550 ℃之间,等温转变的产物属于珠光体型组织。奥氏体转变成珠光体的过程是一个铁素体与渗碳体交替生核长大的过程,如图 3.39 所示。

当奥氏体过冷到 A_1 线以下的温度时,首先在奥氏体的晶界上产生渗碳体晶核,渗碳体的含碳量高于奥氏体,所以要将周围奥氏体中的碳原子吸收过来;与此同时,附近的奥氏体含碳量降低,为铁素体的形成创造了有利条件,使这部分奥氏体转变为铁素体。由于铁素体的溶碳能力很低,在其长大过程中必须将过剩的碳转移到相邻的奥氏体中,从而使相邻奥氏体区域中的含碳量升高,又为产生新的渗碳体创造了条件。如此反复进行,奥氏体最终完全转变为铁素体和渗碳体层片相间的珠光体组织。

在珠光体的形成过程中需要碳原子的移动。温度高时碳原子移动距离大,所形成的珠光体片层较宽;温度较低时碳原子移动困难,所形成的珠光体片层较密。在 727 ℃～650 ℃之间转变得到的组织为珠光体;在 650 ℃～600 ℃间转变而得到的组织为索氏体,又叫细珠光体;

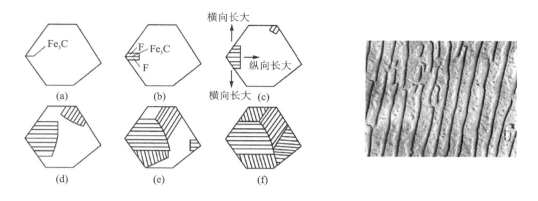

图 3.39　珠光体转变过程示意图和电镜显微照片

在 600 ℃～550 ℃之间转变而得到的为屈氏体,又叫极细珠光体。这种组织即使在很高倍率的金相显微镜下也无法分辨,只有在电子显微镜下才能观察清楚。这三种珠光体类组织只有层片间距大小之分(见图 3.40),并无本质区别。

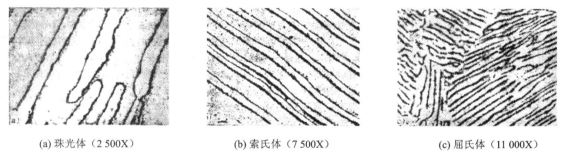

(a) 珠光体(2 500X)　　　　(b) 索氏体(7 500X)　　　　(c) 屈氏体(11 000X)

图 3.40　三种片状珠光体的组织形态

随着转变温度降低,珠光体片层变小。片层间距越小,其强度、硬度越高,塑性、韧性越好。这是因为珠光体的层片间距越小,相界面越多,塑性变形抗力越大,故强度、硬度越高;同时,渗碳体片越薄,越容易随同铁素体一起变形而不脆断,所以塑性和韧性也变好了,这也就是冷拔钢丝要求具有索氏体组织才容易变形而不致因拉拔而断裂的原因。

必须指出,珠光体组织不是在任何条件下都呈层片状。共析钢和过共析钢可通过球化退火使渗碳体呈细小的球状或粒状分布在铁素体基体中。这种珠光体组织称为球状珠光体或粒状珠光体。

② 中温转变:共析钢奥氏体过冷到 550 ℃～240 ℃之间时,等温转变的产物属于贝氏体型的组织。在这一温区上部(550 ℃～350 ℃)转变形成上贝氏体;在这一温区下部(350 ℃～240 ℃)转变得到下贝氏体。贝氏体是由 F 和 Fe_3C 组成的非层片状组织。由于转变温度较低,过冷度大,只有碳原子有一定的扩散能力,铁仅做很小位移,而不发生扩散,因此这种转变属于半扩散转变。

上贝氏体呈羽毛状,它是由许多互相平行的过饱和铁素体片和分布在片间的断续细小的渗碳体组成的混合物(见图 3.41)。上贝氏体在开始转变前,于过冷奥氏体的贫碳区先孕育出

F 晶核,它处于碳过饱和状态,碳有从 F 中向 A 扩散的倾向,随着密排的铁素体条的伸长、变宽,生长着的 F 中的碳不断地通过界面排到其周围的 A 中,导致条间奥氏体的碳不断富集,当其碳含量足够高时,便在条间沿条的长轴方向析出碳化物,形成典型的上贝氏体。

传统认为,上贝氏体的形成温度较高,其中铁素体晶粒和渗碳体颗粒较粗大,渗碳体呈短杆状平行分布在铁素体板条之间,这种组织状态使铁素体板条间很容易产生裂纹而引发脆断。因此,上贝氏体的强度和塑性都较差。在钢的热处理生产中应尽量避免形成上贝氏体组织。

目前也有一些最新研究成果表明,在短时上贝氏体等温条件下,上贝氏体优先于晶界处析出且具有小针状形态,赋予部分材料组织(如 GCr15 钢)较高的强韧性。

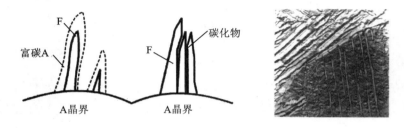

图 3.41　上贝氏体组织形成示意图和电子显微照片

下贝氏体组织形态与上贝氏体明显不同,它是由针叶状的过饱和铁素体和分布在其中的极细小的渗碳体粒子组成的(见图 3.42)。下贝氏体是在较大的过冷度下形成的,碳的扩散能力降低,尽管初生下贝氏体的铁素体周围溶有较多的碳,具有较大的析出碳化物的倾向,但碳的迁移却未能超出铁素体片的范围,只在片内沿一定的晶面偏聚起来,进而沿与长轴成 $55°\sim 60°$ 夹角的方向上沉淀出碳化物粒子。

由于针状铁素体细小且无方向性,碳的过饱和度大,碳化物分布均匀、弥散度大,所以下贝氏体不仅有高的强度、硬度与耐磨性,同时具有良好的塑性和韧性,生产中常用等温淬火来获得综合性能较好的下贝氏体。

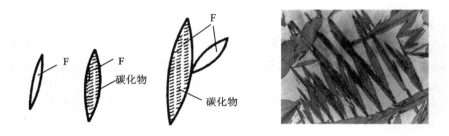

图 3.42　下贝氏体组织形成示意图和电子显微照片

③ 低温转变:过冷奥氏体在 M_s 以下将发生马氏体转变。马氏体转变不属于等温转变,而是在 $M_s\sim M_f$ 之间的一个温度范围内连续冷却完成,由于马氏体转变温度极低,过冷度很大,而且形成的速度极快。

马氏体转变不属于等温转变,它是在连续冷却过程中在 $M_s\sim M_f$ 温度范围内进行的,也是一个形核和长大过程。由于马氏体转变温度极低,过冷度很大,而且形成的速度极快,孕育期短到很难测出。

当奥氏体过冷至 M_s 点时,便有第一批马氏体针叶沿奥氏体晶界形核并迅速向晶内长大,它们瞬间(约 10^{-3} s)横贯整个奥氏体晶粒或很快彼此相碰而立即停止长大,必须继续降低温度才能有新的马氏体针叶形成,如此不断连续冷却便有一批又一批的马氏体针叶不断形成,直到冷却至 M_f 点,转变结束,其形成过程示意图如图 3.43 所示。

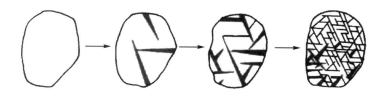

图 3.43　马氏体针叶的形成过程示意图

Ⅰ 马氏体的结构和形成

马氏体是碳在 $\alpha - Fe$ 中的过饱和间隙固溶体。奥氏体在 240 ℃ 以下时,铁、碳原子移动极为困难,此时奥氏体只发生同素异构转变,由面心立方的 $\gamma - Fe$,转变为体心立方的 $\alpha - Fe$(见图 3.44);原奥氏体中所有的碳原子都保留在体心立方晶格内,形成过饱和的 $\alpha - Fe$。过饱和碳使 $\alpha - Fe$ 的晶格发生很大畸变,产生很强的固溶强化。

由于奥氏体向马氏体的转变只发生 $\gamma - Fe \rightarrow \alpha - Fe$ 的晶格改组,而没有铁、碳原子的扩散。所以马氏体的碳含量就是转变前奥氏体的碳含量。

马氏体是瞬时形核(无孕育期)、快速长大(长到极限尺寸)的。据测定,低碳型马氏体和高碳型马氏体的长大速度高达 10^2 mm/s 和 10^6 mm/s 数量级,所以每个马氏体片形核后,一般在 10^{-4} s～10^{-7} s 的时间内即长大到极限尺寸。可见,在连续降温过程中马氏体转变量的增加是靠一批批新的马氏体片的不断形成,而不是靠已有马氏体片的继续长大。

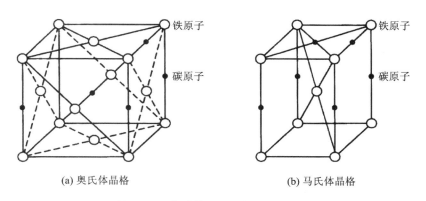

(a) 奥氏体晶格　　　　　　　　　　(b) 马氏体晶格

图 3.44　奥氏体和马氏体晶格示意图

Ⅱ 马氏体的组织形态和性能

马氏体的组织形态主要有两种类型,即板条状马氏体和针状马氏体。淬火钢中究竟形成何种形态马氏体,主要与钢的碳含量有关,一般当 $w_c < 0.3\%$ 时,钢中马氏体形态几乎全为板条状马氏体(低碳马氏体);$w_c > 1.0\%$ 时则几乎全为针状马氏体(高碳马氏体);$w_c = 0.3\%$～1.0% 时为板条状马氏体和针状马氏体的混合组织。即随碳含量的升高,淬火钢中板条状马氏体的量下降,针状马氏体的量上升。

板条状马氏体在光学显微镜下是一束束大致相同且几乎平行排列的细板条组织,且马氏体之间的角度较大,如图 3.45 所示。而针状马氏体在光学显微镜下呈针状。相邻的马氏体片一般互不平行,而是呈一定角度排列。

图 3.45　低碳、高碳马氏体组织形态

高碳针状马氏体由于含有大量过饱和的碳,晶格畸变严重,晶内存在大量孪晶,且形成时相互接触撞击而易于产生显微裂纹等原因,硬度虽高,但脆性大,塑性、韧性均差。低碳板条状马氏体的亚结构是高密度位错,形成温度较高,会产生"自回火"现象,碳化物析出弥散均匀,因此在具有高强度的同时还具有良好的塑性和韧性。详细力学性能见表 3-8。

表 3-8　马氏体性能

组　织	$w_C/\%$	力学性能			
		HRC	R_m/MPa	$a_k/J \cdot cm^{-2}$	$Z/\%$
板条马氏体	0.2	40~45	1 500	60	20~30
针状马氏体	1.2	60~65	500	5	2~4

在设计时,对于要求高硬度、耐磨损的零件应选用高碳钢或高碳合金钢淬火成高碳马氏体;对于要求强度和韧性都较高的零件,则宜选用低碳钢或低碳合金钢淬火成低碳马氏体。

近年来,低碳马氏体组织在结构零件中得到越来越多的应用,并且使用范围还会逐步扩大。例如,用低碳合金钢淬火成低碳马氏体代替中碳合金调质钢可以大幅度减轻零件重量,延长使用寿命,改善工艺性能和提高产品质量,并已成功应用于石油钻井的吊环、吊钳、吊卡和汽车上的高强度螺栓,如连杆螺栓、缸盖螺栓、半轴螺栓等零件。

Ⅲ　马氏体的转变特点

除了无扩散性和转变速度极快的特点,马氏体转变还具有不完全性。

马氏体转变开始点和结束点(M_s 和 M_f)的位置主要取决于奥氏体的成分。奥氏体中碳含量对 M_s 和 M_f 的影响如图 3.46 所示。显然,奥氏体的碳含量越高,M_s 和 M_f 越低,当奥氏体中的 w_C 大于 0.5 % 时,M_f 已低于室温。此时,即使冷却到室温,奥氏体也不能完全转变为马氏体;这部分未发生转变的、被残留下来的奥氏体称为残留奥氏体($A_残$)。

残留奥氏体的量随奥氏体中碳含量的上升而上升,如图 3.47 所示。一般中、低碳钢淬火到室温后,仍有 1 %~2 % 的残留奥氏体;而高碳钢淬火到室温后,仍有 10 %~15 % 的残留奥氏体。即使把奥氏体过冷到 M_f 以下,仍不能得到 100 % 的马氏体,总有少量的残留奥氏体,这就是马氏体转变的不完全性。

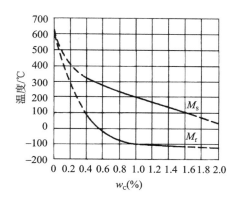 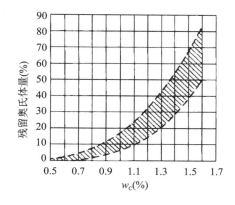

图 3.46　奥氏体中碳含量对 M_s 和 M_f 的影响　　　　图 3.47　碳含量对残留奥氏体量的影响

残留奥氏体不仅降低了淬火钢的硬度和耐磨性,而且在工件的长期使用过程中,残留奥氏体还会发生转变,使工件形状尺寸变化,降低工件尺寸精度。因此,某些高精度的工件在淬火后常进行"冷处理",即在淬火至室温后,立即将钢件放入干冰酒精等制冷剂中继续冷却至零下温度,使残留奥氏体继续转变为马氏体,以最大限度地消除残留奥氏体,提高硬度。

4. 过冷奥氏体的连续冷却转变(CCT 曲线)

在实际生产中,过冷奥氏体的转变大多是在连续转变过程中进行的。因此,连续冷却转变曲线对于选材及确定其热处理工艺具有实际意义。

① 共析钢过冷奥氏体连续冷却转变:过冷奥氏体连续冷却转变图是将钢经奥氏体化后,在不同冷却速度的连续冷却条件下实验测得的。将一组试样奥氏体化后,以不同的冷却速度连续冷却,测出奥氏体转变开始点与结束点的温度和时间,并标在温度—时间坐标图上,分别连接所有转变开始点和结束点,便得到过冷奥氏体连续冷却转变图,图 3.48 所示为共析钢过冷奥氏体连续冷却转变图。在实际生产中,大多数的冷却过程是连续冷却。

连续冷却曲线中,P_s 线为珠光体转变开始线;P_f 线为珠光体转变结束线;K 线为珠光体转变中止线,"中止"指珠光体转变并未最终完成,但过冷奥氏体已停止向珠光体分解。

图中所示的 a、b、c、d 四种连续冷却过程具体如下:

a 为随炉冷却。冷却曲线与珠光体转变开始线(P_s 线)相交时,奥氏体开始向珠光体转变;冷却曲线与转变终了线(P_f 线)相交后转变完成。由于转变是在珠光体区进行的,所以得到珠光体。

b 为在空气中冷却。由于冷速较快,转变在索氏体区进行,所以转变产物为索氏体。

c 为油冷。冷却曲线与 P_s 线、K 线相交,未与 P_f 线相交,说明只有一部分奥氏体发生了珠光体转变,因该转变在屈氏体区进行,故产物为屈氏体;而另一部分奥氏体则在冷却到 M_s 线后转变为马氏体。最终油中冷却得到的产物是马氏体和屈氏体的混合组织。

d 为水冷。由于冷速快,冷却曲线未与 P_s 线相交,待冷到马氏体转变开始线(M_s 线)以下时,奥氏体转变为马氏体。

当冷却速度为 V_k 时,冷却曲线与珠光体转变开始线相切,此时,奥氏体刚好不发生珠光体转变。这个冷速称为临界冷却速度,或称临界淬火速度,表示钢中奥氏体在连续冷却时不产生非马氏体转变所需要的最小冷却速度。也就是说,实际冷速大于 V_k 时,冷却后才能全部得

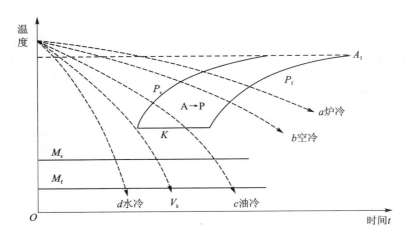

图 3.48　共析钢连续冷却转变曲线

到马氏体。

　　V_k 显然和奥氏体等温转变图的位置有关,奥氏体等温转变图越右移,则 V_k 越小,在较慢的冷却速度下也能得到马氏体组织,这对热处理的工艺操作具有十分重要的意义。例如用碳钢做成零件,由于它的奥氏体等温转变图靠左,临界冷却速度很大,必须在水中冷却才能得到马氏体,在零件形状比较复杂的情况下,便容易开裂。如果用合金钢做成零件,由于其奥氏体等温转变图靠右,V_k 较小,在油中冷却也能得到马氏体。油的冷却速度较慢,故零件产生的热应力较小,不易变形和开裂,这正是合金钢的重要优越性之一。

　　② TTT 图和 CCT 图的比较:TTT 曲线图和 CCT 曲线图都是通过实验测得的。但 CCT 曲线图的测定更困难,目前仍有一些钢的 CCT 曲线未能建立,所以,常常用 TTT 曲线作为依据,去分析连续冷却的转变过程。确定冷却速度时,在没有 CCT 曲线的情况下,可用 TTT 曲线图去估算连续冷却转变时的临界冷却速度。需要注意的是,奥氏体的等温、连续冷却的转变过程和转变产物的类型基本相互对应,但由于两者冷却条件的不同,造成的差别主要有以下三点:

　　Ⅰ.连续冷却时,过冷奥氏体是在一个温度范围内完成组织转变的,其组织的转变很不均匀,先转变的组织过冷度小、晶粒较粗;而后转变的组织过冷度大、晶粒较细。所以,CCT 曲线往往得到几种组织的混合物。

　　Ⅱ.CCT 曲线位于 C 曲线的右下方。这表明连续冷却时,过冷奥氏体转变开始和终了温度都要比等温冷却转变时低些,孕育期也要长些。

　　Ⅲ.共析钢的 CCT 曲线没有下半部分,即连续冷却时不能得到中温区的 B 组织,只有高温区 P 转变和低温区 M 转变。其原因是这类钢奥氏体的碳含量高,使贝氏体转变的孕育期大大延长,在连续冷却时过冷奥氏体来不及转变便被冷却至 M_s 以下。

3.5　金属的热处理工艺

　　热处理在机械工业中的应用极为广泛。在机床制造业,汽车、拖拉机制造业中,大部分零件都要进行热处理。各类工具(刃具、量具、模具)及重要零件,往往要经过几次不同的热处理工艺,才能达到性能要求。在航空工业中,飞机上的金属零件几乎百分之百要进行热处理。

热处理工艺种类很多。根据加热、冷却方式等工艺特点及获得组织和性能的不同,可将热处理工艺分类如下:

1. 整体热处理

整体热处理是指对工件进行穿透性加热,以改善整体的组织和性能的热处理工艺,又分为退火、正火、淬火、回火、固溶处理+时效等。

2. 表面热处理

表面热处理是指仅对工件表层进行热处理,以改变其组织和性能的工艺,分为表面淬火(感应加热表面淬火、火焰加热表面淬火)和化学热处理(渗碳、渗氮、碳氮共渗等)两大类。

3. 其他热处理

其他热处理包括可控气氛热处理、真空热处理和形变热处理等。

此外,根据热处理在零件生产工艺流程中的位置和作用,热处理又可分为预备热处理和最终热处理。预备热处理是为随后的加工(冷拔、冲压、切削)或进一步热处理作准备的热处理工艺;最终热处理是赋予工件所要求的使用性能的热处理工艺。

尽管热处理的种类很多,但任何一种热处理工艺都是由加热、保温、冷却三个基本阶段组成的。由于热处理时起作用的主要因素是温度和时间,所以各种热处理都可以用温度—时间曲线来表示,叫做热处理工艺曲线。图 3.49 即为热处理工艺曲线示意图。要了解各种热处理方法对金属材料组织

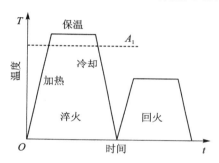

图 3.49　热处理工艺过程示意图

和性能的改变情况,必须首先研究其在加热和冷却过程中的相变规律。

3.5.1　普通热处理

钢的普通热处理是将工件整体进行加热、保温和冷却,使其获得均匀的组织和性能的一种操作,它包括退火、正火、淬火和回火四种。普通热处理是钢制零件制造过程中不可缺少的工序。例如,一般较重要工件的生产工艺路线大致为:铸造或锻造→退火或正火→机械(粗)加工→淬火+回火(或表面热处理)→机械(精)加工,其中退火或正火即属于预备热处理,淬火+回火为最终热处理。

1. 退　火

退火是将钢件加热到高于或低于钢的临界温度,保温一定时间,随后以极缓慢的速度冷却(一般是切断热源随炉冷却到室温),以获得接近 $Fe-Fe_3C$ 状态图上组织的一种热处理工艺。

退火可以达到的目的主要有下列几项:降低硬度,以利于切削加工;细化晶粒,改善组织,提高力学性能;消除内应力,为下一项淬火工序作好准备;提高钢的塑性和韧性,便于进行冷冲压或冷拉拔加工。由于退火的目的不同,退火工艺也有多种,可分为完全退火、等温退火、球化退火、扩散退火、再结晶退火和去应力退火等。各种退火的加热温度和工艺曲线如图 3.50 所示。

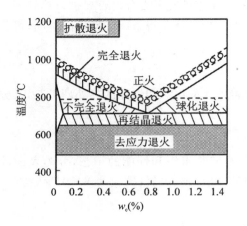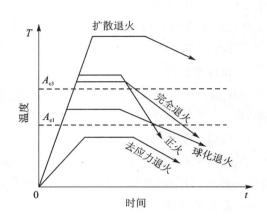

图 3.50 碳钢各种退火和正火工艺示意图

（1）完全退火

将钢件加热到 A_{c3} 以上 30 ℃～50 ℃，保温后随炉缓慢冷却。此方法只适用于亚共析钢和共析钢。所谓"完全"，是指退火钢件被加热后完全获得奥氏体组织，也就是钢的组织全部进行了重结晶。

完全退火的目的是通过完全重结晶，使铸造、锻造或焊接所造成的粗大晶粒细化，并可改善组织以降低硬度，便于切削加工。由于退火冷却速度缓慢，还可以消除内应力。

完全退火不适用于过共析钢，因为过共析钢加热到 A_{ccm} 线以上后得到单相奥氏体组织，缓慢冷却时溶解在奥氏体内的碳又以渗碳体形式重新沿奥氏体晶界析出，形成沿其晶界分布的网状渗碳体组织。网状渗碳体的存在会大大地削弱基体晶粒间的联系，使钢材的机械性能降低，尤其是冲击性能的降低。

完全退火主要用于亚共析钢和共析钢的铸件、锻件、热轧型材和焊接结构，可使奥氏体转变成为接近平衡的组织（F+P）；也可作为一些不重要钢件的最终热处理。

（2）球化退火（不完全退火）

球化退火主要用于过共析钢，它是将钢件加热到 A_{c1} 以上 20 ℃～30 ℃，保温后缓冷，使片状渗碳体和网状渗碳体成为颗粒状或球状的热处理工艺。在球化退火时奥氏体化是"不完全"的，只是片状珠光体转变成奥氏体，组织中的另一部分铁素体（亚共析钢中）和渗碳体（过共析钢中）并不发生转变，因此球化退火又称为不完全退火。

球化退火的原理是依靠片状渗碳体的自发球化效果倾向和聚集长大。当片状珠光体加热到 A_{c1} 以上时，其中的渗碳体开始局部溶解，使片状渗碳体断开为若干点状渗碳体，弥散分布在奥氏体基体上。在随后的缓冷过程中，以原有的细碳化物质点为核心，或由奥氏体的富碳区产生新的碳化物核心，形成均匀而细小的颗粒状碳化物。这些碳化物在缓冷过程中或等温过程中聚集长大，并向能量最低的状态转化为球状渗碳体。球状珠光体硬度低于片状珠光体，所以球化退火后硬度会降低。

至于网状渗碳体，如果网状碳化物较轻，在球化退火过程中部分的网络可以断开，而且可以被球化。但严重的网状碳化物在随后的球化退火过程中无法将其消除，只有通过正火工艺才能消除或改善网状碳化物的组织。

图 3.51 为 T12 钢球化退火后的珠光体显微组织,即在铁素体基体上分布着均匀细小的球状渗碳体。

（3）去应力退火

钢的去应为退火操作是将工件随炉缓慢加热至 500 ℃～650 ℃,保温一段时间后,随炉缓慢冷却至 200 ℃以下出炉空冷的工艺。由于加热温度很低,一般称为"低温退火"。与退火前相比,去应力退火后的组织不发生明显变化,其力学性能（如硬度、强度、塑性、韧性等）也无明显变化,仅是残留应力得到松弛。

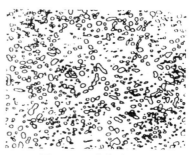

图 3.51   球状珠光体

去应力退火主要用于消除铸件、锻件、焊接件、冷冲压件（或冷拉件）及机加工件的残留应力,以防止零件变形或产生裂纹,降低机器精度,避免发生事故。例如汽轮机的隔板是由隔板体和静叶片焊接而成,焊接后若不进行去应力退火,则可能在运转过程中产生变形而打坏转子叶片,发生严重事故。为此,大型铸件如机床床身、内燃机气缸体,重要的焊接件如汽轮机隔板,冷成形件如冷卷弹簧等必须进行去应力退火。

（4）再结晶退火

再结晶退火是一种低温退火,用于处理冷拉、冷轧冷压等发生加工硬化的钢材。其过程是把这类钢材加热到再结晶温度以上（650 ℃～720 ℃）,保温后空冷。通过再结晶可使钢材的塑性恢复到冷变形以前的状况。

（5）扩散退火（均匀化退火）

将钢锭、铸件或锻坯加热到固相线以下 100 ℃～200 ℃的高温下长时间（10～15 h）保温,然后缓慢冷却以消除化学成分不均匀现象的热处理工艺。其目的是消除铸锭或铸件在凝固过程中产生的枝晶偏析及区域偏析,使成分和组织均匀化。

扩散退火加热温度很高,碳钢一般为 1 100 ℃～1 200 ℃,合金钢多采用 1 200 ℃～1 300 ℃。扩散退火后钢的晶粒粗大,可用完全退火或正火来细化晶粒,提高钢件性能。另外,由于扩散退火生产周期长,耗能大,成本高,因此,生产中只有对一些优质合金钢以及偏析严重的合金钢铸件才使用这种工艺。

（6）等温退火

将钢件加热到高于 A_{c3}（亚共析钢）或 A_{c1}～A_{ccm} 之间（过共析钢）的温度,保温后即较快地冷却到稍低于 A_{r1} 的温度,再进行等温,当奥氏体转变结束后,取出在空气中冷却。

等温退火的转变较易控制,能获得均匀的预期组织。等温退火主要用于那些奥氏体比较稳定的合金工具钢和高合金钢等。与完全退火相比,等温退火不仅可以有效地缩短退火时间,提高生产效率,而且珠光体转变在同一温度下进行,有利于获得更为均匀的组织和一致的性能,特别适用于大型工件退火。

2. 正　火

正火是将钢件加热到 A_{c3}（对于亚共析钢）或 A_{ccm}（对于过共析钢）以上 30 ℃～50 ℃,保温后在空气中冷却的热处理工艺（见图 3.50）。正火后的组织:亚共析钢为 F+S,共析钢为 S,过共析钢为 S+Fe$_3$C$_{II}$。

正火的作用与完全退火相似,两者的主要差别是冷却速度。退火冷却速度慢,获得珠光体组织;正火冷却速度较快,得到的是索氏体组织。因此,同样钢件在正火后强度、硬度比退火后高;而且钢的含碳量越高,用这两种方法处理后的强度、硬度差别也越大。

低碳钢经过正火处理后的强度和硬度,虽与退火处理后的差不多,但正火是在炉外空冷的,不占用设备,生产率也高,所以低碳钢多采用正火来代替退火。而高碳钢正火后的硬度过高,不利于切削加工,为了降低硬度,便于加工,则应采用退火(球化退火)处理。

(1) 正火的主要目的

① 改善低碳钢的切削加工性能:对于 $w_c<0.25$ %的低碳钢或低合金钢,硬度低,切削加工时容易"粘刀"或"断屑"不良,加工后零件表面粗糙度值大。通过正火可得到数量较多而细小的珠光体组织,使硬度提高至 140~190 HBW,接近于最佳切削加工硬度,故低碳钢和低碳合金钢以正火作为预备热处理。

② 中碳结构钢件的预备热处理:中碳钢经正火后,可有效地消除工件经热加工后产生的组织缺陷,获得细小而均匀的索氏体组织,以保证最终热处理的质量。

③ 普通结构零件的最终热处理:由于正火后的工件比退火状态具有更好的综合力学性能,对于一些受力不大、性能要求不高的普通结构零件可将正火作为最终热处理,以减少工序,节约能源,提高生产率。此外,对某些大型的或形状较复杂的零件,当淬火有开裂危险时,往往以正火代替淬火、回火处理,作为最终热处理。

④ 消除过共析钢的网状碳化物:过共析钢在淬火前要进行球化退火,但当其中存在网状碳化物时,会造成球化不良。正火可以抑制先共析相的析出,对于过共析钢,可有效消除网状渗碳体,并使其避免形成连续网状,为球化退火做组织准备;而且正火得到的细片状珠光体也有利于碳化物的球化,从而提高球化退火质量。

(2) 退火和正火的种类、工艺特点、适用范围比较

表 3-9 总结了各类退火、正火的热处理工艺特点、目的、相应组织、性能变化及应用范围。

表 3-9　退火和正火的热处理工艺

热处理名称	热处理工艺特点	热处理的目的	组 织	性 能	应用范围
扩散(均匀化)退火	将工件加热到 1 100 ℃左右,保温 10~15 h,随炉缓冷至 350 ℃后出炉空冷	高温长时间加热,使原子充分扩散,消除枝晶偏析,使成分均匀化	粗大 F+P(亚共析钢);P(共析钢);P+Fe₃C_Ⅱ(过共析钢)	铸件晶粒粗大,组织严重过热。须再进行一次完全退火或正火以细化晶粒	用于高质量要求的优质合金钢铸锭和成分偏析严重的合金钢铸件
完全退火	将亚共析碳钢加热至 A_{c3} 以上 30 ℃~50 ℃,保温,随炉缓冷至 600 ℃以下出炉空冷	消除铸、锻、焊件组织缺陷,细化晶粒,均匀组织;降低硬度,提高塑性,便于切削加工;消除内应力	平衡组织;F+P	强度、硬度低(与正火态相比)	亚共析碳钢与合金钢的铸、锻、焊件等

热处理名称	热处理工艺特点	热处理的目的	组　织	性　能	应用范围
球化退火	将共析、过共析碳钢加热至 A_{c1} 以上 $10\sim20$ ℃,保温 $2\sim4$ h,使片状渗碳体发生不完全溶解断开成细小链状或点状,弥散分布在 A 基体上。在随后缓冷过程中,或以原细小 F 渗碳体为核心,或在 A 中的富碳区域产生新核心,形成均匀颗粒状渗碳体	降低硬度,改善切削加工性;为淬火做好组织准备	$P_球$(在 F 基体上均匀分布着粒状渗碳体)	硬度低于片状 P,但切削加工性好、淬火时不易过热	用于共析、过共析碳钢及合金钢的锻、轧件
等温退火	将 A(或不均匀 A)化的钢快冷至 P(或 A_{r1} 以下 10 ℃~20 ℃)形成温度等温保温,使 $A_过$ 转变为 P(或 $P_球$),然后空冷至室温	准确控制转变的过冷度,保证工件内外组织和性能均匀,大大缩短工艺周期,提高生产率	同完全退火(或球化退火)	同完全退火(或球化退火)	同完全退火(或球化退火)
去应力(低温)退火	将工件随炉缓慢加热至 $500\sim650$ ℃,保温,随炉缓慢冷却至 200 ℃出炉空冷	消除铸、锻、焊、冷压件及机加工件中的残余内应力,提高工件的尺寸稳定性,防止变形和开裂	组织不发生变化,仍为退火前的组织	与退火处理前的性能基本相	用于铸件、锻件、焊接件、冷冲压件及机加工件等
再结晶退火	将经冷塑性变形的工件加热至 $T_再$ 以上 100 ℃~200 ℃,保温,然后空冷至室温	消除冷塑性变形金属的加工硬化及内应力,恢复原有塑性	变形晶粒变为细小的等轴晶粒	强度、硬度显著降低,塑性明显提高	经受冷塑性变形加工的各种制品
正火(常化)	将亚(或过)共析碳钢加热至 A_{c3}(或 A_{ccm})以上 30 ℃~50 ℃,保温,然后在空气中冷至室温	对低碳钢、低碳低合金钢,细化晶粒提高硬度,改善切削加工性;对过共析钢,消除二次网状渗碳体,以利于球化退火的进行	亚共析钢,F+S;共析钢,S;过共析钢,S+Fe_3C_{II}	比退火态的强度、硬度高	低、中碳钢及低合金钢的预备热处理;性能要求不高零件的最终热处理;消除过共析钢中的网状渗碳体

3. 淬　火

所谓淬火就是将钢件加热到 A_{c3}(对亚共析钢)或 A_{c1}(对共析和过共析钢)以上 30 ℃~50 ℃,以获得 A 组织,其后的冷却速度必须大于临界冷却速度或采用等温冷却方式,而淬火得到的组织是 M 或 B 组织。

淬火的目的是提高工具、渗碳零件和其他高强度耐磨机器零件的硬度、强度和耐磨性;结构钢零件通过淬火和回火后,在保持足够韧性的条件下可提高钢的强度,即获得良好的综合力学性能。因此,淬火是钢最重要的强化方法。

（1）淬火加热温度

不同含碳量的钢淬火加热温度范围如图 3.52 所示。对于亚共析钢，加热温度在 A_{c3} 以上 30 ℃～50 ℃，共析钢和过共析钢在 A_{c1} 以上 30 ℃～50 ℃。

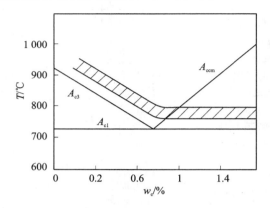

图 3.52　碳钢的淬火加热温度范围

对于亚共析钢，采用适宜的淬火加热温度后，淬火所得到的组织为均匀而细小的马氏体。如果加热温度在 A_{c1} 和 A_{c3} 之间，此时组织为 F 和 A。淬火时 A 转变为 M，而 F 仍不变，使淬火钢硬度不足，所以，其淬火温度须高于 A_{c3} 线。

对于过共析钢，将其加热到 A_{c1} 以上时，淬火后的组织为马氏体和二次渗碳体（分布在马氏体基体内呈颗粒状）。在此温度范围内淬火的优点有：

① 保留了一定数量的未溶渗碳体，淬火后钢具有最大的硬度和耐磨性。

② 使奥氏体的碳含量不致过高而保证淬火后残留奥氏体不致过多，有利于提高硬度和耐磨性。

③ 奥氏体晶粒细小，淬火后可以获得较高的力学性能。

若把淬火加热温度提高到 A_{ccm} 以上，由于奥氏体的含碳量较高，使奥氏体向马氏体的转变更加困难；淬火后的组织中有大量残余奥氏体，使钢的硬度下降；同时由于温度高，奥氏体晶粒长大，淬火得到的马氏体也较粗大，使韧性下降。

（2）淬火介质和淬火方法

淬火操作的难度比较大，这主要是因为：一方面，为保证得到 M 组织，淬火冷却速度必须大于临界冷却速度 V_k；但另一方面，快冷总是不可避免地要造成很大的内应力，往往会引起工件的变形和开裂。

淬火冷却时怎样才能既得到 M 而又减小变形与避免裂纹呢？这是淬火工艺中最主要一个问题。要解决这个问题，可以从两点着手，一是寻找一种比较理想的淬火介质；二是改进淬火的冷却方法。基于此，理想的淬火冷却曲线如图 3.53 所示。即在 C 曲线拐点附近其 $V_{冷} > V_k$。而在拐点以下，M_s 点附近，则应尽量慢冷，以减少 M 转变时产生的内应力。

实际生产中常用的淬火冷却介质有水、盐水、油、盐浴及碱浴等。水是最常用的冷却介质，有很强的冷却能力，使用方便，而且价廉，但其缺点是在拐点以下 300 ℃～200 ℃内冷却能力仍很强，因此常会引起淬火钢内应力增大，造成变形开裂。盐水的冷却能力比水大，其缺点也是在低温时冷速仍很快，对减少变形不利。油的冷却能力比水小，在低温区冷却慢，但在 C 曲线拐点附近冷却也慢。

　　目前还没有理想的淬火介质,不能完全满足淬火质量要求,所以在热处理工艺上还应在淬火方法上加以解决。目前使用的淬火方法较多,常用的几种淬火方法的冷却方式如图 3.54 及见表 3 - 10。

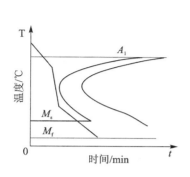

图 3.53　淬火理想冷却过程

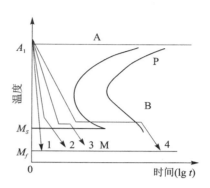

图 3.54　各种淬火冷却曲线示意图

表 3 - 10　常用淬火方法的种类、冷却方式、特点和应用

淬火方法	冷却方式	特点和应用
单液淬火法[图 3.54 (1)]	将奥氏体化后的工件放入一种淬火冷却介质中一直冷却到室温	操作简单,已实现机械化与自动化,适用于形状简单的工件
双液淬火法[图 3.54 (2)]	将奥氏体化后的工件在水中冷却到接近 M_s 点时,立即取出放入油中冷却	防止低温马氏体转变时工件发生裂纹,常用于形状复杂的钢件
分级淬火法[图 3.54 (3)]	将奥氏体化后的工件放入温度稍高于 M_s 点的盐浴中,使工件各部分与盐浴的温度一后,取出空冷,完成马氏体转变	大大减小热应力、变形和开裂,但盐浴的冷却能力较小,故只适用于形状复杂、尺寸较小的钢件
等温淬火法[图 3.54 (4)]	将奥氏体化的工件放入温度稍高于 M_s 点的盐浴中等温保温,使 $A_{过}$ 转变为 $B_下$ 组织后,取出空冷	常用来处理形状复杂,尺寸要求精确、强韧性高的工具、模具和弹簧等
局部淬火法	只对工件局部要求硬化的部位进行加热淬火	既保证了钢件局部的高硬度,又避免其他部分产生变形或开裂
冷处理	将淬火冷却到室温的钢继续冷却到 $-70\ ℃ \sim -80\ ℃$,使残余奥氏体转变为 M,然后低温回火,消除应力,稳定新生 M 组织	提高硬度、耐磨性、稳定尺寸,适用于一些高精度的工件,如精密量具、精密丝杠、精密轴承等

　　(3) 淬透性和淬硬性

　　钢的淬硬性和淬透性是热处理工艺中的两个重要概念,是选材和制订热处理工艺时要考虑的重要因素。

　　① 淬透性:钢的淬透性是指钢在淬火时能获得 M 的能力,通常用钢在一定条件下淬火所获得的淬硬层深度来表示。它是钢材本身固有的属性。用不同钢种制成的相同形状和尺寸的工件,在同样条件下淬火,淬透性好的钢,其淬硬深度较深;淬透性差的钢,其淬硬深度较浅。

　　② 淬硬性:钢的淬硬性也叫可硬性,是指钢在理想条件下进行淬火硬化(即得到马氏体组织)所能达到的最高硬度的能力。它主要决定于钢(准确地说是淬火 M)中碳含量,而与合金

元素的关系不大。碳含量越多,钢的淬硬性越高。

　　淬火时,工件截面上各处冷却速度是不同的。若以某圆棒试样为例,淬火冷却时,其表面冷却速度最大,愈到中心冷却速度愈小,如图 3.55(a)所示。表层部分冷却速度大于该钢的马氏体临界冷却速度 V_k,淬火后获得马氏体组织;在距表面 a_0 处区域的冷却速度小于 V_k,则淬火后将有非马氏体组织出现,如图 3.55(b)所示。因此,这时工件未被淬透。

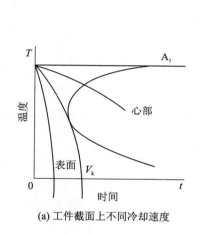
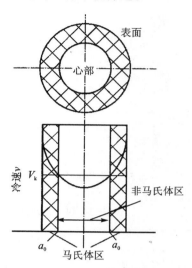

(a) 工件截面上不同冷却速度　　　　　(b) 淬硬区与未淬硬区示意图

图 3.55　冷却速度与淬硬深度的关系

　　从理论上讲,淬硬深度应该是全淬成马氏体的深度,但实际上马氏体中混入少量非马氏体组织时,无论从显微组织或硬度测量上都难以辨别出来。因此,为了测试方便,通常是把工件表面测量至半马氏体区(50 ％马氏体和 50 ％非马氏体)的垂直距离作为淬硬深度(也称有效淬硬深度)。

　　淬透性主要取决于钢的临界冷却速度,即取决于过冷奥氏体的稳定性。凡是使 C 曲线右移的因素都提高钢的淬透性,但其中合金元素是最主要的因素,因其对 C 曲线位置的影响最显著。除 Co 以外,溶入 A 的合金元素均使 C 曲线右移,故淬透性提高。对碳钢而言,亚共析钢随碳含量增加,淬透性增加;过共析钢因 Fe_3C 在淬火温度下不能全溶入 A 中,故随碳含量增加,淬透性下降。

　　必须注意,钢的淬透性和钢的淬硬性是两个完全不同的概念,切勿混淆。淬硬性好的钢淬透性不一定好,淬透性好的钢淬硬性也不一定高。例如,含碳量 $w_c=0.3$ ％、合金元素含量 $w=10$ ％的高合金模具钢 3Cr2W8V 的淬透性极好,但在 1 100 ℃油冷淬火后的硬度约为 50HRC;而含碳量 $w_c=1.0$ ％的碳素工具钢 T10 钢的淬透性不高,但在 760 ℃水冷淬火后的硬度大于 62HRC。

　　淬硬性对于按零件使用性能要求选材及热处理工艺的制定同样具有参考作用:

　　Ⅰ 对于要求高硬度、高耐磨性的各种工模具可选用淬硬性高的高碳及高合金钢。

　　Ⅱ 要求较高综合力学性能的机械零件可选用淬硬性中等的中碳及中碳合金钢。

　　Ⅲ 对于要求高塑性、高韧性的焊接件则应选用淬硬性低的低碳、低合金钢。这类钢的零件表面若有高硬度、高耐磨性要求,则可配以表面渗碳工艺,通过提高零件表面的碳含量使其表面淬硬性提高。

（4）淬透性对钢热处理后力学性能的影响

淬透性对钢的力学性能影响很大。例如,用淬透性不同的三种钢材（40CrNiMo、40Cr、40钢）制成直径相同的轴,然后进行淬火加高温回火（调质）处理,其中 40CrNiMo 钢材的淬透性最好,使轴的整个截面都能淬透;而 40 钢的淬透性最差,轴未能淬透。三根轴经调质处理后,其力学性能比较如图 3.56 所示。由图可见,三者硬度虽然几乎相同,但力学性能却有明显差别:

Ⅰ 淬透性好的钢,其力学性能沿截面是基本相同的。

Ⅱ 淬透性差的钢,其力学性能沿截面是不同的,愈靠近心部的力学性能愈低,特别是韧性值更为明显。

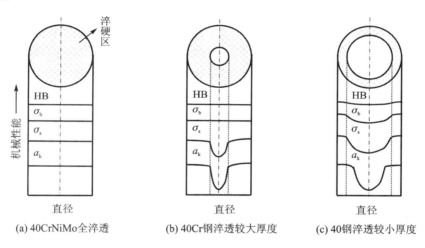

(a) 40CrNiMo全淬透　　　(b) 40Cr钢淬透较大厚度　　　(c) 40钢淬透较小厚度

图 3.56　淬透性不同的钢调质处理后截面力学性能的比较

由上可知,在零件选材时,设计人员必须对钢的淬透性有所了解,以便能根据工件的工作条件和性能要求进行合理选材,制订热处理工艺,以提高工件的使用性能,具体应注意以下几点。

① 许多大截面零件和动载荷下工作的重要零件,以及承受拉力和压力的许多重要零件,如螺栓、拉杆、锻模、锤杆等常要求表面和心部力学性能一致,此时应当选用淬透性高的钢,以使工件全部淬透。

② 当某些零件的心部力学性能对其寿命的影响不大时,如受扭转或弯曲载荷的轴类零件,外层受力很大,心部受力很小,可选用淬透性较低的钢,获得一定的淬硬层深度即可,通常淬硬层深度为工件半径或厚度的 1/2～1/4 即可。

③ 有些工件则不能或不宜选用淬透性高的钢,如焊接件,如果淬透性高,就容易在热影响区出现淬火组织,造成工件变形和开裂;又如承受强烈冲击和复杂应力的冷锻模,其工作部分常因全部淬硬而脆断,因此也不宜选淬透性高的钢。再如齿轮可用较低淬透性钢经表面淬火获得一定深度淬硬层,若用高淬透性的钢淬火易使整个齿淬透而导致工作过程中断齿。

综上,要根据零件不同的工作条件合理确定钢的淬透性要求,绝不能认为一切工件都要求钢的淬透性越高越好,否则除浪费材料外,还会产生适得其反的效果。

此外,不能根据手册中查到的小尺寸试样的性能数据用于大尺寸零件的强度计算。因为零件尺寸越大,淬火时零件的冷却速度越慢,因此淬透层越薄,性能越差,这种随工件尺寸增大而热处理强化效果减弱的现象称为钢材的"尺寸效应"。例如,40Cr 钢经调质后,当直径为 30 mm 时,$R_m \geqslant 900$ MPa;直径为 120 mm 时,$R_m \geqslant 750$ MPa;直径为 240 mm 时,$R_m \geqslant 650$ MPa。但是,对于合金元素含量高的淬透性大的钢,尺寸效应则不明显。

实际工件在具体淬火条件下的淬透层深度与淬透性也不是一回事。淬透性是钢的一种属性,它不随工件形状、尺寸和淬火介质的冷却能力而变化的,其大小用规定条件下的淬透层深度表示。实际工件的淬透层深度除与钢的淬透性有关外,还与工件尺寸及淬火介质等许多因素有关。例如,尺寸相同的同一钢种,水淬比油淬的淬透层深。但绝不能说同一种钢水淬比油淬的淬透性好。

(5) 淬透性的测定与表示方法

① 端淬实验法:淬透性的测定方法很多,根据 GB 225—2006 规定,结构钢末端淬透性试验(Jominy 试验)是最常用的方法。如图 3.57(a)所示,该实验设备为一组能喷射水流至试样淬火端面的装置。实验步骤为将一圆柱试样加热至奥氏体区内某一温度,并按规定保温一定时间;之后在规定的条件下对其端面喷水淬火。

由于试样末端冷却最快,越往上冷却得越慢,因此,沿试样长度方向便能测出各种冷却速度下的不同组织与硬度。若从喷水冷却的末端起,每隔一定距离测一硬度点,则最后可绘成如图 3.57(b)所示的淬透性曲线。由此图可见,45 钢比 40Cr 钢硬度下降得快,说明 40Cr 钢比 45 钢的淬透性好。

根据 GB 225—2006 的规定,钢的淬透性值用"J×× − d"来表示。其中,×× 表示硬度值,或为 HRC,或为 HV30;d 表示从测量点至淬火端面的距离,单位为毫米。如 J35 − 15 表示距淬火端 15 mm 处硬度值为 35HRC,JHV450 − 10 表示距淬火端 10 mm 处硬度值为 450 HV30。

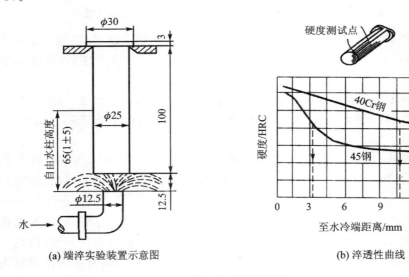

(a) 端淬实验装置示意图　　　　　　(b) 淬透性曲线

图 3.57　端淬实验

② 临界直径法:临界直径是一种直观衡量淬透性的方法。临界直径指钢在某种淬火冷却

介质中冷却后,心部能得到半马氏体组织的最大直径,用 D_0 表示。显然,同一钢种在冷却能力大的介质中比在冷却能力小的介质中所得的临界直径要大(见图 3.58)。但在同一冷却介质中,钢的临界直径(D_0)越大,则其淬透性越好。表 3-11 为几种常用钢的临界直径。

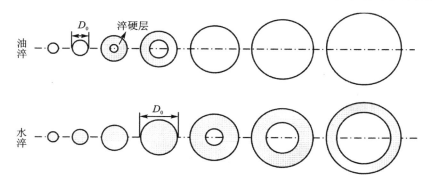

图 3.58　不同截面的钢淬火时淬硬层深度的变化

表 3-11　常用钢的临界直径

牌　号	D_0/mm		牌　号	D_0/mm	
	淬　水	淬　油		淬　水	淬　油
45	13～16.5	5～9.5	35CrMo	36～42	20～28
60	11～17	6～12	60Si2Mn	55～62	32～46
T10	10～15	<8	50CrVA	55～62	32～40
65Mn	25～30	17～25	38CrMoAl	100	80
20Cr	12～19	6～12	20CrMoTi	22～35	15～24
40Cr	30～38	19～28	30CrMnSi	40～50	32～40
35SiMn	40～46	25～34	40MnB	50～55	28～40

(6)淬火变形及零件的结构工艺性

由于淬火时的温度变化剧烈,工件各部冷却速度不同,淬火后工件不可避免地会产生变形,工件内部也会有残余内应力。特别是当淬火零件结构不对称、壁厚不均匀或操作不当时,工件会产生很大的内应力、变形甚至开裂。

较小的变形影响不大,精度要求高的零件可用后续加工解决。较大的变形需先矫正,然后再进行后续加工。残余内应力会在后续加工或以后的使用过程中释放出来,引起工件变形甚至开裂,可通过淬火后的回火或时效消除应力。

在设计零件时,也应考虑到零件结构对淬火应力的影响。在满足使用要求的前提下,零件的结构形状应尽量对称、壁厚均匀,必要时可增加工艺孔或采用组合结构;避免出现尖角、盲孔;在截面变化时应有过渡;孔与边缘和尖角的距离不能太近;对某些易变形的零件,还可在淬火前留筋,淬火后切除(见图 3.59)。

4. 回　火

回火是指将淬火后的钢加热到 A_{c1} 以下的某一温度并保温一段时间,然后取出空冷或油

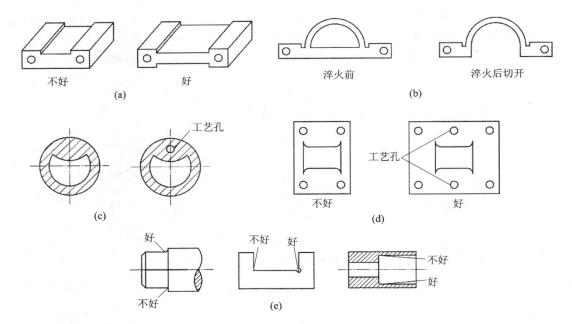

图 3.59　淬火零件的结构工艺性

冷的热处理工艺制品。

　　对于未淬火的钢,回火一般是没有意义的,但淬火钢不经回火一般也不能直接使用。因为淬火后得到的组织(M 和 A_残)是不稳定的,存在着自发向稳定组织转变的倾向,故淬火后应及时进行回火。例如,用 45 钢制造轴类零件,正火后力学性能为:硬度为 250HBW,$R_m =$ 750 MPa,$A = 18$ %,$a_k = 70$ J/cm^2。若将其淬火成马氏体,再配之以高温回火(调质),其力学性能为:硬度为 250HBW,$R_m = 800$ MPa,$A = 23$ %,$a_k = 100$ J/cm^2,具有良好的强度与塑性和韧性的配合,这样就可以延长零件的使用寿命。又如用 T8 钢制造切削刀具,退火后的硬度很低,为 163～187 HBW(相当于<20 HRC),甚至与被切削零件的硬度相近,显然无法切削零件。若将其淬火成马氏体,再配之以低温回火,硬度可达 60～64 HRC,则可切削零件,并具有较高的耐磨性。

　　(1) 回火的目的

　　① 减少或消除内应力:马氏体转变伴随着很大的内应力,如不及时消除,会引起零件的变形和开裂。通过回火,可使淬火内应力大大减少,直至消除。

　　② 稳定钢的组织和尺寸:淬火钢的组织主要是淬火马氏体和少量残余奥氏体,两者都是不稳定组织,在工作中会自发的发生分解,导致零件尺寸的变化,这对精密零件是不允许的。回火可使淬火得到的不稳定组织变为较稳定的组织,从而稳定了零件的形状和尺寸。

　　③ 获得所需的力学性能:刚淬过火的钢硬度虽然很高,但脆性过大,韧性差,不能满足零件的性能要求。通过选择适当温度的回火,可以提高零件的韧性、调整其硬度和强度,达到所需要的力学性能。

　　(2) 回火时组织变化

　　随着回火温度的升高,淬火钢的组织发生以下四个阶段的变化,现以共析钢为例分析。

　　① M 的分解(200 ℃以下):淬火钢在 100 ℃以下回火时,内部组织的变化并不明显,硬度

基本上也不下降。当回火温度大于 100 ℃时,在淬火马氏体基体上析出薄片状细小 ε 碳化物 (Fe$_{2.4}$C),马氏体中碳的过饱和度降低,但仍为碳在 α−Fe 中的过饱和固溶体,通常把这种由过饱和度有所降低的 α 固溶体和碳化物薄片 ε 组成的组织称为回火马氏体,用 $M_{回}$ 表示。回火马氏体仍保持原马氏体形态,其上分布有细小的 ε 碳化物,此时钢的硬度变化不大,但由于 ε 碳化物的析出,晶格畸变程度下降,内应力有所减小。图 3.60 是淬火马氏体(图(a))与回火马氏体(图(b))的显微组织。

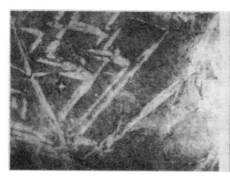

(a) 淬火马氏体（850×）　　　　　　　　　(b) 回火马氏体（850×）

图 3.60　高碳钢的淬火马氏体和回火马氏体

② 残留奥氏体转变(200 ℃～300 ℃):残留奥氏体从 200 ℃开始分解,到 300 ℃基本结束,一般转变为下贝氏体。这一阶段,虽然马氏体继续分解为回火马氏体会降低钢的硬度,但由于原来比较软的残留奥氏体转变为较硬的下贝氏体,因此钢的硬度降低并不显著,屈服强度反倒略有上升。

③ 回火屈氏体的形成(250 ℃～400 ℃):回火温度在 250 ℃～400 ℃时,因碳原子的扩散能力上升,碳从过饱和的 α 固溶体中继续析出,使之转变为铁素体。同时亚稳定的 ε 碳化物也逐渐转变为稳定的 Fe$_3$C(细球状),淬火时晶格畸变所存在的内应力大大消除。此阶段到 400 ℃时基本完成,所得到的针状铁素体和球状渗碳体组成的复相组织,称为回火屈氏体($T_{回}$)。此时钢的硬度、强度降低,塑性、韧性上升。

④ Fe$_3$C 的聚集长大和 F 的再结晶(400 ℃以上):当回火温度大于 400 ℃时,渗碳体球将逐渐聚集长大,形成较大的粒状 Fe$_3$C,回火温度越高,球粒越粗大;同时,在 450 ℃以上 F 开始再结晶,失去 M 原有形态(针状)而成为多边形 F。这种由多边形 F 和粒状 Fe$_3$C 组成的混合物,称为回火索氏体($S_{回}$)。这时,钢的强度、硬度进一步下降,塑性、韧性进一步上升。

综上所述,回火温度不同,钢的组织也不同。顺便指出,$T_{回}$ 与 T,以及 $S_{回}$ 与 S 相比,它们组织形态不同,且前者具有更优异的综合力学性能。例如在硬度相同时,前者比后者具有更高的强度和塑性、韧性。这是因为前者的渗碳体为颗粒状或球状,后者的渗碳体为片状。而片状渗碳体受力时,会产生很大的应力集中,易使渗碳体片断裂或形成微裂纹。这就是为什么重要的工件都要进行淬火和回火处理的原因。

（3）回火后性能变化

淬火钢经不同温度回火后,其力学性能与回火温度的关系如图 3.61 所示。由图可见,总的变化趋势是,随着回火温度升高,硬度、强度下降,而塑性、韧性提高,弹性极限在 300 ℃～

400 ℃附近,以达到最大值。

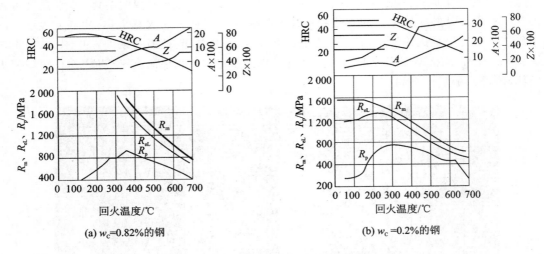

(a) w_C=0.82%的钢　　　　　　　　(b) w_C=0.2%的钢

图 3.61　钢的力学性能与回火温度的关系

（4）回火种类及应用

据加热温度的不同,回火可分为低温回火、中温回火和高温回火。

① 低温回火:加热温度在 150 ℃～250 ℃之间,回火组织为回火马氏体。这种回火主要是为了降低钢中的残余应力和脆性,而保持淬火后得到的高硬度(硬度一般为 HRC58～64)和耐磨性。它主要用于高硬度和高耐磨性的工件,如各种刀具和量具(锯条、锉刀)、滚珠轴承及渗碳件等。

② 中温回火:加热温度在 350 ℃～500 ℃之间,回火组织为回火屈氏体。中温回火后钢的内应力大大降低,同时具有较高的弹性极限和屈服极限,硬度为 HRC35～HRC45。它主要用于各种弹簧钢、塑料模、热锻模等。

③ 高温回火:加热温度在 500 ℃～600 ℃之间,回火组织为回火索氏体。淬火加高温回火又称为"调质处理"。它可以消除钢的内应力,获得较高的韧性,使钢具有良好的综合性能。因此,调质被广泛用于要求具有一定强度和较高塑性、韧性的各类机械零件,特别是承受交变载荷和冲击载荷的重要零件。齿轮、连杆、轴等受力复杂的结构件,常采用调质处理,处理后零件硬度一般为 HRC25～HRC35。

需要注意的是,淬火后 250 ℃～400 ℃左右回火时所产生的脆性称为低温回火脆性(第一类回火脆性),又称为不可逆回火脆性。几乎所有的钢都存在这类脆性。这类脆性的产生与回火后的冷却速度无关,即在此温度区回火,不论快冷或慢冷都会产生此类脆性。推断是因为回火时沿马氏体条或片的边界析出断续的薄壳状碳化物,降低了晶界的断裂强度。所以,一般工件都是避开此温度范围回火,或采用等温淬火代替淬火回火。

应当指出,钢经正火后和调质处理后的硬度值很接近,但高温回火得到的回火索氏体组织是铁素体和细粒状渗碳体的混合物(见图 3.62),均匀分布的细粒状渗碳体起到了强化作用。因此,在硬度相同的情况下,调质钢的各项力学性能明显高于钢正火处理后的性能(见表 3-12)。重要的结构零件,一般都进行调质处理而不采用正火。

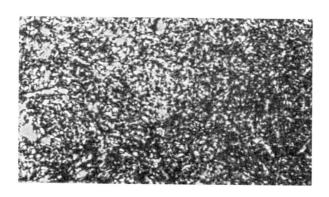

图 3.62　回火索氏体金相组织照片

表 3 - 12　45 钢调质与正火处理后力学性能的比较

热处理状态	R_m/MPa	$A/\%$	$a_k/(kJ \cdot m^{-2})$	硬度/HBW	组织
正火	700～800	15～20	40～64	163～220	F+S
调质	750～850	20～25	64～96	210～250	S回

　　需要说明的是,某些高合金钢淬火后高温(如高速钢在 560 ℃)回火,是为了促使残余奥氏体转变及马氏体回火,获得的是以回火马氏体和碳化物为主的组织。这与结构钢的调质在本质上是根本不同的。

3.5.2　表面热处理

　　机械制造中很多机器零件是在动载荷和摩擦条件下工作的,例如齿轮、凸轮、曲轴及销子等,这就要求这些零件韧性高且耐磨。若选用高碳钢淬火并低温回火,硬度高,表面耐磨性好,但心部韧性差;若选用中碳钢则只进行调质处理,心部韧性好,但表面硬度低,耐磨性差。显然,仅靠选材和普通热处理无法满足性能要求。针对机械零件的这种表面和心部相互矛盾的性能要求(即表硬心韧),解决上述问题的正确途径是采用表面热处理:一是化学热处理(改变钢的表层成分,达到表面耐磨的目的);二是表面淬火。

1. 表面淬火

　　表面淬火是通过快速加热与立即淬火冷却相结合的方法来实现的。它是将零件表面层以极快的速度加热到奥氏体化温度(当热量还未传至工件心部时),使其表面组织转变为奥氏体,然后快速冷却,使表层得到马氏体而被淬硬、而心部仍保持为未淬火状态的组织的一种局部淬火方法。表面淬火只改变表层组织性能而不改变钢的化学成分。

　　表面淬火用钢大多选用中碳钢或中碳低合金钢,如 40、45、40Cr,40MnB 等低淬透性钢。碳含量过低,会降低钢的表面淬硬层硬度和耐磨性。碳含量过高,则会增加淬硬层的脆性,降低心部塑性和韧性,并增加淬火开裂倾向。另外,在某些条件下,高碳工具钢、低合金工具钢、铸铁(灰铸铁、球墨铸铁等)等制件也可通过表面淬火进一步提高表面耐磨性。

　　在表面淬火前,应先进行正火或调质处理。

　　表面淬火的加热有电感应、火焰、电接触、浴炉、激光等方法。

（1）感应加热法

感应加热的主要依据是电磁感应、集肤效应和热传导三项基本原理。如图 3.63 所示,将欲淬火的零件放入一个通有高频交流电的感应线圈内。接入高频电流时,感应线圈会产生交变的磁场,将工件置于感应线圈内时,工件内就会产生频率相同、方向相反的感应电流,这种电流在工件内自成回路,称为"涡流"。涡流在工件截面上的分布是不均匀的,主要集中在表面层,越靠近导体的表面,电流密度越大;而且频率越高,这种现象越严重。在频率很高的情况下,电流全部集中在导体的最表层"皮肤"部分,而中心的电流几乎为零,这种现象叫集肤效应。由于钢本身具有电阻,集中于工件表面的涡流可使表层被迅速加热,几秒钟内温度便可升至 800 ℃～1 000 ℃,而心部几乎未被加热。在随即喷水冷却时,工件表层即被淬硬。

通过改变交流电的频率,还可以调整加热层厚度。频率越高,加热层越薄,表 3-13 列出了不同电流频率感应加热设备的特性及应用范围。

表 3-13　感应加热种类、工作电流频率及应用范围

感应加热类型	工作电流频率	淬硬层深度/mm	应用范围
高频感应加热	100 kHz～1 000 kHz（常用 200 kHz～300 kHz）	0.2～2	中小型零件,如小模数齿轮（$m<3$）,中小轴,机床导轨等
超音频感应加热	20 kHz～70 kHz（常用 30 kHz～40 kHz）	2.5～3.5	中小型零件,如中小模数齿轮（$m=3\sim6$）,花键轴,曲轴,凸轮轴等
中频感应加热	500 Hz～10 000 Hz（常用 2 500～8 000 Hz）	2～10	大中模数齿轮（$m=8\sim12$）,大直径轴类,机床导轨等
工频感应加热	50 Hz	10～20	大型零件,如直径>300 mm 的轧辊,火车车轮,柱塞等

与普通淬火相比,感应淬火主要有以下特点。

① 感应加热速度极快一般只需几秒至几十秒时间就可使工件达淬火温度。由于快速加热,使感应淬火温度（$A_{c3}+80$ ℃～100 ℃）比普通淬火高几十摄氏度,转变温度范围扩大但转变所需时间缩短。

② 由于感应加热速度快,时间短,得到的奥氏体晶粒细小而均匀,工件表层获得极细马氏体组织,使工件表层具有比普通淬火稍高的硬度（高 2～3 HRC）且脆性较低。此外,由于感应淬火时工件表面发生马氏体转变而使体积膨胀,在工件表层形成残余压应力,它能抵消循环载荷作用下产生的拉应力而显著提高工件的疲劳极限。

③ 工件表面质量好。由于快速加热,工件表面不易氧化、脱碳,而且由于工件内部未被加热,淬火变形小。

④ 生产效率高 便于实现机械化、自动化。加热温度、淬硬层深度等参数也易于控制。

上述特点使感应加热表面淬火在工业上获得日益广泛的应用。但其缺点是设备较贵,形状复杂的感应器不易制造,不适于单件生产等。

（2）火焰加热法

如图 3.64 所示,火焰加热法是用氧—乙炔火焰喷向工件表面,使工件表面迅速加热到淬火温度,然后进行喷冷或浸冷。这种方法用于处理大型、异型或特大型工件,淬透层厚度一般为 3 mm～6 mm,其所用设备简单,操作方便;但缺点是加热温度不易控制,容易过热,故淬火效果不稳定,对工人的技术水平要求较高。

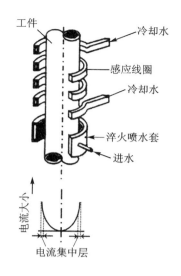

图 3.63　感应加热淬火示意图

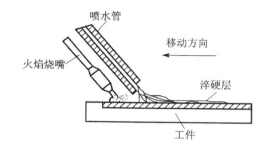

图 3.64　火焰加热淬火示意图

必须注意,感应淬火并非独立的热处理工艺。工件在感应淬火之前须进行预备热处理,一般为调质或正火,以保证工件表面在淬火后获得均匀细小的马氏体,改善工件心部的硬度、强度和韧性以及切削加工性,并减小淬火变形;工件在感应淬火后还须进行低温回火,使表层获得回火马氏体,在保证表面高硬度的同时,降低内应力和脆性。

2. 化学热处理

对于表面和心部的力学性能要求不同的零件,除了进行表面淬火外,还可以进行化学热处理。化学热处理是将钢件放入一定的化学介质中加热和保温,使介质中的活性原子渗入工件表层,使表面化学成分发生变化,从而改变金属的表面组织和性能的工艺过程。

化学热处理是通过以下四个基本过程来完成的:

① 加热:将工件加热到一定温度使之有利于吸收渗入元素活性原子

② 分解:介质在一定的温度下,发生化学分解,产生渗入元素的活性原子。

③ 吸收:活性原子被吸附并溶入工件表面形成固溶体或化合物。

④ 扩散:渗入的活性原子,在一定的温度下,由表面向心部扩散,形成一定厚度的扩散层(即渗层)。

化学热处理的目的是使工件心部有足够的强度和韧性,而表面具有高的硬度和耐磨性;增加工件的疲劳强度;提高工件表面抗蚀性、耐热性等性能。与钢的表面淬火相比较,化学热处理的优点是:不受零件外形的限制,可以获得较均匀的淬硬层;由于表面成分和组织同时发生变化,所以耐磨性和疲劳强度更高;表面过热现象可以在随后的热处理过程中给以消除。

根据渗入的元素不同,化学热处理方法可分为渗碳、渗氮、渗硼、渗铝、渗硫、渗硅及碳氮共渗等。其中,渗碳、碳氮共渗可提高钢的表面硬度、耐磨性及疲劳性能;渗氮、渗硼、渗铬使工件表面特别硬,可显著提高耐磨性和耐蚀性;渗铝可提高耐热抗氧化性;渗硫可提高减摩性;渗硅可提高耐酸性等。在机械制造业中,最常用的是渗碳、渗氮和碳氮共渗及氮碳共渗。

表 3-14 列出了化学热处理最常用的渗入元素及作用。

表 3-14　常用化学热处理渗入元素及作用

渗入元素	渗层组织	渗层厚度	表面硬度	作用与特点	应用
C	淬火后为：M、$A_{残}$、碳化物	0.3～1.6	57～63HRC	提高表面硬度、耐磨性、疲劳强度。渗碳温度（930 ℃）较高，工件畸变较大	常用于低碳钢、低碳合金钢、热作模具钢制作的齿轮、轴、活塞、销、链条
N	合金氮化物，含氮固溶体	0.1～0.6	560～1 100HV	提高表面硬度、耐磨性、疲劳强度、抗蚀性、抗回火软化能力。渗氮温度较低，工件畸变小，渗层脆性大	常用于含铝低合金钢、含铬中碳合金钢、热作模具钢、不锈钢制作的齿轮、轴、镗杆、量具
C、N	淬火后为碳氮化合物、含氮马氏体、$A_{残}$	0.25～0.6	58～63 HRC	提高表面硬度、耐磨性、疲劳强度、抗蚀性、抗回火软化能力。工件畸变小，渗层脆性大	常用于低碳钢、低碳合金钢、热作模具钢制作的齿轮、轴、活塞、销、链条
N、C	氮碳化合物、含氮固溶体	0.007～0.020	500～1 100 HV	提高表面硬度、耐磨性、疲劳强度、抗蚀性、抗回火软化能力。工件畸变小，渗层脆性大	常用于低碳钢、低碳合金钢、热作模具钢制作的齿轮、轴、活塞、销、链条

（1）渗　碳

渗碳是向钢的表面渗入碳原子，使其表面达到高碳钢的含碳量，应用广泛的是气体渗碳法。如图 3.65 所示，该法是将工件放入密封的加热炉中，加热到 900 ℃～950 ℃，然后滴入煤油、苯等碳氢化合物，它们在炉膛内分解出活性碳原子：

$$CH_4 \rightarrow 2H_2 + [C]$$
$$2CO \rightarrow CO_2 + [C]$$
$$CO + H_2 \rightarrow H_2O + [C]$$

活性碳原子被工件表面吸收，并逐渐溶入奥氏体，向内扩散形成渗碳层。渗碳层的厚度取决于渗碳时间。气体渗碳速度可按 0.2 mm/h 计，一般渗碳层的厚度为 0.5 mm～2 mm。渗碳时，工件上不允许渗碳的部分（如装配孔或螺纹），应采用镀铜保护。

渗碳层厚度应根据工件尺寸及工作条件来确定，渗层太薄，易引起表层压陷和疲劳剥落。渗层太厚则会降低工件抗冲击载荷的能力。对于机器零件，渗碳层厚度通常为 0.5 mm～2 mm。

渗碳后零件表面含碳量约为 0.8 %～1.1 %，由表面到心部碳浓度逐渐降低，直至渗碳钢的原始成分（见图 3.66）。渗碳后的表面组织（$P+Fe_3C_{II}$）显然不能满足要求，为了达到外硬韧的效果，必须进行淬火与低温回火处理，处理后表面硬度为 HRC 60～HRC 65。

与表面淬火相比，渗碳主要用于那些对表面有较高耐磨性要求，并承受较大冲击载荷的零件，如低碳钢或低碳合金钢（20 钢、20Cr、20CrMnTi 等）制成的齿轮、活塞销、轴类等重要零件。

（2）渗氮（氮化）

渗氮是将氮原子渗入钢件表面，形成以氮化物

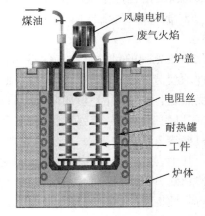

图 3.65　气体渗碳示意图

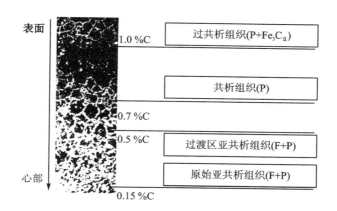

图 3.66 低碳钢渗碳缓冷后的显微组织

为主的渗氮层,以提高渗层的硬度、耐磨性、抗蚀性、疲劳强度等多种性能。气体渗氮法应用较广泛,这种方法是利用氨在 500 ℃~560 ℃加热时分解出活性氮原子,被零件表面吸收并向内部扩散形成氮化层。

与渗碳相比,渗氮的主要优点是:

① 变形很小。由于氮化的加热温度较低,零件心部不发生相变,且渗氮后又无须进行任何其他热处理(为保证零件内部的力学性能,在氮化前要进行调质处理),一般只需精磨或研磨、抛光即可。

② 高硬度、高耐磨性。这是由于钢经渗氮后表面形成一层极硬的合金氮化物层,使渗氮层的硬度高达 1 000HV~1 100 HV,而且在 600 ℃~650 ℃下保持不下降。而渗碳层硬度在 200 ℃以上就明显下降。

③ 疲劳极限高。渗氮后,钢表面形成的氮化层的体积增大,使工件表面产生了较大的残余压应力,工作时这部分残余压应力可部分地抵消变动载荷下产生的拉应力,延缓了疲劳破坏,可使疲劳极限提高 15 %~35 %。

④ 化学稳定性高,与渗碳层相比其硬度、耐磨性、抗蚀性较高。这是由于渗氮层表面是由致密的耐蚀的氮化物组成的,使工件在水、过热的蒸气和碱性溶液中都很稳定。

与渗碳相比,渗氮的主要缺点是:

① 生产周期长,一般要经过几十小时,有的要经过上百小时。例如,要得到 0.2 mm~0.4 mm 的氮化层,氮化时间约需 30 h~50 h。

② 渗氮化层较脆、较薄,所以不能承受太大的接触压力。

③ 氮化所用的钢材也受到限制,需使用含 Al、Cr、Mo、Ti、V 等元素的专用合金钢以形成合金氮化物来提高渗层的硬度和耐磨性。有些钢种是专门为氮化设计的,如 38CrMoAl。

渗氮主要应用于在交变载荷下工作的、要求耐磨和尺寸精度高的重要结构件,如高速传动精密齿轮,内燃机的曲轴,高精密机床主轴,镗床镗杆,压缩机活塞杆等,也可用于在较高温度下工作的耐磨、耐热零件,如阀门、排气阀等。对于渗氮零件,其设计技术条件应注明渗氮部位、渗氮层深度、表面硬度、心部硬度等,对轴肩或截面改变处应有 $R > 0.5$ mm 的圆角以防止渗氮层脆裂。对于零件上不需渗氮的部位应镀锡或镀铜保护,或增加加工余量、渗氮后去除。

(3) 碳氮共渗

碳氮共渗(又称氰化)是同时向钢的表层渗入碳、氮原子的过程。它是将工件放入充有渗碳介质(如煤油、甲醇等)和氨气的炉中,在一定温度下加热、保温,共渗介质分解出活性碳或氮原子被工件表面奥氏体吸收并向内部扩散,形成一定深度的碳氮共渗层,以提高工件的硬度、耐磨性和疲劳强度。

高温碳氮共渗(820 ℃～920 ℃)以渗碳为主,渗后直接淬火加低温回火。气氛中有一定氮时,碳的渗入速度比相同的温度下单独渗碳的速度高,而且在处理温度和时间相同时,碳氮共渗层要厚于渗碳层。

低温碳氮共渗(软氮化,520 ℃～580 ℃)以渗氮为主,主要用于硬化层要求薄、载荷小但变形要求严的各种耐磨件以及刃具、量具、模具等。

表 3-15 比较了表面淬火、渗碳、氮化、碳氮共渗四种热处理工艺的特点和性能。在实际生产中,可以根据零件的工作条件、几何形状、尺寸大小等选用适当的热处理工艺。

表 3-15　几种表面热处理和化学热处理的比较

处理方法	表面淬火	渗 碳	氮 化	碳氮共渗
处理工艺	表面加热淬火,低温回火	渗碳,淬火,低温回火	氮化	碳氮共渗,淬火低温回火
生产周期	很短,几秒到几分钟	长,3～9 h	很长,30～50 h	短,1～2 h
表层深度/mm	0.5～7	0.5～2	0.3～0.5	0.2～0.5
硬度/HRC	55～58	60～65	65～70 (1 000～1100 HV)	58～63
耐磨性	较 好	良 好	最 好	良 好
疲劳强度	良 好	较 好	最 好	良 好
耐蚀性	一 般	一 般	最 好	较 好
热处理后变形	较 小	较 大	最 小	较 小
应用举例	机床齿轮 曲轴	汽车齿轮 爪型离合器	油泵齿轮 制动器凸轮	精密机床 主轴丝杠

3.5.3　其他热处理技术

1. 等温淬火

等温淬火是将钢加热保温后快速冷却到下贝氏体转变温区保温,使奥氏体转变为下贝氏体的热处理工艺。

等温淬火能大大减小工件淬火变形,并可提高工件的力学性能。工具钢等温淬火可提高其塑性和韧性。具有回火脆性的钢可用等温淬火代替淬火与回火,在得到相同硬度的同时大大提高其冲击韧性。但等温淬火生产作业面积大,占用设备多,时间较长,而且要求钢有较高的淬透性,所以应用受到限制。

2. 无氧化热处理

通常热处理时钢往往是在空气中加热的,空气中的氧在高温下使钢表面氧化,并与钢表层的碳发生反应,使钢表层含碳量降低(脱碳),从而影响零件的外观,降低表层力学性能。为了防止氧化脱碳,可将工件置于中性介质(氮气、氩气)或还原性介质(氢气、一氧化碳等)中加热,还可将工件置于真空中进行热处理。

3. 强韧化处理

同时提高强度和韧性的工艺叫强韧化处理。

(1) 获得板条马氏体

板条马氏体具有很高的强度和韧性,因此设法获得板条马氏体可以提高钢的强韧性。

除了选用含碳量低的钢种外,还可以通过以下方法获得板条马氏体:

① 提高中碳钢的淬火加热温度。中碳钢正常淬火时由于温度低,碳原子不能充分扩散,奥氏体的含碳量不均匀。若把淬火加热温度提高到 $A_{c3}+(30\sim50)$℃以上,可使奥氏体成分均匀,达到钢的平均含碳量而不出现高碳区,从而避免针状马氏体的形成。

② 对于高碳钢,采用快速低温短时加热淬火,使渗碳体来不及溶入奥氏体,尽量使高碳钢中的奥氏体获得亚共析成分,这样淬火后也可得到板条马氏体;同时因为温度降低,奥氏体晶粒细化,对钢的韧性也有利。

(2) 超细化处理(循环热处理)

多晶体材料的屈服强度与晶粒直径的平方根成反比,因此,如能获得非常细小的超细晶粒(平均直径小于 3 μm),必然会使材料的强度指标显著提高。

将钢在一定温度下通过多次反复快速加热和冷却,通过 $\alpha\rightarrow\gamma\rightarrow\alpha$ 多次循环相变,可使 A 晶粒和室温组织逐步达到超细化,这种工艺又叫循环热处理。例如 45 钢在 815 ℃铅浴中反复加热淬火(4～5 次,每次<20 s),可使 A 晶粒度由 6 级细化到 12 级以上,如图 3.67 所示。

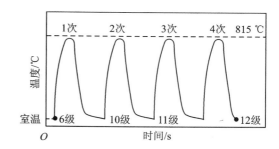

图 3.67 循环加热淬火

碳化物越细小,裂纹源越少;基体组织越细密,裂纹扩展通过晶界时阻碍越大,因而使钢得以强韧化。

(3) 获得复合组织

指通过调整热处理工艺,使淬火马氏体组织中同时存在一定量的细小铁素体,下贝氏体或残留奥氏体晶粒。这种复合组织可在不明显降低强度的情况下显著提高钢的韧性。主要措施有:

① 在两相区加热淬火($A_{c1}\sim A_{c3}$),得到马氏体和铁素体的复合组织。这样一方面可使马氏体细化,另一方面因铁素体存在(对杂质有较大的溶解度),减少了回火时杂质元素析出,从而减小脆性倾向。

② 淬火时控制冷却速度。特别是在一些低合金结构钢中,淬火时根据 TTT 曲线控制冷却速度,使奥氏体首先形成一定量的低碳下贝氏体(将奥氏体细化),从而使随后形成的马氏体晶粒细化。低碳下贝氏体和细小马氏体都能提高钢的强度和韧性。

(4) 形变热处理

形变热处理亦称"热机械加工",指将压力加工和热处理工艺有效结合起来,同时发挥变形强化和热处理强化的双重作用,以获得单一强化方法所不能达到的综合力学性能。从广义上来说,凡是将零件的成型工序与组织改善有效结合起来的工艺都叫做形变热处理。

形变热处理分为高温形变热处理和低温形变热处理,如图 3.68 所示。

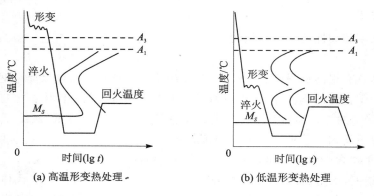

(a) 高温形变热处理　　　　　　　　(b) 低温形变热处理

图 3.68　形变热处理工艺示意图

高温形变热处理指将钢加热到稳定的奥氏体区域,在此状态下进行塑性变形,随即立即淬火和回火。这种热处理工艺能获得较明显的强韧化效果,与普通淬火相比,强度可提高 10 ％～30 ％,塑性可提高 40 ％～50 ％,韧性成倍提高,如表 3-16 所列。另外,由于钢件表面有较大的残余应力,还可使疲劳强度显著提高。高温形变热处理适用于一般碳素钢、低合金钢结构零件以及机械加工量不大的锻件或轧材,如连杆、曲轴、弹簧、叶片及各种农机具零件。锻轧余热淬火是用得较成功的高温形变热处理工艺,我国的柴油机连杆等调质件已在生产上采用此种工艺。

表 3-16　高温变形淬火对钢性能的影响

材料种类	高温形变热处理条件			R_m/MPa		R_{eL}/MPa		A/%	
	形变量/%	形变温度/℃	回火温度/℃	形变淬火	一般淬火	形变淬火	一般淬火	形变淬火	一般淬火
20	20	950	200	1 400	1 000	1150	850	6	4.5
20Cr	40	950	200	1 350	1 100	1 000	800	11	5
40Cr	40	900	200	2 280	1 970	1 750	1 400	8	3
60Si2	50	950	200	2 800	2 250	2 230	1 930	7	5
18CrNiW	60	900	100	1 450	1 150				

低温形变热处理指在钢的过冷奥氏体稳定区(500 ℃～600 ℃)进行大量塑性变形,然后立即淬火得到 M 组织的综合热处理工艺。与普通淬火比较,低温形变热处理在保持塑性、韧性不降低的情况下,能够大幅度地提高钢的强度、疲劳强度和耐磨性,特别是强度可提高 300 MPa～1 000 MPa。它适用于要求强度极高的零件,如飞机起落架、固体火箭蒙皮等。

4. 冷处理

将钢淬火冷却到室温的工件继续冷却至 0 ℃以下,这种低于室温的处理叫冷处理工艺。

高碳钢和合金工具钢的淬火组织中往往含有残余奥氏体,使淬火钢的硬度下降。残余奥氏体在使用过程中会发生转变,从而会改变零件的尺寸。这会对要求高硬度、高精度的零件产生有害影响。为防止这些影响,把淬火后的钢置于低温环境(如液氮、干冰)中,使残余奥氏体转变为马氏体。冷处理使过冷奥氏体转变完全,适用于工具钢、渗碳零件及具有特殊性能的高合金钢。

习题与思考题

一、名词解释

滑移、晶界、加工硬化、再结晶、球化退火、马氏体、淬透性、淬硬性、调质处理。

二、填空题

1. 滑移的本质是＿＿＿＿＿＿＿＿＿＿＿＿＿＿＿＿＿＿＿＿。

2. 在再结晶过程中,随着加热温度的升高,变形金属的强度、硬度＿＿＿＿＿,塑性、韧性＿＿＿＿＿＿。

3. 一块纯铁在 912 ℃ 发生 $\alpha-\mathrm{Fe}\rightarrow\gamma-\mathrm{Fe}$ 转变时,体积将＿＿＿＿＿。

4. 在铁碳合金室温平衡组织中,含 $\mathrm{Fe_3C_{II}}$ 最多的合金成分点为＿＿＿＿＿,含 $\mathrm{Ld'}$ 最多的合金成分点为＿＿＿＿＿。

5. 在过冷奥氏体等温转变产物中,珠光体与屈氏体的主要相同点是＿＿＿＿＿＿＿＿＿＿,不同点是＿＿＿＿＿＿＿＿＿＿＿。

6. 马氏体的显微组织形态主要有＿＿＿＿＿和＿＿＿＿＿两种。其中＿＿＿＿＿的韧性较好。

7. 钢的淬透性越高,说明临界冷却速度越＿＿＿＿＿。

8. 球化退火的主要目的是＿＿＿＿＿＿＿＿＿＿＿,主要适用于＿＿＿＿＿钢。

9. 完全退火的温度范围是＿＿＿＿＿＿＿＿＿＿,主要适用于＿＿＿＿＿钢。

10. 亚共析钢的淬火温度范围是＿＿＿＿＿,过共析钢的淬火温度范围是＿＿＿＿＿。

11. 高聚物在室温下处于＿＿＿＿＿态的称为塑料,处于＿＿＿＿＿态的称为橡胶,处于＿＿＿＿＿态的是流动树脂。

三、是非题

1. 滑移变形不会引起金属晶体结构的变化。(　　)

2. 因为体心立方晶格与面心立方晶格具有相同数量的滑移系,所以,两种晶体的塑性变形能力完全相同。(　　)

3. 金属铸件可以通过再结晶退火来细化晶粒。(　　)

4. 再结晶过程是有晶格类型变化的结晶过程。(　　)

5. 在铁碳合金平衡结晶过程中,只有 $w_\mathrm{C}=0.77\%$ 的铁碳合金才能发生共析反应。(　　)

6. 马氏体是碳在的 $\gamma-\mathrm{Fe}$ 中的过饱和固溶体。(　　)

7. 当奥氏体向马氏体转变时,体积要增加。(　　)

8. 当共析成分的奥氏体在冷却发生珠光体转变时,温度越低,其转变产物组织越粗。(　　)

9. 高合金钢既具有良好的淬透性,也具有良好的淬硬性。(　　)

10. 表面淬火既能改变钢的表面组织,也能改善心部的组织和性能。(　　)

四、选择题

1. 能使单晶体产生塑性变形的应力为＿＿＿＿。

（a）正应力　　　　（b）切应力　　　　（c）复合应力

2. 加工硬化属于＿＿＿。

（a）固溶强化　　（b）细晶强化　　（c）位错强化　　（d）弥散强化

3. 变形金属再结晶后＿＿＿。

（a）形成等轴晶,强度增大　　　　（b）形成柱状晶,塑性下降

（c）形成柱状晶,强度升高　　　　（d）形成等轴晶,塑性升高

4. 扩散退火的目的是？＿＿＿。

（a）增加硬度,便于切削加工　　　　（b）消除钢件化学成分不均匀现象

（c）降低硬度,便于切削加工　　　　（d）消除加工硬化

5. 钢经调质处理后获得的组织是＿＿＿。

（a）回火马氏体　　（b）回火屈氏体　　（c）回火索氏体

6. 共析钢的过冷奥氏体在 550 ℃～350 ℃的温度区间等温转变时,所形成的组织为＿＿＿。

（a）索氏体　　　　（b）下贝氏体　　　　（c）上贝氏体　　　　（d）珠光体

7. 淬硬性好的钢＿＿＿。

（a）具有高的合金元素含量　　　　（b）具有高的碳含量　　　（c）具有低的碳含量

8. 钢的淬透性主要取决于＿＿＿。

（a）碳含量　　　　（b）冷却介质　　　　（c）合金元素

9. 钢的淬硬性主要取决于＿＿＿。

（a）碳含量　　　　（b）冷却介质　　　　（c）合金元素

五．简答题

1. 试述固溶强化、加工硬化和弥散强化的强化原理。

2. 与单晶体的塑性变形相比较,说明多晶体塑性变形的特点。

3. 金属塑性变形后组织和性能会有什么变化？

4. 在图 3.69 所示的晶面、晶向中,哪些是滑移面？哪些是滑移方向？图中情况是否构成滑移系？

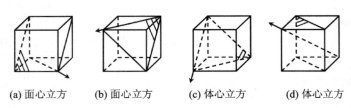

（a）面心立方　　（b）面心立方　　（c）体心立方　　（d）体心立方

图 3.69　习题 4 图

5. 再结晶和重结晶有何不同？

6. 退火与正火有何相似点与不同点？

7. CCT 曲线（或 TTT 曲线）与铁碳合金状态图分别是哪两个因素的图解？在制定热处理工艺时上述两种图形各有何用？为什么缺一不可？

8. 用 T12 钢制成一把钢板尺,淬火后与淬火再经 200 ℃回火后的硬度值相差无几,问这种回火是否可以取消？

9. 甲、乙两厂生产同一种零件,均选用 45 钢,硬度要求 20HB～250HB,甲厂采用正火,乙

厂采用调质处理均能达到硬度要求,试分析甲、乙两厂产品的组织和性能差别。

10. 试说明表面淬火、渗碳、氮化处理工艺在选用钢种、性能、应用范围等方面的差别。

11. 将直径 5 mm 的 T8 棒加热至 760 ℃并保温足够时间,采用何种冷却方式可得到如下组织:珠光体、索氏体、下贝氏体、屈氏体+马氏体、马氏体,请绘制正确的冷却曲线示意图。

12. 调质处理后的 40 钢齿轮,经高频感应加热后的温度分布如图 3.70 所示。试分析高频感应加热水淬后,轮齿由表面到中心各区(Ⅰ、Ⅱ、Ⅲ)的组织。

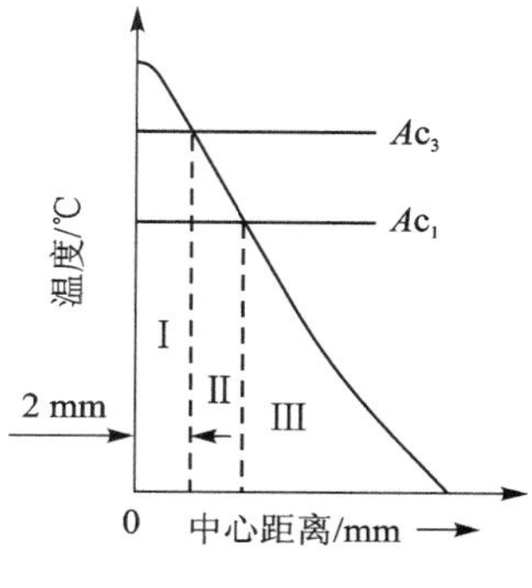

13. 附表 3-1 列出直径为 10 mm 的 45 钢及 T12 钢试样的不同热处理条件及相应的硬度。要求:

① 根据 CCT 曲线,估计不同热处理条件下的显微组织(填入表内的显微组织一栏中);

② 分析 T12 钢在表列加热温度及冷却方式的条件下,其显微组织及硬度的变化规律;

③ 分析冷却速度、加热温度、碳质量分数及回火温度对钢硬度的影响。

图 3.70 习题 12 图

附表 3-1 根据 CCT 曲线填写显微组织

钢 号	热处理工艺			硬 度		显微组织
	加热	冷却	回火/℃	HRC	HBW	
45	860	炉冷			148	
	860	空冷			196	
	860	油冷		38	349	
	860	水冷		55	536	
	860	水冷	200	53	515	
	860	水冷	400	40	369	
	860	水冷	600	24	248	
	750	水冷		45	422	
T12	750	炉冷			240	
	750	空冷		26	257	
	750	油冷		46	437	
	750	水冷		66	693	
	750	水冷	200	63	6S2	
	750	水冷	400	51	495	
	750	水冷	600	30	283	
	860	水冷		61	627	

注:45 钢的 A_{c3} 是 780 ℃,T12 的 A_{ccm} 是 820 ℃。

第 4 章　材料表面技术

材料表面技术指在不改变基体材料的成分和性能的条件下,利用各种物理的、化学的或机械的方法,使金属获得特殊的成分、组织结构和性能的表面,以提高金属的使用寿命的技术,也称表面改性。

据统计,因磨损和腐蚀失效造成的经济损失分别可达国民经济总产值的 1%~2% 和 4%~5%;绝大多数疲劳断裂也主要是从表面开始而逐渐向内部发展的。通过表面技术,可以有效且经济地改善表面性能或赋予基体材料所没有的表面特性,既可满足表面耐磨、耐蚀、强化、加工与装饰的需要,又可开辟光、电、磁、声、热、化学与生物等方面的特殊功能领域。所涉及的基体材料包括金属材料、高分子材料、陶瓷材料和复合材料,其中主要是金属材料。表 4-1 总结了材料表面技术的具体作用。

表 4-1　材料表面技术的具体作用

类　别	具体特性	类　别	具体特性
耐磨性	磨粒磨损、黏着磨损、氧化磨损	电性能	导电性、绝缘性
力学性能	表面硬度、强度、抗疲劳性	电磁性	磁性、电磁屏蔽性
耐蚀性	各种介质下化学腐蚀、电化学腐蚀	光性能	选择吸收性、光致效应
表面加工	可修复性、焊接性、精密加工性	热性能	耐热性、热障性
表面装饰	着色性、染色性、光泽性	其　他	密封性、饱油性

材料表面技术的主要特点为:

① 不必整体改善材料,只需进行表面改性或强化,以获得最佳的综合性能,节约材料。

② 可获得超细晶粒、非晶态、过饱和固溶体、多层结构层等特殊的表面层,性能优异。

③ 表面涂层很薄,涂层用料少,可在不显著增加成本的基础上,在普通的、廉价的材料表面获得某些稀贵金属(如金、铂、钽等)和战略元素(如镍、钴、铬等)的功能。

④ 可制造性能优异的零部件产品,也可用于修复已损坏、失效的零件。例如,采用热喷涂、堆焊等表面技术修复已磨损或腐蚀的零件,用表面蚀刻、扩散等工艺制作晶体管及集成电路等。

综上,表面技术的应用,在提高零部件的使用寿命和可靠性,提高产品质量,增强产品的竞争力,以及节约材料,节约能源等方面都有着十分重要的意义。

此外,表面处理新技术的发展具有重大的学术价值。一方面发展新兴技术需要大量具有特殊功能的材料,如薄膜材料、复合材料等;另一方面为了提高材料性能,必须重视材料的制备与合成技术,如薄膜技术、纳米技术等。在这些方面,表面处里技术可以发挥重大的作用。表面科学与表面技术相互依托,促进了材料科学、冶金学、机械学、机械制造工艺学以及物理学、化学等基础学科的发展。

表面技术按工艺过程特点可以分为以下几类:表面化学热处理、电镀和化学镀、转化膜技术、表面涂覆技术、气相沉积技术、高能密度处理(激光、电子束处理)等。

4.1 表面镀层技术

采用电镀或化学镀法可获得防护性镀层、装饰性镀层及功能性镀层,其在国民经济建设中占有十分重要的地位。例如,硬盘、CPU 和内存被称为计算机的"三大件",目前几乎所有的软盘和大多数硬盘的磁记录介质均采用电镀或化学镀法来获得磁性镀层。因此,电镀和化学镀具有良好的应用前景。

4.1.1 电 镀

电镀的历史悠久,早在 1805 年意大利的 L. Brugnatelli 教授就首次提出镀银工艺,1840 年 G. R. Elkington 正式获得镀银专利。经过 200 多年的应用和发展,新的电镀材料和电镀工艺技术方法不断涌现,大大拓展了这项表面技术的应用领域。其镀层材料可以是金属、合金、半导体等,基体材料也由金属扩大到陶瓷、高分子材料。

虽然电镀层的厚度只有几微米到几十微米,却可以改善基体表面外观,赋予表面以各种物理化学性能,如耐蚀性、耐磨性、装饰性、钎焊性以及导电性、磁性、光学性能等。

1. 电镀原理

电镀是指在直流电的作用下,电解液中的金属离子还原,并沉积到零件表面形成具有一定性能的金属镀层的过程。在进行电镀时,将预镀工件接直流电源的负极,作为阴极;而镀层金属或石墨等接直流电源的正极,作为电镀时的阳极。随后,把它们一起放入电镀槽中,电镀槽内含有欲镀覆金属离子的溶液,当直流电源和镀槽接通后,镀液中的金属离子在阴极附近因得到电子而还原成金属原子,进而沉积在阴极工件表面上,从而获得镀层。其原理如图 4.1 所示。

电镀件主要依靠的是电化学原理,所以电镀要有三个必要条件:电极电位差、镀液和电源。

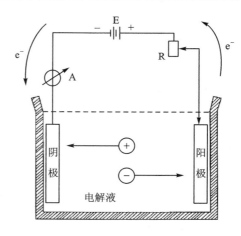

图 4.1 电镀原理示意图

2. 电镀工艺过程

电镀的工艺过程一般包括电镀前表面预处理、电镀、镀后处理三个阶段。

① 镀前预处理:镀前预处理一般是用机械方法(如抛光)和化学方法(如溶剂清洗、酸洗)进行去油脱脂、除锈除尘。其目的是获得具有一定表面粗糙度的清洁、活化的基体表面,为最后获得高质量镀层做准备。不同基体的金属所选择的预处理方法是不一样的。常用金属的预处理工艺流程如表 4 - 2 所列。

表 4 - 2　常用金属的预处理工艺流程

基体金属	预处理工艺流程
钢铁件	除油→盐酸洗→磨、抛光→除油→活化→预镀铜或镍
铝及其合金	化学抛光或机械抛光→除油→活化→浸锌或镍→预镀
铜及其合金	除油→磨、抛光→除油→活化→预镀铜或镍
锌铝压铸件	磨、抛光→除油→弱侵蚀→活化→预镀铜或镍

② 电镀:根据镀件的形状、尺寸和批量的不同,可以采用不同的施镀方式。其中挂镀是最常见的一种施镀方式。适用于普通形状和尺寸较大的零件。挂镀时零件悬挂于用导电性能良好的材料制成的挂具上,然后浸没在镀液中作为阴极,两边适当的位置放置阳极。图 4.2 所示为通用电镀挂具形式和结构。如果试样尺寸较小或批量较大,可以采用滚镀;如果对工件进行局部施镀或修补,可以采用刷镀。

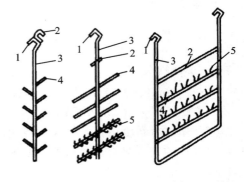

1—吊钩;2—提杆;3—主杆;4—支杆;5—挂钩
图 4.2　通用电镀挂具形式和结构

③ 镀后处理:镀后处理包括钝化处理、除氢处理和表面抛光。钝化处理是指在一定的溶液中进行化学处理,使镀层上形成一层坚实致密的、稳定性高的薄膜。钝化处理使镀层的耐蚀性大大提高,并能增加表面光泽和抗污染能力。除氢处理则是通过预防白点退火来清除零件在电镀过程中吸收的氢而引起的氢脆。表面抛光是对镀层进行精加工,降低表面粗糙度,使镀层获得镜面装饰性效果,还可以提高耐蚀性。

3. 电镀类型

按镀层组成,电镀可分为单金属电镀、合金电镀和复合电镀。

① 单金属电镀:单金属电镀是最简单的一种电镀形式。它是指电镀液中只含一种金属离子,电沉积后形成单一金属镀层的方法。常用的单金属电镀有镀锌、镀铜、镀镍、镀铬、镀锡和镀镉等,其中又以镀铬最为主要。

铬是一种微带天蓝色的银白色金属,在大气中具有强烈的纯化能力,会生成一层很薄的致密氧化膜,硬度高,耐磨、耐蚀、耐热,化学稳定性好,在空气中加热到 500 ℃时,其外观和硬度仍无明显的变化。镀层的反光能力强,仅次于银镀层。但铬能溶于氢卤酸和热硫酸。

镀铬层结构为柱状结晶,微观裂纹较多,不利于对底层的防护,所以必须有结晶致密的底镀层(一般为镍、铜、铜锡或镍铁合金)。

按用途的不同,铬镀层可以分为防护装饰性镀铬和功能性镀铬两类:

Ⅰ. 防护装饰性镀铬层较薄,可以防止基体金属生锈并美化外观,大量应用于车、医疗器械、仪器仪表以及日用五金等产品,也常用于非金属材料(如塑料制品)。功能性镀铬较厚,目的是为了提高机械零件的硬度、耐磨性、耐蚀性和耐高温性,常用于机械模具、化工耐蚀阀门、发动机曲轴、切削刀具、气缸活塞和活塞环和印刷滚筒等。

Ⅱ. 功能性电镀的零件,大多是碳钢,也有铝和铝合金、锌合金、不锈钢以及高合金钢等材料。延长工件使用寿命,或修复磨损零件和切削过度的工件,可以通过镀耐磨铬来实现。耐磨

铬层的厚度一般为 $2\sim50\ \mu m$，根据零件的要求选择。零件的修复镀铬厚度可达 $800\sim1\ 000\ \mu m$。

各类零件镀耐磨铬参考厚度见表 4-3。

表 4-3　耐磨铬参考厚度

名　称	厚　度/μm
切削刀具	$2\sim3$
量　具	$5\sim10$
塑料模具	$10\sim15$
玻璃模具	$20\sim30$
汽缸、活塞环	$100\sim120$
零件修复	$800\sim1\ 000$

② 合金电镀：单金属镀层仅 20 余种，远不能满足对金属表面性能的要求。而采用合金电镀，已获得几百种合金体系，在满足装饰性、耐蚀性、耐磨性、焊接性、导电性和导磁性等方面起到很大的作用。因此，合金电镀在工业上得到广泛的应用。

在零件（阴极）上同时电沉积出两种或两种以上金属的镀层称为合金电镀。与单金属镀层相比，合金镀层有如下主要特点：

Ⅰ. 合金镀层结晶更细致，镀层更平整、光亮。

Ⅱ. 可以获得性能优异的非晶结构镀层，如 Ni-P、Fe-W 镀层。

Ⅲ. 合金镀层具有单金属所没有的特殊物理性能，如 Ni-Fe、Ni-Co 或 Ni-Co-P 合金具有导磁性，低熔点合金镀层如 Sn-Zn、Pb-Sn 合金可用作钎焊镀层等。

Ⅳ. 合金镀层的耐磨、耐蚀、耐高温性能优于单金属镀层，并有更高的硬度和强度，但延展性和韧性通常有所降低。

Ⅴ. 不能从水溶液中单独电沉积的 W、Mo、Ti、V 等金属可与铁族元素（Fe、Co、Ni 等）共沉积形成合金。

Ⅵ. 通过成分设计和工艺控制可改变镀层色调，如银合金、彩色镀镍及仿金合金等，具有更好的装饰效果。

常用的电镀合金有锌合金、锡合金、镍合金、贵金属合金等镀层。特别值得提及的是，非晶态合金电镀层（这种镀层也可通过化学镀获得）不存在晶体金属所具有的晶界、相界、缺陷、偏析和析出物等，这种结构特征决定了非晶态金属具有许多晶态金属所不具备的优异特性，如高强度、高耐蚀性、高透磁率、超导性和化学选择性等，在结构材料和功能材料领域均有较广泛的应用。

表 4-4 列出了部分电镀和化学镀法获得的非晶态合金镀层的种类和应用。

表 4-4　电镀和化学镀制备的部分非晶态合金镀层的种类和应用

非晶态合金镀层种类	特　性	应　用
Ni-12%P、Ni-2%Cu-P	耐腐蚀性比纯镍层好	用于耐蚀、耐磨层
Co-P、Ni-B、Ni-P	电阻率高，温度系数小	多用于电阻件
Co-P、Ni-Co、Ni-Co-P	磁性层	多用于磁盘、磁鼓、磁带等存储件
Ni-Mo-P、Co-W、Fe-W、Fe-Mo、Co-M、Ni-Cr-P	稳定性高，结晶化温度 600 ℃～800 ℃，抗氧化	多用于热交换器、散热器等耐热、耐磨、耐腐蚀件
Ir-O	低于 300 ℃～500 ℃，铱氧非晶层具有电致发光性能	用于指示元件

③ 复合电镀：复合电镀是指在电镀或化学镀溶液中加入不溶性固体微粒，并使其与基质金属在阴极上共同沉积形成镀层的工艺。复合电镀相当于颗粒增强的金属基复合材料。由于综合了组成相的优点，这种镀层可具有更高的硬度、耐磨性、耐蚀性、耐热性及自润滑性。其与一般金属基复合材料制备技术相比，具有无须高温加热、简便、低成本等优点，且可直接在零件表面上得到所需的镀覆层。因此，复合电镀成为表面处理技术最为活跃的研究领域之一。

理论上，任何金属镀层都可以成为复合镀层的基体材料，但研究和应用较多的是 Ni、Cu、Co、Fe、Cr、Au、Ag 等。固体微粒主要有有 Al_2O_3、ZrO_2、SiC、WC、MoS_2 等无机化合物，还有尼龙、聚四氟乙烯等有机化合物。此外，石墨以及不溶于镀液的金属粉末都可作固体微粒。近些年还出现了两种或两种以上固体微粒同时用于一种复合镀层中。常见复合镀层的种类见表 4-5。

复合镀技术目前广泛用于耐磨复合镀层、自润复合镀层、耐腐蚀复合镀层、弥散强化复合镀层、电接触复合镀层。例如，电镀 Ni-SiC 复合镀层的耐磨性能比普通镀镍层提高 40 ％～70 ％，可取代硬铬镀层，用于汽车发动机铝合金零件和汽缸内腔的表面强化，还可以降低 20 ％～30 ％成本；Zn-Al 复合镀层的耐蚀寿命远高于电镀锌及电镀锌后作扩散处理的镀层，已成为机动车辆、电机、建材等工业部门中代替热镀锌的一种有前途的手段；钴基复合镀层 $Co-Cr_3C_2$，在大气干燥、温度高达 300 ℃～800 ℃的条件下，仍然能保持优良的耐磨性和高温抗氧化能力，可应用于飞机发动机的零部件上，如活塞环、制动器和启动装置的弹簧上。

表 4-5　常见复合镀层的种类

基质金属	分散固体微粒
Ni 或 Ni 合金	Al_2O_3、TiO_2、ZrO_2、ThO_2、SiO_2、Cr_2O_3、SiC、TiC、Cr_3C_2、WC、B_4C、BN、MoS_2、PTFE、$(CF)_n$、金刚石
Cu	Al_2O_3、TiO_2、ZrO_2、SiO_2、Cr_2O_3、SiC、WC、ZrC、BN、MoS_2、PTFE、$(CF)_n$
Cr	Al_2O_3、CeO_2、ZrO_2、TiO_2、SiO_2、SiC、WC、ZrB_2、TiB_2
Co	Al_2O_3、Cr_2O_3、Cr_3C_2、WC、TiC、BN、ZrB_2、Cr_3B_2、PTFE、金刚石
Fe	Al_2O_3、Fe_2O_3、SiC、WC、MoS_2、PTFE、$(CF)_n$
Au	Al_2O_3、SiO_2、TiO_2、ThO_2、CeO_2、Y_2O_3、TiC、WC、Cr_3B_2、BN、PTFE、$(CF)_n$
Ag	Al_2O_3、TiO_2、La_2O_3、BeO、SiC、BN、MoS_2、$(CF)_n$
Cd	Al_2O_3、Fe_2O_3、B_4C
Zn	Al_2O_3、ZrO_2、SiO_2、TiO_2、Cr_2O_3、SiC、TiC、Cr_3C_2、Al、PTFE、$(CF)_n$
Pb	Al_2O_3、TiO_2、TiC、BC、Si、Sb

4.1.2　化学镀

化学镀是指工件表面经催化处理后，在无外电流作用的条件下，将工件浸入含欲镀金属的盐和还原剂的电解质溶液中，在工件表面的催化作用下，还原剂发生氧化反应，使被镀金属离子还原并在工件表面沉积而形成与基体结合牢固的覆层的过程。从本质上讲，化学镀仍然是个电化学过程。

化学镀不需要电源，因此工件可以是金属、非金属和半导体。在工业上应用较成功的有化学镀 Ni、Cu、Ag、Au、Co、Pd、Pt 等金属及合金,化学镀 Ni 是化学镀中应用最为广泛的一种方法。化学镀也可获得复合镀层和非晶态合金镀层。

1. 基本原理

化学镀的反应式为:

$$AH_n + Me^{n+} = A + Me + nH^+$$

式中,A 为类金属物质,AH_n 为还原剂;Me^{n+} 为被沉积的金属离子。

化学镀具有局部原电池的电化学反应机理,如图 4.3 所示。还原剂分子 AH_n 先在经过处理的基体表面形成了吸附态分子 $A \cdot H_n$,受催化的基体金属活化后,共价键减弱,直至失去电子被氧化为产物 A(离子、单质或化合物),释放出 H^+ 或 H_2。金属离子获得电子还原成金属,与吸附在基体表面的类金属物质 A 共沉积形成了合金镀层。

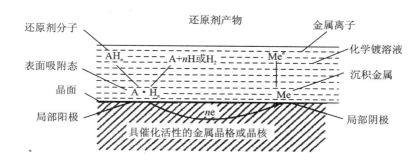

图 4.3　化学镀电化学反应示意图

化学镀的关键点有二:其一是还原剂的选择,最常用的有次磷酸盐、甲醛、肼、硼氢化物、胺基硼烷和它们的某些衍生物等;其二是镀层金属具有选择性。由于化学镀必须有催化剂,基体虽往往可作为催化剂,但当基体表面被完全覆盖后,其催化作用将消失,故要求所镀的金属应具有自催化效应(如 Ni、Co、Rh、Pd 等)。对于塑料、玻璃、陶瓷等不具有自动催化表面的非金属制件,化学镀前需要经过特殊的预处理,使其表面活化而具有催化作用。

2. 基本特点

与电镀相比,化学镀的优点有:

① 均镀能力和深镀能力好,对有尺寸精度要求的零件进行化学镀特别有利。无论零件形状如何复杂,化学镀液的分散能力都能接近 100%,无明显边缘效应,所以能使具有锐角、锐边的零件以及平板件上的各点厚度基本一致,几乎是基材形状的复制,因此特别适合于形状复杂工件、腔体件、深孔件、盲孔件、管件内壁腔体件的内表面。

② 镀层晶粒细,空隙少,力学性能、物理性能和化学性能优良。化学镀比电镀层更耐腐蚀,可做离子扩散的阻挡层。以化学镀镍层为例,其硬度不低于 $400 \sim 500$ HV,经过热处理后其硬度可以超过 1 000 HV,且耐磨性、耐腐蚀性也比电镀镍层的要高,尤其是 Ni-P 镀层的耐蚀性更好。表 4-6 为化学镀镍与电镀镍的性能比较。

表 4 - 6   化学镀镍与电镀镍的性能比较

比较项目	电镀镍层	化学镀镍层	比较项目	电镀镍层	化学镀镍层
组　成	99 %以上 Ni	92 %Ni、8 %P	加热硬化	无变化	900～1 300 HV
外　观	暗至光亮	半光亮至光亮	耐磨性	相当好	极好
密度/(g/cm³)	8.9	7.9	耐蚀性	好(多孔隙)	优良(孔隙少)
结构(镀态)	晶态	非晶态	电阻率/μΩ·cm	7	60～100
厚度均匀性	差	好	相对磁化率/%	36	4
硬度(镀态)	200～400 HV	500～700 HV	热导率/[J/(cm·s·℃)]	0.16	0.01～0.02

③ 设备简单,操作容易。相比电镀而言,化学镀不需电源、输电系统及辅助电极,操作时只需把零件浸入镀液内或把镀液喷到零件上即可,同时不需要复杂的挂具。

化学镀的主要缺点是镀液寿命短,稳定性差,而且镀覆速度较慢、温度较高、溶液维护比较麻烦、实用可镀金属种类较少。因此,化学镀主要用于非金属表面金属化、形状复杂件以及需要某些特殊性能等不适合电镀的场合。

3. 应用及举例

由于化学镀的特性,使之在工业中很快获得了广泛应用,特别是电子工业的迅速发展,更为化学镀开拓了广阔的市场。

化学镀镍应用最广泛,主要用来强化形状复杂的模具,可提高模具表面硬度、耐磨性、抗擦伤与抗咬合能力,脱模容易,寿命成倍延长;高磷镀镍层的耐蚀性极为优良,用于石油、化学化工行业的耐蚀零件(如球阀、泥浆泵),可代替不锈钢与部分昂贵的耐蚀合金,经济效益显著;用于汽车工业,其一是作为塑料件电镀前的表面金属化,其二是利用其优良的耐磨、耐蚀、散热性能,用于发动机主轴、差动小齿轮、发电机散热器、制动器接头等零件。

化学镀铜的重要性仅次于化学镀镍,在电子工业中用途最广。用化学镀铜使活化的非导体表面导电后,制造通孔的双面或多层印刷线路板,可使环氧和酚醛塑料波导、腔体或其他塑料件金属化后电镀。此外,化学镀铜件可用作雷达反射器、同轴电缆射频屏蔽、天线罩等零件等。但化学镀铜层由于不耐腐蚀、外观较差,故不适用于装饰面层,而只能作底层。

表 4 - 7 为各种化学镀镍层的性能与用途。

表 4 - 7   各种化学镀镍层的性能与用途

镀　层	主要性质	主要用途
Ni - B	高耐热、硬度高耐磨,良好的导电性、焊接性	酸性(<3 %B)电子工业;碱性(约 5 %B)航空工业
Ni - P	耐蚀性、耐磨性	酸性(7 %～12 %P)工程上用; 碱性(1 %～4 %P)电子行业、代硬铬
Ni - M - P(M = Cu、W、Cr、Fe、Zn、Nb、Mo)	耐蚀、耐热、磁性能和电阻性能	非磁性应用、薄膜电阻器、金属电阻器、医疗及制药装置、厨房设备
Ni - P/SiC、Al₂O₃、人造金刚石、CF$_x$、PTFE、TiO₂、ZrO₂、Ni - B/TiO₂	耐磨性、自润滑性	化工、机械、纺织、造纸等工业部门,如模具泵、阀门、液压轴、内燃机汽化部件

4.2　表面转化膜技术

通过化学或电化学手段,使金属表面形成稳定的化合物膜层的方法即称化学转化膜技术。其成膜机理是金属与特定腐蚀液(化学介质)接触而在一定的条件下发生(电)化学反应,由于浓差极化和阴极极化作用,在金属表面转化产生一层坚固、稳定的化合物膜。

与电镀等覆层技术相比,化学转化膜的生成必须有基体金属的直接参与,因而膜与基体金属的结合强度较高。但转化膜很薄,其防腐蚀能力较电镀层和化学镀层要差得多,通常要有补充防护措施。

金属转化膜的分类方法很多,按是否存在外加电流,分为化学转化膜与电化学转化膜两类,后者常称为阳极氧化膜。按膜的主要组成物类型,可分为氧化物膜、磷酸盐膜和铬酸盐膜等。氧化物膜是金属在含有氧化剂的溶液中形成的膜,其成膜过程叫氧化;磷酸盐膜是金属在磷酸盐溶液中形成的膜,其成膜过程称磷化;铬酸盐膜是金属在含有铬酸或铬酸盐的溶液中形成的膜,其成膜过程在通常称为钝化。金属表面转化膜的分类如表 4-8 所列。

表 4-8　金属表面转化膜的分类

分　类	处理方法	转化膜类型	受转化金属
电化学法	阳极氧化法	氧化物膜	钢、铝及铝合金、镁合金、钛合金、铜及铜合金、锆、钽、锗
化学法(浸液法、喷液法)	化学氧化法	氧化物膜	钢、铝及铝合金、铜及铜合金
	草酸盐处理	草酸盐膜	钢
	磷酸盐处理	磷酸盐膜	钢、铝及铝合金、镁合金、铜及铜合金、锌及锌合金
	铬酸盐处理	铬酸盐膜	钢、铝及铝合金、镁合金、钛合金、铜及铜合金、锌及锌合金、镉、铬、锡、银

本节介绍最常见的几类转化膜工艺:钢的氧化和磷化以及铝合金的阳极化。

4.2.1　钢的氧化处理

钢经氧化处理后零件表面上能生成保护性的氧化膜。膜的组成物主要是磁性氧化铁(Fe_3O_4),膜的颜色一般呈黑色和蓝黑色,故又称发蓝或发黑。膜层的厚度约为 $0.6 \sim 1.5\ \mu m$,因此氧化处理不影响零件的精度。发蓝后的零件再进行浸油和其他填充处理,能进一步提高膜层的耐蚀性和润滑能力。

钢的氧化处理一般采用碱性氧化法。在一定温度的条件下,在含有氧化剂(硝酸钠或亚硝酸钠)的氢氧化钠溶液中进行。氧化剂和氢氧化钠与金属铁作用,生成亚铁酸钠(Na_2FeO_2)和铁酸钠($Na_2Fe_2O_4$),再互相反应,生成磁性氧化铁。

反应式如下:

$$3Fe + NaNO_2 + 5NaOH = 3Na_2FeO_2 + H_2O + NH_3$$

$$Fe + NaNO_3 + 2NaOH = Na_2FeO_2 + NaNO_2 + NH_3$$

$$6Na_2FeO_2 + NaNO_2 + 5H_2O = 3Na_2Fe_2O_4 + 7NaOH + NH_3$$

$$8Na_2FeO_2+NaNO_3+6H_2O=4Na_2Fe_2O_4+9NaOH+NH_3$$

$$Na_2FeO_2+Na_2Fe_2O_4+2H_2O=Fe_3O_4+4NaOH$$

钢铁氧化处理可广泛用于机械零件、电子设备、精密光学仪器及武器装备等防护装饰方面,使用过程中若定期擦油可提高其防护效果和寿命。

4.2.2 钢的磷化处理

钢铁零件在含有锰、铁、锌的磷酸盐溶液中进行化学处理,使其表面生成一层难溶于水的磷酸盐保护膜的方法,叫做磷化处理。磷化膜的外观依基体材料及磷化工艺的不同可由暗灰到黑灰色。磷化膜主要由磷酸盐 $Me_3(PO_4)_2$ 或磷酸氢盐($MeHPO_4$)的晶体组成。

反应式如下:

首先是金属在酸溶液中的溶解:

$$Me+2H_3PO_4 \rightarrow Me(H_2PO_4)_2+H_2\uparrow$$

由于析氢使金属/溶液界面处的液层 pH 值升高,有利于二氢盐的水解反应:

$$Me(H_2PO_4)_2 \rightarrow MeHPO_4\downarrow+H_3PO_4$$

$$3Me(H_2PO_4)_2 \rightarrow Me_3(PO_4)_2\downarrow+4H_3PO_4$$

磷化膜的厚度一般为 $5\ \mu m \sim 20\ \mu m$,因为磷化膜在形成过程中相应地伴随有铁的溶解,所以对零件尺寸改变较小。

磷化膜的耐蚀性较好,与钢的氧化处理相比,在大气条件下,其耐蚀性约高 2～10 倍。磷化后进行重铬酸盐填充、浸油或涂漆处理,能进一步提高其耐蚀性。

磷化膜具有显微孔隙结构,因此对油类、漆类有良好的吸附能力,被广泛地用作油漆的底层。

磷化膜对熔融金属无附着力,可用来防止零件粘附低熔点的熔融金属。

磷化膜有较高的电绝缘性能,一般变压器与电机的转子、定子及其他电磁装置的硅钢片均采用磷化处理,而原金属的力学性能、强度、磁性等基本保持不变。

钢铁的磷化处理所需设备简单,操作方便,成本低,生产效率高,因此在汽车、船舶、机器制造以及航空工业中都得到广泛的应用。

4.2.3 铝的阳极化处理

阳极化是指用电化学的方法在铝及铝合金表面获得一层氧化膜的方法,由于在处理时零件为阳极,所以称为阳极氧化处理(阳极化)。它是在特定的工作条件和相应的电解液中,在阳极上通过一定外加电流作用而形成氧化膜的工艺。图 4.4 所示为铝阳极氧化原理图。

阳极氧化膜的厚度可达几十到几百微米,赋予材料表面耐蚀性、耐磨性、装饰性、绝缘、隔热、光学等性能,普遍用于有色金属的表面处理。铝及其合金的阳极氧化技术在航空航天、汽车制造、民用工业上都得到了广泛的应用。

1. 氧化机理

铝及铝合金阳极氧化所用的电解液一般为中等溶解能力的酸性溶液,铝件作阳极、铅板作阴极。当通入直流电时,在阳极上首先发生水的电解,产生初生态的氧[O],并与铝发生氧化反应生成 Al_2O_3 氧化膜,这是电化学作用。

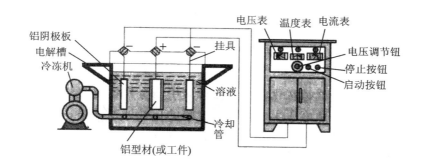

图 4.4　铝阳极氧化原理图

在阳极发生的反应如下：

$$H_2O-2e^- \rightarrow [O]+2H^+$$

$$2Al+3[O] \rightarrow Al_2O_3$$

在阴极发生的反应如下：

$$2H^++2e^- \rightarrow H^2$$

同时，电解液又在不断溶解刚刚生成的氧化膜，其反应如下：

$$2Al+6H^+ \rightarrow 2Al^{3+}+3H^2 \uparrow$$

$$Al_2O_3+6H^+ \rightarrow 2Al^{3+}+3H_2O$$

氧化膜的生长过程就是氧化膜不断生成和不断溶解的过程，当生成速度大于溶解速度时，才能获得一定厚度的氧化膜。阳极氧化膜的生长过程可用测得的电压—时间曲线来说明，如图 4.5 所示。该曲线大致分为三段：

① 曲线 ab 段（阻挡层形成）。通电瞬间，由于氧和铝亲和力很强，铝表面迅速生成一层致密的无孔层，它具有较高的绝缘电阻，称为阻挡层。随着膜层加厚，电阻增大，使槽电压呈直线急剧地上升。

② 曲线 bc 段（膜孔的出现）。一旦阻挡层形成，电解液就对膜产生溶解作用。膜层的某些部位由于溶解较多，被电压击穿，出现空穴，这时电阻减小而电压下降。

③ 曲线 cd 段（多孔层增厚）。随着氧化的进行，电压趋向平稳。这说明阻挡层在不断地被溶解，空穴逐渐变成孔隙而形成多孔层。当阻挡层的生成和溶解速度达到动态平衡，阻层的厚度基本保持不变，而多孔层则不断增厚。当多孔层的生成和溶解速度达到动态平衡时，氧化膜的厚度不会再继续增加。该平衡到来的时间越长，则氧化膜越厚。

2. 氧化膜的结构和性质

铝及铝合金的阳极氧化膜表面是多孔蜂窝状的，具有两层结构，靠近基体的是一层厚度为 $0.01\ \mu m \sim 0.05\ \mu m$、致密的纯 Al_2O_3 膜，硬度高，这一层为阻挡层；外层为多孔氧化膜层，由带结晶水的 Al_2O_3 组成，硬度较低。图 4.6 所示为通过高分辨扫描电子显微镜（SEM）观察到的阳极氧化膜多孔型结构。

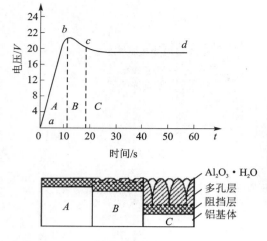

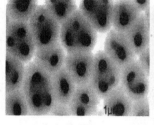

(a) 阳极氧化膜多孔型结构　　(b) 阳极氧化膜SEM照片

图 4.5　铝阳极氧化特性曲线与氧化膜生长示意图　图 4.6　阳极氧化膜多孔型结构图及阳极氧化膜 SEM 照片

氧化膜的性质如下：

① 多孔：具有较高的吸附能力，对石蜡、干性油、树脂等都能吸附，经过阳极化处理的零件，可以染成各种颜色，作为装饰及区别不同用途的标记。氧化膜用润滑剂填充时可增加其耐磨能力和降低摩擦系数。用石蜡、干性油和树脂填充，可提高其防锈能力和绝缘性能。

② 硬度高：经阳极氧化所得的氧化膜层，具有较高的硬度。其硬度的大小，与铝合金的成分、氧化方法、工艺条件等有关。例如纯铝在硫酸中通以直流电所获得的氧化膜，硬度比其他铝合金的硬度都高。若用交流电在草酸中进行阳极化，则不论铝合金的成分如何，硬度都很低。阳极氧化所获得的氧化膜，接近于天然的石英和刚玉的硬度。当松孔吸附润滑剂后，能进一步提高其耐磨性。

③ 化学稳定性好：阳极氧化膜有较高的化学稳定性。用普通阳极化法所获得的氧化膜层，主要用于铝及铝合金制件表面防护。氧化膜的防护能力取决于膜层厚薄、松孔程度及基体金属的合金成分。所以，纯铝或包有纯铝材料的氧化膜，其抗蚀能力较铝合金高。

④ 绝缘性好：氧化膜不导电，是一种良好的绝缘层，氧化膜的电阻随着温度增高而增高，在 15 ℃～25 ℃时，纯铝氧化膜的电阻系数为 10^9 Ω/cm^2；在 250 ℃时，电阻系数则为 10^{13} Ω/cm^2。高温时氧化膜的电阻提高，主要是由于高温下膜中的水分被排除。

⑤ 结合能力好：氧化膜是由基体金属直接生成，与基体的结合能力好，但膜层的塑性小、脆性大。因此，经氧化过的零件，不允许重复进行压力加工和承受较大的形变。

⑥ 耐高温氧化膜是一种很好的绝热和抗热的保护层。试验证明，由于氧化膜的传热系数低，特别是厚的氧化膜更为明显，故可耐 1 500 ℃高温，所以某些发动机零件常进行阳极化处理。

3. 硫酸阳极化工艺

按其溶液性质及膜层性质不同，阳极化可分为硫酸、铬酸、草酸、硬质和瓷质阳极化等五类。其中最常用的为硫酸阳极化工艺。

在 18 ％～20 ％的硫酸电解液中，通以直流或交流电来进行铝合金的阳极氧化，称为硫酸阳极氧化处理（简称硫酸阳极化）。用这种方法获得氧化膜的厚度一般为 5 μm～20 μm，膜层硬度高,吸附能力强,易于封闭染色。氧化膜经过热水和重铬酸钾溶液封闭处理之后,有较高的防锈能力。这种阳极化法主要用于防护和装饰膜层,还可以用来检查锻造毛坯的表面缺陷,所用的电解液成分单纯,溶液稳定,允许杂质含量范围较高。该阳极化工艺过程简单,时间短,生产操作易掌握,因而制取氧化膜的成本低。几乎所有的铝合金零件,如机械加工、钣金、部分铸造和焊接的铝制零件都能使用该工艺。因此,它在航空工业、电气工业、机械制造业、日用品工业中都获得了广泛的应用。

但是硫酸阳极化不适合氧化松孔度大的铸件、点焊件或铆接的组合件,这是因为零件缝隙内的硫酸很难排除,会引起零件的腐蚀。在阳极氧化过程中,由于产生大量的热,使电解液的温度很快升高,有损于氧化膜的成长,影响氧化膜的质量,所以在生产过程中必须采取强制冷却措施。

4.3 表面涂覆技术

表面涂覆技术是指将涂料(液体或固体粉粒)通过各种方法涂覆并结合在材料表面的工艺,应用极为广泛。主要有以下几种技术:

(1)涂 装

涂装指用有机高分子涂料通过一定的方法(如一般涂装法、静电涂装法、电泳涂装法)涂敷于材料或制品表面,形成涂膜的全部工艺过程。其中,涂料一般由成膜物质(如油脂、各类合成树脂)、颜料(如防锈颜料铝粉、着色颜料铬黄、体质颜料滑石等)、溶剂(如石油、煤焦油、醇类、酮类溶剂)和助剂(如增韧剂、润滑剂、触变剂等)四部分组成。

(2)粘 涂

材料表面粘涂技术是粘接技术的一个分支,它是将添加特殊材料的胶粘剂(通常是在胶粘剂中加入有机或无机填料,如二硫化钼、金属粉末、陶瓷粉末和树脂粉末)直接涂敷于材料表面,以赋予材料表面耐磨、耐蚀、耐热、绝缘、导电、导磁、防辐射等功能的一项新技术,目前主要用于零件的表面强化与修复,对现场修复或须紧急修复的零件尤为适用,已成为一项新的表面工程技术。

粘涂适用范围广,能粘涂各种不同的材料,涂层厚度可从几十微米到几十毫米。

(3)热喷涂

热喷涂技术是利用各种热源,使各种固体喷涂材料加热到熔化或软化状态,通过高速气流使其雾化,然后喷射、沉积到经过预处理的工件表面而形成具有各种不同性能的涂层。

热喷涂材料可以是金属,也可以是非金属;可以是粉状,也可以是线状或棒状。一般金属喷涂层与工件(基体)之间以及喷涂层微粒之间的结合,是机械结合或微冶金结合。通过重熔或采用喷熔方法,可以得到冶金结合的涂层。热喷涂已广泛用于宇航、国防、机械、冶金、石油、化工、运输、电力及轻工部门,有望成为一门独立的应用科学技术。

(4)热浸镀

热浸镀是将基体工件浸在另一种低熔点的液态金属中,在工件表面发生一系列的反应而生成所需的镀层,主要用来提高构件的防护能力(耐蚀与耐热)。

钢铁材料及铜等金属材料是广泛采用的热浸镀基体材料,其中钢最常用。镀层金属主要有锌、铝、锡、铅及其合金(但热浸镀锡层因较厚、成本昂贵,现已逐步被电镀锡层代替)。

本节重点以热喷涂技术为例,分析其一般原理、特点和分类、具体用途和发展前景。

4.3.1 热喷涂的原理

热喷涂的目的是提高工件的耐蚀性、耐磨性、耐高温性等,修复因磨损或加工失误造成的尺寸超差的零部件,如图 4.7 所示。热喷涂应用广泛,材料涵盖金属材料,以及陶瓷、塑料等非金属材料。

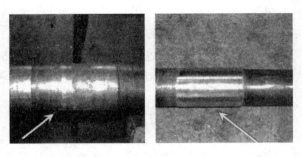

图 4.7 零件的热喷涂修复(见图中箭头所示为喷涂区域)

1. 热喷涂涂层的形成过程

喷涂材料在热源中被加热过程,和颗粒与基材表面结合的过程是热喷涂制备涂层的关键环节。尽管热喷涂的工艺方法很多,且各具特点,但无论哪种方法,其喷涂过程、涂层形成原理和涂层结构都基本相同。

热喷涂的工艺过程包括喷涂材料加热熔化、熔滴的雾化阶段、粒子的飞行阶段、碰撞成型阶段等,如图 4.8 所示。

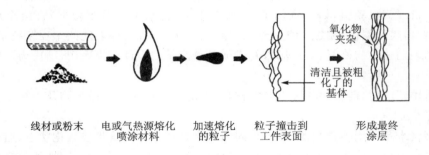

| 线材或粉末 | 电或气热源熔化喷涂材料 | 加速熔化的粒子 | 粒子撞击到工件表面 | 形成最终涂层 |

图 4.8 热喷涂原理示意图

① 喷涂材料加热熔化:在粉末喷涂时,喷涂粉末在热源所产生的温度场的高温区被加热到熔化状态或软化状态;在线材喷涂时,线材的端部进入热源所产生的温度场的高温区时很快被加热熔化,形成熔滴。

② 熔滴的雾化阶段:熔化的线材形成的熔滴在外加压缩气流或热源自身射流作用下脱离线材,同时雾化成更微细的熔滴向前喷射。粉末一般不存在熔粒进一步被破碎和雾化的过程,而是直接在外加压缩气流或者热源本身的射流的推动下向前喷射。

③ 粒子的飞行阶段:雾化或软化的微细颗粒在外加压缩气流或热源本身射流的推动作用下向前喷射,在达到基体表面之前的阶段均属粒子的飞行阶段。在飞行过程中,粒子的飞行速度随着粒子离喷嘴距离的增大而发生如下的变化:粒子首先被气流或射流加速,飞行速度从小

到大,到达一定距离后飞行速度逐渐变小。

④ 碰撞成型阶段:当这些具有一定温度和速度的颗粒接触到基材表面时,冲击动能使熔融或软化的颗粒在基材表面产生强烈的碰撞,颗粒的动能转化为热能并部分传递给基体,同时微细颗粒沿凸凹不平表面产生变形,变形的颗粒迅速冷凝并产生收缩,呈扁平状黏结在基材表面。随后喷来的粒子以同样的方式连续不断地运动并撞击表面,产生碰撞→变形→冷凝收缩的过程。变形的颗粒与基材表面之间,以及颗粒与颗粒之间互相黏结在一起,从而形成了涂层。颗粒在与基材表面碰撞阶段所产生的变化过程(涂层形成过程)如图 4.9 所示。

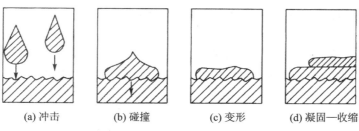

(a) 冲击　　　　(b) 碰撞　　　　(c) 变形　　　　(d) 凝固—收缩

图 4.9　热喷涂涂层形成过程

2. 热喷涂涂层的结构特点

涂层的形成过程决定了涂层的结构。从热喷涂过程可以看出,其所形成的涂层、结构及化学成分,与相同材料的锻造或预喷涂材料的原始形态都是不同的,这种结构与化学成分上的差异,是由于熔融状态的喷涂材料与喷涂工作气体及其周围空气进行反应造成的。

热喷涂涂层是由无数变形粒子互相交错呈波浪式堆叠在一起的层状组织结构,图 4.10 给出了典型的热喷涂层的金相组织照片。由于涂层是层状结构,是一层一层堆积而成的,因此涂层的性能具有方向性,垂直和平行涂层方向上的性能是不一致的。

当工作气体为氧或空气时,喷涂材料经喷涂后会出现它的氧化物,并成为涂层的一个组成部分。因此,涂层中颗粒与颗粒之间不可避免地存在部分孔隙或空洞,其孔隙率一般为 $0.025\%\sim20\%$。涂层中还伴有氧化物夹杂和未熔融粒子,如图 4.11 所示。

涂层经适当处理后,结构会发生变化。如涂层经重熔处理,可消除涂层中的氧化物夹杂和孔隙,层状结构变成均质结构,与基体表面的结合状态也发生变化。

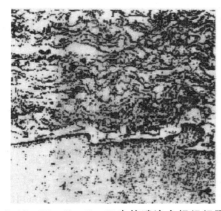

图 4.10　Ni‐Cr‐B‐Si 火焰喷涂金相组织照片

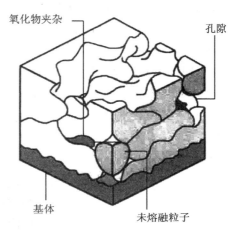

图 4.11　热喷涂层结构示意图

涂层的结构包括涂层与基体表面的界面结合和涂层内部的内聚结合。其结合机理目前尚无定论,通常认为有以下几种结合方式。

① 机械结合,即因凹凸不平的表面互相嵌合,形成机械钉扎而结合。

② 冶金—化学结合,即出现元素扩散或合金化结合,当涂层重熔处理时,以这种结合方式为主。

③ 物理结合,即范德华力或次价键结合。

3. 热喷涂层中的残余应力

一般情况下,热喷涂层存在明显的残余应力,其特点如下:

① 残余应力是由于撞击基体表面的熔融态变形颗粒在冷凝收缩时产生的微观应力的累积造成的;涂层的外层受拉应力,而基体或涂层的内侧受压应力。

② 应力大小与涂层的厚度成正比,当达到一定厚度后,涂层拉应力大于涂层与基体的结合强度,涂层会发生破坏。

③ 薄涂层一般比厚涂层更加经久耐用。高收缩材料如某些奥氏体不锈钢易产生较大的残余应力,因此不能喷涂厚的涂层。热喷涂涂层的最佳厚度一般不超过 0.5 mm。

图 4.12 所示为涂层在形成过程中产生的残余应力状态。

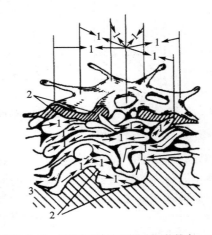

1—收缩力;2—颗粒与基材及颗粒之间的结合;3—基材

图 4.12 涂层形成过程中产生收缩应力示意图

4.3.2 热喷涂分类和特点

根据热喷涂热源及热喷涂材料的不同,可将热喷涂技术分为火焰加热法及电加热法两种。根据具体情况,可细分为下述几种。

1. 火焰线材(或棒材)及粉末喷涂

以氧—乙炔为热源,用氧、空气或其他气体作为喷射气流。这种喷涂方法设备简单,操作容易,机动灵活。一般有气焊设备的地方,只要添加喷枪即可。这种喷涂方法在机械、化工、交通等许多部门已得到广泛应用。

2. 火焰爆炸喷涂

由氧和乙炔以一定比例在喷枪中混合,并周期地点燃,以便加热由氮气流送入的浮游状粉末,形成超音速压力波式的气流来喷涂。该方法在航空、航天部门已得到较多应用。

3. 火焰超音速喷涂

由氧和可燃气(如氢、甲烷等)混合,在较高压力下于燃烧室中燃烧。喷涂粉末由氮气流从燃烧室中心送入。此高温气体加粉末经拉阀尔喷管,或混合气体点燃后产生爆震,均可在喷嘴处以超音速(2~4 倍音速)喷出。这种喷涂方法在国内外已成功应用于航空航天、石油化工、冶金等多个部门。

4. 火焰粉末喷涂

热喷涂粉(一般为自熔性合金粉末)经氧—乙炔火焰加热后喷涂于工件上。在工件不熔化的情况下,加热涂层并令其与工件表面熔合,从而形成冶金结合涂层。其实质是固态金属被液态金属熔解而互相结合的过程。这种工艺在油田、造纸、模具、轴类等方面得到广泛应用。

5. 电弧喷涂

以电弧为热源,用空气或其他气体为喷射气流的喷涂。即以两根金属线,用电机驱动到喷嘴口相交,产生短路电弧,端部熔化;再用喷射气流使其雾化吹出并沉积于工件表面。这种方法在国外已广泛用于大型钢结构防腐及轴类修复。在国内近几年已开始应用于工程。

6. 线爆喷涂

当储存在电容器上的电能通过待喷金属材料瞬间放电时,线材(待喷材料)一部分立即被气化爆炸,其余部分则熔化并被放电爆炸波吹出,沉积于工件表面。这种喷涂方法在内燃机气缸、某些纺织机械零件,尤其是内孔喷涂中得到成功应用。

7. 等离子喷涂

以电弧放电(非转移型等离子弧)产生的等离子(热离子化的气体)作为热源,使喷涂粉末熔化,并在等离子焰流加速下吹向工件形成涂层。这种方法可喷金属、非金属,尤其是高熔点材料(如金属陶瓷、碳化物等)。在零件耐磨损、抗腐蚀及特殊功能层(如远红外涂层)涂覆等方面用途很广。

8. 等离子弧粉末堆焊

用转移型等离子弧加热工件表面并形成熔池。喷涂粉末经喷枪进入电弧区并经弧柱加热喷射进熔池,从而形成合金喷熔层。这种工艺在防腐耐磨层(如某些耐酸密封面、耐磨密封面),磨粒磨损件等制备及修复中得到成功应用。

表 4-9 是几种常用的热喷涂方法和特性的比较。

表 4-9　几种热喷涂方法和特性的比较

比较项目	火焰喷涂	电弧喷涂	等离子喷涂	爆炸喷涂	超音喷涂
热　源	$O_2 + C_2H_2$	电　能	电能及 N_2、Ar、H_2、He	$O_2 + C_2H_2$	$O_2 + C_3H_6 / O_2 + H_2$
喷涂材料	金属、合金,部分陶瓷	金属、合金	几乎全部金属合金及陶瓷	金属、合金、部分陶瓷	金属、合金、部分陶瓷
最高温度/℃	2 760～3 260	7 400	16 000	5 000	2 550～2 924
粒子速度/(m/s)	150～200	150～200	300～500	720	986
喷涂材料形态	线材、粉末	线　材	粉　末	粉　末	粉　末
基体材料	几乎全部固体材料	几乎全部固体材料	几乎全部固体材料	主要固体材料	几乎全部固体材料
基体温度/℃	<200	<200	<200	<200	<200
涂层结合强度/MPa	>10	>10	>20	>50	>80
涂层气孔率/%	<6	<6	<5	<1	<1
涂层厚度/mm	0.3～1.0	0.1～3.0	0.05～0.5	0.05～0.1	0.1～1.0
成　本	低	低	高	高	较　高

热喷涂技术具有下述特点：

① 工艺灵活，适应范围广。热喷涂施工对象，可小可大。小的可到 10 mm 内孔（线爆喷涂），大的可到桥梁、铁塔（火焰线材喷涂、电弧喷涂）。可在实验室、车间内进行真空气氛中喷涂，也可在野外现场作业。可整体喷涂，也可局部喷涂。

② 基体及喷涂材料广泛。基体可是金属、非金属（包括陶瓷、塑料、石膏、水泥、木材，甚至纸张）。喷涂材料可是金属及其合金、塑料、陶瓷等。可以说，几乎是无所不能喷。这样，就有可能通过热喷涂方法制备金属/非金属复合涂层，从而获得用其他方法难以得到的综合性能。

③ 除去火焰喷涂及等离子弧粉末堆焊外，用热喷涂工艺加工的工件受热较少，可使基体保持较低温度，并可控制基体的受热程度，从而保证基体不变形、不变性。

④ 生产效率高。热喷涂工艺生产效率，从几千克（每小时喷涂材料的质量）到数十千克，沉积效率也很高。

热喷涂技术的不足之处主要有：涂层的结合强度较低，涂层的孔隙率较高；喷涂层的均匀性较差，影响涂层质量的因素较多；对于喷涂面积小的工件，喷涂沉积效率低，成本较高；难以对涂层质量进行非破坏检查。

4.3.3　热喷涂材料

热喷涂材料按组成可分为金属材料、高分子材料、陶瓷材料和复合材料。按形态可分为线材、棒材、管材和粉末，如表 4-10 所列。其中线材主要用于火焰喷涂、电弧喷涂和线爆炸喷涂；棒材主要由陶瓷材料制成，用于火焰喷涂；粉末材料主要用于火焰喷涂、爆炸喷涂和等离子喷涂。

表 4-10　常用热喷涂材料的种类

种　类		热喷涂材料
丝　材	纯金属丝材	Zn、Al、Cu、Ni、Mo 等
	合金丝材	Ni 合金、碳钢、合金钢、不锈钢、耐热钢、Zn-Al-Pb-Sn、Cu 合金、巴氏合金
	粉芯丝材	68Cr13、低碳马氏体等
	复合丝材	金属包金属（铝包镍、镍包合金）、金属包陶瓷（金属包碳化物、氧化物等）、塑料包覆（塑料包金属、陶瓷等）
棒　材	陶瓷棒材	Al_2O_3、TiO_2、Cr_2O_3、Al_2O_3-MgO、$Al_2O_3-SiO_2$
粉　末	纯金属粉	Sn、Pb、Zn、Ni、W、Mo、Ti
	合金粉	低碳钢、高碳钢、镍基合金、钴基合金、不锈钢、钛合金、铜基合金、铝合金、巴氏合金
	自熔性合金粉	镍基（NiCrBSi）、钴基（CoCrWB、CoCrWBNi）、铁基（FeNiCrBSi）、铜基
	陶瓷、金属陶瓷粉	金属氧化物（Al 系、Ti 系和 Cr 系）、金属碳化物及硼氮、硅化物等
	包覆粉	镍包铝、铝包镍、金属及合金、陶瓷、有机材料等
	塑料粉	热塑料粉末（聚乙烯、尼龙、聚四氟乙烯、聚苯硫醚）、热固性粉末（酚醛、环氧树脂）、树脂改性塑料（塑料粉中混入填料，如 MoS_2、WS_2、Al 粉、Cu 粉、石墨粉、石棉粉、石英粉、云母粉、氟塑粉等）
	复合粉	金属+合金、金属+自熔性合金、WC 或 WC-Co+金属及合金、WC-Co+自熔性合金+包覆粉、氧化物+金属及合金、氧化物+包覆粉、WC+Co、氧化物+氧化物、碳化物+自熔性合金等

热喷涂材料无论是线材还是粉末,必须满足热稳定性好、固态流动性好、润湿性好、线膨胀系数差的特点,才有实用价值。

4.3.4　热喷涂工艺过程

热喷涂工艺过程一般为:表面预处理→喷底层(或过渡层)→喷工作层→后处理(如重熔、封闭等)。

为使喷涂粒子很好地浸润工件表面,并与微观不平的表面紧紧咬合,以获得高结合强度的涂层,要求工件表面必须洁净、并要有一定的粗糙度。因此工件表面预处理是一个十分重要的基础工序,对喷涂层质量影响很大,具体包括表面净化和表面粗化两道工序。

(1) 表面净化

目的是除油、除锈、去污等,显露出新鲜的金属表面。一般采用酸洗或喷砂除锈、去除氧化皮,采用有机溶剂或碱水去除油污。对于多孔工件,可将工件加热到 250 ℃～450 ℃,使微孔中的油脂挥发,再用喷砂去除表面残留的积炭。

(2) 表面粗化

表面粗化一般采用车削、磨削、喷砂和拉毛等方法,最常用的方法是喷砂。喷砂可使清洁的表面形成均匀而凹凸不平的粗糙面,以利于涂层的机械结合。用干净的压缩空气驱动清洁的砂粒对工件表面喷射,可使基材表面产生压应力,去除表面氧化膜,使部分表面金属产生晶格畸变,有利于涂层产生物理结合。基材金属在喷砂后可获得干净、粗糙和高活性的表面。这是重要的预处理方法。

4.3.5　热喷涂涂层应用

由于喷涂材料种类很多,所获得的涂层性能差异很大,可适应于不同的表面保护、强化、修复和特殊功能的需要,在表面工程技术领域内所占比例越来越大。表 4－11 为热喷涂涂层的主要应用。

表 4－11　热喷涂涂层的涂层类型、涂层材料及主要应用

涂层类型	涂层材料	应　用
耐磨料磨损涂层	自熔性合金加 Mo 或 Ni－Al 混合粉,高铬不锈钢、T8 钢以及自熔性合金加 Co－WC 混合粉;受冲击或振动负荷,用自熔性合金($\leqslant 760$ ℃),侵蚀严重时用 Cr_3C_2,抗氧化时用铁、镍钴基涂层	泥浆泵活塞杆、抛光杆衬套、混凝土搅拌机螺杆输送器、烟草磨碎锤、芯轴、磨光转子;钢铁工业中各种耐高温磨料冲刷易损件
软支撑用涂层	铝青铜、磷青铜、巴氏合金和锡等有色金属	巴氏合金轴承、水压机轴套、止推轴承瓦、压缩机十字滑块等
硬支撑用涂层	镍基、铁基自熔合金、氧化物和碳化物陶瓷(如 $Al_2O_3－TiO_2$、Co－WC 等),以及难熔金属 Mo	冲床减震器曲轴、防擦伤轴套、方向舵轴承、涡轮轴、主动齿轮轴颈和活塞环燃料泵转子等

涂层类型	涂层材料	应 用
耐硬面磨损涂层	某些铁基、镍基、钴基喷涂层,自熔性合金,有色金属(加铁铝青铜)、氧化物陶瓷,碳化硅及某些难熔金属涂层	拔丝机绞盘、止动器套筒、拔叉、塞规、轧管定径穿孔器、挤压模、导向杆、浆刀、滚筒、刀片轧碎机、纤维导向装置、泵密封圈
	某些钴基自熔性合金,Ni－Al(镍包铝)及碳化铬涂层;某些镍、钴基高温合金加碳化物涂层	锻造工具、高温阀门密封面、热破碎辊、热成型模具;热轧无缝钢管顶头、热锭热剪刀片
耐微动磨损涂层	自熔性合金、氧化物、碳化物金属陶瓷,某些镍、铁、钴基喷涂材料和有色金属	伺服电机枢轴、凸轮随动件、摇臂、汽缸衬套、防气圈、导水杆、螺旋桨加强杆
	某些铁基、镍基、钴基涂层及金属碳化物涂层	喷气发动机涡轮机气密圈、气密环、气密垫圈和涡轮叶片
耐冲蚀涂层	几种镍基自熔性合金、自熔性合金加细铜混合粉、高铬不锈钢涂层、超细 Al_2O_3 粉涂层、纯 Cr_2O_3 涂层、Al_2O_3 87 ％＋TiO_2 复合涂层、Co－WC复合涂层	抽风机、排粉风叶片、叶轮、水电阀、旋风除尘器
耐气蚀涂层	镍基自熔性合金、铜合金(含 Al9.5 ％,Fel ％ 或含 Ni38 ％)、自熔性合金加 Ni/Al 混合粉、316 型不锈钢、超细 Al_2O_3、纯 Cr_2O_3、镍基合金、钴基合金,所有涂层均经封闭处理	水轮机叶片、耐磨环、喷头和柴油机汽缸衬套、汽轮机过流部件

4.4　气相沉积技术

气相沉积是将含有形成沉积元素的气相物质,通过各种手段和反应,在工件表面形成沉积层(薄膜)的工艺方法。其不仅可以沉积金属膜、合金膜,还可以沉积各种化合物、非金属、半导体、陶瓷、塑料膜等。根据使用要求,目前几乎可在任何基体上沉积任何物质的薄膜。

气相沉积技术自20世纪70年代以来飞速发展,已经成为当代真空技术和材料科学中最活跃的研究领域。它可赋予基体材料表面各种优良性能(如强化、保护、装饰和电、磁、光等特殊功能),也可用来制备具有更加优异性能的新型材料(如晶须、单晶、多晶、纳米晶或非晶薄膜)。目前,气相沉积技术与包括光刻腐蚀、离子刻蚀、离子注入和离子束混合改性等在内的微细加工技术一起,成为微电子及信息产业的基础工艺,在促进电子电路小型化、功能高度集成化方面发挥着关键的作用。

按沉积过程的反应性质不同,气相沉积技术可分为物理气相沉积和化学气相沉积两大类。

4.4.1　物理气相沉积

物理气相沉积(Physical Vapor Deposition,PVD)是在真空条件下,利用各种物理方法,将沉积材料汽化成原子、分子、离子并直接沉积到基体材料表面的方法。按汽化机理不同,PVD法包括真空蒸镀、溅射镀膜和离子镀等三种基本方法。

1. 蒸发镀膜

在真空容器中将蒸镀材料(金属或非金属)加热,当达到适当温度后,便有大量的原子和分子离开蒸镀材料的表面进入气相。因为容器内气压足够低,这些原子或分子几乎不经碰撞地在空间内飞散,当它们到达表面温度相对低的被镀工件表面时,便凝结而形成薄膜,这种镀膜方法称为真空蒸发镀膜。图 4.13 为真空蒸镀示意图。

真空室内的真空度一般高于 $1.333 \times (10^{-5} \sim 10^{-6})$ Pa,高的真空度便于材料快速蒸发。因为材料的蒸气压在一定温度下是一定的,且随温度上升而增加,同时只有在材料的蒸气压力大于环境的压力时才会快速蒸发,因此降低环境压力,即造成高真空,可以使材料的蒸发温度低于其在大气压力下的蒸发温度。设置在真空室内的蒸

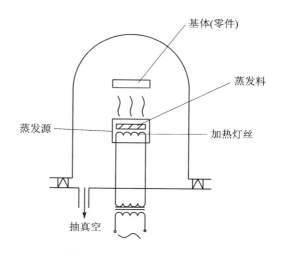

图 4.13　电阻加热真空蒸镀

发源由涂覆料和加热器组成。目前多采用钨丝电阻加热的方式,通电后,材料受热蒸发,可在基体上镀覆膜层;与传统电镀工艺相比,蒸镀的沉积速度快,孔隙度较低,镀层的耐蚀性可提高两倍。

真空蒸镀物理气相沉积技术的镀膜致密度低,与基体的结合差,故很少用于材料表面强化(如耐磨)方面,目前主要用于表面功能与装饰用途。具有代表性的应用是各种光学膜(如透镜反射膜、电致发光膜等)、电学膜(导电、绝缘、半导体等)、磁性能膜(如磁带)、耐蚀膜、耐热膜、润滑膜、各种装饰膜(如固体材料表面的金、银膜)和太阳能电池等,国外也用于连续镀覆厚度为 3×10^{-3} mm 的钢箔。

2. 溅射镀膜

这种方法是以离子轰击靶材料,使其溅射并沉积在基体材料上。图 4.14 所示为阴极溅射镀。在真空度不太高的环境中,在强电场的作用下,充入的惰性气体(通常是氩气)产生辉光放电,并部分电离,在阴极负高压的吸引下,Ar^+ 离子被加速,以极高的速度轰击材料靶,靶表面的原子获得能量后逸出,溅射出来的原子(或分子)以足够高的速度飞向放在周围的基体(被镀零件)上,形成镀覆层。

溅射镀层机械强度大,针孔极少,即使镀层厚度仅为电镀层的 1/10,也有相同的性能;可实现大面积沉积;几乎所有金属、化合物、介质均可作成靶,在不同材料衬底上得到相应材料薄膜;可以大规模连续生产。但溅射镀的速度不如真空蒸镀快。

溅射镀用于镀覆耐磨损层、超硬合金层、耐蚀层和抗高温腐蚀合金层等,厚度可达几十微秒。例如在切削刀具的刃部镀覆 TiN、WC、TiC 超硬镀层,在火箭喷嘴内壁上镀覆 WC 层以提高高温下的使用寿命等。

3. 离子镀

离子镀膜技术将真空室中的辉光放电等离子体技术与真空蒸发镀膜技术结合在一起,不仅明显提高了镀层的各种性能,而且大大地扩充了镀膜技术的应用范围,它兼有真空蒸发镀膜和真空溅射镀膜的优点。

离子镀的原理见图 4.15,阳极为镀覆材料,阴极为基体(被镀零件)。在合适的电压下(一般为 3~5 kV),基体和蒸发源之间产生辉光放电,一部分电离生成的氩正离子受负高压基体的吸引轰击基体,使基体受到离子的刻蚀清洗而除去上面的污染层。当清洗完毕后再使蒸发源中的涂覆料蒸发,蒸发出的粒子进入辉光放电区,其中一部分电离为正离子,受负高压作用沉积在基体上。

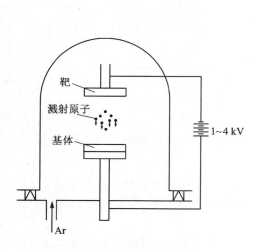

图 4.14　阴极溅射镀示意图

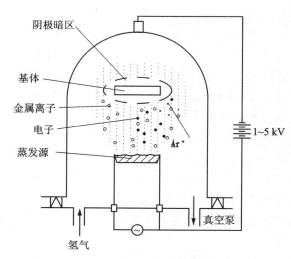

图 4.15　离子镀原理示意图

与真空蒸镀相比,溅射镀和离子镀沉积技术的镀膜质量较高(如致密、气孔少)且膜层有较高的附着力(尤其是离子镀),故除可起到真空蒸镀相同的作用外,还可在材料表面形成耐磨强化膜,这便拓宽了气相沉积技术在结构零件和工具、模具上的应用。与普通化学气相沉积相比,溅射镀和离子镀所需的沉积温度较低,这对不允许高温加热的工件与材料意义重大。

表 4-12 总结比较了真空蒸镀、溅射镀、离子镀的特性参数、薄膜特点及各自的应用对比。

表 4-12　物理气相沉积的三种方法比较

比较项目	分类 特点	真空蒸镀	溅射镀膜	离子镀
沉积粒子能量	中性原子	0.1~1 eV	1~10 eV	1~10 eV(此外还有高能中性原子)
	入射离子			数百至数千伏
沉积速率/$\mu m \cdot min^{-1}$		0.1~70	0.01~0.5(磁控溅射可接近真空蒸镀)	0.1~50
膜层特点	密度	低温时密度较小,但表面平滑	密度大	密度大
	气孔	低温时多	气孔少,但混入溅射气体较多	无气孔,但膜层缺陷较多
	附着力	不太好	较好	很好
	内应力	拉应力	压应力	依工艺条件而定
	绕射性	差	较好	好

比较项目 \ 特点 \ 分类	真空蒸镀	溅射镀	离子镀
被沉积物质的汽化方式	电阻加热、电子束加热、感应加热、激光加热等	镀料原子不是靠加热方式蒸发,而是依靠阴极溅射由靶材而获得的沉积原子	辉光放电型离子镀有蒸发式、溅射式和化学式,即进入辉光放电空间的原子分别由各种加热蒸发、阴极溅射和化学气体提供。另一类是弧光放电型离子镀,其中空心热阴极放电离子镀时利用空心阴极放电产生等离子电子束,产生热电子电弧;多弧离子镀则为非热电子电弧,冷阴极是蒸发、离化源
镀膜的原理及特点	工件不带电;在真空条件下金属加热蒸发沉积到工件表面,沉积粒子的能量和蒸发时的温度相对应	工件为阳极,靶为阴极,利用氩离子的溅射作用把靶材原子击出而沉积在工件表面上。沉积原子的能量由被溅射原子的能量分布决定	沉积过程是在低压气体放电等离子体中进行的,工件表面在受到离子轰击的同时,因有沉积蒸发物或其反应物而形成镀层
主要用途 电学	电阻、电容连线	电阻、电容连线、绝缘层、钝化层、扩散源	连线、绝缘云、电极、导电膜
主要用途 光学	透射膜、减反射膜、滤光片、掩膜、镀镜、集成光学、电致发光	透射膜、减反射膜、滤光片、镀镜、光盘、电致发光、建筑玻璃	透射膜、减反射膜、镀镜、光盘电致发光

4.4.2　化学气相沉积

化学气相沉积(Chemical Vapor Deposition,简写 CVD)是利用气态物质在固体表面发生化学反应,生成固态沉积物的过程。在一定条件下,混合气体与基体表面相互作用,使混合气体中某些成分分解,并在基材表面上形成金属或化合物的薄膜。利用化学气相沉积法,可以在中等温度下利用高气压反应剂气体源来沉积高熔点的相。如 TiB_2 的熔点为 3 225 ℃,可以由 $TiCl_4$、BCl_3 和 H_2 在 900 ℃下以化学气相沉积方法获得。

化学气相沉积装置见图 4.16,装置的主要部分是进行沉积的反应器,其中包括试样的加热系统(见图中未画出),另一部分是反应物的储存、气化、净化和向反应器输入的装置以及通入惰性气体的系统。这一部分都设置在反应器前,在反应器后的部分则设有反应后气体的收集器、真空系统以及处理副产品的设备。

以沉积碳化钨为例,可以说明一般化学气相沉积的进行过程。开始时,首先应彻底排除反应室中的空气,充入惰性气体,以保证分解反应在惰性环境下进行。然后将试样加热到所需要的温度,并以适当的压力和流量通入反应物气体。其反应式为:

$$2WF_6(气)+1/6C_6H_6(气)+11\ 1/2\ H_2(气)=W_2C(固)+12HF(气)$$

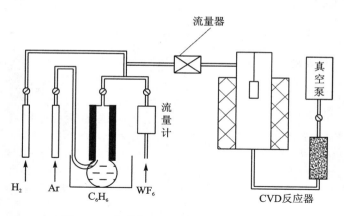

图 4.16　化学气相沉积碳化钨装置示意图

反应的副产品为 HF。

化学气相沉积装置简单,操作方便,工艺上具有重现性,适于批量生产,成本低廉。

利用 CVD 技术,可以沉积出玻璃态薄膜,也能制出纯度高、结构高度完整的结晶薄膜,还可沉积纯金属膜、合金膜以及金属间化合物。CVD 越来越受到重视,其应用是制备难熔材料的粉末和晶须。实际上晶须正成为一种重要的工程材料,在陶瓷中加入微米量级的超细晶须,已证明可使复合材料的韧性得到明显改进。此外,CVD 镀层可用于要求耐磨、抗氧化、抗腐蚀以及有某些电学、光学和摩擦学性能的部件。

新型的气相沉积技术还包括低压化学气相沉积(LPCVD)、等离子体增强化学气相沉积(PECVD)、有机金属化学气相沉积(MOCVD)和激光化学气相沉积(LCVD)等。

1. 低压化学气相沉积(LPCVD)

LPCVD 与常压 CVD 装置类似,不同的是需要增加真空系统,使反应室的压力低于常压(10^5 Pa),一般为 $(1\sim4)\times10^4$ Pa。LPCVD 中的气体分子平均自由程比常压 CVD 提高了 1 000 倍,气体分子的扩散系数比常压提高约三个数量级,这使得气体分子易于达到工件的各个表面,薄膜均匀性得到了显著的改善。目前 LCPVD 在微电子集成电路制造中广泛采用,主要是沉积多晶硅、SiO_2、Si_3N_4、硅化物及难熔金属钨等薄膜。

2. 等离子体增强化学气相沉积(PECVD)

通常的 CVD 方法是使气态物质在高温发生化学反应,制造涂层。如果用直流电场、射频电场或微波电场使低压气体放电,使其成为等离子体状态,成为非常活泼的激发态分子、原子、离子和原子团等,降低了反应的激活能,则可促进气相化学反应,在基材上沉积化合物涂层。这种技术叫等离子增强化学气相沉积(PECVD)。

PECVD 法与 CVD 法相比,可以显著降低反应温度。例如用 $TiCl_4$ 和 CH_4 靠常规加热沉积 TiC 膜层的温度为 1 000 ℃～1 050 ℃;而采用 PECVD 法,可将沉积温度降至 500 ℃～600 ℃。此外,由于气体处于等离子体激发状态,大大提高了反应速率,并使通常在热力学上难以发生的反应变为可能,可以开发出具有各种组成比的新型涂层以及高温材料涂层。

PECVD 与 CVD 的用途基本相同,可制取耐磨、耐蚀涂层,也可用来制备装饰涂层。例如,采用低压气相生长法获得金刚石膜,不仅膜硬度最高(10 000 HV),透光性、绝缘性和耐腐蚀性也均十分优异,可用于刀具表面强化。

3. 金属有机化合物化学气相沉积（MOCVD）

MOCVD 是 20 世纪 80 年代发展起来的新技术。它与常规 CVD 的区别仅在于使用有机金属化合物和氢化物作为原料气体。金属有机化合物在室温下呈液态并有适当的蒸气压力，并且热分解温度较低，目前应用最多的是 Ⅱ～Ⅵ 族烷基衍生物，如 $(C_2H_5)_2Be$、$(C_2H_5)_3Al$、$(CH_3)_4Ce$、$(CH_3)_3N$、$(C_2H_5)2AlSe$ 等，这类化合物大多是挥发性的，能自燃，某些情况下接触水可能发生爆炸；所用的氢化物大多是有毒气体，需要严格遵循使用规范。

MOCVD 技术的开发是由于半导体外延沉积的需要。某些金属卤化物在高温下是稳定的，而用常规 CVD 难以实现其沉积。此外，已经用金属有机化合物沉积了氧化物、氮化物、碳化物和硅化物镀层。许多金属有机化合物在中温分解，可以沉积在如钢这一类的基体上，所以这项技术也被称为中温 CVD。

4. 激光辅助化学气相沉积（LCVD）

激光化学气相沉积和一般的 CVD 法不同，一般的 CVD 法是使整个基片上都产生沉积层，而 LCVD 法是用激光束仅对基片上需要沉积薄膜的部位照射光线，结果只在基片上局部的部位形成沉积层。激光器的强度和辐射时间对沉积薄膜的厚度有很大的影响，薄膜的厚度可以控制为小于 100 Å，也可以大于 20 μm。所沉积的薄膜直径也与辐射条件有关，最小的可以控制到激光束直径的 1/10，这样就避免了由于大面积的加热而引起基体性质的变化。

与常规 CVD 相比，LCVD 可以大大降低衬底的温度，可在不能承受高温的衬底上合成薄膜。例如，使用 LCVD 法，在 380 ℃～450 ℃ 温度下就可以制取 SiO_2、Si_3N_4 和 AlN 等薄膜；而用常规 CVD 法制备同样的材料，要将衬底加热到 800 ℃～1 200 ℃ 才行。与 PECVD 相比，LCVD 可以避免高能粒子辐照对薄膜的损伤，更好地控制薄膜结构，提高薄膜的纯度。

LCVD 的应用包括激光光刻、大规模集成电路掩膜的修正、激光蒸发—沉积以及金属化。

未来，使 CVD 的沉积温度更加低温化，对 CVD 过程更精确地控制，开发厚膜沉积技术、新型膜层材料以及新材料合成技术，将会成为今后研究的主要课题。

4.4.3　PVD 和 CVD 的比较

虽然 PVD 和 CVD 目前都可以用来处理刀具和模具表面，但它们还是有区别的。主要体现在以下几个方面。

（1）工艺温度

工艺温度高低是 CVD 和 PVD 之间的主要区别。PVD 的处理温度大概在 500 ℃ 左右，而 CVD 的炉内温度在 1 000 ℃。由于 CVD 工艺温度很高，所以 CVD 对基体材料有耐高温的要求。CVD 的工艺温度超过了高速钢的回火温度，用 CVD 法镀制的高速钢工件，必须进行镀膜后的真空热处理，以恢复硬度，而镀后热处理会产生不容许的变形。

因此，在 CVD 处理的刀具上，除了硬质合金，几乎看不到其他材料，因为主流的切削材料中只有硬质合金才能承受那么高的温度。

（2）膜层厚度

CVD 膜层往往比各种 PVD 膜层略厚一些。CVD 膜层厚度常在 7.5 μm 左右，而 PVD 膜层不到 2.5 μm 厚。由于 PVD 涂层薄，所以对刀刃的几何形状改变不大，可以在很大程度上保留了刀刃的锋利程度。

综合(1)和(2)两点来看,目前 PVD 在刀具涂层方面应用得更广泛一些,它几乎适用于所有的整体类刀具。

(3)表面粗糙度

CVD 膜层的表面比基体的表面略粗糙些,而 PVD 镀膜能如实地反映材料的表面,不用研磨就具有很好的金属光泽,这在装饰镀膜方面十分重要。

(4)绕镀性

CVD 反应发生在低真空的气态环境中,具有很好的绕镀性,所以密封在 CVD 反应室中的所有工件,除去支承点之外,全部表面都能完全镀好,甚至深孔、内壁也可镀上。相对而言,所有的 PVD 技术由于气压较低,绕镀性较差,因此工件背面和侧面的镀制效果不理想。PVD 的反应器必须减少装载密度以避免形成阴影,而且装卡、固定比较复杂;并且工件要不停地转动,有时还需要边转边往复运动。

(5)工艺成本

比较 CVD 和 PVD 这两种工艺的成本比较困难。虽然 PVD 最初的设备投资是 CVD 的 3～4 倍,但 PVD 工艺的生产周期是 CVD 的 1/10。此外,在 CVD 的一个操作循环中,可以对各式各样的工件进行处理,而 PVD 就受到很大限制。综合比较来说,在两种工艺都可用的范围内,采用 PVD 要比 CVD 代价高。

(6)操作运行安全

PVD 是一种完全没有污染工艺的“绿色工程”。而 CVD 的反应气体、反应尾气都可能具有一定的腐蚀性、可燃性及毒性,反应尾气中还可能有粉末状以及碎片状的物质,因此对设备、环境、操作人员都必须采取一定的措施加以防范。

近年来,随着气相沉积技术的发展和应用,上述两类型气相沉积各自都有新的技术内容,两者相互交叉,很难严格界定某种具体沉积方法是化学的还是物理的。例如,可以在传统的物理气相沉积过程中通入反应气体,使固体表面进行化学反应,生成新的合成产物固体相薄膜,这样物理气相沉积就可以包含有化学反应。也可以把等离子体、离子束技术引入到传统的化学气相沉积过程中,化学反应就不完全遵循传统的热力学原理,因为等离子体有更高的化学活性,可以在比传统热力学化学反应低得多的温度下实现反应,这种方法称为等离子体辅助化学气相沉积,它赋予了化学气相沉积更多的物理含义。

4.5　高能束表面技术

高能束通常指激光束、电子束和离子束(合称“三束”),它们的功率密度高达 $10^8 \sim 10^9 \, W/cm^2$。若将高能束作用于材料表面,在极短的时间就可以改变材料表面的成分(即表面合金化)和结构,从而达到表面改性或表面处理的目的。

高能束表面改性主要包括两个方面:

① 利用激光束、电子束可对材料表面进行快速加热,其后冷却速度也极快,从而可制成非晶、微晶及其他一些热平衡相图上不存在的高度过饱和固溶体和亚稳合金,赋予材料表面以独特的性能。

② 利用离子注入技术可把异类原子直接引入表面层中进行表面合金化,引入的原子种类和数量不受任何常规合金化热力学条件的限制。

近五十年来,高能束以其能量密度高、可控性好、加工精细等优点,极大地促进了表面工程技术的发展,并使微电子工业取得了前所未有的突破。

4.5.1　激光表面改性

激光表面处理指的是采用大功率密度的激光束,以非接触性的方式加热材料表面(可供给被照射材料 $10^4 \sim 10^8$ W/m² 的高功率密度能量),使材料表面的温度瞬时上升至相变点、熔点甚至沸点以上,并产生一系列物理或化学变化的技术。由此可以对材料施行表面改性,甚至进行机械零件的再制造。激光表面改性技术广泛应用于航空航天、机械、电器、兵器和汽车制造行业。

激光与普通光相比,除功率密度高外,还具有方向性强、单色性好的优点。方向性强是指激光光束的发射角小,可以认为光束基本上是平行的;单色性好即激光具有几乎单一的波长,或称为单色光。激光的单色性和好的方向性,必然导致其具有极好的相干性。

根据激光与材料表面作用时的功率密度、作用时间及方式的不同以及材料表层组织的变化状况,激光表面改性技术除了包括本节要介绍的激光相变硬化、激光表面熔覆、激表面合金化、激光非晶化外,还有激光表面熔凝、激光表面冲击、激光增强电沉积等,这些处理方法的工艺特点可以参看表 4-13。

表 4-13　激光表面处理各种方法的工艺特点

工艺方法	功率密度/(W/cm²)	冷却速度/(℃/s)	作用区深度/mm
激光淬火	$10^3 \sim 10^5$	$10^4 10^5$	$0.2 \sim 3$
激光熔凝	$\sim 10^5$	$10^5 \sim 10^7$	—
激光合金化	$10^4 \sim 10^6$	$10^4 \sim 10^6$	$0.01 \sim 2$
激光熔覆	$10^4 \sim 10^6$	$10^4 \sim 10^6$	$0.01 \sim 2$
激光非晶化	$10^7 \sim 10^8$	$10^7 \sim 10^{10}$	$0.001 \sim 0.1$
激光冲击硬化	$10^9 \sim 10^{12}$	$10^4 \sim 10^5$	$0.02 \sim 0.2$
激光退火	2.3×10^4	移动速度 0.5 m/min	—

1. 激光相变硬化

激光相变硬化又称激光淬火,当激光束扫射经过黑化处理或涂有吸光材料的金属表面时,激光束能量被吸收到金属表面薄层,使表层温度达到相变点以上,当激光束快速从金属表面移开时,能量由表面迅速传至芯部,使表面得到快速冷却,达到快速淬火的目的,引起相变硬化。

激光表面相变硬化的主要目的是在工件表面有选择性地局部产生硬化带以提高耐磨性,还可以通过在表面产生压应力来提高疲劳强度。适用的材料为珠光体灰铸铁、铁素体灰铸铁、球墨铸铁、碳素钢、合金钢和马氏体型不锈钢等。此外,人们还对铝合金等进行了成功的研究和应用。就碳钢而言,组织经历从珠光体加热转变为马氏体的过程,细晶、高位错、高碳马氏体组织是硬化的原因。

激光相变硬化的特点:

① 加热速度快($10^4 \sim 10^6\,\text{℃/s}$),热影响区小,淬火应力及变形小。

② 工艺周期短,生产效率高,易实现自动化。

③ 激光淬火仅对零件局部表面进行,淬火硬化层可精确控制,适用于对形状复杂的零件或不能用其他方法处理的零件进行局部硬化。

④ 激光淬火的硬度可比常规淬火提高 15 %～20 %,耐磨性可大幅度提高。

⑤ 激光淬火靠热量由表及里的传导自冷,无须冷却介质,对环境污染小。

激光表面相变硬化特别适合于形状复杂、体积大、精加工后不易采用其他方法强化的工件。目前大量用于汽车、拖拉机、机车的发动机缸体和缸套内壁处理,以提高其耐磨性和使用寿命。此外,还可用于曲轴、齿轮、模具、刀具、活塞环等表面硬化处理。

表 4－14 列出了激光表面淬火的部分应用实例。

表 4－14　零部件激光表面淬火应用实例

工件名称	材　料	应用效果
汽缸套齿轮	CrNiMoCu 灰铸铁 30CrMnTi	耐磨性提高 0.5 倍,抗咬合性提高 0.3 倍,变形小,无须研磨,接触疲劳极限达 1 323 MPa,高于调质态(1 024 MPa)
汽车发动机缸体	HT200 铸铁	硬度达 63.5～65 HRC,耐磨性提高 2～2.5 倍
动力转向装置外壳	可锻铸铁	激光淬火硬化层深 0.35 mm,宽 1.5～2.5 mm,寿命比未经激光淬火的提高 3～10 倍
模具(落料冲模)	T10A	冲模刀刃硬度达 1 200～1 350 HV,首次重磨寿命由 0.45～0.5 万次增加到 1.0～1.4 万次
曲　轴	45 钢	表层组织细化,强度、疲劳寿命显著提高
轧　辊	3Cr2W8V	表面硬度 55～63 HRC,压应力 50 MPa,使用寿命提高 1 倍
刀　具	W18Cr4V	提高离温硬度和红硬性,处理刀具变形小,提高使用寿命
工模具	3CrW8V	处理后获得了大量细小弥散的碳化物,均匀分布于隐晶马氏体上,可提高耐磨性和临界断裂韧性
纺织机锭杆	GCr15	和常规淬火件相比,其耐磨性提高 10 倍

2. 激光表面合金化

使用激光束将基材和所加入的合金化粉末一起熔化后迅速冷却凝固,在表面获得新的合金结构涂层称为激光表面合金化。它是一种比较新的表面改性技术,目前尚处于研发阶段。适合于激光合金化的基材有普通碳钢、合金钢、不锈钢、铸铁、钛合金、铝合金;合金化元素包括 Cr,Ni,Ti,Mn,B,V,Co 和 Mo 等。

激光表面合金化工艺的最大特点,是只在熔化区和很小的影响区内发生了成分、组织和性能的变化,对基体的热效应可减少到最低限度,引起的变形也极小。它既可满足表面的使用需要,同时又不牺牲结构的整体特性。由于合金元素是完全溶解于表层内,因此所获得的薄层成分是很均匀的,对开裂和剥落等倾向也不敏感。其另一显著特点是所用的激光功率密度很高 $(10^4 \sim 10^8 \ \text{W/cm}^2)$,熔化深度由激光功率和照射时间来控制,在基体金属表面可形成深度为 $0.01 \sim 2 \ \text{mm}$ 的合金层。由于冷却速度高,所以偏析极小,并且细化晶粒效果显著。

利用激光合金化技术可使廉价的普通材料表面获得有益的耐磨、耐腐蚀、耐热等性能,从而可以取代昂贵的整体合金;并可改善不锈钢、铝合金和钛合金的耐磨性能。例如,在 45 钢上进行的 $\text{TiC} - \text{Al}_2\text{O}_3 - \text{B}_4\text{C} - \text{Al}$ 复合激光合金化,其耐磨性为 CrWMn 钢的 10 倍;再如,用 $\text{Ni} - \text{Cr} - \text{Mo} - \text{Si} - \text{B}$ 合金粉末,在 20 钢基材上进行激光表面合金化处理,表面层的硬度达到 1 600 HV,既保持了好的韧性,又提高了耐磨性。激光合金化技术亦可制备传统冶金方法无法得到的某些特殊材料,如超导合金、表面金属玻璃等,所以对节能、节材,提高产品零件的使用寿命具有重大的意义。

3. 激光表面熔覆

激光熔覆技术是指以不同的添加方法在被熔覆的基体上放置选择的涂层材料,经激光辐照后使之和基体表面熔化,并经快速凝固形成低稀释度的、与基体呈冶金结合的表面涂层。该法与表面合金化的不同在于母材微熔而添加物全熔,这样一来避免了熔化基体对添加层的稀释,可获得具有原来特性和功能的强化层。

激光熔覆适合的基体材料可为碳钢、铸铁、不锈钢、Cu 和 Al 等,涂层材料可以是 Co、Ni 和 Fe 基合金,碳化物以及 Al_2O_3、ZrO_2 等陶瓷材料等。

激光熔覆技术的原理是,在须处理的零部件表面预置一层能满足使用要求的特制粉末材料,然后用高能激光束对涂层进行快速扫描处理,预置粉末在瞬间熔化并凝固,涂层下基体金属随之熔化一薄层,两者之间的界面在很窄的区域内迅速产生分子或原子级的交互扩散,同时形成牢固的冶金结合(见图 4.17)。在快速热作用下,基体受热影响极小,无变形。熔层合金自成体系,其组织致密,晶粒细化,硬度和强韧性提高,表面性能大大改善。

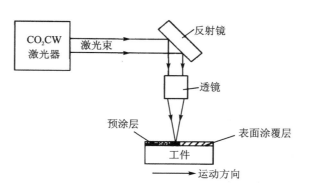

图 4.17　激光涂覆示意图

(1) 激光熔覆具有的优点

① 熔覆层晶粒细小,结构致密,因而硬度一般较高,耐磨、耐蚀等性能亦更为优异。

② 熔覆层稀释率低,由于激光作用时间短,基材的熔化量小,对熔覆层的冲淡率低(一般仅为 5 %~8 %),因此可在熔覆层较薄的情况下,获得所要求的成分与性能,节约昂贵的覆层材料。

③ 激光熔覆热影响区小,工件变形小,熔覆成品率高。

④ 激光熔覆过程易实现自动化生产,覆层质量稳定,如在熔覆过程中熔覆厚度可实现连续调节,这在其他工艺中是难以实现的。

（2）激光熔覆主要应用于表面改性和表面修复的两个方面

① 表面改性：主要在燃气轮机叶片、轧辊、各种轴类、发电机转子、齿轮、模具等零件表面熔覆耐磨层或耐蚀层。例如，对 60 钢进行碳化钨粉激光熔覆后，硬度最高达 2 200 HV，耐磨性能为基体 60 钢的 20 倍左右。

② 产品的表面修复：采用激光熔覆修复后的零件强度可达到原强度的 90 % 以上，且维修时间短、维修成本低，解决了大型企业重大成套设备连续可靠运行所必须解决的快速抢修难题，如激光熔覆修复直径为 500 mm、长度为 5 000 mm 的大型不锈钢轧辊轴颈，修复后轧辊长轴直线度公差只有 0.03 mm，激光熔覆修复几乎不引起工件变形。

4. 激光表面非晶化

激光非晶化就是用激光的手段在金属表面上制得非晶层的技术，有时称为激光上釉，是获得非晶态金属的一个重要手段。非晶化的金属又称金属玻璃，是指其原子排列长程无序，但在几个晶格常数范围内保持短程有序。

激光表面非晶化的特性：

① 激光非晶层具有优异的力学、化学和物理性能。

② 激光非晶层的厚度仅为几微米到几十微米。

③ 激光非晶层的结构呈非平衡的亚稳态。

如纺纱机钢令跑道表面硬度低，易生锈，造成钢令使用寿命低，纺纱断头率高，用激光非晶化处理后，钢令跑道表面的硬度提高至 1 000 HV 以上，耐磨性提高 1～3 倍，纺纱断头率下降75 %，经济效益显著。再如，采用激光扫描处理 Fe-P-Si 合金，得到的非晶态硬化层的硬度为 1 300～1 500 HV，是基体硬度的 5～6 倍。

4.5.2　电子束表面技术

电子束与激光束一样都属于高能量密度的热源。电子束表面技术与激光束表面技术的原理和工艺基本类似，故凡激光可进行的处理，电子束也都可进行，两者不同的是射束的性质。激光束由光子所组成，而电子束则由高能电子流组成。

1. 电子束表面改性原理

电子束表面改性技术是利用空间高速定向运动的电子束，在撞击工件后将部分动能转化为热能，对工件进行表面处理的技术。

电子束的速度取决于加速电压的高低，可达到光速的 2/3 左右。具有高的功率和功率密度的电子束撞击材料表面后，电子能深入金属表面一定深度，与基体金属的原子核及电子发生相互作用。电子与原子核的碰撞可看作弹性碰撞，因此能量传递主要是通过电子束的电子与金属表层电子碰撞而完成的，所传递的能量立即以热能的形式传给金属表层原子，可在几分之一秒甚至千分之一秒把金属材料由室温加热至奥氏体转变温度或熔化温度。

电子束表面强化设备如图 4.18 所示。它包括电子枪、真空工作室、传动机构及控制系统。电子枪是一个严格密封的真空器件，其灯丝为发射电子的电子源，通电加热后，灯丝产生大量的热电子；在灯丝与阳极间施加数万伏的电压，将热电子加速到 0.3～0.7 倍的光速，具有很高的动能；再经过磁性聚焦线圈的聚焦，可将电子束聚焦成各种不同尺寸的束流，使电子束流的能量更加集中;被聚焦后的束流在低真空室中轰击零件表面,可防止工件熔化过程中的氧化。材料再凝固部分的机械性能十分优良。

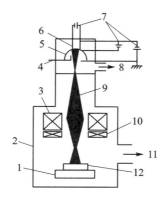

1—工作台;2—加工室;3—电磁透镜;4—阳极;5—栅极;6—灯丝;

7—电源;8,11—真空泵;9—电子束;10—偏转线圈;12—工件

图 4.18　电子束面强化设备(改性)示意图

2. 电子束表面技术特点

与激光束表面技术相比,电子束表面技术还有以下特点:

① 加热的尺寸范围和深度较大。这是因为电子束加热时,其入射电子束的动能大约有 75 % 可以直接转化为热能。而激光束加热时,其入射光子束的能量大约仅有 1 % ~ 8 % 可被金属表面直接吸收而转化为热能,其余部分基本上被完全反射掉了。其次,电子束比激光更容易被固体金属吸收,电子束功率可比激光大一个数量级。

② 设备投资较低,操作较方便,处理之前工件表面无须"黑化"(对激光束处理则须"黑化"以提高对激光的吸收率)。

③ 因需要真空条件,故零件的尺寸受到限制,但减少了氧化、氮化的影响,表面质量却因此而提高。

3. 改性方法及应用

和激光表面改性类似,电子束表面改性方法大致可分为电子束表面淬火、电子束表面非晶化、电子束熔覆、电子束表面合金化等,只不过所用的热源不同,这里不再细述。

电子束表面改性处理可以提高材料的耐磨、耐蚀性和高温使用等性能。但激光表面改性技术的兴起,迅速地占领了电子束表面改性原来所占据的大部分市场。目前,电子束表面改性技术主要应用于汽车制造业和航空工业。具体应用实例如表 4 - 15 所列。

表 4 - 15　电子束表面改性的应用实例

工件材料	处理工艺	处理效果
模具钢和碳钢	先涂 B 粉、WC 粉、TiC 粉,再进行电子束熔覆和合金化处理	表层形成 Fe-B 和 Fe-WC 合金层,表层硬度分别为 1 266~1 890 HV 和 1 100 HV
铸铁和高、中碳钢	功率 2 kW,冷却速度大于 2 200 ℃/S	硬化层深度为 0.6 mm,表层为细粒状包围的变形马氏体组织

工件材料	处理工艺	处理效果
STE5060 结构钢 （汽车离合器凸轮）	功率 4 kW，6 工位电子束，每次处理 3 个，耗时 42 s	硬化层深度 1.5 mm，硬化层硬度为 58HRC
碳钢（薄形三爪弹簧片）	能量 1.75 kW，扫描频率为 50 Hz，加热时间为 0.5 s	薄形三爪弹簧片表层硬度为 800 HV
镍金属	能量输入 $10^{-2}\sim1\ \mathrm{J/cm^2}$，熔化层厚度 $2.5\times10^{-2}\ \mathrm{mm}$，冷却速度 $5\times10^{6}\ \mathrm{℃/s}$	表层形成非晶结构

4.5.3 离子束表面技术

离子注入（Ion Implantation）是将原子离子化后（如 N^+、C^+、Ti^+、Cr^+ 等），在电场中获得能量，将几万到几十万电子伏特的高能离子注到固体材料表面，使材料表面的物理、化学或机械性能发生变化，以达到表面改性的目的。

离子注入是核科学技术在材料工业方面的应用，它首先应用于半导体材料。该技术使大规模集成电路的研究和生产获得了极大的成功。20 世纪 70 年代以后才开始用于金属材料的表面改质。

1. 离子注入原理

离子注入首先要产生离子。气态元素的离子化比较容易，金属离子的电离较为复杂。产生金属离子束，要先加热离子源中的挥发性金属化合物，或采用氯化处理技术，即将氯气通入离子源室，并与离子源中放置的金属起反应，形成的氯化物被灯丝产生的热量所挥发，然后被电离。

图 4.19 是离子注入设备基本原理简图。其主要组成部分有：离子源、质量分析器、加速系统、聚焦系统、扫描装置、靶室、真空及排气系统。首先选择适当的气体为产生离子的工作物质，并精确送入离子源，使其电离形成正离子。接着，采用几万伏电压将离子源发出的各种正离子引出，进入质量分析仪，使要注入的离子束正好穿过分析器出口的窄缝，分离出要注入的离子。然后，分离出来的离子经几万至几十万伏电压的加速获得很高的动能，经聚焦透镜使离子束聚于要轰击的靶面上，最后经扫描系统扫描轰击工件表面。

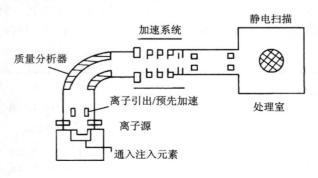

图 4.19 离子注入装置示意图

目前,用得较多的非金属元素有 C、N、B 等,耐蚀抗磨合金化元素有 Ti,Cr,Ni 等,固体润滑元素有 S、Mo、In 等,耐高温有稀土元素等。

2. 离子改性机理

基本改性机理有以下几种形式:损伤强化、注入掺杂强化、喷丸强化、表面压缩。

（1）损伤强化作用

高能量的离子注入金属表面后,将和基体金属离子发生碰撞,从而使晶格大量损伤。例如:若碰撞传递给晶格原子的能量大于晶格原子的结合能时,将使其发生移位,形成空位/间隙原子对。若移位原子获得的能量足够大,它又可撞击其他晶格原子,直到能量最后耗尽。

严重的辐射损伤可使金属表面原子构造从长程有序变为短程有序,甚至形成非晶态,使性能发生较大改变。所产生的大量空位在注入热效应作用下会集结在位错周围,对位错产生钉扎作用而使该区得到强化。

（2）注入掺杂强化

N、B 等注入元素被注入金属后,使基体过饱和程度增加,达到某一限度后,会与金属形成 $\gamma'-Fe_4N$、$\varepsilon-Fe_3N$、CrN、TiN 等氮化物,以及 Be_6B、Be_2B 等硼化物,并呈点状嵌于基体材料中,构成硬质合金弥散相,使基体强化。由于沉淀温度较低（100 ℃~200 ℃）,所以沉淀出的化合物往往与基体保持共格关系,从而产生强烈的共格畸变强化。例如,在 38CrMoAl 钢工件上注入 N 将会产生 Fe_4N、CrN、AlN 等氮化物沉淀。

（3）喷丸强化

高速离子轰击基体表面,也有类似于喷丸强化的冷加工硬化作用。离子注入处理能把 20 %~50 % 的材料加入近表面区,使表面成为压缩状态。这种压缩应力能起到填实表面裂纹和降低微粒从表面上剥落的作用,从而提高抗磨损能力。

（4）增强氧化膜、提高润滑性

离子注入会促进黏附性表面氧化物的生长,其原因是离子注入产生的撞击使被注表面的温度提高,同时,离子束的辐照引起原子的扩散增加,从而使金属表面在空气中已经形成的氧化膜增厚。例如,经离子注入的钢试样表面会形成一层较厚的 Fe_3O_4 膜,该氧化膜致密,与钢表面有很强的结合力,不仅是优良的抗腐蚀保护膜,还可显著降低摩擦因数。再如,用 N^+ 注入 Ti6Al4V 中,形成 TiN,其与塑料磨损速率下降约 2~3 个数量级。

3. 离子注入特点

（1）离子注入技术的主要优点

① 注入离子浓度不受平衡相图的限制,故理论上任何元素都可注入任何基体材料（目前主要是金属）,且注入层的成分与结构变化范围大。

② 注入层与基体材料无明显的界面,故结合极牢固,不存在膜层剥落问题。

③ 离子注入是无热过程（常温或低温下）且在真空室中进行,故加工后的工件表面无形变、无氧化,可保证尺寸精度和表面粗糙度,特别适合于高精密件的表面强化。

（2）离子注入技术的主要缺点

① 注入层较薄;如十万电子伏特的氮离子注入 GCr15 钢中的平均深度仅为 0.1 μm。

② 因受真空靶室限制,工件尺寸不大;且离子注入一般直线进行,绕射性差,不能用来处理具有复杂凹腔表面的零件。

③ 设备昂贵，成本高，目前仅主要用于重要的高精密零件。

4. 离子注入应用

在材料表面改性方面，离子注入目前主要用于工具、磨具、精密零件及特殊零件，注入的离子种类较多，但以氮离子注入为主。具体应用实例见表 4-16 和表 4-17。

除在机械产品的应用外，离子注入技术在微电子工业中具有重要地位。它可实现对硅半导体的精细掺杂和定量掺杂，大大地提高了芯片的集成度和存储能力，已成为现代微电子技术的基础。同时，在微波、激光和红外集成元件与电路中也得到广泛应用。

表 4-16　工模具的离子注入应用实例

产品名称	材　料	注入离子	效　果
铜丝拉模	WC-6 %Co	N^+	寿命提高 4～6 倍
钢丝拉模	WC-6 %Co	N^+	寿命提高 3 倍
注塑模	WC-6 %Co	N^+	寿命提高 5～10 倍
注塑模	铝	N^+	寿命提高 3 倍
大型注塑模	工具钢	N^+	寿命提高 18 倍
金属轧辊	工具钢	N^+	寿命提高 5～8 倍
铝型材挤压平模	H13	Ti^+	寿命提高 15 %
拉伸铜棒模	WC 硬质合金	C^+	寿命提高 5 倍
螺纹铣刀	M2 高速钢	N^+	寿命提高 5 倍
齿轮插刀	WC-6 %Co	N^+	寿命提高 2 倍
薄钢板切刀	WC-6 %Co	N^+	寿命提高 3 倍
铣　刀	YG8 硬质合金	N^+	寿命提高 2 倍
电路板钻头	WC-6 %Co	N^+	寿命提高 2～5 倍
裁纸刀	1 %C,1.6 %Cr 钢	N^+	寿命提高 2 倍
橡胶切刀	WC-6 %Co	N^+	寿命提高 12 倍

表 4-17　特殊零件离子注入应用实例

产品名称	材　料	注入离子	效　果
喷气机涡轮叶片	Ti	Pt^+	疲劳寿命提高约 100 倍
火箭发动机主轴承	M50 钢	Cr^+	改善电蚀
汽轮机轴承(卫星)	440C 不锈钢	Ti^++C^+、Cr^++C^+	寿命提高 100 倍
直升机主齿轮	9310 钢	Ta^+	载荷提高 30 %
航空用冷冻机阀门	—	$Ti^+ C^+$	寿命提高 100 倍
真空仪表轴承	52100 钢	Pb^+、Ag^+、Sn^+	降低摩擦系数
继电器银触头	Ag	V^+ 等	寿命提高 2.6～4 倍
人工关节假肢	Ti-6A1-4V	N^+	寿命提高 100 倍以上

习题与思考题

1. 与材料整体改性技术相比,材料表面技术有哪些特点? 常用表面处理技术有哪些工艺方法?

2. 简述化学气相沉积的工作原理,与电镀相比,它的优点是什么?

3. 物理气相沉积主要有几种方法? 用途有何区别?

4. 展台框架用快速装拆锁体中的片状簧片采用 65Mn 钢制造,要求一定的耐磨性和耐蚀性,试给出三种以上的表面处理方法,并比较各自的优缺点。

5. 某高速工具钢刀具要求气相沉积 TiN 薄膜,若采用离子镀膜和普通 CVD 法,怎样安排该刀具的整体热处理和表面处理技术?

6. 对比分析电镀和离子镀的工艺特点及镀膜质量。

7. 军用刺刀电镀铬后直接使用,容易折断,为什么? 怎样解决此问题?

8. 常用的电镀层金属与合金有哪些种类及特点?

9. 防护装饰性镀铬与镀硬铬的主要区别是什么?

10. 什么是化学镀镍? 与电镀镍相比,化学镀镍有何优异?

11. 热喷涂方法有哪些? 各有何特点?

第5章 工程金属材料

金属材料是指由金属元素或以金属元素为主构成的具有金属特性的材料的统称,包括纯金属、合金、金属间化合物和特种金属材料等。人类文明的发展和社会的进步同金属材料关系十分密切。继石器时代之后出现的铜器时代、铁器时代,均以金属材料的应用为其时代的显著标志。现代,种类繁多的金属材料在结构材料中仍然占有主要位置。提高金属材料产品的质量,改善其使用性能和延长使用寿命,是实现节约能源和资源,减少环境污染的主要途径。

本章主要介绍金属材料的种类、性能及在社会发展中的重要应用,并且展望金属材料在未来的发展前景。

5.1 非合金钢

铁是自然界中储藏量较多,冶炼较易,价格较低的金属元素,以铁为基的各种钢铁材料因其优良的力学性能、工艺性能和低成本的综合优势,仍占据目前乃至更长时间内的工程材料领域主导地位。按照 GB/T 13304.1—2008 规定,钢按照化学成分可分为非合金钢、低合金钢和合金钢,三类钢的相应元素的界限值范围如表 5-1 所列。

表 5-1 非合金钢、低合金钢和合金钢的合金元素规定含量界限值

合金元素	合金元素规定含量界限值/%		
	非合金钢	低合金钢	合金钢
Al	<0.10	—	≥0.10
B	<0.000 5	—	≥0.000 5
Bi	<0.10	—	≥0.10
Cr	<0.30	0.30~<0.50	≥0.50
Co	<0.10	—	≥0.10
Cu	<0.10	0.10~<0.50	≥0.50
Mn	<1.00	1.00~<1.40	≥1.40
Mo	<0.05	0.05~<0.10	≥0.10
Ni	<0.30	0.30~<0.50	≥0.50
Nb	<0.02	0.02~<0.06	≥0.06
Pb	<0.40	—	≥0.40
Se	<0.10	—	≥0.10
Si	<0.50	0.50~<0.90	≥0.90
Te	<0.10	—	≥0.10
Ti	<0.05	0.05~<0.13	≥0.13
W	<0.10	—	≥0.10
V	<0.04	0.04~<0.12	≥0.12
Zr	<0.05	0.05~<0.12	≥0.12

表中"—"表示不规定,不作为划分依据。

除了按化学成分分类,以上三类钢还可以按主要质量等级、主要性能及使用特性分类如如表 5 - 2 所列。

表 5 - 2　非合金钢、低合金钢和合金钢按质量等级和使用性能分类

名　称	主要质量等级	主要性能及使用特性
非合金钢	普通质量的非合金钢 优质非合金钢 特殊质量的非合金钢	规定最高强度(或硬度)为主要特性(如冷成形钢) 规定最低强度为主要特性(如压力容器用钢) 限制碳含量为主要特性(如调质钢) 非合金易切削钢;非合金工具钢 具有特定电磁性能的非合金钢(如电工纯铁) 其他非合金钢
低合金钢	普通质量的低合金钢 优质低合金钢 特殊质量的低合金钢	可焊接的低合金高强度结构 低合金耐候钢;低合金钢筋钢 铁道用低合金钢;矿用低合金钢 其他低合金钢
合金钢	优质合金钢 特殊质量合金钢	工程结构用合金钢 机械结构用合金钢 不锈、耐蚀钢和耐热钢 合金工具钢和高速工具钢 轴承钢;特殊物理性能钢 其他合金钢

以上三类钢中,非合金钢虽然杂质和非金属夹杂物较多,但冶炼容易,工艺性好,价格便宜,产量大,在性能上能满足一般工程结构及普通零件的要求,因而应用普遍。需要说明的是,上表中用"非合金钢"一词代替传统的"碳素钢"。但在 GB/T 13304—1991 以前有关的技术标准中,均采用"碳素钢",故"碳素钢"名称在多数教材及本书其他章节中仍然沿用。

工业上实际使用的非合金钢并不是单纯的铁碳合金,这是因为钢在其冶炼生产过程中,原料(铁矿石、废钢铁、脱氧剂等)、燃料(如焦炭)、熔剂(如石灰石)和耐火材料等会无法避免地带入少量杂质元素,如硅、锰、硫、磷等。它们的必然存在显然会影响到钢的性能。通常认为,锰(Mn)和硅(Si)能溶于铁素体中,形成置换固溶体,使钢得到强化;而硫(S)和磷(P)的存在会使脆性增加,给钢的性能带来有害影响。

总之,钢中 Si、Mn 是有益元素,允许有一定的含量,而 S、P 是有害元素,应严格控制其含量。但是,在易切削钢中适当提高 S、P 的含量,有利于在切削时形成断裂切屑,从而提高切削效率和延长刀具寿命。

5.1.1　非合金钢的分类

非合金钢分类方法很多,比较常用的有三种,即按钢的含碳量、质量和用途分类。

(1) 按含碳量分类

低碳钢($w_C \leqslant 0.25\%$)

中碳钢($0.25\% < w_C \leqslant 0.60\%$)

高碳钢($w_C > 0.60\%$)

（2）按钢的品质分类

普通钢：$P \leqslant 0.045$ ％、$S \leqslant 0.05$ ％

优质钢：P、$S \leqslant 0.035$ ％

高级优质钢：$P \leqslant 0.035$ ％、$S \leqslant 0.030$ ％

特级优质钢：$P \leqslant 0.025$ ％、$S \leqslant 0.015$ ％

（3）按用途分类

碳素结构钢：建筑用钢和机械用钢；这类钢一般属于低、中碳钢。

碳素工具钢：制造各种工具，如刀具、量具、模具等用钢；这类钢碳含量较高，一般属于高碳钢。

碳素铸钢：主要用于制作形状复杂，难以用锻压等方法成形的铸钢件。

5.1.2 非合金钢的牌号和用途

钢的品种繁多，为了便于生产、管理和使用，必须将钢进行编号。

1. 碳素结构钢

根据国家标准（GB/T 700—2006），碳素结构钢的牌号和化学成分如表 5 - 3 所列。这类钢的牌号由代表屈服强度的字母（Q）、屈服强度数值、质量等级符号（A、B、C、D）、脱氧方法符号（F）等四个部分按顺序组成，牌号中各符号含义如下：

Q 为钢材屈服强度"屈"字汉语拼音首位字母。

A、B、C、D—表示钢材质量等级不同，即 S、P 含量不同。

F—沸腾钢"沸"字汉语拼音首位字母。

Z—镇静钢"镇"字汉语拼音首位字母；符号可省略。

TZ—特殊镇静钢"特镇"两字汉语拼音首位字母；符号可省略。

其中，A 级钢种 S、P 含量最高，D 级 S、P 含量最低。沸腾钢、镇静钢、特殊镇静钢是根据冶炼时脱氧程度的不同来分类的，其中沸腾钢的脱氧不完全，特殊镇静钢脱氧程度最彻底。例如 Q235A·F 表示屈服点为 235 MPa 的 A 级沸腾钢。

表 5 - 3 碳素结构钢的牌号和化学成分（摘自 GB/T 700—2006）

牌 号	等 级	脱氧方法	化学成分（质量分数）/％，不大于				
			C	Si	Mn	P	S
Q195	—	F、Z	0.12	0.30	0.50	0.035	0.040
Q215	A	F、Z	0.15	0.35	1.20	0.045	0.050
	B						0.045
Q235	A	F、Z	0.22	0.35	1.40	0.045	0.050
	B		0.20				0.045
	C	Z	0.17			0.040	0.040
	D	TZ				0.035	0.035

牌　号	等　级	脱氧方法	化学成分(质量分数)/%,不大于				
			C	Si	Mn	P	S
Q275	A	F、Z	0.24	0.35	1.50	0.045	0.050
	B	Z	0.21			0.045	0.045
			0.22				
	C	Z	0.20			0.040	0.040
	D	TZ				0.035	0.035

与碳素结构钢旧标准 GB/T 700—1988 相比,现行标准 GB/T 700—2006 主要变化有:取消原标准中 Q255 和 Q275 牌号;新增 ISO 630:1995 中 E275 牌号,并改为新的 Q275;修改对钢中 Mn 含量的规定。

碳素结构钢一般情况下都不经热处理,而是在热轧状态使用。通常 Q195、Q215、Q235 含碳量低,有一定强度,常用于桥梁、建筑等钢结构,也可制造普通的铆钉、螺钉等;Q275 钢强度较高,通常轧制成型钢、条钢和钢板作构件用。表 5 - 4 列出了碳素结构钢的机械性能和应用举例。

表 5 - 4　碳素结构钢的机械性能(摘自 GB/T 700—2006)

牌　号	屈服强度/MPa,不小于　厚度(或直径)≤16 mm	抗拉强度/MPa	断后伸长率/%,不小于　厚度(或直径)≤40 mm	应用举例
Q195	195	315~430	33	承受载荷不大的金属结构件、铆钉、垫圈、地脚螺栓、冲压件及焊接件
Q215	215	335~450	31	
Q235	235	370~500	26	金属结构件、钢板、钢筋、型钢、螺栓、螺母、短轴、心轴,Q235C·D 可用作重要焊接结构件
Q275	275	410~540	22	强度较高,用于制造承受中等载荷的零件,如键、销、转轴、拉杆、链轮、链环片等

2. 优质碳素结构钢

优质碳素结构钢详见国家标准 GB/T 699—2015,其必须同时保证成分和力学性能,且硫、磷含量较低(质量分数均不大于 0.035 %),夹杂物也较少。此外,钢中残余锰量也有一定的影响。

根据钢中 Mn 含量不同,分为普通锰含量钢($w_{Mn} = 0.3$ % ~ 0.80 %)和较高锰含量钢($w_{Mn} = 0.70$ % ~ 1.2 %)两组:

① 普通锰含量钢的牌号用二位数字表示,此二位数字表示平均碳的质量分数(以万分之几计)。例如,钢号"40"即表示碳质量分数为 0.4 %(万分之四十)的优质碳素结构钢。

② 对于较高含锰量的优质碳素结构钢,需在表示平均碳的质量分数的数字后面加锰元素符号。例如:$w_c = 0.50$ %,$w_{Mn} = 0.70$ % ~ 1.00 % 的钢,其牌号表示为"50Mn"。其他类似的优质碳素结构钢牌号如 15Mn、40Mn、45Mn、60Mn、65Mn 等。由于锰能改善钢的淬透性,强

化固溶体及抑制硫的热脆作用,因此较高锰含量钢的强度、硬度、耐磨性及淬透性较优,而其塑性、韧性几乎不受影响。

优质碳素结构钢的化学成分如表 5-5 所列。

表 5-5 优质碳素结构钢的化学成分(摘自 GB/T 699—2015)

牌　号	化学成分(质量分数)/%				
	C	Si	Mn	Cr	其　他
10	0.07～0.13	0.17～0.37	0.35～0.65	0.15	
15	0.12～0.18	0.17～0.37	0.35～0.65	0.25	
20	0.17～0.23	0.17～0.37	0.35～0.65	0.25	
35	0.32～0.39	0.17～0.37	0.50～0.80	0.25	w(P)不大于 0.035
40	0.37～0.44	0.17～0.37	0.50～0.80	0.25	w(S)不大于 0.035
45	0.42～0.50	0.17～0.37	0.50～0.80	0.25	w(Ni)不大于 0.30
50	0.47～0.55	0.17～0.37	0.50～0.80	0.25	w(Cu)不大于 0.25
60	0.57～0.65	0.17～0.37	0.50～0.80	0.25	
65	0.62～0.70	0.17～0.37	0.50～0.80	0.25	

优质碳素结构钢的综合力学性能优于(普通)碳素结构钢,常以热轧材、冷轧(拉)材或锻材供应,主要用于制造机器零件。为充分发挥其性能潜力,一般都须经热处理后使用。一般根据碳的质量分数不同,有如下不同的用途。

08、10、15、20、25 属于低碳钢。其硬度低,塑性、韧性好,具有优良的冷塑性加工性和焊接性能,但可加工性欠佳,热处理强化效果不够显著。其中碳含量较低的钢(如 08、10)常冷轧成薄板,用于制作仪表外壳、汽车和拖拉机上的冷冲压件,如汽车车身、拖拉机驾驶室等;碳含量较高的钢(15 钢~25 钢)用于制作尺寸较小、负荷较轻、表面要求耐磨、心部强度要求不高的渗碳零件,如活塞钢、样板等。

30、35、40、45、50、55 钢属于中碳钢。中碳钢的综合力学性能较好,热塑性加工性和可加工性较佳,冷变形能力和焊接性中等。多在调质或正火状态下使用,还可用于表面淬火处理以提高零件的疲劳性能和表面耐磨性。例如 40、45 钢经调质处理(淬火+高温回火)后具有较高的强韧性,常用于制造汽车、拖拉机的曲轴、连杆、一般机床主轴、机床齿轮和其他受力不大的轴类零件。

60、65、70、75、80、85 钢属于高碳钢,具有较高的强度、硬度、耐磨性和良好的弹性,可加工性中等,焊接性能不佳,淬火开裂倾向较大。其热处理(淬火+中温回火)后具有高的弹性极限,常用于制作负荷不大、尺寸较小(截面尺寸小于 12 mm～15 mm)的弹簧,如调压和调速弹簧、柱塞弹簧、冷卷弹簧等,其中 65 钢是一种常用的弹簧钢。

15Mn、40Mn、45Mn、60Mn、65Mn 钢,应用范围基本同相对应的普通锰含量钢,但因淬透性和强度较高,可用于制作截面尺寸较大或强度要求较高的零件,其中以 65Mn 最常用。

3. 碳素工具钢

碳素工具钢的牌号是由代表碳的符号"T"与数字组成,其中数字表示钢中平均碳的质量分数(以千分之几计)。碳素工具钢均为优质钢,但若 S、P 含量更低,为高级优质钢,则在牌号最后标注字母 A。例如 T12 钢表示 $w_C=1.2\%$ 的碳素工具钢;T12A 钢表示 $w_C=1.2\%$ 的高级优质碳素工具钢。

　　碳素工具钢的化学成分见表 5-6,其生产成本较低,加工性能良好,可用于制造低速、手动刀具及常温下使用的工具、模具、量具等。碳素工具钢一般以退火状态供应,在使用前要进行热处理(淬火+低温回火)。各种碳素工具钢淬火后的硬度相近,但随着碳含量的增加,未溶渗碳体增多,钢的耐磨性增加,而韧性降低。

　　T7、T8 用于制造要求较高韧性、受冲击的工具,如小型冲头、凿子、锤子等;

　　T9、T10、T11 用于制造要求中韧性的工具,如钻头、丝锥、车刀、锯条等;

　　T12、T13 钢具有高硬度、高耐磨性,但韧性低,用于制造不受冲击的工具,如量规、锉刀、刮刀、精车刀等。

表 5-6　碳素工具钢的化学成分(摘自 GB/T 1298—2008)

牌　号	化学成分(质量分数)/%		
	C	Mn	Si
T7	0.65～0.74	≤0.40	≤0.35
T8	0.75～0.84		
T8Mn	0.80～0.90	0.40～0.60	
T9	0.85～0.94	≤0.40	
T10	0.95～1.04		
T11	1.05～1.14		
T12	1.15～1.24		
T13	1.25～1.35		

注:高级优质钢在牌号后加"A"

4. 铸造碳钢

　　铸造碳钢用于制造形状复杂、工艺上难以用锻压的方法进行生产、性能上用力学性能较低的铸铁材料又难以满足要求的机械零件,如轧钢机机架、水压机横梁、锻锤和砧座等。现在的铸造碳钢件在组织、性能、尺寸精度和表面质量等方面都已接近锻造碳钢件,经过少量切削甚至不切削便可使用。铸造碳钢的含碳量一般在 0.20 %～0.60 %,若含碳量过高,则塑性变差,铸造时易产生裂纹。

　　铸造碳钢的牌号是用"铸钢"两汉字的汉语拼音字母字头"ZG"及后面两组数字组成:第一组数字代表屈服点,第二组数字代表抗拉强度值。如 ZG270—500 表示屈服点为 270 MPa,抗拉强度为 500 MPa 的铸造碳钢。

　　铸造碳钢的牌号、化学成分和力学性能和用途如表 5-7 所列。

表 5-7　工程用铸造碳钢的牌号、化学成分、力学性能和用途(摘自 GB/T 11352—2009)

牌　号	w/%(不大于)			室温下力学性能(不小于)					应用举例
	C	Si	Mn	R_{eL} 或 $R_{r0.2}$ /MPa	R_m/MPa	A/%	Z/%	A_{KV}/J	
ZG200—400	0.20	0.60	0.80	200	400	25	40	30	有良好的塑性、韧性和焊接性。用于受力不大,要求韧性好的各种机械零件,如机座、变速箱壳等

牌　号	$w/\%$（不大于）			室温下力学性能（不小于）					应用举例
	C	Si	Mn	R_{eL} 或 $R_{r0.2}$ /MPa	R_m/MPa	A/%	Z/%	A_{KV}/J	
ZG230－450	0.30	0.60	0.90	230	450	22	32	25	有一定的强度和较好的塑性、韧性、焊接性良好。用于受力不大、要求专心性好的各种机械零件，如砧座、外壳、轴承盖、底板阀体、擎柱等
ZG270－500	0.40	0.60	0.90	270	500	18	25	22	有较高的强度和较好的塑性，铸造性良好，焊接性尚好，切削性好。用作轧钢机机架、轴承座、连杆、箱体、曲轴、缸体等
ZG310－570	0.50	0.60	0.90	310	570	15	21	15	强度和切削性良好，塑性、韧性较低。用于载荷较高的零件如大齿轮、缸体、制动轮、辊子等
ZG340－640	0.60	0.60	0.90	340	640	10	18	10	有高的强度、硬度和耐磨性，切削性良好，焊接性较差，流动性好，裂纹敏感性较大，用作齿轮、棘轮等

注：此表列性能适用于厚度为 100 mm 以下的铸件，$w_{(S)}$ 和 $w_{(P)}$ 均＜0.035 %。

5.2　低合金高强度结构钢

低合金高强度钢是在碳素结构钢的基础上入少量合金元素（符合表 5－1）而制成的。其成分特点为低碳和低合金：

（1）低　碳

碳质量分数一般不超过 0.20 %，以满足塑性和韧性、焊接性和冷塑性加工性能的要求。

（2）低合金

我国的低合金高强度结构钢基本上不用贵重的 Ni、Cr 等元素，而以资源丰富的 Mn 为主要合金元素。Mn 除了产生较强的固溶强化效果外，还可大大降低奥氏体分解温度，细化了铁素体晶粒和珠光体片，提高了钢的强度和韧性；辅加合金元素为 V，Ti，Nb，Al 等，能形成强碳（氮）化合物，所产生的细小化合物质点既可通过弥散强化进一步提高强度，又可细化钢基体晶粒而起到细晶强化（尤其是韧化）作用。

由于合金元素的强化作用，低合金结构钢的屈服强度一般在 300 MPa 以上（比普通碳素钢高 25 %～150 %）。加之其大多低碳，因而具有良好的塑性韧性和焊接性能，有的还具有耐腐蚀、耐低温等特性；因此，低合金钢是一类很有发展前途的钢，在钢的生产中比例越来越大。

低合金高强度钢的牌号由代表屈服点的汉语拼音字母（Q）、屈服点数值、质量等级符号（A、B、C、D、E）三个部分按照顺序排列，如 Q235，Q235A 等。常用钢种的牌号、成分、性能见表 5－8。

低合金高强度钢的工艺性能较好，生产成本低，大多在热轧空冷状态下直接使用，常用作焊接结构件和机械构件等,在铁路、桥梁、船舶、汽车、压力容器领域被大量使用。例如,武汉长江大桥使用碳素结构钢 Q235 制造,而九江长江大桥则用强度更高的合金结构钢 Q420 制造;2008 年,400 吨自主创新、具有知识产权的国产 Q460 钢材撑起了"鸟巢"的铁骨钢筋,成为北京奥运会主体育场钢结构的主要用材。

表 5-8　常用低合金高强度钢(热轧)的牌号、成分、性能(摘自 GB/T 1591—2018)

牌号		化学成分 $w/\%$										机械性能		
钢级	质量等级	C		Si	Mn	P	S	Nb	V	Ti	Cr	厚度或直径≤16 mm 时的屈服强度/MPa	厚度或直径≤100 mm 时的抗拉强度/MPa	厚度或直径≤40 mm 时的断后伸长率/%
		以下公称厚度或直径/mm												
		≤40	>40			不大于						不小于	—	—
		不大于												
Q355	B	0.24		0.55	1.60	0.035	0.035	—	—	—	0.30	355	470~630	22(纵向)
	C	0.20	0.22			0.030	0.030							
	D	0.20	0.22			0.025	0.025							
Q390	B	0.20		0.55	1.70	0.035	0.035	0.05	0.13	0.05	0.30	390	490~650	21(纵向)
	C					0.030	0.030							
	D					0.025	0.025							
Q420	B	020		0.55	1.70	0.035	0.035	0.05	0.13	0.05	0.30	420	520~680	20(纵向)
	C					0.030	0.030							
Q460	C	0.20		0.55	1.80	0.030	0.030	0.05	0.13	0.05	0.30	460	550~720	18(纵向)

5.3　合金钢

由于碳钢成本低,通常作为制造各种构件的基本材料。但是,碳钢有以下局限性:

① 碳钢的强度很难超过 690 MPa,除非塑性和韧性有明显的下降。

② 厚截面碳钢零件淬火时,无法全部得到马氏体组织,即不能淬透。

③ 碳钢的抗腐蚀性和抗氧化性较差。

合金钢克服了碳钢的上述缺点,虽然其成本高于碳钢,但是在许多应用中,合金钢是能够满足工程要求的重要材料。合金元素对钢基本相的影响如下:

(1) 强化铁素体

大多数合金元素都能溶于铁素体,引起铁素体的晶格畸变,产生固溶强化,使铁素体的强度、硬度升高,塑性、韧性下降。

(2) 形成碳化物

在钢中能形成碳化物的元素称为碳化物形成元素,有 Fe、Mn、Cr、Mo、W、V 等。这些元素与碳结合力较强,生成碳化物(包括合金碳化物、合金渗碳体和特殊碳化物)。合金元素与碳的结合力越强,形成的碳化物越稳定,硬度就越高。此外,碳化物的稳定性越高,就越难溶于奥氏体,也越不易聚集长大。随着碳化物数量的增加,钢的硬度、强度提高,塑性、韧性下降。

（3）提高钢的淬透性

几乎所有的合金元素（除钴外）溶解于奥氏体后，均可增加过冷奥氏体的稳定性，推迟其向珠光体的转变，使 C 曲线右移，从而减小淬火临界冷却速度，提高钢的淬透性。Mo、Mn、Cr、Ni 等是常用的提高淬透性的合金元素。

（4）细化晶粒

几乎所有的合金元素都具有抑制钢在加热时的奥氏体晶粒长大的作用，达到细化晶粒的目的，尤其以 Ti、V、Nb、Zr、Al 的作用最大，它们在钢中分别形成 TiC、VC、NbC、ZrC、AlN 细微质点，阻碍晶界移动，显著细化奥氏体晶粒，使合金钢在热处理后获得比碳钢更细的晶粒。

（5）提高钢的回火稳定性

淬火钢在回火时，抵抗软化的能力称为钢的回火稳定性。合金元素固溶于淬火马氏体中减慢了碳的扩散，阻碍碳化物从过饱和固溶体中析出，推迟了马氏体的分解，延缓硬度下降。因此和碳钢相比，在相同的回火温度下，合金钢具有更高的硬度和强度；而回火至同一硬度，合金钢的回火温度高，内应力的消除比较彻底，因而其塑性和韧性比碳钢好。

此外，钢的回火稳定性使其在较高温度下，仍能保持高硬度和高耐磨性。金属材料在高温下保持高硬度的能力称为热硬性。如高速切削时，刀具温度很高，刀具材料的回火稳定性高，就可以提高刀具的使用寿命，这种性能对一些工具钢具有重要意义。

5.3.1　合金钢的分类与牌号

1. 合金钢的分类

（1）按主要用途分类

① 合金结构钢：包括渗碳钢、调质钢、弹簧钢、轴承钢；主要用于制造各种机械零件、工程结构件等。

② 合金工具钢：按 GB/T 1299—2014《工模具钢》标准，可分为量具刃具钢、耐冲击工具钢、热作模具钢、冷作模具钢、无磁模具钢和塑料模具钢等。

③ 特殊性能钢：包括不锈钢、耐热钢、耐磨钢、磁钢等。

（2）按合金元素含量分类

① 低合金钢：合金元素的总含量在 5 % 以下。

② 中合金钢：合金元素的总含量在 5 %～10 % 之间。

③ 高合金钢：合金元素的总含量在 10 % 以上。

2. 合金钢的牌号

我国使用的合金钢牌号规律是按照"碳质量分数"＋"合金元素符号"＋"合金元素质量分数"＋"质量级别"来编号。

（1）对于"碳质量分数"

① 若是结构钢，则以碳含量万分之一为单位的数字（两位数）表示；如 20Cr 为结构钢，"20"表示其平均碳质量分数为 0.20 %。

② 若是工具钢和不锈钢，则以碳含量千分之一为单位的数字（一位数）来表示；如 5CrNiMo 为工具钢，"5"表示其平均碳质量质量分数为 0.5 %。

特例：当工具钢的碳质量分数超过 1 % 时，碳质量分数不标。如 CrWMn 钢也是工具钢，合金元素前未标注数字表示平均碳质量分数大于 1.0 %。

（2）对于"合金元素质量分数"

① 当合金元素平均质量分数 <1.5 % 时，牌号中仅标注元素，一般不标注含量；如 15MnV，表示碳的平均质量分数为 0.15 %，锰、钒的平均质量分数均小于 1.5 % 的合金结构钢。

② 若平均质量分数为 1.5 %～2.49 %、2.5 %～3.49 %……时，在合金元素后相应写成 2、3……例如 C、Cr、Ni 的平均质量分数为 0.2 %、0.75 %、2.95 % 的合金结构钢，其牌号表示为"20CrNi3"；C、Si、Mn 的平均质量分数为 0.6 %、1.5 %～2 %、0.6 %～0.9 % 的合金结构钢，其牌号表示为"60Si2Mn"。

③ 高级优质钢在编号的尾部加"A"字。例如 30CrMnSiA 等。

特例：Ⅰ. 专用钢用其用途的汉语拼音字首来标明。例如，滚珠轴承钢在钢号前标以"G"。GCr15 表示碳质量分数约 1.0 %、铬质量分数约 1.5 %（必须指出，Cr 后数字表示的含量与一般合金钢不同，其质量分数以千分之一计）。

Ⅱ. 高速钢牌号中不标出含碳量；如 W18C4V、W6Mo5Cr4V2 钢中，碳质量分数实际为 0.7 %～0.8 %、0.8 %～0.9 %。

5.3.2　合金结构钢

合金结构钢主要用于制造各种机械零件，是用途广、产量大、钢号多的一类钢。合金结构钢中 w_c 可在 0.1 %～1.1 % 范围内变化，碳的质量分数不同，其热处理和用途也不同，据此将合金结构钢分为低合金高强度结构钢（见 5.2 节）、合金渗碳钢、合金调质钢、合金弹簧钢、高碳轴承钢。下面分别介绍它们的成分、性能特点及用途。

1. 合金渗碳钢

经过渗碳热处理后使用的低碳合金结构钢称为合金渗碳钢，它主要用于制造在摩擦力、交变接触应力和冲击条件下工作的零件，如汽车、拖拉机、重型机床中的齿轮，内燃机的凸轮轴、活塞销等零件。这些零件表面有高硬度、高耐磨性及高接触疲劳强度的要求，心部则需要有良好的韧性，只有采用合金渗碳钢经渗碳热处理后才能满足上述性能要求。实际上，经过渗碳处理后的钢是一种很好的复合材料，表层相当于高碳钢，而心部是低碳钢。

（1）成分特点

用于制造渗碳零件的钢称为渗碳钢。渗碳钢中 w_c = 0.12 %～0.25 %，低的碳含量保证了淬火后零件心部有足够的塑性、韧性。主要合金元素是 Cr，还可加入 Ni、Mn、B 等元素，主要作用是增加淬透性，以使大尺寸渗碳零件在淬火时心部获得马氏体组织。有的渗碳钢为了细化晶粒，进一步提高其强度和韧性，还加有 W、Mo、V、Ti 等元素。

（2）钢种和牌号

根据淬透性高低，将合金渗碳钢分为三类。

① 低淬透性（低强度）合金渗钢（R_m = 800 MPa～1 000 MPa）：其淬透性低，只用于制造小负荷耐磨件，如小齿轮、活塞销等。常用牌号有 20Mn2，20MnV，20Cr，20CrV 等。

② 中淬透性渗碳钢（R_m = 1 000 MPa～1 200 MPa）：这类钢的淬透性与心部强度均较高，可用于制造一般机器中较为重要的渗碳件，如 20CrMn，20CrMnTi，20MnTiB，20CrMnMo 等。

其中,应用最广的是 20CrMnTi 钢,用于制造承受高速、中速、冲击和在剧烈摩擦条件下工作的零件,如汽车、拖拉机的变速箱齿轮、离合器轴等。

③ 高淬透性合金渗碳钢($R_m > 1\ 200$ MPa):由于具有很高的淬透性、心部强度很高,因此这类钢可用于制造大截面、高负荷以及要求高耐磨性及良好韧性的重要零件,如飞机、坦克的曲轴、齿轮及内燃机车的主动牵引齿轮等。由于具有很高的淬透性、心部强度很高,因此这类钢可用于制造截面较大的重负荷渗碳件,如航空发动机变速齿轮、轴等。常用钢种有 18Cr2Ni4WA。

（3）热处理与性能特点

渗碳钢的预备热处理为正火,最终热处理一般采用渗碳以后淬火和低温回火,这样零件表面层可得到高碳回火马氏体和均匀分布的细小碳化物,硬度一般为 58HRC～64HRC,具备高硬度和高耐磨性;心部在完全淬透情况下可得低碳回火马氏体(40HRC～48HRC),具足够的强度和良好的韧性。同时渗碳、淬火低温回火还可提高零件疲劳强度。

常用渗碳钢钢种的牌号及性能见表 5-9。

表 5-9　常用渗碳钢的牌号、热处理、机械性能及用途(摘自 GB/T 3077—2015)

牌　号	热处理/℃		机械性能,不小于				应用举例
	渗碳,930		R_m /MPa	$R_{el.}$ /MPa	A /%	a_k /(J·cm^{-2})	
	淬　火	回　火					
15Cr	770～820 水,油	200	685	490	12	55	活塞销等
20Cr	780～820 水,油	200	835	540	10	47	齿轮、小轴、活塞销等
20Mn2	880 水,油	200	785	590	10	47	
20MnV	880 水,油	200	785	590	10	55	同上,也用作锅炉、高压容器管道等
20CrMn	850 油	200	930	735	10	47	齿轮、轴、蜗杆、活塞销、摩擦轮
20CrMnTi	880 油	200	1 080	850	10	55	汽车、拖拉机上的变速箱齿轮
20MnTiB	880 油	200	1 130	930	10	55	代 20CrMnTi
18Cr2Ni4WA	950 空	200	1 180	835	10	78	大型渗碳齿轮和轴类件
20Cr2Ni4	880 油	200	1 180	1 080	10	63	同上

2. 合金调质钢

通常将须经淬火和高温回火(即调质处理)强化而使用的中碳合金结构钢称为调质钢,它主要用于制造承受多种工作载荷,受力情况比较复杂,要求高的综合机械性能的零件,如机床主轴、汽车半轴、柴油机连杆螺栓等,精密机床的主轴、汽车的后桥半轴、发动机的曲轴、连杆螺栓、锻床的锤杆等,这些零件在工作过程中承受弯曲、扭转或拉-拉、拉-压交变载荷与冲击载荷的复合作用,它们需要高的强度和良好的塑性、韧性相配合,即要有良好的综合力学性能。

优质碳素调质钢中的 40、45 钢,虽然常用而价廉;但由于存在着淬透性差、综合力学性能不够理想等缺点。表 5-10 中给出了 45 钢与 40Cr 钢调质处理后的性能对比,可见 40Cr 的性能比 45 钢有明显提高。所以,对于受力复杂的重载零件须选用合金调质钢。

表 5 - 10　45 钢与 40Cr 钢调质后性能的对比

钢号及热处理状态	截面尺寸/mm	R_m/MPa	R_{eL}/MPa	A/%	Z/%	a_k/(kJ·m^{-2})
45 钢 （850℃水淬,550 ℃ 回火）	50	700	500	15	45	700
40Cr 钢 （850℃油淬,570℃ 回火）		850	670	16	58	1 000

（1）成分特点

① 碳含量：w_C 为 0.3 %～0.5 %,以 0.4 %居多。碳含量过低时,回火后硬度、强度不足;碳含量过高则韧性和塑性降低。

② 合金元素：主加合金元素为 Cr,Mn,Ni,Si,B 等,可提高淬透性,固溶强化铁素体;辅加元素 W,Mo,V 可提高回火稳定性。

（2）钢种和牌号

① 低淬透性调质钢：如 40Cr、40MnB 等,此类钢中合金元素种类少,质量分数低,一般不大于 2.5 %,常用于中等截面、力学性能要求比碳素钢高的调质零件,可用以制造汽车、拖拉机上的连杆、螺栓、传动轴及机床主轴等零件。

② 中淬透性调质钢：如 35CrMo、38CrSi 等,通常含有两种以上且含量较多的合金元素,淬透性较好。可用于制造截面尺寸较大、承受较重载荷的中型甚至大型零件,如曲轴、齿轮、连杆等。

③ 高淬透性调质钢：如 38CrMoAlA、40CrNiMoA 等,其合金元素总含量比上述钢多且大多含有 Ni,Cr 等元素,为防止回火脆性,钢中还含有 Mo。用于制造大截面、承受重载荷的重要零件,如航空发动机中的涡轮轴、压气机轴等。

（3）热处理及性能特点

调质钢制的零件在锻压成形后,应先进行正火或退火的预备热处理,以消除因锻造过程而产生的应力及不正常组织,提高钢的切削加工性能。调质钢的最终热处理为淬火后高温回火,以获得回火索氏体组织,使钢件具有高强度、高韧性相结合的良好综合力学性能。

必须注意,某些零件(如齿轮、轴等),除了要求有良好的综合机械性能外,还要求工件表面有较好的耐磨性,可在调质后进行表面淬火或渗氮处理。例如火车内燃机曲轴用 42CrMo 钢制造,调质后须对轴颈进行中频感应加热表面淬火和低温回火处理;再如,精密机床的主轴用 38CrMoAlA 钢制造,调质后再进行表面渗氮处理。此外,对于带有缺口的零件,为了减少缺口引起的应力集中,调质以后在缺口附近再进行喷丸或滚压强化,可以大大提高疲劳抗力,延长使用寿命。

常用调质钢钢种的牌号及性能如表 5 - 11 所列。

（4*）调质零件用钢的新进展-低碳 M 钢

低碳马氏体是具有高密度位错的板条马氏体,具有高的强韧性。低碳马氏体钢即是指低碳钢或低碳合金结构钢经淬火、低温回火后使用的钢材,此时不仅可获得比常用中碳合金钢调质后更优越的综合力学性能,还减轻了质量。近年来,利用低碳马氏体钢来代替中碳合金调质钢,已在汽车、石油、矿山工业中得到了应用。例如采用 15MnVB 钢代替 40Cr 钢制造汽车的连杆螺栓,提高了强度和塑性、韧性(见表 5 - 12),从而使螺栓的承载能力提高 45 %～70 %,

延长了螺栓的使用寿命,并满足大功率新车型设计的要求;又如采用 20SiMnMoV 钢代替 35CrMo 钢制造石油钻井用的吊环,使吊环质量由原来的 97 kg 减小为 29 kg,大大减轻了钻井工人的劳动强度。

表 5-11　常用调质钢的钢号、热处理、机械性能及用途(摘自 GB/T 3077—2015)

牌　号	热处理/℃		力学性能,不小于					应用举例
	淬火	回火	R_m /MPa	R_{eL} /MPa	A /%	a_k/(J· cm^{-2})	退火状态硬度 /HB	
45	830~840 水	580~640 空	≥600	≥355	≥16	≥39	197	主轴、曲轴、齿轮、柱塞等
40MnB	850,油	500 水,油	980	785	10	47	207	主轴、曲轴、齿轮、柱塞等
40Cr	850,油	520 水,油	980	785	9	47	207	作重要调质件如轴类件、连杆螺栓、进气阀和重要齿轮等
30CrMnSi	880,油	520 水,油	1 080	885	10	39	229	高强度钢,作高速载荷砂轮轴、车辆上内外摩擦片等
35CrMo	850,油	550 水,油	980	835	12	63	229	重要调质件,如曲轴、连杆及替代 4CrNi 作大截面轴类件
38CrMoAl	940 水,油	640 水,油	980	835	14	71	229	作氮化零件,如高压阀门、缸套等
40CrMnMo	850,油	600 水,油	980	785	10	63	217	相当于 40CrNiMo 的高级调质钢
40CrNiMoA	850,油	600 水,油	980	835	12	78	269	作高强度零件,如航空发动机轴,在<500 ℃工作的喷气发动机承载零件

表 5-12　低碳马氏体钢 15MnVB 与调质钢 40Cr 性能对比

钢　号	状　态	硬度 /HRC	R_m/MPa	R_{eL} /MPa	A /%	Z /%	a_k /(J· cm^{-2})	$a_k(-50$ ℃) /(J· cm^{-2})
15MnVB	低碳 M	43	1 353	1 133	12.6	51	95	70
40Cr	调质态	38	1 000	800	9	45	60	≤40

3. 合金弹簧钢

　　弹簧钢是专门用来制造各种弹簧和弹性元件或类似性能要求的结构零件的主要材料。在各种机械系统中,弹簧的主要作用是吸收冲击能量,缓和机械的振动和冲击作用,如汽车、火车上的各种板弹簧和螺旋弹簧,除承受静重载荷外,还要承受因地面不平所引起的冲击载荷和振动。

（1）成分特点

① 中高碳:为了保证高的弹性极限和疲劳强度,合金弹簧钢的碳质量分数比合金调质钢高,一般为 0.50 %～0.70 %。碳质量分数过高时,塑性、韧性降低,疲劳强度也下降。

② 合金化原则:弹簧钢中常加入 Si、Mn、Cr、V 等合金元素。主加元素 Si 和 Mn 的作用主要是提高淬透性,同时也提高屈强比,而以 Si 的作用更突出,但它热处理时易促进表面脱碳,Mn 则使钢易于过热,造成晶粒粗大。辅加元素为 Cr、V、W 等较强碳化物形成元素,起到细化晶粒的作用,进一步提高淬透性,不易脱碳和过热,保证钢在较高使用温度下仍具有较高的高温强度和韧性以及高的回火稳定性。因此,重要用途的合金弹簧钢必须加入 Cr、V、W 等元素,例如 SiCr 弹簧钢表面不易脱碳;CrV 弹簧钢晶粒细小,不易过热,耐冲击性能好,高温强度也较高。

（2）钢种和牌号

合金弹簧钢按所含合金元素大致分为两类。

① 含 Si、Mn 元素的合金弹簧钢:典型代表为 65Mn 和 60Si2Mn,用于制造截面尺寸 ≤25 mm 的弹簧,如汽车、拖拉机、火车的板弹簧和螺旋弹簧等。

② 含 Cr、V 元素的合金弹簧钢:典型代表为 50CrVA,用于制造截面尺寸≤30 mm,并在高温下（350 ℃～400 ℃）承受重载的较大弹簧,如阀门弹簧、内燃机的气阀弹簧等。

（3）热处理及性能特点

合金弹簧钢的热处理为淬火＋中温回火,获得回火屈氏体组织,其硬度为 43HRC～48HRC,具有最好的弹性。必须指出,弹簧的表面质量对使用寿命影响很大,微小的表面缺陷,如脱碳、裂纹、斑疤及夹杂等将造成应力集中,使弹簧因疲劳强度降低而早期失效。因此,弹簧钢材料除要求具有高的表面质量及冶金质量外,应严格控制热处理工艺参数,防止表面氧化、脱碳。如条件允许,在热处理后再进行喷丸处理,增加表层压应力,提高疲劳强度,从而提高弹簧的使用寿命。例如用 60Si2Mn 钢制作的汽车板簧,经喷丸处理后使用寿命提高 5～6 倍。

弹簧钢除用于制作各类弹簧外,还可用于制造弹性零件,如弹性轴、耐冲击的工模具等。

常用弹簧钢钢种的牌号及性能如表 5 - 13 所列。

表 5 - 13　常用弹簧钢的钢号、热处理、机械性能及用途（摘自 GB/T 1222—2016）

牌　号	热处理/℃		力学性能,不小于				应用举例
	淬　火	回　火	R_m/MPa	R_{eL}/MPa	A/%	Z/%	
65	840 油	500	980	780	—	35	厚度或截面直径＜15 mm 的小弹簧
70	830 油	480	1 030	835	—	30	
85	820 油	480	1 130	980	—	30	
65Mn	830 油	540	980	785	—	30	厚度或截面直径≤25 mm 的弹簧,例如车厢缓冲卷簧
60Si2Mn	870 油	490	1 225	1 080	—	20	
55SiMnVB	860 油	460	1 375	1 225	—	30	

牌 号	热处理/℃		力学性能,不小于				应用举例
	淬 火	回 火	$R_{\rm m}$ /MPa	$R_{\rm eL}$ /MPa	$A/\%$	$Z/\%$	
60Si2CrA	850 油	410	1 860	1 665	6.0	20	厚度或截面直径≤30 mm 的重要弹簧,例如小型汽车、载重车板簧,扭杆簧,低于 35 ℃的耐热弹簧
60Si2MnCrVA	860 油	400	1 700	1 650	5.0	30	
50CrV	850 油	500	1 275	1 130	10.0	40	
55SiCrV	860 油	400	1 650	1 600	5.0	35	

4. 滚动轴承钢

滚动轴承工作时,内圈紧紧装在轴上,外圈固定在轴承座上。当轴转动时,轴承内圈与轴一起转动,滚动体在轴承套圈内滚动和滑动。因此轴承钢在工作时承受很高的交变接触压力,同时滚动体与内外圈之间还产生强烈的摩擦,并受到冲击载荷的作用,以及大气和润滑介质的腐蚀影响。这就要求轴承钢必须具有高而均匀的硬度和耐磨性,高的抗压强度和接触疲劳强度,足够的韧性和对大气、润滑剂的耐蚀能力。

滚动轴承钢主要用于制造滚动轴承内、外套圈和滚动体(滚珠、滚柱)的专用钢,它是高速转动机械中不可缺少的重要零件之一。从化学成分上看它属于工具钢,因此还可以用来制造精密量具、冷冲模、机床丝杠及油泵油嘴的精密偶件如针阀体、柱塞等耐磨件。

(1) 化学成分

① 碳含量:$w_{\rm C}$ 为 0.95 %～1.10 %,高的碳含量以保证轴承钢具有高的强度、硬度及耐磨性。

② 合金元素:主加合金元素 $w_{\rm Cr}$ 为 0.40 %～1.65 %,一方面可提高淬透性,另一方面还可形成合金渗碳体,使钢中碳化物非常细小、均匀,从而大大提高钢的耐磨性和接触疲劳强度,另外 Cr 还可提高钢的耐蚀性。对于大型轴承用钢,还须加入 Si,Mn,Mo 等元素,以进一步提高钢的淬透性和弹性极限与抗拉强度。对于无铬轴承钢中还需加入 V,Mo 元素,以形成 VC 提高钢的耐磨性并细化晶粒。

③ 杂质含量:轴承钢要求纯度极高,一般规定 S 含量应小于 0.02 %,P 含量应小于 0.027 %;有害气体含量和非金属夹杂物的含量必须很低,而且在钢中的分布状况要在一定的级别范围之内。

(2) 钢种和牌号

滚动轴承钢有自己独特的牌号。牌号"G"(滚)为标志,其后为铬元素符号 Cr,其质量分数以千分之几表示,其余与合金结构钢牌号规定相同。国际标准 ISO683/Part 将已经纳入标准的滚动轴承钢分为四类:高碳铬轴承钢(即全淬透轴承钢)、渗碳轴承钢、不锈轴承钢和高温轴承钢。其中,GCr15 是目前应用最多滚动轴承钢,具有高强度、耐磨性和稳定性好的力学性能。较大型滚动轴承采用 GCr15SiMn,其他还有 GCr9、GCr6、GCr9SiMn 等。表 5 - 14 列出了我国主要轴承钢的类别、牌号、主要特点和用途。

(3) 热处理及性能特点

轴承钢的热处理包括预备热处理(球化退火)和最终热处理(淬火与低温回火)。球化退火可获得球状珠光体组织,以降低锻造后钢的硬度,便于切削加工,并为淬火作好组织上的准备。随后的淬火加低温回火,可获得极细的回火马氏体和细小均匀分布的碳化物组织,以提高轴承的硬度和耐磨性。

表 5 – 14　常用主要轴承钢的牌号、特点和用途

类　别	钢　号	主要特点	用途举例
高碳铬轴承钢	GCr6	淬透性差,合金元素少而钢价格低,工艺简单	一般工作条件下的小尺寸(<20 mm)的各类滚动体
	GCr9		
	GCr9SiMn	淬透性有所提高,耐磨性和回火稳定性有所改善	一般工作条件下的中等尺寸的各类滚动体和套圈
	GCr15		
	GCr15SiMn	淬透性高,耐磨性好,接触疲劳性能优良	一般工作条件下的大型或特大型轴承套圈和滚动体
渗碳轴承钢	20CrNiMoA	钢的纯洁度和组织均匀性高,渗碳后表面硬度 58～62HRC,心部硬度 25～40HRC,工艺性能好	承受冲击载荷的中小型滚子轴承,如发动机主轴承
	16Cr2Ni4MoA		
	12Cr2Ni3Mo5A		承受高冲击的和高温下的轴承,如发动机的高温轴承
	20Cr2Ni4A		
	20Cr2Mn2MoA		承受大冲击的特大型轴承,也用于承受大冲击、安全性高的中小型轴承
	20Cr2Ni3MoA		
不锈轴承钢	9Cr18	高的耐蚀性,高的硬度、耐磨性、弹性和接触疲劳性能及优良的耐蚀性、耐低温性,冷塑性成形性和切削加工性好	制造耐水、水蒸气和硝酸腐蚀的轴承及微型轴承
	9Cr18Mo		
	0Cr18Ni9		车制保持架,高耐蚀性要求的防锈轴承,经渗氮处理后可制作高温、高速、高耐蚀、耐磨的低负荷轴承
	1Cr18Ni9Ti		
	0Cr17Ni7Al		
高温轴承钢	Cr14Mo4V	高温强度、硬度、耐磨性和耐疲劳性能好,抗氧化性较好,但抗冲击性较差	制造耐高温轴承,如发动机主轴承,对结构复杂、冲击负荷大的高温轴承应采用 12Cr2Ni3Mo5 渗碳钢制造
	W18Cr4V		
	W6Mo5Cr4V2		
	GCrSiWV		
其他轴承钢	50CrVA	中碳合金钢具有较好的综合力学性能(强韧性配合),调质处理后若进行表面强化,则耐疲劳性能和耐磨性改善	用于制造转速不高,较大载荷的特大型轴承(主要是内外套圈),如掘进机、起重机、大型机床上的轴承
	37CrA		
	5CrMnMo		
	30CrMo		

5.3.3　合金工具钢

工具钢是用于制造刃具、模具、量具的钢种。按化学成分,分为碳素工具钢和合金工具钢两大类。碳素工具钢虽然价格低廉、加工容易,但由于它的淬透性低,耐回火性差,综合力学性能不高,多用于制造或低速运动的机用工具;对于截面尺寸大,形状复杂,承载能力高且要求热稳定性好的工具,则须采用合金工具钢制造。

虽然工具钢可分为刃具钢、模具钢和量具钢这三类,但这种分类的界限并不严格,因为某些工具钢(如低合金工具钢 CrWMn)既能做刃具又能做模具、量具。工具钢的共性要求是:硬度与耐磨性高于被加工材料,能耐热、耐冲击且具有较长的使用寿命。

1. 刃具钢

刃具是用来进行切削加工的工具,包括各种手用和机用的车刀、铣刀、刨刀、钻头、丝锥和板牙等。合金刃具钢分为低合金刃具钢和高速钢两种。

（1）低合金刃具钢

低合金刃具钢是在碳素工具钢的基础上加入少量合金元素的钢。其成分特点,一是碳的

质量分数高,一般为 0.9 %~1.5 %,可形成适量碳化物,同时保证钢淬火回火后获得高硬度和高耐磨性;二是合金元素总量少,主要有 Cr、Si、Mn、V 等;加入 Cr、Si、Mn 的目的是提高淬透性及强度。加入 W、V 等强碳化物形成元素,可提高钢的硬度和耐磨性,防止加热时过热,保持晶粒细小。

该钢的热处理与碳素工具钢基本相同。预备热处理采用球化退火,最终热处理采用淬火加低温回火。9SiCr 和 CrWMn 是最常用的低合金刃具钢:

① 9SiCr 钢具有较高的淬透性和回火稳定性,热硬性可达 300 ℃~350 ℃。主要制造变形小的细薄低速切削刀具,如丝锥、板牙、铰刀等。

② CrWMn 钢具有很高的硬度(64~66 HRC)和耐磨性,CrWMn 钢热处理后变形小,又称微变形钢,主要用来制造较精密的低速刀具,如长铰刀、拉刀等。此外,一些精密量具(如游标卡尺、块规等)和形状复杂的冷作模具也常使用该钢种。

滚动轴承钢(如 GCr15 钢)亦可作为低合金刃具钢使用。

低合金刃具钢的红硬性虽比碳素工具钢有所提高,但由于其内的合金元素主要是淬透性元素,而不是强碳化物形成元素(W、Mo、V 等),故仍不具备热硬性特点,即工作温度仍不能超过 250 ℃~300 ℃,否则硬度和耐磨性迅速下降,使刃具丧失切削能力,因此只能用于制造低速切削刃具。

常用低合金刃具钢的牌号、成分和主要用途见表 5-15。

表 5-15　常用低合金刃具钢的牌号、成分、性能及应用(摘自 GB/T 1299—2014)

类别	牌号	化学成分					淬火温度/℃	试样淬火硬度		主要特点及用途
		C	Mn	Si	Cr	W		冷却剂	硬度/HRC	
低合金刃具钢	9SiCr	0.85~0.95	0.30~0.60	1.20~1.60	0.95~1.25	—	820~860	油	≥62	比铬钢具有更高的淬透性和淬硬性,且回火稳定性好。适宜制造形状复杂、变形小、耐磨性要求高的低速切削刃具,如钻头、螺纹工具、手动铰刀、搓纹板及滚丝轮等;也可以制作冷作模具(如冲模、打印模等),冷轧辊、矫正辊以及细长杆件
	Cr2	0.95~1.10	≤0.40	≤0.40	1.30~1.65	—	830~860	油	≥62	在 T10 的基础上添加一定量的 Cr,淬透性提高,硬度、耐磨性也比非合金工具钢高,接触疲劳强度也高,淬火变形小。适宜制造木工工具、冷冲模及冲头、钢印冲孔模等
	CrO6	1.30~1.45	≤0.40	≤0.40	0.50~0.70	—	780~810	水	≥64	在非合金工具钢基础上添加一定量的 Cr,淬透性和耐磨性较非合金工具钢高,冷加工塑性变形和切削加工性能较好,适宜制造木工工具,也可制造简单冷加工模具,如冲孔模、冷压模等
	8MnSi	0.75~0.85	0.8~1.1	0.3~0.6	—	—	800~820	油	≥60	在 T8 钢基础上同时加入 Si、Mn 元素形成的低合金工具钢,具有较高的回火稳定性、淬透性和耐磨性,热处理变形也较非合金工具钢小。适宜制造木工工具、冷冲模具及冲头;也可制造冷加工用的模具
	W	1.05~1.25	≤0.4	≤0.4	0.1~0.3	0.8~1.2	800~830	水	≥62	在非合金工具钢基础上添加一定量的 W,热处理后具有更高的硬度、耐磨性,且过热敏感性小,热处理变形小,回火稳定性好等特点。适宜制造小型麻花钻头,也可用于制造丝锥、锉刀、板牙,以及温度不高、切削速度不快的工具
	9Cr2	0.80~0.95	≤0.4	≤0.4	1.30~1.70	—	820~850	油	≥62	与 Cr2 钢性能基本相似,但韧性好于 Cr2 钢,适宜制造木工工具、冷轧辊、冷冲模及冲头、钢印冲孔模等

（2）高速钢

虽然低合金刃具钢的淬透性、耐回火性及耐磨性比碳素工具钢好，但是当回火温度高于 300 ℃时，后者的硬度就会急剧下降（见图 5.1）。而在实际生产中，有些刀具是在中、高速切削条件下工作，如车刀、铣刀、铰刀、拉刀、麻花钻等。这类钢的最突出的性能特点是高的热硬性，它可使刀具在高速切削时，刃部温度上升到 600 ℃（有些模具是在 500 ℃温度下工作），其硬度仍然维持在 55～60HRC，显然低合金工具钢已不能胜任，必须采用合金含量很高的高速钢。

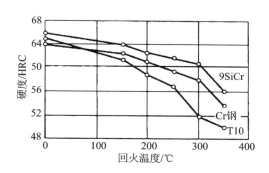

图 5.1　9SiCr、Cr、T10 钢的硬度与回火温度的关系

① 成分特点：

Ⅰ. 高碳，其碳质量分数在 0.7 %～1.5 %（但在牌号中一般不标出），它一方面要保证能与 W、Cr、V 等形成足够数量的碳化物；另一方面还要有一定数量的碳溶于奥氏体中，以保证马氏体的高硬度。

Ⅱ. 加入 Cr、W、Mo、V 等合金元素。高速钢的种类很多，按所含主要合金元素可以分为钨系、钼系、钒系（见表 5 - 1）。它们的共同特点是含有较高的碳和大量碳化物形成元素 Cr，W，Mo，V，其大致质量分数为：$w_{Cr}=3.8 \%～4.0 \%$，$w_{w}=6.0 \%～19.0 \%$，$w_{Mo}=0 \%～6.0 \%$，$w_{V}=1.0 \%～5.0 \%$。

加入 Cr 提高淬透性，几乎所有高速钢的铬质量分数均为 4 %。Cr 还能提高钢的抗氧化、脱碳的能力。

加入 W、Mo 保证高的热硬性，在淬火后 560 ℃回火状态下，形成 W_2C 或 Mo_2C 弥散分布，这种碳化物在 500 ℃～600 ℃温度范围内非常稳定，不易聚集长大，从而使钢具有良好的热硬性。

V 能形成 VC（或 V_4C_3），非常稳定，极难熔解，硬度高达 HRC83 以上（大大超过 W_2C 的硬度），且颗粒细小、分布均匀，对改善钢的硬度、增加耐磨性及韧性有很大的贡献，特别是对提高钢的耐磨性效果最为显著。

② 常用牌号：

典型牌号主要有两种：一种为钨系 W18Cr4V；另一种为钨-钼系 W6Mo5Cr4V2。后者的耐磨性、热塑性和韧性较好，适于制作要求耐磨性与韧性配合良好的高速切削刀具，如丝锥、钻头等。而前者虽然发展最早，但脆性较大，已逐步被韧性较好的钨钼系高速工具钢（以 W6Mo5Cr4V2 为主）淘汰。

③ 热处理特点：

由于合金元素含量高，则淬火温度高、回火温度高且次数多。常用高速工具钢的化学成分、热处理及用途,如表 5 - 16 所列。

表 5 - 16　常用高速工具钢的化学成分、热处理及用途(摘自 GB/T 9943—2008)

| 种类 | 牌号 | 化学成分 w/% | | | | | | 热处理 | | 硬度 | | 热硬性(HRC) |
		C	Cr	W	Mo	V	其他	淬火温度/℃	回火温度/℃	退火(HBW)≤	淬火回火 HRC 不小于	
钨系	W18Cr4V (18−4−1)	0.73~0.83	3.80~4.50	17.20~18.70	—	1.00~1.20	—	1 250~1 270	550~570	255	63	61.5~62
钨钼系	CW6Mo-5Cr4V2	0.86~0.94	3.80~4.50	5.90~6.70	4.70~5.20	1.75~2.10	—	1 190~1 210	540~560	255	64	—
	W6Mo-5Cr4V2 (6−5−4−2)	0.80~0.90	3.80~4.40	5.50~6.75	4.50~5.50	1.75~2.20	—	1 200~1220	540~560	255	64	60~61
	W6Mo-5Cr4V3 (6−5−4−3)	1.15~1.25	3.80~4.50	5.90~6.70	4.70~5.20	2.70~3.20	—	1190~1210	540~560	262	64	64
	W6Mo-5Cr4V2Al	1.05~1.15	3.80~4.40	5.50~6.75	4.50~5.50	1.75~2.20	Al 0.8~1.20	1 200~1 220	550~570	269	65	65

应当注意,高速钢除应用于制造高速切削或形状复杂的刀具外,还广泛应用于冷作、热作模具。

2. 模具钢

模具是使金属材料或非金属材料成型的工具。其工作条件及性能要求与被成型材料的性能、温度及状态等有着密切的关系。模具钢为高合金钢,含有大量的 Cr、W 等碳化物形成元素,具有很高的淬透性和回火抗力,其按用途主要分为冷作模具钢和热作模具钢两大类。

(1) 冷作模具钢

冷作模具钢主要用于制造接近室温状态(低于 200 ℃~300 ℃)下对金属进行变形加工的模具,如冷冲模、冷锻模、冷挤压模等。冷作模具工作时承受大的弯曲应力、压力、冲击及摩擦,因此需具备高硬度、高耐磨性和足够的强度和韧性。

国家标准 GB/T 1299—2014 所列的低合金工具钢均可制造冷作模具,其中应用较广泛的钢号有 9Mn2V、9SiCr、CrWMn。

① 尺寸较小、轻载的模具,可采用 9Mn2V,9SiCr,CrWMn 等一般刃具钢来制造。

② 尺寸较大、重载或要求精度较高、热处理变形小的模具,一般都采用 Cr12 型高铬钢(如 Cr12、Cr12MoV)或 W18C4V 等高合金钢制造。其中,Cr12 型钢含碳量高达 2.3 %,可形成足够的 Cr 的碳化物以保证所需的硬度和耐磨性。Cr 还可显著提高钢的淬透性,使厚度达 200 mm~300 mm 的大型模具在空气中冷却便可淬透。

冷作模具钢的热处理与量具刃具钢类似。预备热处理采用球化退火,最终热处理为淬火后低温回火。

常用冷作模具钢的牌号、成分、热处理、性能及大致用途见表 5 - 17。

表 5-17 常用冷作模具钢的牌号、成分、热处理及用途（摘自 GB/T1299—2014）

牌 号	化学成分 $w/\%$						
	C	Si	Mn	Cr	Mo	W	V
9Mn2V	0.85~0.95	≤0.40	1.70~2.00	—	—	—	0.10~0.25
9CrWMn	0.85~0.95	≤0.40	0.90~1.20	0.50~0.80	—	0.50~0.80	—
CrWMn	0.90~1.05	≤0.40	0.80~1.10	0.90~1.20	—	1.20~1.60	—
MnCrWV	0.90~1.05	0.10~0.40	1.05~1.35	0.50~0.70	—	0.50~0.70	0.05~0.15
Cr12	2.00~2.30	≤0.40	≤0.40	11.50~13.50	—	—	—
Cr12MoV	1.45~1.70	≤0.40	≤0.40	11.00~12.50	0.40~0.60	—	0.15~0.30
Cr4W2MoV	1.12~1.25	0.40~0.70	≤0.40	3.50~4.00	0.80~1.20	1.90~2.60	0.80~1.10

牌 号	退火钢材硬度 HBW	淬 火 温度/℃ 和冷却剂	性能和应用
9Mn2V	≤229	780~820 油	具有较高的硬度和耐磨性,淬火时变形较小,淬透性好。适合制造各种精密量具、样板,也可用于制造尺寸较小的冲模及冷压模、雕刻模等,以及机床的丝杆等结构件
9CrWMn	197~241	800~830 油	具有一定的淬透性和耐磨性,淬火变形小,碳化物分布均匀且颗粒小,适合作变形复杂的冷冲模
CrWMn	207~255	820~840 油	由于钨形成碳化物,在淬火和低温回火后比 9SiCr 钢具有更多的过剩碳化物,更多的硬度、耐磨性和较好的韧性。但该钢对碳化物较为敏感,有碳化物网的钢必须根据其严重程度进行锻造或正火。适合作丝锥、板牙、铰刀、小型冲模等
MnCrWV	≤255	790~820 油	国际广泛采用的高碳低合金油淬钢,淬透性高,热处理变形小,硬度高,耐磨性较好。适合制作钢板冲裁模,剪切刀,落料模,量具和热固性塑料成型模
Cr12	217~269	950~1 000 油	适合作受冲击负荷较小的、高耐磨的冷冲模及冲头、冷剪切力、钻套、量规、拉丝模等
Cr12MoV	207~255	950~1 000 油	莱氏体钢。具有高淬透性和耐磨性,淬火时尺寸变化很小,比 Cr12 钢的碳化物分布均匀和较高的韧性。适合制作形状复杂的冲孔模、冷剪切刀、拉伸模、冷挤压模、量具等
Cr4W2MoV	≤269	1 020~1 040 油	具有较高的淬透性、淬硬性、耐磨性和尺寸稳定性,适合制作各种冲模、冷镦模、落料模等工具模

（2）热作模具钢

热作模具钢是指用于热态金属（固态或液态）成形的模具用钢,如热锻模、热挤压模及压铸模等。由此带来两方面问题：

① 工作时,因与热态金属相接触,其工作部分的温度会升高到 300 ℃～400 ℃（热锻模,接触时间短）、500 ℃～800 ℃（热挤压模,接触时间长）,甚至高达 1 100 ℃～1 200 ℃（钢铁材料压铸模,与高温液态金属接触时间长）。高温会导致模具的组织、性能发生变化,从而影响其使用寿命。

② 热作模具在工作时,常常采用必要的冷却措施,以控制模具的温升。这样因交替加热冷却的温度循环产生交变热应力；此外还有使工件变形的机械应力和与工件间的强烈摩擦

作用。

基于以上问题,要求模具钢在高温下具有足够的强度、硬度、耐磨性和韧性,以及良好的耐热疲劳性,即在反复的受热、冷却循环中,表面不易热疲劳(龟裂)。另外还应具有良好的导热性和高淬透性。

为了达到上述性能要求,热作模具钢为中碳成分($w_C = 0.3\% \sim 0.6\%$)。若含碳量过高,则塑性、韧性不足,导热性变差损坏疲劳抗力,容易引起开裂;碳含量过低,则硬度、耐磨性不足。加入的合金元素有 Cr、W、Ni、Si、Mo、W、V 等。其中,Cr、W、Ni、Si 可强化钢的基体和提高钢的淬透性;Mo、W、V 可细化晶粒,可提高钢的回火稳定性和耐磨性。

按模具种类不同,热作模具钢可分为热锻模用钢、热挤压模用钢和压铸模用钢三大类。其中,热锻模对韧性要求高而热硬性要求不太高,典型钢种有 5CrMnMo、5CrNiMo 等。热挤压模或压铸模,因工作温度较高,则采用碳质量分数较低,合金元素更多而热强性更好的模具钢,典型钢种是 3Cr2W8V。此钢中,含铬 $2.2\% \sim 2.7\%$ 以提高钢的强度和淬透性,使厚度为 100 mm 的模具在油中能淬透;含钨 $7.5\% \sim 9.0\%$ 是为了提高钢的红硬性,使模具在 500 ℃ 下工作仍保持足够的硬度。

常用热作模具钢的牌号、成分、热处理、性能及大致用途见表 5-18。

表 5-18 常用热作模具钢的牌号、成分、性能及用途(摘自 GB/T 1299—2014)

牌 号	化学成分 $\omega/\%$							
	C	Si	Mn	Cr	Mo	W	V	Ni
5CrMnMo	0.50~0.60	0.25~0.60	1.20~1.60	0.60~0.90	0.15~0.30	—	—	—
5CrNiMo	0.50~0.60	≤0.40	0.50~0.80	0.50~0.80	0.15~0.30	—	—	1.40~1.80
4CrNi4Mo	0.40~0.50	0.10~0.40	0.20~0.50	1.20~1.50	0.15~0.35	—	—	3.80~4.30
3Cr3Mo3W2V	0.32~0.42	0.60~0.90	≤0.65	2.80~3.30	2.50~3.00	1.20~1.80	0.80~1.20	—
5Cr4W5Mo2V	0.40~0.50	≤0.40	≤0.40	3.40~4.40	1.50~2.10	4.50~5.30	0.70~1.10	
3Cr3Mo3V	0.28~0.35	0.10~0.40	0.15~0.45	2.70~3.20	2.50~3.00	—	0.40~0.70	
3Cr2W8V	0.30~0.40	≤0.40	≤0.40	2.20~2.70		7.50~9.00	0.20~0.50	

牌 号	退火钢材硬度 HBW	淬 火		性能特点及用途
		温度/℃	冷却剂	
3Cr2W8V	≤255	1 075~1 125	油	高温下具有高强度和硬度(650 ℃时硬度 HBW300 左右),抗冷热交变疲劳性能较好,但韧性较差。适宜制作高温下高应力、但不受冲击载荷的凹模、凸模;也可用来制作同时承受压应力、弯应力、拉应力的模具;还可以制作高温下受力的热金属切刀等
5CrMnMo	197~241	820~850	油	与 5CrNiMo 性能类似,在高温下工作,适宜制作要求具有高强度和高耐磨性的各种类型的锻模
5CrNiMo	197~241	830~860	油	具有良好的韧性、强度和较高的耐磨性,在加热到 500 ℃时仍能保持硬度在 HBW300 左右。由于含有 Mo 元素,钢对回火脆性不敏感,适宜制作各种中、大型锻模
4CrNi4Mo	≤285	840~870	油或空气	具有良好的淬透性、韧性和抛光性能,可空冷硬化。适宜制作热作模具和塑料模具,也可用于制作部分冷作模具

牌　号	退火钢材硬度 HBW	淬　火		性能特点及用途
		温度/℃	冷却剂	
3Cr3Mo3W2V	≤255	1 060～1 130	油	具有高的强韧性和抗冷热疲劳性能,热稳定性好。适宜作热挤压模、热冲模、热锻模、压铸模等
5Cr4W5Mo2V	≤269	1 100～1 150	油	具有较高的回火抗力和热稳定性,高的热强性、高温硬度和耐磨性。适宜制作对高温强度和抗磨损性能有较高要求的热作模具
3Cr3Mo3V	≤229	1 010～1 050	油	具有较高热强性和韧性,良好的抗回火稳定性和疲劳性能。适宜作镦锻模、热挤压模和压铸模等

3. 量具钢

量具是度量工件尺寸形状的工具,是计量的基准,如卡尺、量块、塞规及千分尺等。由于量具工作时受到摩擦,易磨损,所以量具的工作部分一般要求高硬度、高耐磨性及良好的尺寸稳定性。

量具并无专用钢种,根据量具种类和精度要求可选不同类别的钢来制造。制造量具常用的钢有碳素工具钢、合金工具钢和滚动轴承钢。精度要求较高的量具,一般均采用微变形合金工具钢制造,如 GCr15,CrWMn,CrMn 等。

常用量具钢的选用举例,见表 5 - 19。

表 5 - 19　量具用钢的选用举例

钢的类别	钢　号	用　途
碳素钢	T10A,T11A,T12A	尺寸小、精度不高、形状简单的量规、塞规、样板等
渗碳钢	15,20,15Cr	精度不高,耐冲击的卡板、样板、直尺等
低合金刃具钢	CrMn,9CrWMn,CrWMn	块规、螺纹塞规、环规、样柱、样套等
滚动轴承钢	GCr15	块规、塞规、样柱等
冷作模具钢	Cr2Mn2SiWMoV,9Mn2V	各种要求精度的量具
不锈钢	4Cr13,9Cr18	要求精度和耐腐蚀的量具

5.3.4　特殊性能钢

特殊性能钢指具有某些特殊的物理、化学、力学性能,因而能在特殊的环境、工作条件下使用的钢。主要包括不锈钢、耐磨钢、耐热钢、高温合金。

1. 不锈钢

在腐蚀性介质中具有抗腐蚀性能的钢,一般称为不锈钢。不锈钢是一种重要的工程材料,广泛应用于石油、化工、航天、航海等工业部门,如化工管道、阀门、泵、压力容器,飞行器蒙皮,反应堆包壳管和回路管道,手术刀和滚动轴承等。统计表明,全世界每年约有 15 % 的钢材由于腐蚀而失效。不锈钢是通过冶金方法改变钢的组织结构,从而提高钢的抗蚀性的。实际上并没有绝对不受腐蚀的钢种,只是不锈钢的腐蚀速度很缓慢而已。

常用不锈钢的牌号、成分、热处理、性能及大致用途见表 5 - 20。

表 5－20　不锈钢的牌号、成分、热处理、性能及用途

类别	牌号	主要化学成分 ω/%			热处理	机械性能				特性及用途
		C	Cr	Ni		R_m/MPa	$R_{p0.2}$/MPa	A/%	硬/HB,HRC	
马氏体型	1Cr13	≤0.15	11.5～13.5	—	950 ℃～1 000 ℃淬火 700 ℃～750 ℃回火	≥540	≥345	≥25	≥159 HB	制作能抗弱腐蚀性介质、能承受冲击载荷的零件,如汽轮机叶片、水压机阀、结构架、螺栓、螺帽等
	2Cr13	0.16～0.25	12～14	—	920 ℃～980 ℃淬火 600 ℃～750 ℃回火	≥635	≥440	≥20	≥192 HB	
	3Cr13	0.26～0.35	12～14	—	920 ℃～980 ℃淬火 600 ℃～750 ℃回火	≥735	≥540	≥12	≥217 HB	用于力学性能要求较高、耐蚀性能要求一般的零件,如弹簧、汽轮机叶片等
	4Cr13	0.36～0.45	12～14	—	1 050 ℃～1 100 ℃淬火 200 ℃～300 ℃回火	—	—	—	≥50 HRC	制作具有较高硬度和耐磨性的医疗工具、量具、滚珠轴承等
	9Cr18	0.90～1.00	17～19	—	1 000 ℃～1 050 ℃淬火 200 ℃～300 ℃回火	—	—	—	≥55 HRC	不锈切片机械刃具、剪切刃具、手术刀片、高耐磨、耐蚀件
铁素体型	1Cr17	≤0.12	16～18	—	780 ℃～850 ℃空冷	≥450	≥205	≥22	≥183 HB	制作硝酸工厂设备,如吸收塔、热交换器、酸槽、输送管道,以及食品工厂设备等
奥氏体型	0Cr18Ni9	≤0.07	17～19	8～12	1 010 ℃～1 150 ℃水冷	≥520	R_{eL}≥205	≥40	≥187 HB	具有良好的耐蚀及耐晶间腐蚀性能,为化学工业用的良好耐蚀材料
	1Cr18Ni9	≤0.15	17～19	8～12	1 010 ℃～1 150 ℃水冷	≥520	R_{eL}≥205	≥40	≥187 HB	制作耐硝酸、冷磷酸、有机酸及盐、碱溶液腐蚀的设备零件
	0Cr18Ni10Ti 1Cr18Ni9Ti	≤0.08 ≤0.12	17～19 17～19	9～12 9～12	920 ℃～1 150 ℃水冷	≥520	R_{eL}≥205	≥40	≥187 HB	耐酸容器及设备衬里,输送管道等设备和零件,抗磁仪表,医疗器械,具有较好的耐晶间腐蚀性

（1）金属材料的腐蚀

腐蚀是金属制件经常发生的一种现象。金属表面与周围介质相互作用,使金属基体逐渐遭受破坏的现象称为腐蚀。腐蚀可分为化学腐蚀与电化学腐蚀两大类。

① 化学腐蚀:金属直接与介质发生化学反应造成的腐蚀称为化学腐蚀。化学腐蚀的特点是在其腐蚀过程中无电流产生,只在腐蚀过程中形成某种腐蚀产物。这种腐蚀产物一般都覆盖在金属表面上形成一层膜,使金属与介质隔离开来。

Ⅰ 若形成的膜很稳定、很致密、又与基体金属结合牢固,则这种膜具有保护作用,称为钝化膜(生成 SiO_2,Al_2O_3,Cr_2O_3 等氧化膜)。

Ⅱ 若形成的氧化膜是不连续的,或者是多孔状的,与基体金属结合不牢固,则这种膜就无保护作用,腐蚀过程必将进行到使金属表面被破坏为止。例如金属在高温下的氧化、钢的脱碳、钢在石油中的腐蚀以及氢和含氢气体对普通碳钢的强烈腐蚀(氢蚀)等。

② 电化学腐蚀:金属在电介质溶液中因原电池作用,产生电流而引起的腐蚀现象称为电化学腐蚀。其特点是在腐蚀过程中伴有微电流产生。金属在电解质溶液中的腐蚀就是一种最普通的电化学腐蚀。例如 P 中的两个相在电解质溶液中就会形成微电池(见图 5.2),F 相的电极电位较负,成为阳极而被腐蚀,Fe_3C 相的电极电位较正,成为阴极而不被腐蚀。

金属材料腐蚀绝大多数是电化学腐蚀,根据原电池过程的基本原理,可以采用以下三种方法来提高金属材料的耐蚀能力:

Ⅰ 提高钢基体的电极电位,以减小不同相之间的电位差,减小电化学腐蚀。

Ⅱ 获得单相组织,使钢没有形成原电池的条件,从而显著地提高了抗蚀性。

Ⅲ 加入合金元素,在钢表面形成一层稳定、致密、牢固的钝化薄膜。

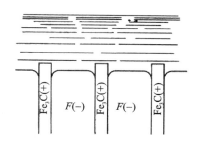

图 5.2　片状珠光体电化学腐蚀结果示意图

(2) 成分特点

① 低碳:耐蚀性要求愈高,碳质量分数应愈低。因为随碳质量分数增加,会使 C 与 Cr 生成碳化物(如 Cr_3C_6),这样将降低基体的 Cr 含量进而降低了电极电位并增加微电池数量,当 Cr 贫化到耐蚀所必需的最低质量分数达 12.5 % 以下时,贫 Cr 区迅速被腐蚀。因此,不锈钢中碳质量分数一般很低,大多数不锈钢 $w_c = 0.1 \% \sim 0.2 \%$。

② 合金元素:不锈钢是高合金钢,合金元素的质量分数高,其总量为 30 %～48 %,常加入的合金元素有 Cu,Cr,Fe,Mn,Mo,Nb、Ti 等。

第一,Cr 是不锈钢获得耐蚀性的基本元素,能提高基体电极电位,实验证明当钢中 Cr 质量分数大于 13 % 时,其基体电极电位发生跳跃式上升,从 -0.56 V 突然升高到 0.2 V(见图 5.3),出现抗腐蚀性的突变,从而提高钢在氧化性介质中的耐蚀性能(但 Cr 不能提高其在非氧化性介质如盐酸、硫酸、醋酸等中的耐蚀性)。同时,Cr,Al,Si 可在钢表面生成致密的钝化膜 Cr_2O_3、Al_2O_3、SiO_2,其中以 Cr 最有效;Mo 与 Cu 元素可进一步增强不锈钢的这种钝化作用。

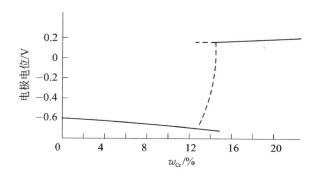

图 5.3　铁铬合金电极电位和铬含量的关系

第二,Ni 也是不锈钢中主加元素之一,铬钢中加入 Ni,可同时提高钢在氧化性与非氧化性介质中的耐蚀性。且 Cu、Fe、Mn 溶于 Ni 中易形成单相固溶体组织,减少了微电池数量,减轻电化学腐蚀。

第三,Mo、Nb、Ti 形成稳定碳化物 NbC、TiC 和金属间化合物 Nb_3Mo、Ni_3Ti、Ni_3Nb,提高合金的室温强度和高温强度。

（3）不锈钢牌号

牌号表示法与合金结构钢基本相同，只是当 $w_C \leqslant 0.08$ ％及 $w_C \leqslant 0.03$ ％时，在牌号前分别冠以"0"及"00"，例如 0Cr19Ni9。

（4）不锈钢分类

不锈钢按其正火组织不同可分为马氏体型、铁素体型、奥氏体型等，其中以奥氏体型不锈钢应用最广泛，它占不锈钢总产量的 70 ％左右。

① 马氏体不锈钢：马氏体不锈钢为 Cr13 型（1Cr13、2Cr13、3Cr13、4Cr13 等），其 C 含量为 0.1 ％～0.4 ％，Cr 含量平均为 13 ％。但因只用 Cr 进行合金化，故只在氧化性介质中耐蚀，在非氧化性介质中不能达到良好的钝化。马氏体不锈钢与其他类型不锈钢相比，具有价格最低，力学性能较好的优点，但其耐蚀性较低，塑性加工性与焊接性较差。

第一，1Cr13、2Cr13 钢，碳质量分数较低，其耐蚀性较好，主要用作耐蚀结构零件，如汽轮机叶片，热裂设备配件等。

第二，3Cr13、4Cr13 钢，因碳含量增加，强度和耐磨性提高，但耐蚀性降低，主要用作防锈的手术器械及刃具。

马氏体不锈钢的热处理和结构钢相同。用作结构零件时进行调质处理，例如 1Cr13、2Cr13；用作弹簧元件时进行淬火和中温回火处理；用作医疗器械、量具时进行淬火和低温回火处理，例如 3Cr13、4Cr13。

② 铁素体不锈钢：铁素体型不锈钢的成分特点是含碳量低而含铬量高。常用铁素体不锈钢，如 1Cr17、1Cr17Ti 等，其 $w_C < 0.15$ ％、$w_{Cr} = 12$ ％～30 ％，耐蚀性优于马氏体不锈钢。

Cr 是铁素体形成元素，高 Cr 含量致使此类钢从室温到高温（1 000 ℃左右）均为单相铁素体（见图 5.4），不可进行热处理强化，且耐蚀性、冷变形性、焊接性等均优于 M 不锈钢。因此，这类钢在退火或正火状态下使用，主要用于对力学性能要求不高，而对耐蚀性和抗氧化性有较高要求的零件，如耐硝酸、磷酸结构和抗氧化结构。

③ 奥氏体不锈钢：典型钢号是 Cr18Ni9 型（即 18－8 型不锈钢），这类钢的 Cr 含量为 18 ％～20 ％，Ni 含量为 8 ％～12 ％，经水淬固溶化处理（加热 1 000 ℃以上保温后快冷），在常温下呈单相奥氏体组织（见图 5.5），故称为奥氏体不锈钢。此外，这类不锈钢碳质量分数很低，约在 0.1 ％左右。碳质量分数愈低，耐蚀性愈好（但熔炼更困难，价格也愈贵）。

奥氏体不锈钢强度、硬度很低，无磁性，耐蚀性优良，塑性、韧性、焊接性优于别的不锈钢，是应用最为广泛的一类不锈钢。但由于奥氏体不锈钢固态下无相变，所以不能热处理强化。通常固溶处理后钢的强度很低（$R_m \approx 600$ Pa），不适于作结构材料用，但加工硬化是其有效的强化方法，经冷变形后 $R_m \approx 1\ 200$ MPa～1 400 MPa。

2. 耐磨钢

对耐磨钢的主要性能要求是很高的耐磨性和韧性。广义地讲耐磨钢钢种有高碳铸钢、硅锰结构钢、高碳工具钢以及轴承钢等，但通常是指高锰耐磨钢。

高锰钢的典型牌号为 ZGMn13，$w_C = 1.0$ ％～1.3 ％，$w_{Mn} = 11$ ％～14 ％。高碳可以提高耐磨性（过高时韧性下降，且易在高温下析出碳化物），高锰可以保证固溶化处理后获得单相奥氏体。

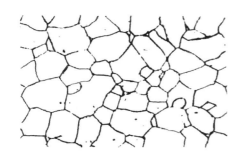

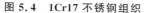

图 5.4　1Cr17 不锈钢组织　　　　图 5.5　单相奥氏体不锈钢固溶处理后的显微组织

高锰钢的抗磨损原理与高硬度的工具钢有着明显的区别：获得单相奥氏体组织的高锰钢开始使用时硬度很低，耐磨性差，但在工作过程受到剧烈冲击或较大的压力作用时，表层奥氏体组织因为塑性变形而迅速产生加工硬化，并有马氏体及 ε 碳化物沿滑移面形成，以致使表层的硬度提高到 450HBS～550HBS 的高硬度，从而获得高的耐磨性。而铸件的心部并无产生塑性变形，因而仍然维持原来的组织状态（奥氏体）。这就是高锰钢既具有高韧性又具有高耐磨性的原因。但如果没有外加压力或冲击力，或压力、冲击力很小，高锰钢的加工硬化特征就不明显，M 转变不能发生，高锰钢高耐磨性就不能充分显示出来，甚至不及一般 M 组织的钢。

高锰钢主要用于运转过程中承受严重磨损和强烈冲击的零件，如用于制造挖掘机之类的铲斗、抓斗，各式碎石机的颚板、衬板，显示出非常优越的耐磨性。高锰钢在承受撞击力作用变形时，能吸收大量的能量，受到弹丸射击时，也不易被穿透，因此也用于制造防弹板及保险箱壳体等。在铁路交通方面，高锰钢用于制造铁道上的辙岔、辙尖、转辙器及小半径转弯处的轨条等。用高锰钢制造的这些零件，在服役其间，即使有裂纹开始产生，但由于加工硬化的作用，也会抵抗裂纹继续扩展，使裂纹扩展速度缓慢而易于被发现。

由于高锰钢极易产生加工硬化，切削加工困难，故高锰钢零件大多采用铸造成形。

3. 耐热钢

在高温下使用的零件主要要求热稳定性（抗氧化性）和热强度两个指标。高温下金属材料抵抗氧化或气体腐蚀的能力称为热稳定性，抵抗塑性变形和断裂的能力称为热强度。热强度包括蠕变强度、持久强度和高温疲劳强度。

耐热钢是在高温下具有高的抗氧化性能和较高强度的钢。耐热钢可分为抗氧化钢与热强钢两类。

（1）抗氧化钢

一般钢铁材料在高温（>570 ℃）下易氧化，这是由于空气中的氧原子与铁原子在高温下形成疏松多孔的 FeO；温度越高，氧化速度越快，长时间氧化会使钢材表面起皮和剥落。

从化学腐蚀过程可知，在高温氧化性气氛作用下，如果金属表面能形成一层致密的氧化膜（钝化膜）阻隔氧与基体的接触，则氧化过程就会被减慢或停止。因此，氧化膜的性质对金属的抗氧化性能起着决定性的作用。为提高钢的高温抗氧化性能，在耐热钢中常常加入 Cr、Si、Al 等元素，它们在钢表面形成致密的、高熔点的、稳定的氧化膜，牢固地覆盖在钢的表面，使钢与高温氧化性气体隔绝，从而避免了钢的进一步氧化。这类钢主要用于制作在高温下长期工作

且承受载荷不大的零件,如热交换器和炉用构件等。主要包括两类:

① 铁素体型抗氧化钢

这类钢是在铁素体不锈钢的基础上加入了适量的 Si、Al 发展起来的。其特点是抗氧化性强,但高温强度低、焊接性差、脆性大,多用于受力不大的加热炉构件。常用铁素体型抗氧化钢有 06Cr13Al、10Cr17、16Cr25N 等。

② 奥氏体型抗氧化钢

这类钢是在奥氏体不锈钢的基础上加入了适量的 Si、Al 等元素而发展起来的。其特点是比铁素体型抗氧化钢的热强性高,工艺性能改善,因而可在高温下承受一定的载荷。典型钢号有 06Mn28A17TiRE 、12Cr16Ni35、26Cr18Mn12Si2N 等。奥氏体型耐热钢需经过固溶处理等才能使用。

（2）热强钢

热强钢指高温下不仅具有较好的抗氧化性(包括其他耐蚀性)还应有较高的强度(即热强性)的耐热钢。在钢中加入 Cr、W、Mo、Ti、V 等合金元素,可提高钢的抗氧化能力和高温下的强度。一般情况下,耐热钢多是指热强钢,主要用于制造汽轮机、燃气轮机的转子和叶片、锅炉过热器、内燃机的排气阀等零件用钢均属此类。

常用的热强钢牌号有 15CrMo、4Cr14Ni14W2Mo 等。15CrMo 钢可以制造在 300 ℃～500 ℃条件下长期工作的零件,如锅炉用钢。4Cr14Ni14W2Mo 钢可以制造 600 ℃以下的工作零件,如汽轮机叶片、大型发动机排气阀等。

4. 高温合金

高温合金一般是指以铁、钴或镍等为基体,可以在高温下使用的合金。

耐热钢在较高载荷下的最高使用温度一般是在 800 ℃以下。而对航空、航天工业的某些耐热零构件,如喷气发动机的压气机燃烧室、涡轮、尾喷管等,却是在 800 ℃以上的高温下长期服役,耐热钢显然已不满足使用要求。高温合金在此基础上发展而来,它包括铁基、镍基、钴基和难熔金属(如钮、钼、铌等)基。以下简单介绍铁基、镍基、钴基三类高温合金。

（1）高温合金的分类与牌号

① 按合金基体成分分类:可分为铁基、镍基、钴基、钼基、钽基等。它们的大致工作温度范围如表 5-21 所列。

表 5-21　耐热合金工作温度范围

工作温度范围/℃	适用的合金	应用举例
350～600	a - Fe 为基的耐热钢	锅炉及柴油机气阀
600～800	奥氏体耐热钢	航空发动机的排气阀,喷气发动机尾喷管排气管,涡轮盘
650～1 100	镍基、钴基合金	发动机的涡轮叶片及导向叶片,燃烧室、尾锥体等零件
＞900	铌基、钼基陶瓷合金	超音速飞机的机翼前缘,燃烧室前部,火箭发动机推力室,火箭喷嘴

② 按合金的高温性能、成型特点及用途分类

Ⅰ. 热强度变形高温合金:其特点是热强度较高,主要用于高温下承受大载荷及复杂应力条件下工作的零件,例如涡轮叶片、涡轮盘等锻造件。如铁基 GH2036、镍基 GH4037、GH4049 等,通常在时效状态下使用。

Ⅱ. 热稳定变形高温合金:其特点是热稳定性很高,强度虽不高,但塑性很好。主要用于受力不大而工作温度很高的零件,如燃烧室的火焰筒及加力燃烧室等。如铁基 GH1140、镍基 GH3030 和 GH3039 等,通常在固溶状态下使用。

Ⅲ. 热强铸造高温合金:其特点是热强度很高、塑性低、焊接性能差。通常是用精密铸造的方法直接铸成零件,如涡轮导向叶片。这类合金以 K401、K403 等表示。

变形高温合金以汉语拼音字母的"高合"字头"GH"+序号数字表示。"GH"后的第一位数字为分类号:1 和 2 表示铁基或铁镍基高温合金;3 和 4 表示镍基合金;5 和 6 表示钴基合金;另外 1、3、5 为固溶强化型,2、4、6 为时效沉淀强化型。"GH"后的第二、三、四位数字则表示合金的编号。如 GH4169 表示时效沉淀强化型镍基高温合金,编号 169。

铸造高温合金用 K+三位数字表示,第一位数字表示分类号,其含义和变形合金相同;第二、三位数字表示合金编号。如 K418 表示时效沉淀强化型镍基铸造高温合金,编号 18。

(2) 常用高温合金简介

① 铁基高温合金:铁基高温合金广义地讲是指那些用于 600 ℃~850 ℃甚至 950 ℃的高温,以铁为基的奥氏体型耐热合金钢和高温合金。

这类材料是在 Cr - Ni 不锈钢的基础上发展起来的,分别为固溶强化、时效强化和铸造奥氏体耐热钢。常用牌号有 GH1035、GH2036、GH1131、GH2132、GH2135。

Ⅰ. GH2036、GH2132、GH2135 采用固溶+时效处理,高温强度好,用于制造在 650 ℃~750 ℃温度下受力的零构件,如涡轮盘、叶片、紧固件等。

Ⅱ. GH1035、GH1131 采用固溶处理,获得单相奥氏体组织,抗氧化性好,冷压力加工成形性和焊接性好,用于制造形状复杂、须经冷压和焊接成形,但受力不大,主要要求在 800 ℃~900 ℃温度下抗氧化能力强的零件,如喷气发动机燃烧室、火焰筒等。

表 5 - 22 给出了常用奥氏体耐热钢的牌号、性能和用途。

表 5 - 22　常用奥氏体耐热钢(GB/T 14992—2005、GB/T 14995—2010、GB/T 14996—2010)

类　型	钢　号	状　态	力学性能(不小于)				用　途
			试验温度/℃	R_m/MPa	A/%	Z/%	
固溶强化	GH1140	热轧板材	室温 800	≥635 ≥245	≥40 ≥40	≥45 ≥50	具有中等的热强性、高的塑性、良好的热疲劳,组织稳定性和焊接工艺性能。适宜于制造工作温度 850 ℃以下的航空发动机和燃气轮机燃烧室的板材结构件和其他高温部件
时效强化	GH2036	冷拉棒材	室温	835	15	20	具有良好的切削性能。主要用于航空涡轮喷气发动机的涡轮盘、承力环和紧固件,也可作采油机、汽轮机的增压涡轮叶片和其他高温部件

② 镍基高温合金:镍基高温合金在整个高温合金领域内占有特殊重要的地位。它广泛用于制造航空喷气发动机的最热端部件,如涡轮盘、燃烧室等。若以 150 MPa、100 h 持久强度为标准,目前镍基高温合金所承受的最高温度为 1 100 ℃。与铁基合金比较,镍基合金的优点为工作温度高、组织稳定、有害相少及抗氧化、抗热腐蚀能力强。

根据生产工艺的不同,镍基高温合金可以分为变形高温合金和铸造高温合金。变形镍基高温合金根据强化特点不同,可分为固溶强化和时效强化两种高温合金。

固溶强化型含有大量的 W 和 Mo 强化固溶体,此外还添加 B、Ce、Zr 来强化晶界。通过固溶处理后得到单相固溶体。它不能热处理强化,但可固溶和变形强化,具有良好的可焊性。时效强化型是通过淬火和时效处理使合金析出细小弥散的强化相用来提高合金的热强度和强度。

表 5-23 所列是常用变形镍基高温合金的牌号、性能、用途。

铸造高温合金的优点是可以大幅度加入合金元素,不存在合金元素多,使工艺性能变坏的问题。另外铸造高温合金的组织稳定性高,一般使用温度比变形镍基高温合金要高 50 ℃ ～ 100 ℃。表 5-24 是部分常用铸造高温合金的牌号、性能及用途。

表 5-23　变形镍基高温合金（GB/T 14996—2010）

类　型	牌　号	力学性能			主要用途
		试验温度/℃	R_m/MPa	A/%	
固溶状态下使用	GH3030	室温	≥685	≥30	主要用于 800 ℃ 以下工作的涡轮发动机燃烧室部件和在 1 100 ℃ 以下要求抗氧化但承受载荷很小的其他高温部件
		700	≥295	≥30	
	GH3039	室温	≥735	≥40	适宜于 850 ℃ 以下长期使用的航空发动机燃烧室和加力燃烧室零部件
		800	≥245	≥40	
	GH3044	室温	≥735	≥40	适宜制造在 900 ℃ 以下长期工作的航空发动机主燃烧室和加力燃烧室零部件及隔热屏、导向叶片
		900	≥196	≥30	
时效状态下使用	GH4033	室温	≥885	≥13	该合金大量应用于涡轮发动机高温部件,主要用于 700 ℃ 的涡轮叶片和 750 ℃ 的涡轮盘等材料,是国内外已有成熟使用经验的合金之一
		700	≥685	≥13	
	GH4099	室温	≤1130	≥35	适合于制造航空发动机燃烧室和加力燃烧室等高温板材承力焊接结构件。用该合金板材制成的航空发动机加力可调喷口壳体,已经过长期使用考核,并投入批量生产,可减轻发动机重量和延长寿命
		900	≥295	≥23	

表 5-24　部分常用铸造高温合金（GB/T 14992—2005）

类　型	牌　号	状　态	力学性能					应　用
			温度/℃	R_m/MPa	$R_{p0.2}$/MPa	A/%	高温强度/MPa	
镍基	K401	1 500 ℃ 真空浇注,淬火(1 120 ℃,10 h),空冷	20	950		2.0	$\sigma_{100}^{950}=280$ $\sigma_{0.2/100}^{950}=170$ $\sigma_{-1}^{950}=250$	<900 ℃ 导向叶片
	K417	1 490 ℃ 真空浇注,不热处理,铸态使用	20	1 000	780	11.5	$\sigma_{100}^{900}=320$ $\sigma_{0.2/100}^{900}=180$ $\sigma_{-1}^{800}=300$	<950 ℃ 导向叶片、工作叶片

类　型	牌　号	状　态	力学性能					应　用
			温度/℃	R_m/MPa	$R_{p0.2}$/MPa	A/%	高温强度/MPa	
铁　基	K211	真空或非真空浇注,淬火(900 ℃,5 h),空冷	20	500	300	7	$\sigma_{100}^{800}=150$ $\sigma_{0.2/100}^{500}=70$ $\sigma_{-1}^{800}=170$	<900 ℃导向叶片

③ 钴基高温合金:钴基高温合金是以钴为主,含有 10 %～20 %Ni,20 %～30 %Cr,4 %～15 %W。钴基合金含碳量较高,一般为 0.1 %～0.85 %。C 与 Ti、Nb、Ta、Zr 等元素形成碳化物,强化合金。

钴基合金具有良好的抗热腐蚀性能和抗热疲劳性能,因此它被广泛用来制造导向叶片和其他热端部件。

5.4　铸　铁

铸铁是人类使用最早的金属材料之一。早在公元前 6 世纪的春秋时期,我国已开始使用铸铁,比欧洲各国要早将近 2 000 年。

从铁碳相图可知,含碳量大于 2.11 %的铁碳合金称为铸铁,它比碳钢含有较多的锰、硫、磷等杂质元素。虽然铸铁的机械性能(抗拉强度、塑性、韧性)较低,但是由于其生产成本低廉,具有优良的铸造性、可切削加工性、减震性及耐磨性,因此在现代工业中仍得到了普遍的应用。从整个工业生产中使用金属材料的数量来看,铸铁的使用量仅次于钢材。例如,按重量统计,在机床中铸铁件占 60 %～90 %,在汽车、拖拉机中,铸铁件占 50 %～70 %。

随着铸造技术的进步,各种高性能铸铁和特殊性能铸铁还可代替部分昂贵的合金钢和有色金属材料。所以,尽管有来自其他新材料的激烈竞争,但铸铁仍不失为一种最经济、适用的材料。

5.4.1　铸铁的石墨化

在铁碳合金中,碳除了少部分固溶于铁素体和奥氏体外,还以其他两种形式存在:碳化物状态—渗碳体(Fe_3C)、游离状态—石墨(G)。铸铁的使用价值与铸铁中碳的存在形式有着密切的关系。一般来说,铸铁中的碳以石墨形态存在时,才能被广泛地应用。

根据石墨形态,又可分为普通灰铸铁(石墨呈片状)、可锻铸铁(石墨呈团絮状)、球墨铸铁(石墨呈球状)和蠕墨铸铁(石墨类蠕虫状)。也就是说,实际上铸铁的组织是由钢的基体和石墨组成的,其中基体组织包括珠光体、铁素体、珠光体加铁素体三种,冷却速度的快慢造成基体组织的不同。

石墨的晶格类型为简单六方晶格(见图 5.6),其基面中的原子间距为 0.142 nm,结合力较强;而两基面间距为 0.340 nm,结合力弱,故石墨的基面很容易滑动,其强度、硬度、塑性和韧性都很差。

石墨对铸铁性能的影响主要有：

① 使基体不连续，切削加工时切屑容易脱落，从而改善了切削加工性能。

② 因石墨有润滑作用，使铸铁有良好的耐磨性和减磨性。

③ 对振动的传递起削弱作用，使铸铁有很好的抗震性能。

④ 大量石墨的割裂作用，使铸铁对缺口不敏感。

实践表明，渗碳体是一种亚稳定相，在一定条件下能分解为铁和石墨（$Fe_3C \rightarrow 3Fe + G$），G 才是稳定相。所以，描述铁碳合金结晶过程的相图应有两个，即亚稳定的 Fe-Fe_3C 相图（反应亚稳相 Fe_3C 的析出规律）和稳定的 Fe-G

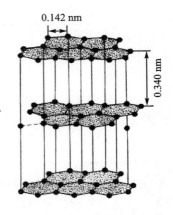

图 5.6　石墨晶格示意图

相图（反应稳定相石墨的析出规律）。为便于研究，有利于对比和应用，习惯上把这两个相图合画在一起，称为铁碳合金双重相图，如图 5.7 所示。其中实线表示 Fe-Fe_3C 相图，虚线表示 Fe-G 相图。

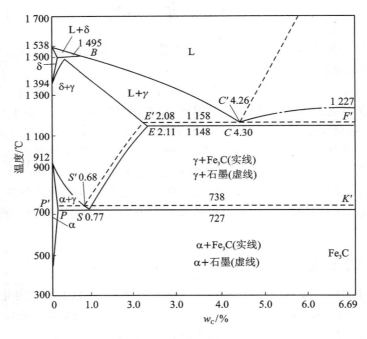

图 5.7　铁碳合金双重相图

铸铁组织中石墨的形成过程称为石墨化过程。铸铁的石墨化有以下两种方式：

① 按照 Fe-G 相图：在缓慢冷却时，可从液态中不析出 Fe_3C 而直接结晶出石墨。灰铸铁和球墨铸铁中的石墨主要是从液体中析出。在生产中经常出现的石墨飘浮现象，就证明了石墨可从铁液中直接析出。

② 按照 Fe-Fe_3C 相图结晶出 Fe_3C，已形成 Fe_3C 的白口铸铁经高温长时间退火，分解出石墨。

影响铸铁组织和性能的关键是石墨在铸铁中存在的形态、大小和分布。

5.4.2　常用铸铁类型

常见铸铁有白口铸铁、灰口铸铁以及合金元素含量较多的合金铸铁。

白口铸铁是完全按照 Fe－Fe_3C 相图进行结晶而得到的铸铁,其中碳主要以渗碳体(Fe_3C)形式存在。白口铸铁主要是由其断口较白而得名,其组织是珠光体和粗大碳化物。由于白口铸铁的渗碳体又硬又脆,在生产中很少直接用其制作机器零件,主要用于制造要求耐磨损的铸造零件,如球磨机中的磨球,还可作为炼钢原料。

灰口铸铁以断口呈灰色而得名。根据石墨形态又分为普通灰铸铁、球墨铸铁、可锻铸铁和蠕墨铸铁。其中,普通灰铸铁、球墨铸铁和蠕墨铸铁中石墨都是自液体铁水在结晶过程中获得的,而可锻铸铁中石墨则是由白口铸铁在加热过程中石墨化获得。

（1）普通灰铸铁

普通灰铸铁是价格最便宜、应用最广泛的铸铁。在各类铸铁的总产量中,灰铸铁占 80 % 以上,它是制造机床床身和各种机座的良好材料。

灰铸铁的基体组织与共析钢或亚共析钢的组织相同,但其上分布着片状石墨,显微组织如图 5.8 所示。石墨的强度和塑性都极低,相当于纯铁或钢基体上的裂纹或空洞。它减小基体的有效截面,并引起应力集中,且石墨越多、越大,对基体的割裂作用越严重,抗拉强度越低。可将普通灰铸铁看成是含有大量裂纹的钢,显然灰铸铁的抗拉强度比钢低得多;但是裂纹对抗压强度影响不大(受压应力时,石墨片不引起大的局部压应力),所以普通灰铸铁的抗压强度不受影响,接近钢。一般普通灰铸铁的抗压强度是其抗拉强度的 3～4 倍。同时,珠光体基体比其他两种基体的灰铸铁具有更高的强度、硬度与耐磨性。

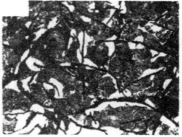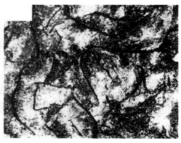

　(a) 铁素体灰铸铁　　　　　(b) 铁素体+珠光体灰铸铁　　　　　(c) 珠光体灰铸铁

图 5.8　灰铸铁的显微组织

改善灰铸铁力学性能的关键是改变石墨片的数量、大小及分布(石墨片越小、越细、分布越均匀,其力学性能就越高)。通过在液态铁中加入一定量的孕育剂(硅铁、硅钙合金等)促进石墨晶核的形成,可提高石墨析出的倾向,并得到均匀分布的、细小的石墨。由于石墨片细化,石墨对基体的割裂作用减轻,铸铁的强度提高,但塑性无明显改善。这种经过孕育处理的灰铸铁称为孕育铸铁。

孕育铸铁可用来制造力学性能要求较高的铸件,如汽缸、曲轴、凸轮、机床床身等,尤其是截面尺寸变化较大的铸件。

根据 GB/T 9439—2010 标准,普通灰铸铁有 HT100,HT150,HT200,HT225,HT250、HT275,HT300,HT350 等 8 个牌号。"HT"表示"灰铁"两字汉语拼音首字母,后面的数字表示直径为 30 mm 单铸试棒的最低抗拉强度值。例如 HT300 代表抗拉强度 $R_m \geqslant 300$ MPa 的灰铸铁。

常见灰铸铁的牌号、性能及应用见表 5－25。

表 5－25　灰铸铁的牌号、性能及应用(GB/T 9439—2010)

分类	牌号	抗拉强度/MPa	屈服强度/MPa	伸长率/%	抗压强度 R_m/MPa	弯曲疲劳强度/MPa	显微组织		应用举例
							基体	石墨	
普通灰铸铁	HT150	150～250	98～165	0.3～0.8	600	70	F+P	较粗片	端盖、汽轮泵体、轴承座、阀壳、管子及管路附件、手轮;一般机床底座、床身及其他复杂零件、滑座、工作台等
	HT200	200～300	130～195	0.3～0.8	720	90	P	中等片	汽缸、齿轮、底架、机件、飞轮、齿条、衬筒;一般机床床身及中等压力液压筒、液压泵和阀的壳体等
孕育铸铁	HT250	250～350	165～228	0.3～0.8	840	120	细珠光体	较细片	阀壳、油缸、汽缸、联轴器、机体、齿轮、齿轮箱外壳、飞轮、衬筒、凸轮、轴承座等
	HT300	300～400	195～260	0.3～0.8	960	140	索氏体或屈氏体	细小片	齿轮、凸轮、车床卡盘、剪床、压力机的机身;导板、自动车床及其他重载荷机床的床身;高压液压筒、液压泵和滑阀的体壳等
	HT350	350～450	228～285	0.3～0.8	1 080	145			

(2) 可锻铸铁

可锻铸铁是用白口铸铁在固态下经高温石墨化退火得到的具有团絮状石墨的一种铸铁。由于团絮状石墨对铸铁金属基体的割裂和引起的应力集中作用比片状石墨小得多。因此,与灰铸铁相比,可锻铸铁的强度和韧性有明显提高,并且有一定的塑性变形能力,因而被称为可锻铸铁,但其并不能进行锻造产。

可锻铸铁因化学成分、热处理工艺而导致的性能和金相组织的不同分为以下两类:

第一,黑心可锻铸铁和珠光体可锻铸铁。黑心可锻铸铁的金相组织主要是铁素体基体＋团絮状石墨,珠光体可锻铸铁的金相组织主要是珠光体基体＋团絮状石墨,其显微组织如图 5.9 所示。

第二,白心可锻铸铁,这类铸铁由于可锻化退火时间长而较少生产应用。

黑心可锻铸铁以"KTH"表示,珠光体可锻铸铁以"KTZ"表示。其后的两组数字分别代表最低抗拉强度 R_m 和最低断后伸长率 A。例如,KTH 370 - 12,代表 $R_m > 370$ MPa、$A \geqslant 12$ % 的黑心可锻铸铁。

可锻铸铁可以部分代替碳钢,主要用于形状复杂、要求强度和韧性较高的薄壁铸件,如各种农机、纺织机械、汽车、拖拉机零件(轮毂、阀门、轴瓦)及自来水管的弯头等。这些零件用铸钢生产,存在铸造性不好、工艺困难大的问题;而用灰铸铁生产,又存在性能不满足要求的问题。但由于可锻铸铁的生产周期长,工艺复杂,成本高,不少可锻铸铁零件已逐渐被球墨铸铁所代替。

常见黑心可锻铸铁和珠光体可锻铸铁的牌号及机械性能如表 5 - 26 所列。

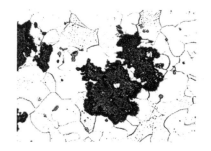

(a) 珠光体可锻铸铁(P＋G)　　　　　　　(b) 铁素体可锻铸铁(F＋G)

图 5.9　可锻铸铁显微组织

表 5 - 26　黑心可锻铸铁和珠光体可锻铸铁的力学性能(摘自 GB/T 9440—2010)

牌　号	试样直径 /mm	最小抗拉强度 /MPa	0.2 %屈服强度 最小/MPa	伸长率 A/% ($l_0 = 3d_0$)	布氏硬度 HBW
KTH 275 - 05	12 或 15	275	—	5	
KTH 300 - 06	12 或 15	300	—	6	
KTH 330 - 08	12 或 15	330	—	8	≤150
KTH 350 - 10	12 或 15	350	200	10	
KTH 370 - 12	12 或 15	370	—	12	
KTZ 450 - 06	12 或 15	450	270	6	150～200
KTZ 500 - 05	12 或 15	500	300	5	165～215
KTZ 550 - 04	12 或 15	550	340	4	180～230
KTZ 600 - 03	12 或 15	600	390	3	195～245

牌　号	试样直径 /mm	最小抗拉强度 /MPa	0.2 %屈服强度 最小/MPa	伸长率 A/% ($l_0 = 3d_0$)	布氏硬度 HBW
KTZ 650 - 02	12 或 15	650	430	2	210～260
KTZ 700 - 02	12 或 15	700	530	2	240～290
KTZ 800 - 01	12 或 15	800	600	1	270～320

（3）球墨铸铁

球墨铸铁是在浇注前向铁液中加入球化剂和孕育剂进行球化处理和孕育处理，从而使石墨呈球状分布的铸铁。由于石墨呈球状（见图 5.10），其表面积最小，能大大减少对基体的割裂和尖口敏感作用。

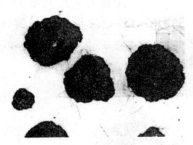 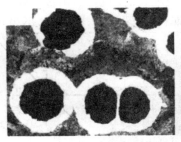 

(a) 铁素体球墨铸铁　　　　　　(b) 铁素体+珠光体球墨铸铁　　　　　　(c) 珠光体球墨铸铁

图 5.10　球墨铸铁的显微组织

需要注意的是，石墨形态对应力集中十分敏感，片状石墨引起严重应力集中，团絮状和球状石墨引起的应力集中较轻些。因此普通灰铸铁的抗拉强度最低，可锻铸铁的抗拉强度较高，球墨铸铁的抗拉强度最高。

研究表明，球墨铸铁的基体强度利用率可达 70 %～90 %，而普通灰铸铁的基体强度利用率仅为 30 %～50 %。因此，球墨铸铁既具有普通灰铸铁的优点，如较好的减震性、减摩性、低的缺口敏感性、优良的铸造性和切削加工性等；又具有与中碳钢媲美的抗拉强度、弯曲疲劳强度及良好的塑性与韧性。但球墨铸铁的消振能力比灰铸铁低很多。

此外，还可以通过合金化及热处理来提高球墨铸铁的性能，代替铸钢、锻钢（如 45 钢、42CrMo 钢等），制作受力复杂、性能要求高的零件。表 5 - 27 中给出了球墨铸铁和 45 钢试验的对称弯曲疲劳强度，可见带孔和带台肩的试样的疲劳强度大致相同。试验还表明，球墨铸铁的扭转疲劳强度甚至超过 45 钢。在实际应用中，大多数承受动载的零件是带孔和台肩的，因此完全可以用球墨铸铁来代替钢制造某些重要零件，如曲轴、连杆、凸轮轴等。

但球墨铸铁存在收缩率较大、流动性稍差等缺陷，故它对原材料和熔炼、铸造工艺的要求比普通灰铸铁高。

球墨铸铁的牌号由"QT"及后面两组数字组成。第一组数字表示最低抗拉强度 R_m；第二组数字表示最低断后伸长率 A。例如 QT600 - 3，代表 $R_m \geqslant 600$ MPa，$A \geqslant 3$ % 的球墨铸铁。

表 5 - 27　球墨铸铁和 45 钢的疲劳强度

材　料	对称弯曲疲劳强度/MPa			
	光滑试样	光滑带孔试样	带台肩试样	带孔、带台肩试样
45 钢	305	225	195	155
珠光体球墨铸铁	255	205	175	155

部分球墨铸铁的牌号及机械性能如表 5 - 28 所列。

表 5 - 28　球墨铸铁的牌号和机械性能(摘自 GB/T 1348—2009)

牌　号	基　体	机械性能				应用举例
		R_m /MPa	$R_{P0.2}$ /MPa	A /%	硬度 /HBW	
QT400 - 18	铁素体	400	250	18	120～175	汽车、拖拉机床底盘零件;16～64 大气压阀门的阀体、阀盖
QT450 - 10	铁素体	450	310	10	160～210	
QT500 - 7	铁素体＋珠光体	500	320	7	170～230	机油泵齿轮
QT600 - 3	珠光体＋铁素体	600	370	3	190～270	柴油机、汽油机曲轴;磨床、铣床、车床的主轴;空压机、冷冻机缸体、缸套
QT700 - 2	珠光体	700	420	2	225～305	
QT800 - 2	珠光体或索氏体	800	480	2	245～335	

(4) 蠕墨铸铁

蠕墨铸铁的石墨形态介于球状和片状之间,它比片状石墨短、粗,端部呈球状,类似蠕虫状(见图 5.11)。蠕墨铸铁是一种新型高强铸铁材料,它的化学成分、强度接近于球墨铸铁,并且有一定的韧性、较高的耐磨性;同时它的导热性、铸造性、可切削加工性均优于球墨铸铁,而与普通灰铸铁相近。

蠕墨铸铁的牌号由"RuT"("蠕铁"两字的汉语拼音字首)加一组数字组成,数字表示最低抗拉强度;例如,RuT380 表示最低抗拉强度为 380 MPa 的蠕墨铸铁。

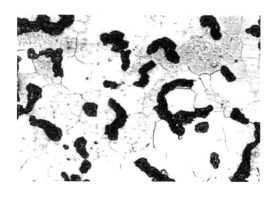

图 5.11　蠕墨铸铁的显微组织

部分蠕墨铸铁的牌号、力学性能和应用如表 5 - 29 所列。

表 5 – 29　蠕墨铸铁的牌号、力学性能和应用举例（摘自 GB/T 26655—2011）

牌　号	基体组织	力学性能（单铸试件）				应用举例
		R_m /MPa	$R_{P0.2}$ /MPa	A/%	硬度 /HBW	
		≥				
RuT420	珠光体	420	335	0.75	200～280	活塞环、汽缸套、制动盘、玻璃模具、制动鼓、钢珠研磨盘、吸淤泵体等
RuT380	珠光体	380	300	0.75	193～274	带导轨面的重型机床件、大型龙门铣横梁,大型齿轮箱体、盖、座,制动鼓、飞轮、玻璃模具、起重机卷筒、烧结机滑板等
RuT340	珠光体＋铁素体	340	270	1.0	170～248	排气管、变速箱体、汽缸盖、纺织机零件、钢锭模、液压件、小型烧结机条等
RuT300	珠光体＋铁素体	300	240	1.5	140～217	增压器废气进气壳体,汽车、拖拉机的某些底盘零件等
RuT260	铁素体	260	195	3	121～197	带导轨面的重型机床件、大型龙门铣横梁,大型齿轮箱体、盖、座,制动鼓、飞轮、玻璃模具、起重机卷筒、烧结机滑板等

注:蠕化率 V_c 不小于 50 %(铸铁金相组织中蠕虫状石墨在全部石墨中所占的比例)。

（5）合金铸铁

随着工业的发展,对铸铁不仅要求其具有更高的力学性能,同时要求它具有耐磨、耐热、耐腐蚀等特殊性能,因此需要加入合金元素,获得合金铸铁。

① 耐磨铸铁:耐磨铸铁由高磷与铬钼铜式合金铸铁

Ⅰ. 高磷合金铸铁

铸铁中的含磷量提高到 0.4 %～0.7 %,即为高磷铸铁,其中磷以 Fe_3P 化合物存在,并与铁素体或珠光体形成共晶体,以断续网状分布在珠光体基体上,形成坚硬的骨架,显著提高了铸铁的耐磨性。而加入 Cr、Mn、V、Ti、W 等可强化和细化基体,使其强度和韧性进一步提高。

高磷合金铸铁多用作机床导轨,汽车发动机的缸套、活塞环等零件。

Ⅱ. 铬钼铜合金铸铁

这种铸铁是目前机床制造业中广泛应用的一种耐磨铸铁。其中铬、钼可形成稳定的碳化物,铜能促进珠光体灰口铸铁形成,获得一种强度和耐磨性比 HT200 灰口铸铁高出一倍以上的铬钼铜合金铸铁。

表 5 – 30 给出了耐磨合金铸铁的力学性能和用途。

② 耐热铸铁:普通灰铸铁的耐热性较差,只能在小于 400 ℃ 的温度下工作,在高温下工作的炉底板、换热器、坩埚及热处理炉内的运输链条等,必须使用耐热铸铁。耐热铸铁是指在高温下具有良好抗氧化和抗生长能力的铸铁。

表 5 - 30　耐磨铸铁的力学性能和应用范围

铸铁名称	牌　号	力学性能			应用范围
		抗拉强度 /MPa	抗弯强度 /MPa	硬度 HBW	
高磷耐磨铸铁	MTP15	150	330	170～229	普通机床的床身、溜板、工作台等
	MTP20	200	400	179～235	
	MTP25	250	470	187～241	
	MTP30	300	540	187～255	
铬钼铜耐磨铸铁	MTCrMoCu25	250	470	185～230	中小型精密机床仪表及 机床床身导轨等铸件
	MTCrMoCu30	300	540	200～250	
	MTCrMoCu35	350	610	220～260	

普通灰铸铁在高温下除了表面会发生氧化外,还会发生"热生长"。生长是指铸铁的体积会产生不可逆的体积长大现象,严重时甚至胀大 10 % 左右。这种生长的原因是:

第一,氧在高温下通过铸铁的微孔和石墨边界渗入内部,生成疏松的 FeO 或者与石墨作用产生气体,导致体积膨胀。

第二,渗碳体在高温下分解为密度小、体积大的石墨,且石墨越多,相当于氧化通道越多。因此,铸铁件一旦发生生长,其表面龟裂,脆性增大,强度急剧降低,甚至损坏。

相应地,提高铸铁耐热性的措施有:加入 Al、Si、Cr 等元素,一方面在铸件表面形成致密的氧化膜,如 SiO_2、Al_2O_3、Cr_2O_3 等,阻碍继续氧化;另一方面提高铸铁的临界温度,使基体为单一的铁素体或奥氏体,不发生石墨化过程,从而改善铸铁的耐热性。

按所加合金元素种类不同,耐热铸铁主要有硅系、铝系、铝硅系、铬系、高镍系等铸铁。常用耐热铸铁的牌号、性能、使用温度及应用举例如表 5 - 31 所列。

表 5 - 31　常用耐热铸铁的牌号、性能、使用温度及应用举例(摘自 GB/T 9437—2009)

牌　号	力学性能		使用温度 /℃,≤	应用举例
	R_m/MPa≥	硬度/HBW		
HTRCr2	150	207～288	600	适用于急冷急热的薄壁、细长件。用于煤气炉内灰盆、矿山烧结车挡板等
HTRCr16	340	400～450	900	可在室温及高温下作抗磨件使用。用于退火罐、煤粉烧嘴、炉栅、水泥烧烧炉零件、化工机械零件等
HTRSi5	140	160～270	700	用于炉条、煤粉烧嘴、锅炉用梳形定位析、换热器针状管、二硫化碳反应瓶等
QTRSi4Mo	520	188～241	680	用于内燃机排气歧管、罩式退火炉导向器、烧结机中后热筛板、加热炉吊梁等
QTRSi5	370	228～302	800	用于煤粉烧嘴、炉条、辐射管、烟道闸门、加热炉中间管架等
QTRAl4Si4	250	285～341	900	适用于高温轻载荷下工作的耐热件。用于烧结机箅条、炉用件等
QTRAl22	300	241～364	1 100	适用于高温、载荷较小、温度变化较缓的工件。用于锅炉用侧密封块、链式加热炉炉爪、黄铁矿熔烧炉零件等

③ 耐蚀铸铁

普通铸铁的耐蚀性很差,这是因为铸铁本身是多相合金,在电解质中各相具有不同的电极电位。其中,石墨的电极电位最高($+0.37$ V),构成阴极;渗碳体次之;铁素体最低(-0.44 V),构成阳极。当铸铁处在电解质溶液中时,构成阳极的铁素体相不断被腐蚀掉,这种局部腐蚀会深入到铸铁内部,导致铸件过早失效。

提高铸铁抗腐蚀能力主要途径有三方面:

Ⅰ. 在铸铁中加入 Cr、Si、Mo、Cu、N、P 等合金元素,提高铁素体的电极电位。

Ⅱ. 在铸铁中加入 Si、Al、Cr 等合金元素,使之在铸铁表面形成一层连续致密的保护膜。

Ⅲ. 通过合金化,获得单相基体组织,减少铸铁中的微电池。

以上三方面的措施与耐蚀钢是基本一致的。

常用耐蚀铸铁有稀土高硅球墨铸铁($w_{Si}=14$ % ~ 16 %)、中铝耐蚀铸铁($w_{Al}=4$ % ~ 6 %)、高铬耐蚀铸铁($w_{Cr}=26$ % ~ 30 %),主要用于化工部件,如阀门、管道、泵、容器等。

5.5　有色金属及其合金

在工业生产中,通常把金属分为黑色金属和有色金属两大类。钢铁材料为黑色金属,除黑色金属之外的其他金属统称为有色金属。目前,全世界金属材料总产量约 8 亿吨,有色金属材料约占 5 %。虽然有色金属的产量和使用率较低,但由于其具某些特殊性能,因而成为现代工业不可缺少的材料。例如,铝、镁、钛等金属及其合金,具有相对密度小、比强度高的特点,在飞机制造、汽车制造、船舶制造等工业上应用十分广泛;又如,银、铜、铝等有色金属,导电性和导热性优良,是电气和仪表工业不可缺少的材料;再如,钨、钼、钽、铌及其合金的熔点高,是制造 1 300 ℃以上使用的高温零件及电真空元件的理想材料。

本章仅对工业中广泛使用的铝、镁、铜、钛及其合金、轴承合金做扼要介绍。

5.5.1　铝及铝合金

在金属材料中,铝及铝合金的应用仅次于钢铁,而在有色金属中占首位。铝及铝合金在航空工业中主要用于飞机的蒙皮、隔框、长梁、桁条和锻、铸件等。一架波音 747 客机,需要消耗约 18.6 t 铝,航天技术上主要用于气动加热温度在 150 ℃以下的运载火箭和宇宙飞行器,也用在卫星、航天飞机等其他航天器结构上。

1. 纯　铝

纯铝熔点为 660 ℃,面心立方晶格,无同素异构转变。它具有高导电性、导热性,密度为 2.7 g/cm³。由于铝的化学活泼性极高,在大气中易氧化生成一层牢固细密的氧化膜,故在空气环境下具有良好的抗蚀性。铝在淡水、食物中也具有很好的耐蚀性。但在碱和盐的水溶液中,氧化膜易被破坏,因此不能用铝制作盛碱和盐溶液的容器。

纯铝极其柔软,易于铸造、易于切削,也易于压力加工制成各种规格的半成品等。但工业纯铝的强度很低,其 $R_m=50$ MPa,虽可通过加工硬化强化,但仍不宜做承力结构材料使用。上述特性决定了工业纯铝的主要用途是配制铝合金,还用于制作铝箔、蜂窝结构、电线、电缆和生活用品等。

　　工业纯铝不是化学纯铝，或多或少含有杂质，最常见的杂质为铁和硅，杂质含量越多，其导电性、导热性、抗大气腐蚀性以及塑性就越差。根据 GB/T 16474—2011《变形铝及铝合金牌号表示方法》，铝含量不低于 99.00 ％时即为纯铝，采用国际四位数字体系牌号，即 $1\times\times\times$ 系列表示。牌号的最后两位数字表示最低铝百分含量。当最低铝百分含量精确到 0.01 ％时，牌号的最后两位数字就是最低铝百分含量中小数点后面的两位。牌号第二位的字母表示原始纯铝的改型情况。如果第二位字母为 A，则表示为原始纯铝；如果是 B～Y 的其他字母，则表示为原始纯铝的改型，与原始纯铝相比，其元素含量略有改变。

2. 铝合金

　　纯铝的强度和硬度都很低，不适宜制作受力的机械零构件。通过向铝中加入适量的主加元素(Si，Cu，Mg，Zn，Li)和辅加元素(Cr、Ti、Zr、Ni、Ca、B、RE)形成铝合金，这些元素通过固溶强化和第二相强化作用，不仅能保持纯铝的基本性能，还能提高强度。不少铝合金还可以通过冷变形和热处理方法，进一步强化，其抗拉强度可达 500 MPa～1 000 MPa，相当于低合金结构钢的强度。由于其比强度(R_m/ρ)比一般高强度钢高得多，故成为飞机的主要结构材料。

　　(1) 分　类

　　合金元素在固态 Al 中的溶解度一般都是有限的，所以铝合金的组织中除了形成 Al 基固溶体外，还有第二相出现。铝合金大都按共晶相图结晶，如图 5.12 所示，共同特点是有以 Al 为基的 α 固溶体、(α+β) 共晶体。根据成分和加工工艺特点，铝合金可分为变形铝合金和铸造铝合金。

　　① 变形铝合金：铝合金的热处理强化依赖于由于溶解度变化而引起的合金元素析出。成分在 C 点以左的合金，当加热到固溶线以上时，可得到均匀的单相固溶体 α，由于其塑性好，适宜于压力加工(锻造、轧制和挤压)，所以称为变形铝合金。

　　变形铝合金又可分为不可热处理强化合金和可热处理强化合金。

　　Ⅰ. 当合金元素含量少于 D 点含量时，在固态只形成单相固溶体，没有溶质元素析出，属热处理不可强化合金。这类合金具有良好的抗蚀性能，故称为防锈铝。

　　Ⅱ. 当合金元素含量在 DC 点之间时，α 固溶体成分随温度而变化，可以通过淬火时效处理使合金产生沉淀硬化，显著提高力学性能，因而为可热处理强化合金。这类合金包括硬铝、超硬铝和锻铝。

　　② 铸造铝合金：当合金元素含量超过 C 点时，由于凝固时发生共晶反应出现共晶体，合金塑性较差，不宜压力加工，但熔点低、流动性好，适宜铸造，称为铸造铝合金。

　　(2) 变形铝合金

　　变形铝合金是以压力加工方法，制成各种型材、棒料、板、管、线、箔等半成品供应，供应状态有退火态、淬火自然时效态、淬火人工时效态等。其牌号用 $2\times\times\times$～$8\times\times\times$ 系列表示(见表 5－32)。牌号的最后两位数字没有特殊意义，仅用来区分同一组中不同的铝合金。牌号的第二位字母表示原始合金的改型情况，如果牌号第二位的字母是 A，则表示为原始合金；如果是 B～Y 的其他字母，则表示为原始合金的改型合金。

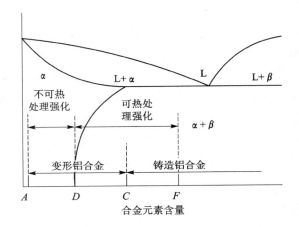

图 5.12　铝合金分类及简化相图示意图

表 5－32　变形铝合金系列及其牌号表示方法（GB/T 16474—2011）

组　别	牌号系列
纯铝(铝含量不小于 99.00 %)	1×××
以铜为主要合金元素的铝合金	2×××
以锰为主要合金元素的铝合金	3×××
以硅为主要合金元素的铝合金	4×××
以镁为主要合金元素的铝合金	5×××
以镁和硅为主要合金元素并以 Mg_2Si 相为强化相的铝合金	6×××
以锌为主要合金元素的铝合金	7×××
以其他合金为主要合金元素的铝合金	8×××
备用铝合金	9×××

　　① 防锈铝：不可热处理强化的变形铝合金包括 1×××（工业纯铝）、3×××（Al－Mn）、5×××（Al－Mg）和大多数 4×××（Al－Si）系列。3×××（如 3003、3A21）和 5×××（5052、5A02）退火状态塑性好、强度较低、抗蚀性好，易于加工成型和焊接（但不能热处理强化），也可称防锈铝。

　　防锈铝主要包括 Al－Mn 系和 Al－Mg 系两种。Al－Mn 系合金中 3003 合金应用较为广泛，其塑性好，主要用于制作需要弯曲、冲压加工的零件，如飞机油箱和饮料罐等。在 3003 合金基础上添加大约 1.2 ％Mg 即为 3004 合金，用其薄板冲制饮料罐是铝合金的主要应用领域之一。相对于 Al－Mn 系合金，Al－Mg 系合金的固溶强化效应更为显著，其强度更高些，在航空工业中得到广泛应用，如制造管道、容器、铆钉及承受中等载荷的零件。

　　② 硬铝：可热处理强化的变形铝合金包括 2×××（Al－Cu）、6×××（Al－Mg－Si）7×××（Al－Zn）、8×××（Al－Li）系列和含 Mg 的 4×××（Al－Si）系列，广泛应用于航空航天领域。

　　2××× 系列合金（如 2024，2A12）也称硬铝，时效后析出 Al_2CuMg 相，起沉淀强化作用，可获得中等以上强度，用于航空、交通工业中等以上强度的结构件，如飞机机身蒙皮、壁板、桨叶、活塞及火箭上的液体燃料箱等。相比于其他系列铝合金,2×××系列铝合金抗应力腐蚀能力较差,特别是在海水中更为明显。

铜、镁含量少的硬铝强度较低而塑性好(如 2A01),大量用于制造铆钉。铜、镁含量多的硬铝则强度高而塑性差(2A12),用于制造中等强度的飞机受力结构件,如螺旋桨叶片及仪器仪表等。2A12 是使用最广的高强度硬铝合金,时效处理后抗拉强度可达 470 MPa。

③ 锻铝:6××× 系列合金(如 6061、6A02)以 Mg_2Si 为强化相,时效后强度低于 2×××合金,但热状态下塑性好,具有良好的压力加工性能,可以锻造成形状较复杂的零件,故也称锻铝。常用锻铝合金牌号为 2A50 和 2B50,主要用于飞机或内燃机车上承受高载荷的锻件或模锻件,例如航空发动机活塞、直升机的桨叶等。

④ 超硬铝:7××× 系列合金(如 7075、7A09)含有较多的沉淀强化相 $MgZn_2$,强度高于硬铝,故称超硬铝,主要用于飞机上的主受力件,如大梁、桁架、起落架等,以及其他工业中的高强度结构件。超硬铝强度是铝合金中最高的一类,常用牌号为 7A04 和 7A09,时效后的抗拉强度分别可达 600 MPa、680 MPa。

超硬铝的主要缺点是耐蚀性差,疲劳强度低。为了提高合金的耐蚀性能,一般在板材表面包铝。此外,超硬铝的耐热强度不如硬铝,工作温度不能高于 120 ℃。

各种变形铝合金的牌号、成分、热处理、性能及用途如表 5 - 33 所列。

(3) 铸造铝合金

铸造铝合金的优点是密度小,比强度较高,并具有良好的抗蚀性和铸造工艺性。

根据 GB/T 8063—2017《铸造有色金属及其合金牌号表示方法》,铸造铝合金的牌号由"ZAl＋主要合金化学元素符号＋合金化元素名义百分含量的数字"组成。

根据 GB/T 1173—2013《铸造铝合金》,铸造铝合金的代号由铸铝的汉语拼音字母"ZL"及其后面的三个数字组成。ZL 后面第一位数字表示合金的系列,其中 1、2、3、4 分别表示铝硅、铝铜、铝镁、铝锌系列合金,ZL 后面第二、三位数字表示合金的顺序号。优质合金在其代号后附加字母"A"。

铸造铝合金按成分不同可分为以下五类。

① Al - Si 系铸造合金:铝硅合金又称为硅铝明。这类合金具有优良的铸造性能。通过加入 Cu、Mg、Mn 等元素,经淬火时效形成 $CuAl_2$,Mg_2Si,$CuMgAl_2$ 等强化相,使合金的强度显著提高,如 ZL105 抗拉强度可达 230 MPa。铝硅合金广泛应用于制造低、中强度的形状复杂铸件,占铸铝总产量的 50 ％以上。

常用的代号有七个,其中 ZL108 和 ZL109 合金,由于密度小、耐蚀性好、线膨胀系数小、强度和硬度较高、耐磨性和耐热性都比较好,因而是制造发动机活塞的常用材料。

② Al - Cu 系铸造合金:Al - Cu 系铸造铝合金是应用最早的一种铸造合金。其特点是有较高的强度,适合在较高温度下工作。如 ZL201 热处理后的抗拉强度为 330 MPa,其强度值相当于较好的灰口铸铁,比强度超过铸铜。含镍、锰的铝铜合金有较好的耐热性,工作温度可达 300 ℃,常用于要求高强度和高温条件下工作的零件,如发动机活塞。但由于合金中只含有少量共晶体,因而铸造性能不好,耐蚀性也较差。

Al - Cu 系铸造铝合金的牌号共有七个,其中 ZAlCu4(ZL203)合金的热处理强化效果最大,是常用的铝铜铸造合金。

③ Al-Mg系铸造合金：铝镁合金强度高、密度小（为 2.55 g/cm³），具有良好的耐蚀性，但耐热性和铸造工艺性较差。这类合金可进行时效处理，通常采用自然时效，多用于制造承受冲击载荷、在腐蚀性介质中工作的、外形不太复杂的零件。

Al-Mg系铸造合金主要用于制造在海水中承受较大冲击力和外形不太复杂的铸件，如舰船和动力机械零件，也可用来代替不锈钢制造某些耐蚀零件，如氨用泵体等。常用的代号有 ZL301 和 ZL303。

④ Al-Zn系铸造合金：这类合金价格便宜、铸造性能优良，具有自淬火效应，铸造成型后即可进行人工时效，经变质处理和时效处理后强度较高，可以不经热处理直接使用。由于省去了淬火工序，铸件的内应力大为减小，适于制造要求尺寸稳定性高的铸件。但由于含 Zn 量较多，密度大，耐蚀性差，热裂倾向较大。

Al-Zn系铸造合金常用于制造汽车、拖拉机、发动机的零件，以及形状复杂的仪器零件和医疗器械等。常用代号有 ZL401 和 ZL402 等。

⑤ Al-Re系合金：Re表示稀土元素。这类合金由于是以 Al-Si 系为基础，所以具有良好的铸造工艺性和耐热性。目前用它制作柴油机、拖拉机发动机活塞，使用寿命比一般铝合金活塞高 7 倍以上。

各种铸造铝合金的牌号、成分、热处理、性能及用途如表 5-34 所列。

（4）铝合金的热处理

铝合金通常采用的热处理工艺主要有退火、淬火和时效。现分别简述如下。

① 退火：不论变形铝合金或铸造铝合金都可以进行退火。变形铝合金的退火主要有去应力退火、再结晶退火和完全退火。

Ⅰ. 去应力退火是将零件加热到再结晶温度以下温度（约 200 ℃～300 ℃），经适当保温后空冷，以消除铝合金经塑性变形后产生的内应力。

Ⅱ. 再结晶退火是为了消除铝合金在冷变形过程中产生的加工硬化现象，提高材料的塑性。退火温度须视合金成分和冷变形条件而定，一般在 350 ℃～450 ℃之间，适当保温后空冷。

Ⅲ. 完全退火主要用于使半成品板材、型材软化，一般加热温度高于该合金中化合物溶解的温度，保温后慢冷到一定温度（对硬铝合金为 250 ℃～300 ℃）后空冷。

此外，铸铝件也进行去应力退火和完全退火，以消除铸造应力，细化晶粒。

表 5-33 几种变形铝合金的牌号、化学成分、热处理状态、力学性能及用途（摘自 GB/T 3190—2008）

类别	牌号（旧牌号）	化学成分 w/%						热处理状态	力学性能（不小于）			用途举例
		Cu	Mg	Mn	Zn	其他	Al		R_m/MPa	A/%	HBW	
防锈铝合金	5A05（LF5）		4.8～5.5	0.3～0.6			余量	退火	260	22	65	焊接油箱、油管、焊条、铆钉及中、重载零件
	3A21（LF21）			1.0～1.6			余量	退火	130	23	30	容器、管道、油箱、铆钉及轻载零件

续表 5 – 33

类别	牌号（旧牌号）	化学成分 ω/%						热处理状态	力学性能（不小于）			用途举例
		Cu	Mg	Mn	Zn	其他	Al		R_m /MPa	A /%	HBW	
硬铝合金	2A01（LY1）	2.2~3.0	0.2~0.5				余量	固溶+自然时效	300	24	70	工作温度不超过 100 ℃，常温作铆钉
	2A11（LY11）	3.8~4.8	0.4~0.8	0.4~0.8			余量	固溶+自然时效	420	15	100	中等强度结构件，如骨架、螺旋桨、叶片、铆钉等
	2A12（LY12）	3.8~4.9	1.2~1.8	0.3~0.9			余量	固溶+自然时效	460	17	105	中等强度结构件、航空模锻件及 150 ℃以下工作零件，如飞机骨架、梁铆钉、蒙皮
超硬铝合金	7A04（LC4）	1.4~2.0	1.8~2.8	0.2~0.6	5.0~7.0	Cr:0.4~2.5	余量	固溶+人工时效	600	12	150	主要受力件及重载荷零件，如飞机大梁、桁架等
	7A03（LC3）	1.8~2.4	1.2~1.6	0.1	6.0~6.7	Ti:0.02~0.08	余量	固溶+人工时效	520	15	150	用作受力结构的铆钉
锻造铝合金	2A50（LD5）	1.8~2.6	0.4~0.8			Si:0.7~1.2	余量	固溶+人工时效	420	12	105	形状复杂和中等强度的锻件及模锻件
	2A70（LD7）	1.9~2.5	1.4~1.8			Ti:0.02~0.1 Ni:0.9~1.5 Fe:0.9~1.5	余量	固溶+人工时效	440	12	120	高温下工作的复杂锻件及结构件，如内燃机活塞、叶轮等
	2A14（LD10）	3.9~4.8	0.4~0.8			Si:0.6~1.2	余量	固溶+人工时效	490	12	135	承受重载荷的锻件和模锻件

表 5 – 34 常用铸造铝合金的牌号、成分、热处理、性能及用途（摘自 GB/T 1173—2013）

类别	牌号	代号	化学成分 ω/%							铸造方法	热处理	力学性能，不小于			用途举例
			Si	Cu	Mg	Mn	Ti	Al	其他			R_m /MPa	A /%	HBW	
铝硅合金	ZAlSi7Mg	ZL101	6.50~7.50		0.25~0.45			余量		金属型 砂型变质	固溶+不完全时效 固溶+不完全时效	205 195	2 2	60 60	水泵及传动装置壳体、抽水机壳体
	ZAlSi12	ZL102	10.0~13.0					余量		砂型变质 金属型	退火 退火	135 145	4 3	50 50	仪表壳体、机器罩等外形复杂件
	ZAlSi9Mg	ZL104	8.00~10.50		0.17~0.35	0.20~0.50		余量		金属型	人工时效	200	1.5	65	汽缸体、水冷发动机曲轴箱等
	ZAlSi5Cu1Mg	ZL105	4.50~5.50	1.00~1.50	0.40~0.60			余量		金属型	人工时效	155	0.5	60	油泵壳体、水冷发动机汽缸头等
	ZAlSi2Cu1Mg1Ni1	ZL109	11.00~13.00	0.50~1.50	0.80~1.30			余量	Ni: 0.8~1.5	金属型 金属型	人工时效 固溶+完全时效	195 245	0.5 —	90 100	活塞及高温下工作零件

类别	牌号	代号	化学成分 ω/%							铸造方法	热处理	力学性能,不小于			用途举例
			Si	Cu	Mg	Mn	Ti	Al	其他			R_m /MPa	A /%	HBW	
铝铜合金	ZAlCu5Mn	ZL201		4.50~5.30		0.60~1.00	0.15~0.35	余量		砂型	固溶＋自然时效 固溶＋不完全时效	295 335	8 4	70 90	内燃机汽缸头、活塞等
	ZAlCu4	ZL203		4.00~5.00				余量		砂型 金属型	固溶＋不完全时效	215 225	3 3	70 70	曲轴箱、支架、飞轮盖等
铝镁合金	ZAlMg10	ZL301			9.50~11.00			余量		砂型	固溶＋自然时效	280	9	60	舰船配件
	ZAlMg5Si1	ZL303	0.80~1.30		4.50~5.50	0.10~0.40		余量		砂型 金属型	铸态	143	1	55	海轮配件、气冷发动机、汽缸头
铝锌合金	ZAlZn11Si7	ZL401	6.00~8.00	0.10~0.30				余量	Zn:9.00~13.00	金属型	人工时效	245	1.5	90	结构及形状复杂的汽车、飞机仪器零件
	ZAlZn6Mg	ZL402			0.50~0.65	0.20~0.50	0.15~0.25	余量	Zn:5.0~6.5 Cr:0.4~0.6	金属型	人工时效	235	4	70	

② 淬火和时效

Ⅰ. 淬火(固溶处理)

铝合金的热处理强化与钢的淬火处理,两者虽然在工艺操作上基本相似,但强化机理与钢有着本质的不同。尽管铝合金淬火加热时,也是由 α 固溶体＋第二相转变为单相的 α 固溶体,之后淬火得到单相的过饱和 α 固溶体,但它不发生同素异构转变。因此,铝合金的淬火处理也可称为固溶处理,由于硬脆的第二相(如 CuAl₂)消失,所以塑性有所提高。

下面以 Al - Cu 二元合金为例来讨论铝合金的淬火时效过程。图 5.13 是 Al - Cu 合金相图,由图可以看出,铜在铝中的溶解度是随温度升高而增加,在共晶温度 548 ℃时,Cu 在 Al 中的极限溶解度为 5.65 %,在室温时,铜在铝中溶解度不到 0.5 %。在 B 与 D 之间的 Al - Cu

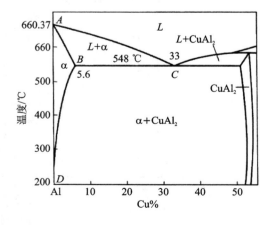

图 5.13　Al - Cu 二元合金状态曲线

合金室温时的平衡组织为 $\alpha + CuAl_2$，加热到固溶线 BD 以上，第二相 $CuAl_2$ 完全溶入 α 固溶体中，淬火后获得 Cu 在 Al 中的单相过饱和固溶体。

Ⅱ. 时　效

过饱和的 α 固溶体虽有强化作用，但作用效果有限，仅仅使该合金的抗拉强度由退火状态的 200 MPa 略提高到 250 MPa（见图 5.14）。在随后的室温放置或低温加热保温时，第二相从过饱和固溶体中析出，引起强度、硬度显著升高的现象，称为时效强化。

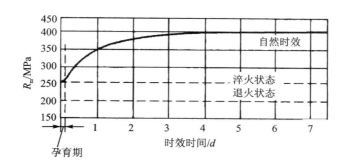

图 5.14　w_{Cu} 为 4% 的铝合金自然时效曲线

在室温下进行的时效称为自然时效；在加热情况下进行的时效称为人工时效。

此外，经淬火的铝合金，在时效初期强度变化很小，这段时间叫做孕育期（见图 5.14）。孕育期从几十分钟到数小时不等，此时合金塑性很好，在生产中可利用孕育期进行合金的铆接、弯曲和矫直等加工。

Ⅲ. 时效强化效果的影响因素

合金时效的强化效果与加热温度和保温时间有关，如图 5.15 所示。自然时效时，经 4～5 天达到最大强度。人工时效时，温度越高，强度升高越快，但所能达到的最大值下降。

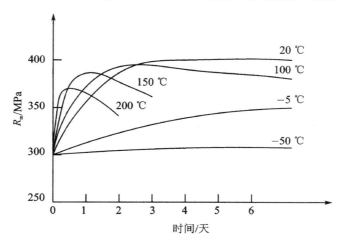

图 5.15　淬火 2A12 的时效曲线

时效温度过高或时间过长，将使合金强度、硬度下降，这种现象称为过时效。当温度很低时，时效过程不能进行，即低温可以抑制时效进行。生产上利用这一特性将大批钣料或铆钉淬火后冷冻存放，使用或加工时取出。铆接或成型时材料有很好的塑性，随后自然时效，强度升高。有些铝合金不能自然时效,只能人工时效,如 7A04。

5.5.2　钛及钛合金

钛及钛合金从实现工业生产至今才 60 多年,其具有如下优点:

① 比强度高:钛合金的抗拉强度可达 1 500 MPa,可与超高强度钢媲美,而其密度只有钢的一半,其比强度是常用工程材料中最高的。

② 热强度高:钛合金可在 550 ℃ 以下长期工作,可望提高到 800 ℃,其断裂韧性也较高,优于铝合金和一些结构钢。

③ 低温性能好:钛合金在 −253 ℃ 低温下仍具有良好的韧性,是唯一能在超低温下使用的工程金属材料。

④ 抗蚀性好:钛在大气、水、海水、硝酸、稀硫酸等腐蚀介质中的抗蚀性优于不锈钢。例如,某冷凝管在海水中试验 16 年之后,尚未出现腐蚀现象。

以上优点使钛金属发展非常快,短时间内已显示出了它强大的生命力,成了航空航天、军事、能源、舰船、化工以及医疗等领域不可缺少的材料。

(1) 纯 钛

纯钛为银白色金属,熔点为 1 668 ℃、密度为 4.5 g/cm³;室温下为密排六方结构,882.5 ℃ 以上为体心立方结构。纯钛的强度不高,塑性很好,其力学性能为 $R_m = 220$ MPa ~ 260 MPa,$R_{p0.2} = 120$ MPa ~ 170 MPa,$A = 50 \% ~ 60 \%$,$Z = 70 \% ~ 80 \%$。如此优良的塑性变形能力对于密排六方结构的金属来说是罕见的。

钛的比强度高,低温韧性好,在室温下比较稳定,表面易生成致密氧化膜,使它具有耐蚀作用,并有光泽。但当温度超过 550 ℃ 时,基体金属开始吸收氧化膜,基体钛便能与 O、N、C 等气体强烈反应,造成严重污染,并使金属迅速脆化,无法使用。

工业纯钛中常存杂质有 N、H、O、Fe、Mg 等,根据杂质含量,工业纯钛有三个等级牌号 TA1、TA2、TA3(详见 GB/T 3620.1—2016《钛及钛合金牌号和化学成分》),"T" 为 "钛" 字汉语拼音字首,其后顺序数字越大,表示纯度越低。工业纯钛主要用于制作 350 ℃ 以下工作的、受力小的零件。如作为重要的耐蚀结构材料,广泛用于化工设备、海滨发电装置、海水淡化装置和舰艇零部件。

(2) 钛合金的分类

纯钛的塑性高,但强度低,因而限制了它在工业上的应用。在钛中加入合金元素形成钛合金,可使纯钛的强度明显提高。不同合金元素对钛的强化作用、同素异构转变温度及相稳定性的影响都不同。主要有以下三类:

Ⅰ. α 稳定元素,如 Al、C、N、H、B 等。其在 α - Ti 中固溶度较大,形成 α 固溶体,并使钛的同素异构转变温度升高。

Ⅱ. β 稳定元素,如 Fe、Mo、Mg、Cr、Mn 和 V 等。其在 β - Ti 中固溶度较大,形成 β 固溶体,并使钛的同素异构转变温度降低。

Ⅲ. 中性元素,如 Sn、Zr 等。其在 α - Ti 和 β - Ti 中固溶度都很大,对钛的同素异构转变温度影响不大。

钛合金的牌号、品种很多,分类方法也很多,常根据退火状态的组织将钛合金分为 α 型 (TA)、β 型 (TB)、α＋β 型 (TC) 三类。合金牌号在 TA,TB,TC 后加上顺序号,如 TA6,TB4,

TC6 等。当前应用最多的是 α+β 合金，其次是 α 合金，β 钛合金应用较少。常用钛合金的牌号和力学性能如表 5-35 所列。

① α 钛合金：钛中加入 Al,B 等 α 稳定元素及中性元素 Sn,Zr 等，在室温或使用温度下其组织一般为 α 固溶体或 α+微量金属间化合物，不能热处理强化，主要依靠固溶强化，热处理只进行退火，强度低于其他两类钛合金，但在高温 500 ℃～600 ℃ 强度和蠕变极限却居钛合金之首；且组织稳定，耐蚀性优良，焊接性能也很好。典型牌号的合金为 TA7(Ti-5Al-2.5Sn)，其温下 $R_m=850$ MPa，而 500 ℃ 时为 $R_m=400$ MPa。

② β 钛合金：钛中加入 Mo,Cr、V 等 β 稳定元素及少量的 Al 等 α 稳定元素，在正火或淬火时很容易将高温 β 相保留到室温，得到的 β 单相组织称为 β 钛合金。该类合金的塑性、韧性良好，可以冷成形；且时效后沉淀强化效果显著，可获得高强度。但该合金密度大，组织不够稳定，耐热性差，且冶炼工艺复杂，应用受到限制。其典型牌号为 TB1(Ti-3Al-8Mo-11Cr)，淬火时效后 $R_m=1300$ MPa，$A=5$ %。

③ (α+β) 型钛合金：(α+β) 型钛合金既加入 α 稳定元素，又加入 β 稳定元素，使 α 和 β 相同时得到强化。它兼有 α 型钛合金和 β 型钛合金的优点，强度高、塑性好、耐热强度高、耐蚀性（抗海水和抗盐应力腐蚀）和耐低温性能好（可用于−196 ℃ 低温），具有良好的压力加工性能，并可通过固溶处理和时效强化，使合金的强度大幅度提高。但成型性的改善和强度的提高，是靠牺牲焊接性能和抗蠕变性能来达到的，其焊接性能不如 α 型钛合金。

(α+β) 型钛合金使用量最多，约占航空工业使用钛合金的 70 % 以上，其牌号有 TC1～TC10 等，其中以 TC4 用途最广、使用量最大。TC4 的成分表示为 Ti-6Al-4V，其中 V、Al 分别溶入 β 相、α 相。因此，TC4 在退火状态就具有较高的强度和良好的塑性（$R_m=950$ MPa，$A=10$ %），经淬火和时效处理后，其 R_m 可达 1274 MPa，R_{eL} 为 1176 MPa，$A>13$ %。

表 5-35　常用钛合金的牌号和力学性能

牌　号	主要化学成分 w/%	材料状态（尺寸）/mm	室温力学性能			高温力学性能（不小于）		
			R_m/MPa	$R_{p0.2}$/MPa	A/%	试验温度/℃	R_m/MPa	R_{100h}/MPa
TA1	工业纯钛	板材，退火（0.3～25.0）	≥240	140～310	≥30	—	—	—
TA2	工业纯钛	板材，退火（0.3～25.0）	≥400	275～450	≥25	—	—	—
TA3	工业纯钛	板材，退火（0.3～25.0）	≥500	380～550	≥20	—	—	—
TA4	Ti-3Al	板材，退火（0.3～25.0）	≥580	485～655	≥20	—	—	—
TA5	Ti-4Al-0.005B	板材，退火（0.5～1.0）	≥685	≥585	≥20	—	—	—
TA6	Ti-5Al	棒材，退火（0.8～1.5）	≥685	—	≥20	350	420	390

牌　号	主要化学成分 $w/\%$	材料状态 （尺寸）/mm	室温力学性能			高温力学性能（不小于）		
			R_m/MPa	$R_{p0.2}$/MPa	$A/\%$	试验温度/℃	R_m/MPa	R_{100h}/MPa
TA7	Ti－5Al－2.5Sn	棒材，退火 (0.8～1.5)	735～930	≥685	≥20	350	490	440
TB2	Ti－5Mo－5V －8Cr－3Al	板材，固溶 (1.0～3.5)	≥980	—	≥20	—	—	—
TB5	Ti－15V－3Al －3Cr－3Sn	板材．固溶 (0.8～1.75)	705～945	690～835	≥12	—	—	—
TB6	Ti－10V－ 2Fe－3Al	板材，固溶 (1.0～5.0)	≥1 000	—	≥6	—	—	—
TC1	Ti－2Al－1.5Mn	板材，退火 (0.5～1.0)	590～735	—	≥25	350	340	320
TC2	Ti－4Al－1.5Mn	板材，退火 (0.5～1.0)	≥685	—	≥25	350	420	390
TC3	Ti－5Al－4V	板材，退火 (0.8～2.0)	≥880	—	≥12	400	590	540
TC4	Ti－6Al－4V	板材，退火 (0.8～2.0)	≥895	≥830	≥12	400	590	540

（3）钛合金的用途

① 在宇航工业的应用：通常，在飞机上选择应用钛合金主要是利用其高的比强度来减轻重量和提高发动机的推动比。目前应用最广泛的是多用途的 α＋β 型 Ti－6Al－4V 合金，可用于制造工作温度不超过 400 ℃的各种飞机发动机和机身零部件，如机架、蒙皮、发动机压气机盘、叶片等。

为了能在更高温度下使用，各国研制出许多新型钛合金。例如，我国研制的 Ti－Al－Sn－Mo－Si－Nd 系合金，使用温度可达 550 ℃；英国的 IMI834（Ti－5.8Al－4Sn－3.5Zr－0.7Nb－0.5Mo－0.35Si－0.06C）、美国的 Ti1100（Ti－6Al－2.75Sn－4.0Zr－0.4Mo－0.45Si－0.72－0.2Fe）以及俄罗斯的 BT36（Ti－6.2Al－2Sn－3.6Zr－0.7Mo－0.1Y－5.0W－0.15Si）钛合金，使用温度可达 600 ℃。而以钛铝金属间化合物为基的 Ti_3Al 基高温钛合金和 TiAl 基高温钛合金，使用温度可达 700 ℃以上。

② 在海洋工程及船舶工业中的应用：由于钛合金在海水和含硫碳氢化合物中具有优异的耐腐蚀性，因而成为海洋技术的首选材料，特别是含盐量高的海水环境下的石油和天然气勘探，钻井平台上的天然气和石油提升器现在是由钛合金大规模生产的。例如，在深海潜水船上，特别需要比强度高的结构材料。使用钛合金，可在不大幅度增加重量的情况下，增加潜水深度。目前用于深海的钛合金主要是近 α 钛合金 Ti－6Al－2Nb－1Ta－0.8Mo 和 TC4。

③ 在化学工业中的应用：在化工领域，钛合金用于各种形态的容器，如反应器、热交换器、塔、分离器、吸收塔、冷却器、浓缩器等。由于钛合金对一般的氧化性环境有优良的耐蚀性，为

改善其对非氧化性环境的耐蚀性,研制了 Ti-0.2Pd,Ti-15Mo-5Zr 等合金。在化学工业中许多零部件是在高温高压及强烈的腐蚀环境中服役,因此钛合金的应用将进一步扩大。

④ 在医疗领域的应用:钛合金在医疗领域也有着广泛的应用(见图 5.16)。钛与人体骨骼接近,对人体组织无毒副作用,与人体有很好的生物相容性。利用钛合金制造的股骨头、髋关节、肱骨、颅骨、膝关节、肘关节、掌指关节、颌骨以及心瓣膜、肾瓣膜、血管扩张器、夹板、假体、紧固螺钉等上百种金属件移植到人体中,取得了良好的效果,被医学界给予了很高的评价。

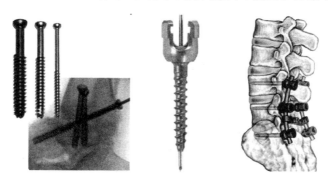

图 5.16 用于骨创伤的钛合金空心螺钉

⑤ 在汽车工业的应用:汽车自重每降 10 %,可以减少 8 %~10 %的燃油消耗。钛合金以较高的比强度和良好的耐腐蚀性特点,无疑是替代传统材料的首选。20 世纪 50 年代,钛合金首次应用于汽车工业,至 2015 年世界汽车用钛量接近亿吨;主要用于车体系统、底盘系统以及发动机系统。在汽车零件中钛合金可以替代很多铁基材料,如发动机的螺旋弹簧、曲轴、挡圈、进排气阀等。

钛合金的主要缺点是工艺性差,钛合金导热系数小、摩擦系数大、切削性差;钛合金的弹性模量小,变形时回弹大,$R_{p0.2}/R_m$ 比值高,冷变形困难;钛合金硬度低,不耐磨,不能作抗磨结构件。另外,钛合金成本高,应用受到限制。

5.5.3 铜及铜合金

在有色金属中,铜的产量仅次于铝。铜是人类历史上使用最早的一种金属。铜带领人类走出了石器时代,创造了青铜时代的辉煌,并不断推进社会文明的进步。铜在中国有色金属材料的消费中仅次于铝。铜也是耐用的金属,不管是原材料还是在产品中,都可以多次回收而无损其机械性能。

1. 紫铜(工业纯铜)

根据 GB/T 11086—2013《铜及铜合金术语》,纯铜是指纯度高于 99.70 %的工业用金属铜,俗称紫铜。其熔点为 1 083 ℃,在固态时具有面心立方晶体结构,无同素异构转变,密度是 8.9 g/cm³,比普通钢重约 15 %。表面形成氧化膜后呈紫色,故称紫铜。

工业纯铜较为柔软,表面刚切开时为红橙色带金属光泽、延展性好、导热性和导电性高,因此常用于电缆和电气、电子元件,也可用作建筑材料。工业纯铜牌号是 T1、T2、T3、T4 四种,"T"是铜字的汉语拼音首字母。纯铜具有良好的塑性,可以承受各种形式的冷热压力加工;化学性能比较稳定,在大气和水中不易腐蚀;在冷变形过程中会产生明显的加工硬化。纯铜强度不高,用加工硬化虽然可提供强度,但会使塑性大大降低。因此常用合金化的方法获得较高强度的铜合金作为结构材料。

2. 铜合金

铜合金就是以纯铜为基体加入一种或几种其他元素所构成的合金,铜合金机械性能优异,电阻率很低,其中最重要的有青铜、黄铜和白铜。

(1) 黄 铜

黄铜是铜与锌的合金,因色黄而得名。黄铜中常添加铝、镍、锰、锡、硅、铅等元素以改善性能。铝能提高黄铜的强度、硬度和耐蚀性,但使塑性降低,适合作海轮冷凝管及其他耐蚀零件;锡能提高黄铜的强度和对海水的耐腐性,故称海军黄铜,用作船舶热工设备和螺旋桨等;铅能改善黄铜的切削性能,这种易切削黄铜常用作钟表零件。黄铜铸件常用来制作阀门和管道配件等。此外,黄铜敲起来声音好听,因此锣、钹、铃、号等乐器都是用黄铜制作的。

黄铜按生产方式分为压力加工黄铜和铸造黄铜。常用压力加工黄铜和铸造黄铜的代号、成分、力学性能和用途分别列于表 5 - 36 和表 5 - 37。

表 5 - 36　常用压力加工黄铜代号、成分、力学性能及用途(摘自 GB/T 5231—2012 和 GB/T2040—2017)

组别	代 号	主要成分 w%		力学性能			产品形态	应用举例
		Cu	其 他	R_m/MPa	$A_{11.3}$%	硬度/HV		
简单黄铜	H95	94.0～96.0	Zn 余量	≥215	≥30	—	板、带、管、棒、线	冷凝管、散热器管及导电零件
	H90	89.0～91.0	Zn 余量	≥245	≥35	—	板、带、棒、线、管、箔	奖章、双金属片、供水和排水管
	H85	84.0～86.0	Zn 余量	≥260	≥35	≤85	管	虹吸管、蛇形管、冷却设备制件及冷凝器管
	H80	78.5～81.5	Zn 余量	≥265	≥50	—	板、带、管、棒、线	造纸网、薄壁管
	H70	68.5～71.5	Zn 余量	≥290	≥40	≤90	板、带、管、棒、线	弹壳、造纸用管、机械和电气用零件
	H68	67.0～70.0	Zn 余量	≥290	≥40	≤90	板、带、箔、管、棒、线	复杂的冷冲件和深冲件、散热器外壳、导管
	H65	63.0～68.5	Zn 余量	≥290	≥40	≤90	板、带、线、管、箔	小五金、小弹簧及机械零件
	H62	60.5～63.5	Zn 余量	≥290	≥35	≤95	板、带、管、箔、棒、线、型	销钉、铆钉、螺帽、垫圈导管、散热器
	H59	57.0～60.0	Zn 余量	≥290	≥10	—	板、带、线、管	机械、电器用零件,焊接件、热冲压件

组别	代号	主要成分 $w/\%$		力学性能			产品形态	应用举例
		Cu	其他	R_m/MPa	$A_{11.3}/\%$	硬度/HV		
铅黄铜	HPb63-3	62.0~65.0	Pb2.4-3.0,Zn余量	—	—	—	板、带、棒、线	钟表、汽车、拖拉机及一般机器零件
	HPb63-0.1	61.5~63.5	Pb0.05~0.3,Zn余量	—	—	—	管、棒	钟表、汽车、拖拉机及一般机器零件
	HPb62-0.8	60.0~63.0	Pb0.5~1.2,Zn余量	—	—	—	线	钟表零件
	HPb61-1	58.0~62.0	Pb0.6~1.2,Zn余量	—	—	—	板、带、棒、线	结构零件
	HPb59-1	57.0~60.0	Pb0.8~1.9,Zn余量	≥340	≥25	—	板、带、管、棒、线	适用于热冲压及切削加工零件,如销子、螺钉、垫圈等
铝黄铜	HAl67-2.5	66.0~68.0	Al2.0~3.0,Fe0.6,Pb0.5,Zn余量	≥390	≥15	—	板、棒	海船冷凝器管及其他耐蚀零件
	HAl60-1-1	58.0~61.0	Al0.70~1.5,Fe0.70~1.5,Mn0.1~0.6,Zn余量	≥440	≥15	—	板、棒	齿轮、蜗轮、衬套、轴及其他耐蚀零件
	HAl59-3-2	57.0~60.0	Al2.5~3.5,Ni2.0~3.0,Fe0.5,Zn余量	—	—	—	板、管、棒	船舶电机等常温下工作的高强度耐蚀零件
锡黄铜	HSn90-1	88.0~91.0	Sn0.25~0.75,Zn余量	—	—	—	板、带	汽车、拖拉机弹性导管等
	HSn62-1	61.0~63.0	Sn0.7~1.1,Zn余量	≥295	≥35	—	板、带、棒、线、管	船舶、热电厂中高温耐蚀冷凝管
	HSn60-1	59.0~61.0	Sn1.0~1.5,Zn余量	—	—	—	线、管	与海水和汽油接触的船舶零件
铁黄铜	HFe59-1-1	57.0~60.0	Fe0.6~1.2,Mn0.5~0.8,Sn0.3~0.7,Zn余量	—	—	—	板、棒、管	在摩擦及海水腐蚀下工作的零件,如垫圈、衬套等
锰黄铜	HMn58-2	57.0~60.0	Mn1.0~2.0,Zn余量	≥380	≥30	—	板、带、棒、线	船舶和弱电用零件
硅黄铜	HSi80-3	79.0~81.0	Si2.5~4.0,Fe0.6,Zn余量	—	—	—	棒	耐磨锡青铜的代用品
镍黄铜	HNi65-5	64.0~67.0	Ni5.0~6.5,Zn余量	≥290	≥35	—	板、棒	压力计管、船舶用冷凝管

表 5 - 37　常用铸造黄铜的牌号、成分、性能及用途(摘自 GB/T 1176—2013)

牌　号	主要化学成分的质量分数/%		铸造方法	力学性能,≥			应用举例
	Cu	其　他		R_m/MPa	A/%	硬度/HBW	
ZCuZn38	60.0～63.0	Zn 余量	S	295	30	60	一般结构和耐蚀零件,如法兰、阀座、支架、手柄和螺母等
			J	295	30	70	
ZCuZn25Al6Fe3Mn3	60.0～66.0	Al 4.5～7.0,Fe 2.0～4.0,Mn 2.0～4.0,Zn 余量	S	725	10	160	高强、耐磨零件,如桥梁支撑板、螺母、螺杆、耐磨板、滑块和蜗轮等
			J	740	7	170	
ZCuZn26Al4Fe3Mn3	60.0～66.0	Al 2.5～5.0,Fe 2.0～4.0,Mn 2.0～4.0,Zn 余量	S	600	18	120	要求强度高、耐蚀的零件
			J	600	18	130	
ZCuZn31Al2	66.0～68.0	Al 2.0～3.0,Zn 余量	S,R	295	12	80	适用于压力铸造,如电机、仪表等压铸件,以及造船和机械制造业的耐蚀零件
			J	390	15	90	
ZCuZn38Mn2Pb2	57.0～60.0	Pb 1.5～2.5,Mn 1.5～2.5,Zn 余量	S	245	10	70	一般用途的机构件,船舶、仪表等外形简单的铸件,如套筒、衬套、轴瓦、滑块等
			J	345	18	80	
ZCuZn40Mn2	57.0～60.0	Mn 1.0～2.0,Zn 余量	S,R	345	20	80	在空气、淡水、海水、蒸汽(<300 ℃)和各种液体燃料中工作的零件和阀体、阀杆、泵、管接头等
			J	390	25	90	
ZCuZn40Mn3Fe1	53.0～58.0	Mn 3.0～4.0,Fe 0.5～1.5,Zn 余量	S,R	440	18	100	耐海水腐蚀的零件,以及300 ℃以下工作的管配件,制造船舶螺旋桨等大型铸件
			J	490	15	110	
ZCuZn16Si4	79.0～81.0	Si 2.5～4.5,Zn 余量	S,R	345	15	90	接触海水工作的管配件,以及水泵、叶轮、旋塞和在空气、淡水中工作的零件
			J	390	20	100	

(2) 白　铜

白铜是铜与镍的合金,其色泽和银一样,银光闪闪,不易生锈。铜与镍由于在电负性、尺寸因素和点阵类型上均满足无限固溶条件,因而可形成无限固溶体。其硬度、强度、电阻率随溶质浓度升高而增加,塑性、电阻温度系数随之降低。

工业用白铜按成分可分为普通白铜和特殊白铜。铜镍二元合金称普通白铜;加有锰、铁、锌、铝等元素的白铜合金称特殊白铜。按用途分为结构白铜和电工白铜。

(1) 结构白铜

结构白铜具有很好的耐蚀性、焊接性,优良的机械性能和压力加工性能,广泛用于石油、造船、电力、化工等部门，主要用来制造在蒸气和海水环境下工作的精密机械，仪表零件及冷凝器、蒸馏器、热交换器和各种高强度耐蚀件等。结构白铜包括铁白铜、锌白铜、铝白铜和锡白铜等。

（2）电工白铜

应用最广泛的电工白铜是锰白铜，如 BMn3 - 12 锰铜、BMn 40 - 1.5 康铜、BMn 43 - 0.5 考铜以及以锰代镍的新康铜（又称无镍锰白铜，含锰 10.8 %～12.5 %、铝 2.5 %～4.5 %、铁 1.0 %～1.6 %），它们根据含锰量不同来区分。锰白铜是一种精密电阻合金。这类合金具有较高的电阻率、热电势、较低的电阻温度系数、良好的耐热性和耐腐蚀性，常用来制造热电偶、变阻器及加热器等。康铜和考铜的热电势高，还可用作热电偶和补偿导线。

工业用白铜的牌号、主要成分、性能和应用列于表 5 - 38。

表 5 - 38　工业用白铜的牌号、主要成分、性能和应用

类别	牌号	主要成分 ω/%			比电阻 $\mu/(\Omega \cdot m)$	电阻温度系数 $t/℃$	R_m/MPa	HB	性能和应用
		Ni+Co	Mn	Fe					
普通白铜	B0.6	0.57～0.63	—		0.031	0.002 7	250～270	50～60	普通白铜即 Cu - Ni 二元合金，为单相固溶体。舰船用冷凝管多含 Ni10 %～30 %的 Cu - Ni 系合金
	B5	4.4～5.0	—		0.070	0.001 5	220～270	38	
	B10	9.0～11.0	0.5～1.0		—	—	320	85～89	
	B16	15.3～16.3		1.0～1.5	0.223	0.002 679	390	70	
	B19	18～20			0.287	0.000 29	400	70	
	B30	29～33					380～550		
铁白铜	BFe30 - 1 - 1	29～33	0.5～1.0	0.5～1.0	0.42	0.001 2	380～400	60～70	铁能细化晶粒，提高强度和耐蚀性，尤其能显著提高白铜在流动海水冲刷下的耐蚀性
	BFe5 - 1	5.0～6.5	0.3～0.8	1.0～1.4	0.195	0.003 8	260	35～50	
锌白铜	BZn15 - 20	13.5～16.5		18～22	0.26	0.0002	250～450	70	锌起固溶强化作用，能提高强度及耐蚀性，用于精密仪器、电工器材、医疗器材、卫生工程用零件及艺术制品
	BZn17 - 18 - 1.8	16.5～18	1.6～2.0Pb	余为 Zn	—	—	400		
铝白铜	BAl10 - 12	9～11	0.5～1.0	1.0～1.5			710*	260*	铝能显著提高白铜的强度和耐蚀性。这类合金有高的机械性能和耐腐蚀性，抗寒，有很好的弹性并能承受冷热加工
	BAl13 - 3	12～15		1.8～2.2Al			800～900*	210*	
	BAl6 - 1.5	5.5～6.5		2.3～3.0Al / 1.2～2.8Al			360		
锰白铜	BMn3 - 12	2～3.5	11～13	—	0.435	0.003	400～550	120	锰铜广泛用于制作工作温度 100 ℃以下的标准电阻、电桥、电位差计以及精密电气测量仪器中的电阻元件；康铜用于制作滑动变阻器和工作温度 500 ℃以下的加热器，与铜配对在 -100 ℃～300 ℃工作温区最优秀的热电偶；考铜和镍铬合金配对的热电偶测温范围 -253 ℃（液氢）到室温
	BMn40 - 1.5	39～41	1～2	—	0.48	0.000 02	400～550	70～90	
	BM43 - 0.5	42.5～44	0.1～1.0	—	0.49～0.5	—	400	85～90	

注：* 为热处理强化后的性能。

3. 青　铜

铜与锡的合金叫青铜，因色青而得名。青铜一般具有较好的耐腐蚀性、耐磨性、铸造性和优良的机械性能。青铜还有一个反常的特性——"热缩冷胀"，可用来铸造塑像，冷却后膨胀，可

以使眉目更清楚。

除黄铜、白铜以外的铜合金均称为青铜,并常在青铜名字前冠以第一主要添加元素的名字,如锡青铜、铝青铜等。

锡青铜具有铸造性能、减摩性能好和机械性能好的特点,适合于制造轴承、蜗轮、齿轮等。

铝青铜强度、硬度、耐磨性和耐蚀性均高于黄铜和锡青铜,用于制造船舶、飞机及仪器中的高载荷、耐磨、耐腐蚀件,如齿轮、轴套、涡轮、船用螺旋桨等。

铍青铜和磷青铜的弹性极限高,导电性好,适于制造精密弹簧和电接触元件,铍青铜还用来制造煤矿、油库等使用的无火花工具。

5.5.4 镁及镁合金

镁燃烧会放出白亮耀眼的火焰,镁的这种特征用于制作烟火、信号弹、照明弹、曳光弹和燃烧弹等。对于"镁是易燃金属"一直存在被夸大了的误解,事实上,镁锭、镁压铸件、镁型材,在温度上升到熔点以前是不会燃烧的。容易燃烧的是镁粉、镁丝和镁箔。

与铝合金相比,镁合金具有较低的密度(镁合金是等体积铝合金重量的 2/3)、熔点、体积比热容和相变潜热,且具有良好的切削性能,可以进行高速、大进给量切削。历史来看,制约镁合金使用的很大因素来自价格,但目前随着镁合金价格的下降(在国内市场已和铝合金不相上下),拓宽了其在各领域更广泛的应用。尤其在汽车工业上,镁合金开始部分替代铝合金使用,以减轻汽车重量、节约能源。

1. 纯 镁

纯镁密度为 $1.74 \ g/cm^3$,熔点为 $651 \ ℃$,具有密排六方晶体结构。纯镁强度不高,室温塑性较差,耐蚀性较差,易氧化。工业纯镁代号用"M+顺序号"表示。纯镁的力学性能很低,不能直接用作结构材料,主要用于配置镁合金和其他合金,还可用作化工与冶金的还原剂。

2. 镁合金

在纯镁中加入 Al、Zn、Mn、Zr 及稀土等元素,制成镁合金。镁合金的主要特点是密度低,比刚度、比强度高,因而广泛应用于航空、航天、汽车、交通、3C(Computer、Communications、Consumer electronics)产品、纺织和印刷工业等领域。目前应用的镁合金主要有 Mg - Mn 系、Mg - Al - Zn 系、Mg - Zn - Zr 系和 Mg - Re - Zr 系等,它们按成形工艺分为变形镁合金和铸造镁合金两大类。

(1) 变形镁合金

变形镁合金的代号用 MB+顺序号表示。MB1、MB8 为 Mg - Mn 系合金,该类合金具有良好的耐蚀性和焊接性,一般在退火态使用,用于制作蒙皮、壁板等焊接件及外形复杂的耐蚀件。MB2、MB3、MB5、MB6、MB7 为 Mg - Al - Zn 系合金,较为常用的是 MB2 和 MB3,具有较高的耐蚀性和热塑性。MB15 为 Mg - Zn - Zr 系合金,具有较高的强度,焊接性能较差,使用温度不超过 150 ℃。MB22 为 Mg - Y - Zn - Zr 合金,焊接性能好,使用温度较高。MB15 和 MB22 都可热处理强化,主要用于飞机及宇航结构件。

近年来国内外研制成功的 Mg - Li 系变形镁合金,因加入合金元素 Li,使该合金系的密度较原有变形镁合金降低 15 %～30 %,同时还具有强度高、塑性、韧性好、焊接性能好、缺口敏感性低等特点,在航空航天领域具有良好的应用前景。

表 5 - 39 列出常用变形镁合金的力学性能。

表 5 - 39　常用变形镁合金的力学性能

代　号	材料状态	力学性能(不小于)			
		R_m/MPa	$R_{P0.2}$/MPa	A/%	HB
MB1	板(厚 0.8 mm～2.5 mm)	190	110	5	
	M 型材,R	260		4	
MB2	棒(Φ<130 mm),	260	300	5	45
	R 锻件	240		5	45
MB3	板(厚 0.8 mm～2.5 mm),M	250	140	6	
MB8	板(厚 0.8 mm～2.5 mm),M	220	120	12	
	板(厚 1 mm～2.5 mm),Y2	250	160	8	
	棒(Φ<130 mm),R	220			
MB15	棒(Φ<130 mm),	520	250	6	75
	S 型材,S	320	250	7	

（2）铸造镁合金

铸造镁合金比变形镁合金应用更为广泛。镁合金的铸造方法有：砂型铸造、金属型铸造、挤压铸造、低压铸造、高压铸造和熔模铸造。其中高压铸造是批量铸造成本最低的方法。由于镁合金良好的压力铸造性能，使其在压铸成形时对模的热冲击小；而且镁合金与铁亲和力小，固溶铁能力低，因而不易粘连模具表面，一般镁合金压铸模具的使用寿命比铝合金压铸模具高 2～3 倍。目前 98 ％以上的镁合金汽车件采用高压铸造方法生产。

铸造镁合金的代号用 ZM＋顺序号表示。Mg - Al - Zn 系的 ZM5 和 Mg - Zn - Zr 系的 ZM1、ZM2、ZM7、ZM8 具有较高的强度、良好的塑性和铸造工艺性，但耐热性较差，主要用于铸造工作温度在 150 ℃以下的飞机、导弹、发动机中承受较高载荷的结构件或壳体。Mg - Re - Zr 系的 ZM3、ZM4 和 ZM6 具有良好的铸造性能，耐热性较高，但常温强度和塑性较低，主要用于制造工作温度在 250 ℃以下的高气密零件。

镁合金还具有减振特性，降低噪音能力也非常高，近年来镁合金压铸件的壁厚可以做到 1 mm～0.5 mm，被用来制作手提摄录机、笔记本电脑、手机等可携式电子产品壳体材料。

为了提高铸造镁合金的使用性能和工艺性能，国内外研究者正致力于研究铸造稀土镁合金、铸造高纯耐蚀镁合金、快速凝固镁合金及铸造镁或镁合金基复合材料，以扩大铸造镁合金在航空、航天工业中的应用。

表 5 - 40 列出常用铸造镁合金的力学性能和用途

表 5 - 40　常用铸造镁合金的性能和用途举例

牌　号	热处理状态	R_m/MPa	A/%	线收缩率/%	抗热裂倾向	流动性	用途举例
ZM1	T1	235	5.0	1.3～1.5	2 级	4 级	用于要求高强度、高屈服强度和受冲击载荷的零件，如飞机轮缘、隔框、支架等
	T6	240					

牌　号	热处理状态	R_m/MPa	A/%	线收缩率/%	抗热裂倾向	流动性	用途举例
ZM2	T1	186	2.5	1.3～1.5	4 级	4 级	用于 200 ℃ 以下工作的发动机零件级高屈服强度零件,如发动机机匣、整流舱和电机壳体等
ZM3	T2	118	1.5	1.2～1.5	3 级	3 级	用于在 250 ℃～300 ℃ 以下工作的零件,如发动机增压机匣、压缩机匣、扩散器壳体、燃烧室罩和进气道等零件
ZM5	T4 T6	225 225	5.0 2.0	1.1～1.2	4 级	5 级	高负荷零件,如飞机舱连接隔框、舱内隔框、纵向承受梁、轮毂、轮缘、增压机匣等零件

5.5.5　锌及锌合金

锌具有良好的压延性、耐磨性和抗大气腐蚀性。工业用锌通常是以金属锌粉、锌基合金、氧化锌为主,用于钢材表面镀锌(约占锌用量的 46 %)和配置各种合金。

1. 纯　锌

纯锌密度为 7.14 g/cm³,熔点为 419 ℃,银白略带蓝色,具有六方晶格,无同素异构转变。纯锌具有一定的强度。

2. 锌合金

在纯锌中加入 Al、Cu、Mg、Si、Mn、Ti 等元素,制成 Zn - Al 系、Zn - Cu 系、Zn - Pb 系和 Zn - Pb - Al 系等锌合金。锌合金熔点低、流动性好、耐磨性好、价格低廉,但抗蠕变性和耐蚀性较低,广泛应用于汽车、机械制造、印刷制版、电池阴极等。

按成形工艺分为变形锌合金和铸造锌合金两大类。

(1) 变形锌合金

变形锌合金按制造工艺分轧制、挤压和拉拔三种。

变形锌合金包括 Zn - Al 合金(如 ZnAl4 - 1、ZnAl10 - 5)和 Zn - Cu 合金(如 ZnCu1、Zn-Cu1.5),Zn - Al 合金常用于制造各种挤压件,Zn - Cu 合金常用于制造轴承和日常五金等。

Zn - Cu - Ti 合金是新发展起来的合金,具有较高的蠕变极限和尺寸稳定性,如 Zn - 0.2Cu - 0.1Ti 合金,常用于制作屋顶,槽、下水管,建筑结构、深拉五金,号码牌及太阳能收集器等。

表 5 - 41 列出我国常用变形锌合金的成分及用途。

(2) 铸造锌合金

铸造锌合金耐磨性好,用于代替青铜作耐磨零件,性能优良、质量轻、制造工艺简单、成本低,是青铜的良好代用品。铸造锌合金分为压铸锌合金、高强度锌合金、模具用锌合金等。

① 压铸锌合金。代号有 ZnAl4、ZnAl4 - 1、ZnAl4 - 0.5。ZZnAl4 主要用于压铸大尺寸、中强度和中耐蚀性零件。ZnAl4 - 1 和 ZnAl4 - 0.5 主要用于压铸小尺寸、高强度和高耐蚀性零件。

表 5-41　常用变形锌合金的成分及用途

合金系列	代　号	主要成分 $\omega / \%$				主要用途
		Al	Cu	Mg	Zn	
Zn-Al	ZnAl15	14.0～16.0	—	0.02～0.04	余量	用于轧制和挤压,制作尺寸要求稳定的零件,如建筑结构、深拉五金、硬币等,ZnAl14-1 还可做 H59 黄铜代用品
	ZnAl10-5	9.0～11.0	4.5～5.5	—	余量	
	ZnAl10-1	9.0～11.0	0.6～1.0	0.02～0.05	余量	
	ZnAl14-1	3.7～4.3	0.6～1.0	0.02～0.05	余量	
	ZnAl0.2-4	0.2～0.25	3.5～4.5		余量	
Zn-Cu	ZnCu1.5		1.2～1.7		余量	用于轧制和挤压,可作 H68、H70 等黄铜代用品,制作拉链、千层锁、日常五金制品
	ZnCu1.2		1.0～1.5		余量	
	ZnCu1		0.8～1.2		余量	
	ZnCu0.3		0.2～0.4		余量	

② 高强度锌合金。高强度锌合金铝含量较高,具有较高的强度和较好的铸造性能,常用代号有 ZnAl27-1.5 等,主要用于制作轴承、管接头、滑轮以及各种受冲击和磨损的壳体铸件。

③ 模具用锌合金。代号为 ZnAl4-3,主要用于制作冲裁模、塑料模、橡胶模等。锌合金模具成本低。

④ 热镀锌合金。代号有 RZnAl0.36、RZnAl0.15,主要用于钢材热镀锌。

(3) 镀层用锌合金

通常很少用纯锌作镀层,基本全是用锌合金镀层,仍称镀锌。镀锌层的防护能力与镀层厚度有关,一般镀层越厚,防护能力越强。在干燥良好工作环境下,镀层厚度一般选 7 μm ～ 12 μm,在工业大气等中等工作环境下,选择 15 μm ～ 25 μm;而在如潮湿海洋性气候工作环境下,应选择 25 μm 以上的镀层厚度。钢铁产品镀锌工艺分为热镀锌、电镀锌、粉末镀锌、热喷涂等,镀锌钢材包括钢板、钢管和钢丝(线材)。

① 热镀锌:热镀锌优点是镀层厚,耐蚀性好,成本低。镀层、韧性和表面状态都可控。热镀锌工艺是先将工件浸入硫酸酸洗槽中酸洗,然后放入含 1 % 的盐酸水槽,让钢板通过挤水辊,浸涂助镀剂,再放入温度为 150 ℃～250 ℃的烘干炉烘干,烘干后的钢板进入 450(1±5)℃的锌锅,经过一段时间,出锅风冷,用压缩空气喷吹表面,去除多余锌,并使表面平整光滑,最后钝化处理或涂油。热镀锌产品占全部镀锌产品的 90 % 以上。但热镀中过高温度(>460 ℃),正处于钢铁的回火脆性产生区,会对钢材产生不良影响。

② 电镀锌:电镀锌防护能力较好,价格低廉,操作简单,电镀过程容易实现,在钢铁中电镀锌比例很大。

③ 粉末镀锌:粉末镀锌是利用锌粉镀锌,分浸锌和机械镀锌。浸锌是在热状态下使锌原子渗入钢铁零件表面,形成锌合金层。机械镀锌是在常温下将工件、水和冲击介质放入特制滚筒,在滚筒转动过程中不断加入金属锌粉、活化剂和经活化的锌粉,利用滚筒转动过程中的机械能将锌粉颗粒逐渐聚集为分散的团絮状并吸附在工件表面,形成疏松镀层,再经过冲击介质的碰撞、搓碾,类似锻造工艺将吸附在工件表面的疏松镀层"冷焊"在工件表面,形成镀层。

④ 热喷涂:它是用高温热喷涂技术将锌或锌合金熔体喷在钢铁表面,形成锌或锌合金保护层,适用于大型钢铁结构,尤其是旧的钢铁桥梁、建筑物等的重新装饰及防护。

5.5.6　滑动轴承合金

滑动轴承是指支承轴颈和其他转动或摆动零件的支承件。它由轴承体和轴瓦两部分构成，用来制造轴瓦及其内衬的合金称为滑动轴承合金。当轴旋转时，轴承承受着轴与轴瓦之间的摩擦并承受轴颈传递的周期性载荷。与滚动轴承相比，滑动轴承承压面积大、工作平衡无噪声，制造检查方便，常用于制作磨床主轴轴承、连杆轴承、发动机轴承等。

在理想的工作条件下，轴与轴瓦之间有一层润滑油相隔，进行理想的液体摩擦，如图5.17所示。但在实际工作中，特别是启动、刹车以及负荷变动时，润滑油膜往往遭到破坏，而进行半干摩擦甚至干摩擦。因此轴承要有足够的强度和硬度，良好的耐磨性和一定的塑性及韧性，其次还要求有良好的耐蚀性、导热性和较小的膨胀系数。

轴承合金一般在铸态下使用，其牌号表示方法为：Z（铸字汉语拼音的首写字母）＋基体元素化学符号（Sn，Pb，Cu，Al等）＋主加元素与辅加元素的化学符号及含量（质量分数×100）。例如，ZSnSb8Cu4表示主加元素Sb的含量$w_{Sb}=8\%$，辅加元素Cu的含量$w_{Cu}=8\%$，余量为Sn的铸造锡基轴承合金。

表5-42为铸造轴承合金的牌号、化学成分、硬度及主要应用举例。

滑动轴承合金按主要化学成分可分为锡基和铅基轴承合金（巴氏合金）；此外，还有铜基、铝基和铁基等数种轴承合金。

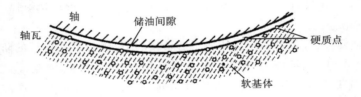

图5.17　轴承与轴的理想配合示意图

表5-42　铸造轴承合金的牌号、化学成分、硬度及主要应用举例

| 组别 | 代号 | 化学成分 w/% | | | | | | | | | 硬度/HBW ⩾ | 主要应用举例 |
		Cu	Pb	Cu	Zn	Al	Sb	As	其他	杂质总量⩽		
锡基	ZSnSb12Pb10Cu4	其余	9.0~11.0	2.5~5.0	0.01	0.01	11.0~13.0	0.1	Fe0.1 Bi0.08	0.55	29	硬、耐压，适用于一般发动机的主轴承，不适合高温部件
	ZSnSb11Cu6	其余	0.35	5.5~6.5	0.01	0.01	10.0~12.0	0.1	Fe0.1 Bi0.03	0.55	27	较硬，适用于功率较高的高速汽轮机和蜗轮机，透平压缩机，透平泵及高速内燃机等的轴承
	ZSnSb8Cu4	其余	0.35	3.0~4.0	0.005	0.005	7.0~8.0	0.1	Fe0.1 Bi0.03	0.55	24	韧性与ZSnSb4Cu4相同，适用于一般大型机械轴承及轴套
	ZSnSb4Cu4	其余	0.35	4.0~5.0	0.01	0.01	4.0~5.0	0.1	Bi0.08	0.50	20	耐蚀、耐热、耐磨适用于蜗轮机及内燃机高速轴承及轴衬

续表 5 - 42

组别	代号	化学成分 w/%								杂质总量≤	硬度/HBW ≥	主要应用举例
		Sn	Pb	Cu	Zn	Al	Sb	As	其他			
铅基	ZPbSb16Sn16Cu2	15.0~17.0	其余	1.5~2.0	0.15	—	15.0~17.0	0.3	Fe0.1 Bi0.1	0.6	30	轻负荷高速轴衬,如汽车、轮船、发动机
	ZPbSb15Sn5Cu3Cd2	5.0~6.0	其余	2.5~3.0	0.15	—	14.0~16.0	0.6~1.0	Cd1.75~2.25 Fe0.1 Bi0.08	0.4	32	重负荷柴油机轴衬
	ZPbSb15Sn10	9.0~11.0	其余	0.7	0.005	0.005	14.0~16.0	0.6	Fe0.1 Bi0.1 Cd0.05	0.45	24	中负荷中速机械轴衬
	ZPbSb15Sn5	4.0~5.5	其余	0.5~1.0	0.15	0.01	14.0~15.5	0.2	Fe0.1 Bi0.1	0.75	20	汽车和拖拉机发动机轴衬
	ZPbSb10Sn6	5.0~7.0	其余	0.7	0.005	0.005	9.0~11.0	0.25	Fe0.1 Bi0.1 Cd0.05	0.7	18	重负荷高速机械轴衬
铜基	ZCuSn5Pb5Zn5	4.0~6.0	4.0~6.0	其余	4.0~6.0	0.01	0.25	—	Ni2.5 Fe0.5 Si0.02	0.7	60	高强度,适用于中速及受较大固定载荷的轴承,如电动机、泵、机床用轴瓦
	ZCuSn10P1	9.0~11.5	0.25	其余	0.05	0.01	0.05	0.10	P0.5~1.0	0.7	90	
	ZCuPb30	1.0	27.~33.0	其余	—	0.1	0.20	—	Mn0.3 Fe0.5 Si0.02	1.0	25	高耐磨性、高导热性,适用于高速、高温(350℃)、重负荷下工作的轴承,如航空发动机、高速柴油机等的轴瓦
	ZCuPb15Sn8	7.0~9.0	13.~17.0	其余	2.0	0.01	0.5	—	Ni2.0 Fe0.25 Mn0.2	1.0	65	高强度,适用于中速及受较大固定载荷的轴承
	ZCuAl10Fe3	0.3	0.2	其余	0.4	8.5~11.0	—	Fe 2.0~4.0	Ni3.0 Mn1.0 Si0.2	1.0	110	
铝基	ZAlSn6Cu1Ni1	5.5~7.0	—	0.7~1.3	—	其余	—	—	Fe0.7 Si0.7 Ni0.7~1.3 Mn0.1	1.5	40	耐磨、耐热、耐蚀,适用于高速、重载发动机轴承

1. 锡基轴承合金

锡基轴承合金是以 Sn 为基础,并加入少量 Sb,Cu 等元素。常用的牌号有 ZSnSb11-6(含 Sb11 % 和 Cu6 %,余 Sn),如图 5.18 所示。其中黑色部分是 Sb 溶于 Sn 的 α 固溶体(软基体);白方块是以 SbSn 化合物为基的固溶体 β′ 相(硬质点)。铸造时,由于 β′ 相较轻,易发生严重的比重偏析,所以在合金中加入 Cu,生成 Cu_3Sn 化合物(即图中白色针状、星状骨架),阻止较轻的 β′ 相上浮,有效地减轻比重偏析。Cu_3Sn 的硬度比 β′ 相高,也起硬质点作用,进一步提高合金的强度和耐磨性。

锡基轴承合金具有良好的塑性和韧性,摩擦系数小(0.005),有优良的耐蚀性和导热性。这类合金的缺点是锡稀缺且价格贵,疲劳强度低,同时熔点也低,最高工作温度不超过150 ℃。目前广泛用于工作条件比较苛刻的轴承上,如汽轮机、发动机和压气机等大型机器的高速轴承等。

2. 铅基轴承合金

铅基轴承合金是以 Pb 为基,加入少量 Sb、Sn,Cu 等合金元素的轴承合金。常用的牌号有 ZChPbSb16 - 16 - 2(含 Sb16 ％、Sn16 ％和余 Cu2 ％,余量 Pb),如图 5.19 所示。组织中软基体为共晶组织(α+β),α 相是 Sb 溶入 Pb 所成的固溶体,β 相是以 SnSb 化合物为基的含 Pb 的固溶体;硬质点是化合物 SnSb(白色方块状)和化合物 Cu_2Sb(白色针状)。

图 5.18　ZSnSb11Cu6 轴承合金的显微组织　　　图 5.19　ZPbSb16Sn16Cu2 轴承合金的显微组织

铅基轴承合金的突出优点是成本低,但它的硬度、强度、韧性都比锡基轴承合金低,摩擦系数也较大(0.007),只适用于制造低速、低负荷或静载中负荷机器的轴承合金,如汽车、拖拉机的曲轴、连杆轴承及电动机轴承等。

无论是锡基还是铅基轴承合金,它们的强度都比较低,不能承受大的压力,故需将其镶铸在用钢冲压成型的轴瓦上(常用 08 钢),形成一层薄而均匀的内衬,才能发挥作用。这种工艺称为"挂衬",挂衬后就形成所谓双金属轴承。

3. 铝基轴承合金

铝基轴承合金是以 Al 为主并加入 Sn、Sb、Cu,Mg、C(石墨)等元素的合金。它是为了适应近代汽车、拖拉机、船舶、航空发动机向高速、高压、重载方向发展而出现的一种新型的减摩材料,具有原料丰富,成本低、密度小、导热性好、疲劳强度高、耐蚀性好等优点,广泛用于高速、高载荷下工作的轴承,可代替巴氏合金和铜基轴承合金。

铝基轴承合金按化学成分可分为铝锡系(Al - Sn 20 ％- Cu1 ％)、铝锑系(Al - Sb 4 ％- Mg 0.5 ％)和铝石墨系(Al - Si 8 ％-石墨 3 ％～6 ％)三类。其中以高锡铝基轴承合金应用最广,它是以 Al 为硬基体,粒状 Sn 为软质点的硬基体软质点型轴承合金。

以上各种轴承合金的性能比较如表 5 - 43 所列。

表 5 - 43　各种轴承合金性能比较

种　类	抗咬合性	磨合性	耐蚀性	耐疲劳性	合金硬度 HBW	轴颈处硬度 HBW	最大允许压力/MPa	最高允许温度/℃
锡基巴氏合金	优	优	优	劣	20～30	150	600～1 000	150
铅基巴氏合金	优	优	中	劣	15～30	150	600～800	150
锡青铜	中	劣	优	优	50～100	300～400	700～2 000	200
铅青铜	中	差	差	良	40～80	300	2 000～3 200	220～250
铝基合金	劣	中	优	良	45～50	300	2 000～2 800	100～150
铸铁	差	劣	优	优	160～180	200～250	300～600	150

习题与思考题

一、填空题

1. 按照钢的用途分类，可将钢分为＿＿＿＿和＿＿＿＿两类。前者用来制造＿＿＿＿＿＿，后者用来制造＿＿＿＿＿＿。

2. 在表 5 - 44 中填入合适的钢类别和应用。

牌　号	钢的类别	主要应用
20	优质碳素结构钢（低碳钢）	可用作冲压件及焊接件；经过热处理（渗碳后），可制备轴、销等零件
40Cr		
5CrMnMo		
9SiCr		
60Si2Mn		
T12		
16Mn		
1Cr13		
1Cr17		
GCr15		

3. 白口铸铁中碳主要以＿＿＿＿的形式存在，可用来制造＿＿＿＿＿＿。

4. 灰铸铁中石墨的形态为＿＿＿＿，可用来制造＿＿＿＿＿＿。

5. 可锻铸铁中石墨的形态为＿＿＿＿，可用来制造＿＿＿＿＿＿。

6. 球墨铸铁中石墨的形态为＿＿＿＿，可用来制造＿＿＿＿＿＿。

7. 蠕墨铸铁中石墨的形态为＿＿＿＿，可用来制造＿＿＿＿＿＿。

8. 不锈钢按其正火组织可分为＿＿＿＿＿＿、＿＿＿＿＿＿和＿＿＿＿＿＿。

9. 铝合金按其加工方法可分为＿＿＿＿＿＿和＿＿＿＿＿＿。

10. 铝合金通常采用的热处理工艺主要有＿＿＿＿、＿＿＿＿和＿＿＿＿。

二、是非题

1. 大部分的合金元素都能提高淬透性。（　）

2. 调质钢的合金化主要是考虑提高其红硬性。（　）

3. T8 钢比 T12 和 20CrMnTi 钢有更好的淬透性和淬硬性。（　）

4. 奥氏体型不锈钢可采用加工硬化提高强度。（　）

5. 奥氏体不锈钢可采用淬火后低温回火的热处理来提高强度。（　）

6. 白口铸铁中的碳主要以石墨存在。（　）

7. 球墨铸铁的综合力学性能由于灰铸铁和可锻铸铁。

8. 碳素工具钢能够在 600 ℃左右的工作温度下进行高速切削。（　）

9. GCr15 的 Cr 含量为 1.5 %。（　）

10. Cr13 的 Cr 含量为 1.3 %。（　）

11. 可锻铸铁指可以进行锻造的铸铁。（　）

三、问答题

1. 根据各类钢的特点,分析下列牌号属于哪一类,说明其碳元素和合金元素的含量,并各举出一个应用实例。

    20Cr、12CrNi3A、30CrMnSiNi2A、40CrNiMo、30CrMoAl、50CrVA、65Mn、GCr15、Q235A、15、45、65、T8、T12

2. 试就下列四个钢号:20CrMnTi、65、T8、40Cr,讨论如下问题:

    (1) 在外界条件和零件尺寸相同的情况下,比较其淬透性和淬硬性,并说明理由;

    (2) 各种钢的用途、热处理工艺、最终的组织。

3. 合金结构钢与合金工具钢在成分、热处理及性能上有何差别?

4. 试述渗碳钢和调质钢的预备热处理和最终热处理的区别?

5. 为什么低合金高强钢用 Mn 作为主要的合金元素?

6. 渗碳钢适宜制作何种工作条件的零件,其常见的失效形式有哪些? 为什么渗碳钢均为低碳钢? 合金渗碳钢中加入 Ti、V 元素的作用是什么? 20CrMnTi 钢制零件渗碳后为何可直接淬火? 淬火后为何选用低温回火?

7. 为什么合金弹簧钢以 Si 为重要的合金元素? 为什么要进行中温回火?

8. 轴承钢为什么要用铬钢?

9. 何谓红硬性? 高速钢为什么具有红硬性? 冷冲模具选高速钢合理吗?

10. 简述高速钢的成分、热处理和性能特点,并分析合金元素的作用。

11. 提高抗腐蚀性的途径是什么? 为什么 1Cr18Ni9Ti 具有优良的抗腐蚀性?

12. 试述石墨形态对铸铁性能的影响,以及与钢相比较铸铁性能有什么优缺点?

13. 为什么一般机器的支架、机床的床身常用灰口铸铁制造?

14. 说明球墨铸铁的性能优于灰口铸铁的原因?

15. 2A11 铝合金的时效硬化工艺和 0.5 %碳钢形成马氏体的强化工艺具有相似的热处理步骤,但每一步骤所引起的合金组织变化是不同的,请回答:

（1）两种工艺的第一步是：加热到高温，然后淬火。淬火时，铝合金和钢内部各发生什么变化？

（2）两种工艺的第二步是：加热到较低温度，在铝合金和钢内部各发生什么组织变化？

16. 5A02、2A12、2A50、7A04、ZL105 各属于何种铝合金，试分析它们的特性及用途（可举一例）。

17. 轻金属合金中，铝、镁、钛合金各有何特点？请举例分别说明它们的用途。

第6章 工程非金属材料

  长期以来,机械工程材料一直是以金属材料为主。现代科学技术突飞猛进,材料、能源、信息技术日新月异,不但要求生产更多具有高强度和特殊性能的金属材料,而且要求迅速发展更多、更好性能的非金属材料。

  非金属主要包括高分子材料、陶瓷材料及复合材料等。它们具有金属材料所不及的一些特殊性能,如聚合物以质轻、绝缘、耐磨、耐腐蚀、易成型等优点,已经向传统的金属材料发出挑战;陶瓷以高硬度、耐高温、抗腐蚀、自然资源丰富、成型工艺简便等优点,已成为最有希望的高温结构材料;而复合材料可设计性强,综合各组成材料保持各自的最佳特性并相互取长补短,从而最有效地利用材料,正成为一种新型的、有发展前途的材料。本章主要介绍常用的高分子材料、陶瓷材料、复合材料的分类、结构、性能特点和应用,并对前沿新型材料的发展做简要介绍和展望。

6.1 高分子材料

  高分子材料是由一种或多种简单低分子化合物聚合而成的,又称为高分子化合物(high molecular weight compound)或聚合物(polymer)。

  高分子材料可分为天然高分子材料和人工合成高分子材料两大类。天然高分子材料包括蚕丝、羊毛、纤维素、天然橡胶和蛋白质等,而人工合成高分子材料包括塑料、合成橡胶、合成纤维、胶粘剂和涂料等。工程上使用的主要是人工合成的高分子材料。

6.1.1 高分子材料的特征

1. 高分子材料的命名方法

  高分子材料的命名方法主要有3种。

  ① 加聚类高分子材料大多采用习惯命名法,即在合成单体的名称前加"聚"字,如聚乙烯、聚丙烯等。

  ② 有一些在原料名称后加"树脂"或"橡胶"两字,例如酚醛树脂、丁苯橡胶等。

  ③ 有很多高分子材料采用商品名称,根据发明者或者使用者提出来的,没有统一的命名原则,而商品名称多用于纤维和橡胶,如尼龙6、棉纶、卡普隆、丁苯橡胶等。

  此外,有些高分子材料是根据制品的特征命名的,如有机玻璃、电木。还有不少高分子材料常用英文名称的第一个字母表示,如PS代表聚苯乙烯,PVC代表聚氯乙烯等。

2. 高分子材料的分类

  高分子材料可以根据来源、化学组成、性能用途、结构等不同角度进行分类,表6-1给出了常用的高分子材料的分类方法。

表 6 - 1　高分子材料的分类

分类方法	类别	特点	举例	备注
按性能及用途	塑料	室温下呈玻璃态,有一定形状,强度较高,受力后能产生一定形变的聚合物	聚酰胺、聚甲醛、聚砜、有机玻璃、ABS、聚四氟乙烯、聚碳酸酯、环氧塑料、酚醛塑料	其中塑料、橡胶、纤维称为三大合成材料
	橡胶	室温下呈高弹态,受到很小力时就会产生很大形变,外力去除后又恢复原状的聚合物	通用合成橡胶(丁苯、顺丁、氯丁、乙丙橡胶)特种橡胶(丁腈、硅、氯橡胶)	
	纤维	由聚合物抽丝而成,轴向强度高、受力变形小,在一定温度范围内力学性能变化不大的聚合物	涤纶(的确良)、棉纶(尼龙)、腈纶(奥纶)、纤纶、丙纶、氯纶(增强纤维有芳纶、聚烯烷)	
	胶黏剂	由一种或几种聚合物作基料加入各种添加剂构成的,能够产生黏合力的物质	环氧、改性酚醛、聚氨酯 α - 氰基丙烯酸酯、厌氧胶黏剂	
	涂料	是一种涂在物体表面上能干结成膜的有机高分子胶体,有保护、装饰作用(或特殊作用:绝缘、耐热)	酚醛、氨基、醇酸、环氧、聚氨酯树脂及有机硅涂料	
按聚合物反应类型	加聚物	经加聚反应后生成的聚合物,链节的化学式与单体的分子式相同	聚乙烯、聚氯乙烯等	80%聚合物可经积聚反应生成
	缩聚物	经缩聚反应后生成的聚合物,链节的化学式与单体的化学结构不完全相同,反应后有小分子物析出	酚醛树脂(由苯酚和甲醛缩合、缩水去水分子后形成的)等	
按聚合物的热行为	热塑性塑料	加热软化或熔融,而冷却固化的过程可反复进行的高聚物,它们是线型高聚物	聚氯乙烯等烯类聚合物	
	热固性塑料	加热成型后不再熔融或改变形状的高聚物,它们是网状(体型)高聚物	酚醛树脂、环氧树脂	
按主链上的化学组成	碳链聚合物	主链由碳原子一种元素组成的聚合物	—C—C—C—C—	
	杂链聚合物	主链除碳外,还有其他元素原子的聚合物	—C—C—O—C— —C—C—N— —C—C—S— —C—C—S—	
	元素有机聚合物	主链由氧、硅、硫和其他元素原子组成的聚合物	—O—Si—O—Si—O—	

3. 高分子材料的力学性能

高分子材料的力学性能与金属材料相比具有以下特点:

(1) 低强度和高比强度

与金属相比,高分子材料的强度要低得多,一般不超过 100 MPa,但是由于高分子材料的密度小(如聚丙烯密度是 910 kg/m³,而泡沫塑料的密度仅为 10 kg/m³),只有钢的 1/4～1/6,因此它的比强度并不低,甚至某些高分子材料的比强度比钢铁还高。

（2）高弹性和低弹性模量

尽管高分子材料的弹性模量比金属要小，但是其最大可能的断裂延伸伸长率又比金属高得多。例如，高聚物的弹性模量范围为 7 GPa～35 GPa，而金属材料的弹性模量范围为 48 GPa～410GPa；橡胶是典型的高弹性材料，其断裂伸长率为 100 ％～1 000 ％，而金属塑性变形中最大的断裂伸长率不超过 100 ％。

（3）低冲击韧度

由于高分子材料的塑性相对较好，因此在非金属材料中，它的韧性是比较好的。但是高分子材料的强度低，因此其冲击韧性值比金属低得多，一般仅为金属数量级的 1 ％。这也是高分子材料不能作为重要的工程结构材料使用的主要原因之一。为了提高高分子材料的韧性，可采取提高其强度或增加其断裂伸长量等办法，如将橡胶与脆性的聚苯乙烯共混，可提高共混物的伸长率，并使冲击韧度提高 5～10 倍。

表 6‐2 给出几种常用高分子材料的力学性能数据。

表 6‐2　几种常用高分子材料的力学性能

材　　料	密　　度 /(10^3 kg/m³)	拉伸模量/GPa	拉伸强度/MPa	断裂延伸率/％	冲击强度/(J/m)
聚乙烯(低密度)	0.917～0.932	1.7～2.8	9.0～14.5	100～650	不　断
聚乙烯(高密度)	0.952～0.965	10.6～10.9	22～31	10～1 200	21～214
聚氯乙烯	1.30～1.58	24～41	41～52	40～80	21～107
聚四氟乙烯	2.14～2.20	4.0～5.5	14～34	200～400	～160
聚丙烯(等规)	0.90～0.91	11～16	31～41	100～600	21～53
聚苯乙烯	1.04～1.05	23～33	36～52	1.0～2.5	19～24
聚甲基丙烯酸甲酯	1.17～1.20	22～31	48～76	2～10	16～32
酚醛树脂	1.24～1.32	28～48	34～62	1.5～2.0	13～214
尼龙‐66	1.13～1.15	*	76～83	60～300	43～112
聚　酯	1.34～1.39	28～41	59～72	50～300	12～35
聚碳酸酯	～1.20	～24.0	～66	～110	～854

注：试样厚度为 3.2 mm。

（4）黏弹性

聚合物在外力作用下同时发生高弹性变形和黏性流动，其变形与时间有关，称为黏弹性。黏弹性可细分为静态黏弹性和动态黏弹性。

① 静态黏弹性：指应力和应变恒定，不是时间的函数时，聚合物材料所表现出来的粘弹现象，包含蠕变和应力松弛。

蠕变是在恒定应力和温度的作用下变形随时间而增加的现象，蠕变大小反映了材料尺寸的稳定性和长期负载能力。例如，架空的聚氯乙烯电线套管的缓慢变弯属于蠕变，这是由于聚氯乙烯内部分子链构象发生改变而导致的不可逆变形。

应力松弛是指在恒定的温度和形变不变的情况下，聚合物内部应力随着时间的增长而逐渐衰减的现象。其本质是在外载荷作用下，高分子链通过链段热运动，从被迫拉伸伸展状态恢复到原有的卷曲状态，从而使内应力逐渐松弛、减小。例如：拉伸一块未交联的橡胶到一定长度,并保持长度不变,随着时间的增加,这块橡胶的回弹力会逐渐减小,这是因为里面的应力在慢慢减小,最后变为 0。因此用未交联的橡胶来做传动带是不行的。

② 动态黏弹性:指在正弦或其他周期性变化的外力作用下,聚合物黏弹性的表现。用作结构材料的聚合物许多是在交变的力场中使用,因此动态黏弹性对这类材料的使用性能影响至关重要。

滞后性是指聚合物在交变应力的作用下,形变落后于应力变化的现象。产生原因:形变由链段运动产生,链段运动时受内摩擦阻力作用,外力变化时,链段的运动还跟不上外力的变化,所以形变落后于应力,产生一个位相差。

内耗是由于力学滞后或者力学阻尼而使机械功转变成热的现象。产生的原因:当应力与形变的变化一致时,没有滞后现象,每次形变所做的功等于恢复形变时所做的功,没有功的消耗;如果形变的变化跟不上应力的变化,发生滞后现象,则每一次循环变化就会有功的消耗(热能),称为力学损耗,也叫内耗。

(5) 高耐磨性能

耐磨性是材料抵抗磨损的性能。大多数塑料的摩擦系数一般在 0.2~0.4 的范围内,但也有一些塑料的摩擦系数极低。例如,聚四氟乙烯之间的摩擦系数仅有 0.04,几乎是所有固体中最低的。这主要是源自聚四氟乙烯的高对称结构和低表面能,使得这类高分子材料只能形成较弱的分散粒和较大的接触角,导致其表面上的分子能够很容易地相互滑动或滚动。在不粘锅的生产过程中,这一层特殊的材料可以通过超高温烧结或者表面喷涂涂层,使其固化在锅的表面。

此外,尼龙、聚甲醛、聚碳酸酯等工程塑料可用于制造齿轮、轴承、轴套和机床导轨贴面等。除了摩擦系数低以外,更主要的优点是磨损率低且可以作一定的估计,原因是这类材料的自润滑性能好,对工作条件及磨粒的适应性强。特别在无润滑和少润滑条件下,其耐磨性能是金属材料无法比拟的。

但橡胶则相反,其摩擦因数大,适宜制造要求较大摩擦因数的耐磨零件如汽车轮胎、制动摩擦件。

4. 高分子材料的物理、化学性能

(1) 绝缘性

高聚物分子的化学键为共价键,不能电离,没有自由电子和可移动的离子,因此是良好的绝缘体,绝缘性能与陶瓷相当。另外,由于高聚物的分子细长、卷曲,柔性好,所以对热、声的传导也有良好的绝缘性能,例如,塑料的导热性就只有金属的百分之一以下。

(2) 耐热性

高聚物的耐热性是指它对温度升高时性能明显降低的抵抗能力。此性能主要包括力学性能和化学性能两方面,而一般多指前者,所以耐热性实际常用高聚物开始软化或变形的温度来表示。这个温度值也就是高聚物的使用温度的上限值。按照材料的力学状态,对于线形无定形高聚物,它应该与玻璃化温度或软化温度有关,而对于晶态高聚物则与熔点有联系。

热固性塑料的耐热性比热塑性塑料高。常用热塑性塑料如聚乙烯、聚氯乙烯、尼龙等,长期使用温度一般在 100 ℃ 以下;热固性塑料如酚醛塑料的耐热温度为 130 ℃~150 ℃;耐高温塑料如有机硅塑料等,可在 200 ℃~300 ℃ 使用。同金属比较,高聚物的耐热性是较低的。这是高聚物的一大不足。

（3）耐蚀性

高聚物的化学稳定性很高。它们耐水、无机试剂以及耐酸和碱的腐蚀。尤其是被誉为塑料王的聚四氟乙烯,不仅耐强酸、强碱等强腐蚀剂,甚至在沸腾的王水中也很稳定。耐蚀性好是塑料的优点之一。

（4）老　化

老化是指高聚物在长期使用和存放过程中,由于受各种因素的作用,性能随时间不断恶化,逐渐丧失使用价值的过程。其主要表现是:对于橡胶为变脆、龟裂或变软、发黏;对于塑料是褪色、失去光泽和开裂。这些现象是不可逆的,所以老化是高聚物的一个主要缺点。

老化的原因主要是分子链的结构发生了降解和交联。降解是大分子发生断链或裂解的过程。结果使相对分子质量降低,抻断为许多小分子,甚至分解成单体,因而使其机械强度、弹性、熔点、溶解度、黏度等降低。交联是分子链之间生成化学键,形成网状结构,从而使性能变硬,变脆。

影响老化的内在因素主要是化学结构、分子链结构和聚集态结构中的各种弱点。外在因素有热、光、辐射、应力等物理因素;氧和臭氧、水、酸、碱等化学因素;微生物、昆虫等生物因素。

改进高聚物的抗老化能力,应从其具体问题出发,主要措施有三个方面:① 表面防护。在表面涂镀一层金属或防老化涂料,以隔离或减弱外界中的老化因素的作用。② 改进高聚物的结构,减少高聚物各层次结构上的弱点,提高稳定性,推迟老化过程。③ 加入防老化剂,消除在外界因素影响下高聚物中产生的游离基,或使活泼的游离基变成比较稳定的游离基,以抑制其链式反应,阻碍分子链的降解和交联,达到防止老化的目的。

除以上使用性能之外,高分子材料具有良好的可加工性,尤其在加温加压下可塑成型性能极为优良,可以塑制成各种形状的制品。也可以通过铸造、冲压、焊接、粘接和切削加工等方法制成各种制品。但要注意的是,由于高分子材料的导热性差,在切削过程中很容易出现工件温度急剧升高等情况,过高的热量会导致热固性塑料变焦,热塑性塑料变软,加工性能变差。

6.1.2　塑料材料

塑料是目前机械工业中应用最广泛的高分子材料。它是指以合成树脂或天然树脂改性为主要成分,加入某些具有特定用途的添加剂（填料、增塑剂、稳定剂、颜料等）,经加工成型而构成的固体材料。

将塑料加热到熔融温度以上,再施加外加载荷,塑料就会发生形变,能被加工成任何所需的形状。由于塑料的熔融温度一般仅 200 ℃左右,比钢铁低得多,因此容易加工也是塑料区别于其他材料的特点。

1. 塑料的组成

根据组分数目可分为单组分塑料和多组分塑料。单组分塑料基本上是由高聚物组成,例如聚四氟乙烯,不加任何添加剂。而大多数塑料为多组分体系,除主要成分树脂外,再加入用来改善性能的各种添加剂,如填充剂、增塑剂、稳定剂、润滑剂、染料、固化剂等。

① 合成树脂:树脂是塑料的主要成分（质量分数为 30 ％～100 ％）,在塑料中起着黏结各组分的作用。树脂的种类、性能及所占的比例,对塑料的类型和性能起着决定性作用。因此,绝大多数塑料的命名通常与其合成树脂相关,如酚醛塑料、环氧塑料等。

② 填充剂:填充剂在塑料中起到提高和改善塑料性能（强度、耐热性、耐磨性等）的作用,

在塑料中的质量分数可达 20 ％～60 ％。作为填充料必须与树脂有良好的浸润关系和吸附性,本身性能要稳定。常见的填充料有木粉、炭黑、硅藻土、石棉、玻璃纤维等。例如,加入铝粉可提高塑料对光的反射能力及导热性能;加入二硫化钼可提高塑料的自润滑性;加入云母粉可改善塑料的绝缘性能;加入石棉粉可提高耐热性;加入木屑可提高酚醛树脂的机械强度。此外,由于填料比合成树脂便宜,加入填料可以降低塑料的成本。

③ 其他添加剂:添加剂指的是为进一步改善塑料性质而额外掺入的某些助剂,常见的添加剂有增塑剂、稳定剂、润滑剂、固化剂、阻燃剂、发泡剂等。添加剂在塑料中占的质量分数不高,也并非每种塑料都要加入添加剂。可根据塑料品种和使用要求不同,加入指定的添加剂。

例如,向树脂内加入增塑剂(邻苯二甲酸酯类、磷酸酯类等),可降低塑料的软化温度,并使塑料的塑性、韧性和弹性提高,硬脆性降低。向树脂内加入稳定剂(光稳定剂、抗氧剂、防霉剂),可以防止和延缓塑料制品的老化;向树脂内加入固化剂(胺类、酸酐类等),可以使热塑性的线型高聚物在加热成型时交联成网状体型结构,使固化后的塑料制品更加坚硬;向树脂内加入润滑剂(脱模剂、防黏剂、爽滑剂),可以防止塑料在成型、加工以及储存工程中发生粘连;向树脂内加入偶联剂(六次甲基四胺、过氧化二苯甲酰以及工业上常用的硅烷类),可以将高分子化合物由线型结构转变为体型交联结构或者是将无机填料以及增强材料与树脂基体材料结合起来;向树脂内加入发泡剂(戊烷、己烷、二氯甲烷等脂肪烃,或碳酸铵、氢氧化钠、亚硝酸铵等无机物),受热时会分解放出气体的有机化合物,可用来制备泡沫塑料等。

2. 塑料的成型和加工

(1) 塑料的成型

成形是生产工程塑料制品的关键。塑料成型方法的选择取决于塑料的类型(热塑性或热固性)、特性、起始状态及制成品的结构、尺寸和形状等。工程塑料制品的成形方法很多,常用的有挤压成型、吹塑成型、注射成型、模压成型和压延成型等。

① 挤压成形、挤压成形(亦称挤出成形或挤塑成形)是热塑性塑料加工方法中产量最大的一种。挤压机的结构示意图如图 6.1 所示,它主要是由一个加热的料筒 2 及一根在料筒中旋转的螺杆 3 组成;料筒 2 的一端装有加料口 1,另一端则装有口模 4,在螺杆的头部与口模之间,装有粗滤板或滤网等节制部件,使塑料沿着螺杆方向形成压力差。

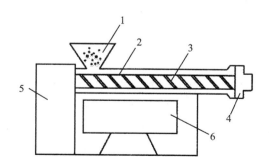

1—料斗;2—料筒;3—挤压螺杆;4—机头和口模;5—变速箱;6—电动机

图 6.1　挤压机结构示意图

挤出成型的过程是将经过干燥的塑胶材料,由注塑机的下料口通过螺杆的旋转或推动传动进入塑化料管中,经过吸收外部的电热及螺杆的剪切热后而形成具有一定密度的融熔塑料。

此后在螺杆的推动下,经由喷嘴从模具的流道注入模具型腔,从而成型为所需断面形状的连续型材。

挤压成型主要用于热塑性塑料的成形,挤出制品都是连续的型材,如管、棒、丝、板、薄膜、电线电缆包覆层等。此外还可用于塑料的混合,塑化造粒、着色、掺和等。该法生产效率高、操作简单,工艺过程易控制,便于实现连续自动化生产,产品质量均匀、致密,可以一机多用,进行综合性生产(更换螺杆和机头),但用此法生产的制品尺寸公差较大。

② 吹塑成形:吹塑成形也称中空吹塑,借助的是玻璃吹制的工艺原理。它利用压缩空气使加热到塑性变形状态的片状或管状塑料型坯,在模型中吹制成中间胀大、颈口缩小的中空制件。吹塑成形只限于热塑性塑料的成形加工,是一种发展迅速的塑料加工方法。

吹塑中所用的模具及其成形过程如图 6.2 所示。先将热塑性树脂经挤出或注射成型得到的管状塑料型坯,趁热(或加热到软化状态)置于对开模中,如图 6.2(a)所示;然后闭合模具并通入压缩空气,此时具有良好塑性的型坯被吹胀而紧贴在模具内壁上,如图 6.2(b)所示;经冷却脱模,即得到各种中空制品,如图 6.2(c)所示。

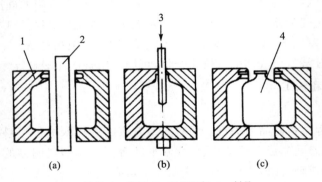

1—模具;2—型坯;3—压缩空气;4—制品

图 6.2　吹塑成形法

中空吹塑的塑料品种有聚乙烯、聚氯乙烯、聚丙烯、聚苯乙烯、线形聚酯、聚碳酸酯、聚酰胺等,可用于各种包装容器和管式膜的制造。吹塑成型的优点是工具和模具成本,生产速度快,能够塑造复杂部件;缺点是制品仅限于空心部件,强度低,为了增加阻隔性能,使用了不同材料的多层型坯,因此不可回收。

③ 注射成型:注射成型(亦称注塑成形),它是热塑性塑料或流动性较大的热固性塑料的主要成形方法之一,通常在塑料注射机上进行,如图 6.3 注射机结构示意图所示。注射成型过程是将粒状或粉状塑料从注射机的料斗 3 送入料筒 5 内加热熔融,当整体呈流动状态时,在注射成型机中的螺杆 6 或柱塞的加压作用下,使熔体压缩并通过喷嘴以很快的速度注入闭合模具中,经一段时间的冷却定型再开模具取出制品。

注射成形可一次成型出外形复杂、尺寸精确的塑料制品,且制品无须进一步修饰或加工,成型周期短(几秒～几分钟),适应性强,生产效率高。该法也可与吹塑互相配合,组成注射—吹塑成型。

④ 模压成型:模压成型(亦称压制成型或压缩成型),是先将粉状、粒状或纤维状的塑料放入成型温度下的模具型腔中,然后闭模加压而使其成型并固化(见图 6.4)。这项工艺主要是利用树脂固化各反应阶段特性来实现制品成型。制备过程中,它要求原料均可流动,其成型压

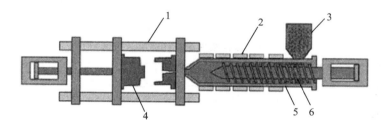

1—拉杆；2—加热器；3—料斗；4—模板；5—料筒；6—螺杆

图 6.3　注射机结构示意图

力较其他工艺方法高。

因热塑性塑料的模压成型必须对模具交替的加热与冷却,生产周期长,能耗大,劳动强度大,制品精度低,所以模压成型除用于流动性很差的热塑性塑料(如聚四氟乙烯)外,更主要的是用于热固性塑料的成形,如酚醛塑料和氨基塑料制品几乎都是用此法生产的。

⑤ 压延成型:压延成型是将熔融塑化的热塑性塑料通过两个以上的平行异向旋转辊筒间隙,使熔体受到辊筒挤压延展、拉伸而成为具有一定规格尺寸和符合质量要求的连续片状制品,最后经自然冷却成型的方法(见图 6.5)。压延成型工艺常用于塑料薄膜或片材的生产。

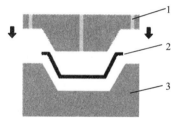

1—导柱；2—制品；3—模具

图 6.4　模压成型示意图

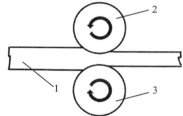

1—胚料；2—上轧辊；3—下轧辊

图 6.5　压延成型示意图

(2) 工程塑料制品的加工

塑料的加工主要指塑料制品成形之后进行的再加工,亦称二次加工。如处于玻璃态的塑料,可以采用车、铣、钻、刨等机械加工方法和电镀、喷涂等表面处理方法。

3. 塑料的分类

塑料在工业上的主要分类方法有两种。

① 按照热性能分类,可分为热塑性塑料和热固性塑料。

热塑性塑料受热时软化,冷却后固化,再受热时又软化,具有可塑性和重复性。它的变化只是一种物理变化,化学结构基本不变。这类塑料主要有聚酰胺、ABS、聚甲醛、聚碳酸酯、聚苯乙烯、聚砜、聚四氟乙烯、有机玻璃等。其优点是加工成型简便,具有较高的机械性能;缺点是耐热性和刚性比较差。

热固性塑料大多是以缩聚树脂为基础,加入多种添加剂而成。这类塑料的特点是:初加热时软化,可注射成型,但冷却固化后再加热时不再软化,不溶于溶液,也不能再熔融或再成型。这类塑料主要有酚醛树脂、环氧树脂等。热固性塑料由于其内部高分子的交联结构使本身的机械强度和耐热性都较热塑性塑料好。

② 根据塑料的用途来划分，可以分为通用塑料、工程塑料和特种塑料三大类，它们的特点如表 6-3 所列。

表 6-3　塑料按用途的分类及其特点

分　类	特　点	品　种
通用塑料	产量大（占塑料总产量的 75 ％以上）、用途广、价格低	聚乙烯、聚丙烯、聚苯乙烯、聚氯乙烯、酚醛树脂、氨基塑料等
工程塑料	综合性能优良，一般使用温度在 150 ℃以下	聚酰胺、聚甲醛、聚碳酸酯、聚砜等
特种塑料	使用温度在 150 ℃以上，具有某种特殊性能	有机硅塑料、氟塑料、不熔性聚酰亚胺等

4. 常用的塑料简介

常用的塑料的名称、代号、密度、力学性能及使用温度见表 6-4，常用塑料的耐腐蚀性见表 6-5。

表 6-4　常用塑料的性能

类　别	名　称	代　号	密度/(g·cm⁻³)	抗拉强度/MPa	使用温度/℃
热塑性	聚乙烯	PE	0.91～0.965	3.9～38	−70～100
	聚氯乙烯	PVC	1.16～1.58	10～50	−15～55
	聚苯乙烯	PS	1.04～1.10	50～80	−30～75
	聚丙烯	PP	0.90～0.915	40～49	−35～120
	聚酰胺	PA	1.05～1.26	47～120	<100
	聚甲醛	POM	1.41～1.43	58～75	−40～100
	聚碳酸酯	PC	1.18～1.2	65～70	−100～130
	聚砜	PSE	1.24～1.6	70～84	−100～160
	共聚丙烯腈-丁二烯-苯乙烯	ABS	1.05～1.08	21～63	−40～90
	聚四氟乙烯	PTFE	2.1～2.2	15～28	−180～260
	聚甲基丙烯酸甲酯	PMMA	1.17～1.2	50～77	−60～80
热固性	酚醛树脂	PF	1.37～1.46	35～62	<140
	环氧树脂	EP	1.11～2.1	28～137	−89～155

（1）通用塑料

① 聚乙烯（Polyethylene，简称 PE）：聚乙烯是发展最为迅速、产量最大的一种塑料。在所有的聚合物中，PE 的分子式最简单，可写作：

$$\left[CH_2 - CH \right]_n$$

大多数烯烃类聚合物都可以看成是聚乙烯的衍生物，是乙烯分子中的一个或两个氢原子被其他基团替代后所得到的产物。聚乙烯塑料的手感同石蜡相似，燃烧时会一滴滴往下淌，并有燃蜡的气味，同时有良好的耐低温性、化学稳定性、加工性、电绝缘性，但强度较低，耐热性不高（只可在 80 ℃以下使用），易燃烧，抗老化性能较差。

表 6-5 常用塑料的耐腐蚀性能相对指数

类 别	名 称	代 号	相对耐腐蚀性				
			有机溶剂	盐类	碱类	酸类	氧化
热塑性塑料	聚乙烯	PE	5	10	10	10	8
	聚丙烯	PP	5	10	10	10	8
	聚氯乙烯,硬质	PVC	6	10	10	10	6
	聚氯乙烯,软质	PVC	4	10	9	10	6
	聚苯乙烯	PS	2	10	10	10	4
	共聚丙烯腈—丁二烯—苯乙烯	ABS	4	10	8	9	4
	聚甲基丙烯酸甲酯(有机玻璃)	PMMA	4	10	7	9	4
	聚酰胺(尼龙—66)	PA—66	7	10	7	3	2
	聚甲醛	POM	9	10	3	3	3
	聚碳酸酯	PC	6	10	1	7	6
	聚四氟乙烯	PTFE	10	10	10	10	10
	聚三氟氯乙烯	PCTFE	10	10	10	10	10
热固性塑料	酚醛树脂	PF	9	10	3	10	3
	环氧树脂	EP	6	10	7	9	2
	聚酯树脂	UP	6	10	4	7	6
	硅树脂	Si	3	5	4	3	1
	聚氨酯	PUR	8	10	6	6	4
	呋喃树脂		10	10	·10	10	2

注:1—耐蚀性最弱;2～9—依次由弱到强;10—耐蚀性最强。

工业上常见的分类方法是按照密度高低(见表 6-6)和分子量大小(见表 6-7)分类。

表 6-6 聚乙烯按密度分类

密度/g·cm^{-3}	分类名称
< 0.900	超低低密度聚乙烯
< 0.910	极低密度聚乙烯
0.910～0.925	低密度聚乙烯
0.925～0.941	中密度聚乙烯
0.941～0.965	高密度聚乙烯

表 6-7 聚乙烯按分子量分类

平均相对分子质量/g·mol^{-1}	密度为 0.90 g/cm^3,低分子量低密度聚乙烯
1 000～12 000	密度为 0.95 g/cm^3,低分子量高密度聚乙烯
< 110 000	中分子量聚乙烯
110 000～250 000	高分子量聚乙烯
250 000～1 500 000	超高分子量聚乙烯

Ⅰ. 低密度聚乙烯(LDPE)

低密度聚乙烯又称高压聚乙烯,是在高温和特别高的压力下经自由基聚合得到的乙烯均聚物,其密度在 0.910 g/cm～0.925 g/cm。该法获得的聚乙烯结晶度低,质地柔软,耐冲击,常用于制薄膜、软管、瓶类等包装材料和电绝缘护套等。

Ⅱ. 高密度聚乙烯(HDPE)

高密度聚乙烯也称为低压聚乙烯,通常是由乙烯及少量共聚单体在金属有机络合物或金属氧化物为主要组分的载体型或非载体型催化剂作用下,按离子型聚合反应历程制得。高密度聚乙烯的平均相对分子质量较高,主要为线型结构,支链少,平均每 1 000 个碳原子仅含有几个支链。因此,密度较高(0.941 g/cm～0.965 g/cm),结晶度也较高(80 %～90 %)。这类聚乙烯可以用作化工耐蚀管道、阀、衬板以及承载不高的齿轮、轴承等结构材料。日常生活中用到的洗发水瓶、圆珠笔芯、牙膏管、发泡水果包装网也多由 HDPE 制成。

Ⅲ. 超高相对分子质量聚乙烯(UHMPE)

简称超高分子量聚乙烯。因为 UHMWPE 的分子链特别长,所以具有许多独特的物理、机械及化学性能。UHMWPE 耐磨性超过任何其他热塑性塑料,耐冲击性能好,悬臂梁缺口抗冲击强度达 196 J/m,且在低温下仍有很高的耐冲击性,耐腐蚀性和耐环境应力开裂性优良。拉伸强度高达 29.2 MPa,是普通高密度聚乙烯的 2 倍。UHMWPE 使用温度为 100 ℃～110 ℃,耐寒性能良好,可在 −289 ℃下使用。但在其熔融状态时黏度太高,无形中增大了加工的难度。UHMPE 可用于制作耐磨输送管道、滑雪板、防弹衣、人工关节、小齿轮等。

② 聚氯乙烯(Polyvinyl Chloride,PVC):PVC 是塑料中产量较大的品种之一。其价格低廉、性能优良。分子式为:

$$\left[CH_2 - CH \right]_n$$
$$\quad\quad\quad\quad Cl$$

从上式中可以看出,分子中具有极性基团氯原子,使得整个分子呈极性,增加了分子间力,阻碍了单键内旋,因此与 PE 相比,PVC 具有更高的强度和刚度。

PVC 本身是一种质地很硬的塑料,但是通过加入大量的增塑剂,可以变成比 PE 还柔软的塑料,用于制备各种不同的用品。增塑剂是一种高沸点的溶剂,它们能使塑料的玻璃化温度降低,使分子链变得柔软,在常温下有一定的弹性。

根据 PVC 树脂中增塑剂量的多少,把 PVC 塑料分为硬质 PVC 和软质 PVC。随着增塑剂用量增加制品变软,抗变形能力下降。聚氯乙烯制品的力学性能如表 6-8 所列。

表 6-8　聚氯乙烯制品的力学性能

性　能	未增塑硬质制品	增塑的软质制品	
		不加填料	加填料
拉伸强度/MPa	40～60	11～25	11～25
断裂伸长率/%	40～80	200～450	200～400
拉伸模量/MPa	2 500～4 200		
压缩强度/MPa	5 000～9 000	130～1 200	200～1 270
弯曲强度/MPa	80～110		
冲击强度(缺口)/J·cm^{-2}	0.25～0.51		
硬　度	65～85(邵尔 D)	50～100(邵尔 A)	50～100(邵尔 A)
弯曲模量/MPa	2 100～3 500		

在实际应用中,硬 PVC 大约占市场的 2/3,软 PVC 占 1/3,其中建材行业占的相对密度最大,为 60 ％,其次是包装行业。

Ⅰ.硬质 PVC 板材可用于地板、天花板、百叶窗以及室内彩色透明装饰板等,经焊接可制成耐腐蚀储槽、电解槽等;管材用于轻化工业防腐蚀管道及城乡供排水系统、地下工程、煤气输送管道,也可用作线缆套管;薄壁管正在代替楼房铸铁排水管大量使用;异型材广泛用于楼房的门窗、楼梯扶手、地板条、挂镜线、线缆槽等。

Ⅱ.软质 PVC 可以大量代替橡胶用作电线电缆的绝缘层,也可以制成薄膜在农业上用于育秧、蔬菜大棚膜,还可用作包装材料,如药品、洗衣粉、仪器仪表等包装;用作防雨材料,如雨衣、雨伞、雨布等。此外,高级医用无毒 PVC 材料(不含有邻苯类增塑剂)符合医用器械标准,广泛用于食品包装及医疗用的输液袋、输血袋等。

PVC 塑料也有其不足之处,主要是耐温性差,通常的使用温度为 $-15 ℃ \sim 60 ℃$。在 $60 ℃$ 以上就会变形。另外,在光和热的作用下,PVC 很容易老化,使制品颜色变深,质地变脆。此外,PVC 塑料最致命的缺点是在高温或燃烧时会分解放出能使人窒息的氯化氢气体,不仅污染环境,甚至会对生命造成威胁。新的消防条例规定,非阻燃型的 PVC 不得在建筑中使用。

③ 聚丙烯(Polypropylene,PP):丙烯的来源十分丰富,大量存在于石油高温裂解的废气中。PP 的化学式如下:

$$\left[CH_2 - \underset{CH_3}{CH} \right]_n$$

聚丙烯的密度仅为 $0.9 \ g/cm^3 \sim 0.91 \ g/cm^3$,是通用塑料中相对密度最低的品种。聚丙烯无味无毒、耐热性好,能在 $110 ℃$ 左右长期使用,因此是难得的可以进行高温消毒的塑料品种之一,常用来制备餐具,如一次性茶杯、饭碗、饭盒及微波炉专用餐具等,也可以制备一次性注射器等医疗用品。近年来在建材市场出现的一种新型聚丙烯复合水管,虽然价格比较高,但有逐步取代家用常用镀锌水管的趋势。这种水管寿命长、不会锈蚀,特别适用于制备热水输送管道。

聚丙烯在我国最大的消费领域是编织袋、打包袋和捆扎绳等编织制品,这部分产品占聚丙烯总用量的 50 ％～60 ％。聚丙烯单丝具有密度小、韧性和耐磨性好等优点,适于制造绳索和编织渔网。聚丙烯扁丝拉伸强度高,制成的编织袋代替麻袋,使用量很大。聚丙烯编织布还用于制造地毯、苫布、人造草坪等的基材。

聚丙烯树脂的耐曲折性特别好,经定向拉伸的聚丙烯可以耐受一百万次的曲折而不断裂,常用于文具、洗发水瓶盖的整体弹性铰链,使结构简化。

聚丙烯树脂通过璃纤维增强或弹性体增韧后的聚丙烯树脂,其抗冲击强度会大幅度提高,可作为工程塑料使用,例如制作汽车保险杠等。

聚丙烯树脂的最大缺点,一是受阳光照射或与铜接触很容易老化,其次是在低温下会变脆,所以在使用上要特别注意,尽量不要在室外及低温下使用。通过在聚丙烯树脂中加入抗氧剂和抗紫外剂可防止或延缓它的老化。通过同乙烯共聚,可大大改善 PP 的低温性能。乙—丙共聚树脂已在家用电器中大量使用。

④ 聚苯乙烯(Polystyrene,PS):聚苯乙烯是世界上最早实现工业化的塑料之一。其化学

式为：

$$\left[CH_2 - CH \right]_n$$

聚苯乙烯是无毒、无味、无色透明状固体。吸水性低，电绝缘性优良，介电损耗极小。耐化学腐蚀性优良，但不耐苯、汽油等有机溶剂。强度较低，硬度高，脆性大，不耐冲击，耐热性差，易燃。

聚苯乙烯塑料极易染成鲜艳的颜色，富于装饰性，因此在日用塑料中应用非常广泛，常用来制备玩具。聚苯乙烯塑料有良好的绝缘性，可制备电容器、高频线圈骨架等电子元器件。

发泡聚苯乙烯是以聚苯乙烯树脂为主体，加入发泡剂等添加剂制成树脂，是性能优良的隔热和防震材料，常用作商品包装和新型建筑保温材料。如发泡 PS 夹心的金属墙板，不仅质轻、美观，而且保暖性好，在宾馆和高级住房中已经大量应用。它还被大量用作一次性餐具，虽然价格十分低廉，但由于使用者缺乏环保意识，随意乱扔不注意回收，人为地造成了所谓的"白色污染"，给生态环境带来了巨大的危害。不少国家，包括中国在内，已经逐步禁止使用一次性泡沫塑料餐具。

聚苯乙烯的不足之处是质地很脆，耐冲击强度差，在使用上受到很大的限制。通过同其他单体共聚可以大大改善它的强度。用 PS 同丙烯酸酯或丙烯腈类单体共聚制成的聚合物既有很好的透明度，又有较好的强度，做成的圆珠笔杆既美观，又结实，深受人们的喜爱。

目前，随着苯乙烯树脂工艺技术的发展，及通过使用添加剂进行改性，一些具有更好的耐候性和表面性能的牌号实现了工业化。世界各大聚苯乙烯树脂生产商都把开发综合性更好或具有一些特殊性能的产品牌号，进一步开拓新的应用领域作为发展重点。例如，将苯乙烯同丁二烯共混或共聚，能得到一种冲击强度十分优良的塑料，称为高抗冲聚苯乙烯（HIPS）；改变 HIPS 中橡胶粒径分布就可使聚苯乙烯树脂的一些性能，如光泽度和机械综合性能得以提高。为了改善 PS 的冲击强度，开发超高分子质量的 PS，其相对分子质量可高达 60 万以上。

另外，过去很长一段时间，聚苯乙烯树脂不断受到来自环境法规方面的压力，在许多市场受到替代材料的冲击，特别是在包装市场中的应用受到较大影响。因此，与环保有关的技术也是 PS 行业近年来的一个重点。

⑤ ABS（丙烯腈—丁二烯—苯乙烯共聚树脂）塑料：ABS 的名称是来自丙烯腈（Acrylonitrile）、丁二烯（Butadiene）和苯乙烯（Styrene）三种单体英文名称的第一个字母。它是一种以苯乙烯树脂为基料、通过三种单体共聚或共混制备而成的高强度树脂。ABS 兼具三种组成单体的共同特性，其中丙烯腈使得 ABS 耐蚀、耐热，并有一定的表面硬度，丁二烯使得其具有高弹性和韧性，苯乙烯使得其具有良好的成型性并有着良好的绝缘性。ABS 化学式为：

$$\left[H_2C - CH \atop | \atop CN \right]_x \left[CH_2 - CH \atop | \atop COOR \right]_y \left[CH - CH_2 \right]_z$$

不同 ABS 品种之间性能差异较大。除冲击强度外，ABS 的其他力学性能并不很高，但各种力学性能比较均衡，没有明显的力学缺陷，是一类综合力学性能优良的通用工程塑料。几种

ABS 在常温下的力学性能如表 6 - 9 所列。

表 6 - 9　常温下 ABS 的力学性能

性　　能	高抗冲击型	中抗冲击型	耐热型
密度/g・cm^{-3}	1.02～1.05	1.05～1.07	1.06～1.08
悬臂梁缺口冲击强度/J・m^{-2}	160～440	60～220	110～250
拉伸强度/MPa	35～44	42～62	45～57
断裂伸长率/%	5～60	5～25	3～20
拉伸弹性模量/MPa	1 600～3 300	2 300～3 000	2 300～3 000
弯曲强度/MPa	52～81	69～92	70～85
弯曲弹性模量/MPa	1 600～2 500	2 100～3 100	2 100～3 000
压缩强度/MPa	49～64	72～88	65～71
压缩弹性模量/MPa	1 200～1 400	1 900	1 700
洛氏硬度	65～109	108～115	105～115

从表 6 - 9 可知,室温下 ABS 树脂的缺口冲击强度高达 160 J/m^2～440 J/m^2,是典型的强韧高聚物。即使在较低的温度(-40 ℃)下,缺口冲击强度仍可保持在 50 J/m^2～140 J/m^2。

ABS 树脂在家电和汽车工业中得到广泛的应用,如电视机、洗衣机、电话等家用电器及仪器仪表的外壳、冰箱及其他冷冻设备的内胆、汽车仪表板及其他车用零件、齿轮、泵的叶轮、塑料管道等。此外,ABS 树脂表面很容易电镀上金属,使外观有金属光泽,提高了表面性能和装饰性。

但 ABS 树脂缺点是耐热性不够高,长期使用温度为 60 ℃～70 ℃,耐候性也较差,不能在露天环境中长期使用,否则易老化变质。

⑥ 聚甲基丙烯酸甲酯(Polymethyl Methacrylate,简称 PMMA):PMMA 俗称有机玻璃,是由单体甲基丙烯酸甲酯聚合而成的线型热塑性树脂。PMMA 的分子式为:

$$\left[CH_2 - \overset{\overset{\displaystyle CH_3}{|}}{\underset{\underset{\displaystyle COOCH_3}{|}}{C}} \right]_n$$

PMMA 是最常用的有机高分子光学材料,以光学性质优异著称(见表 6 - 10),因此被称为有机玻璃。这种塑料的透明度可与光学玻璃媲美。它对可见光的透光率高达 92 %,对紫外光的透过率也高达 75 %;而无机玻璃仅能透过 85 % 的可见光和不到 10 % 的紫外光。在窗玻璃和灯具市场的推动下,PMMA 得到快速发展。可以利用其光学性能、耐候性与绝缘性,制作窗玻璃、仪表玻璃、油标、仪器仪表的透光绝缘配件,也可以利用其着色性能,用作装饰件标牌。此外,还可以用作光导纤维以及各种医用、军用、建筑用玻璃等。

表 6 - 10　聚甲基丙烯酸甲酯的光学性能

性　能	数　值	性　能	数　值
折光率	1.49	反射率/%	4
平均色散	0.008	可见光吸收(厚 25mm)/%	<0.5
光学密度	0.036	透光率/%	>92
透过波长/nm	287～2 600	光全反射临界角	42°12′

有机玻璃的相对密度很小,强度却很高。与无机玻璃相比,它的相对密度只是前者的1/2,而冲击强度却高出7～18倍。如果将有机玻璃在 T_g 温度以上,经过双向拉伸的处理,它的耐冲击强度还会进一步提高:用钉子穿透时不会产生裂纹,被子弹击穿不会破碎,因而可做成航空玻璃和防弹玻璃。

有机玻璃还有很好的染色性,如在其中加入珍珠粉或荧光粉,就能制成色泽鲜艳的珠光和荧光塑料。

有机玻璃的最大不足是表面硬度差,容易划伤起毛,但可以通过表面接枝、交联、共聚或喷涂等方法来改善其表面的硬度。

(2) 工程塑料

钢铁材料的强度虽然很高,但相对密度大,加工困难,而且很容易腐蚀。工程塑料是可以作为结构材料使用的高强度塑料。以塑代钢的潜力是很大的,效果也是十分显著的。例如,用塑料管来制造输油或输气管道以及城市地下纵横交错的自来水管和煤气管,这些管道具有使用寿命长、不怕腐蚀的优点。用塑料制备的齿轮和轴承不但耐磨性好,使用寿命长,而且减小了工厂和车间的噪声,改善了工人的劳动条件。塑料的比强度高,在交通运输中的应用更显示了巨大的节能效果。

① 聚酰胺(Polyamides,PA)尼龙或锦纶:聚酰胺在商业上称为尼龙,其丝织品又称为锦纶。这种热塑性塑料是由二元胺与二元酸缩合而成,也可由氨基酸脱水制得的内酰胺再聚合而得,其大分子链上均包含酰胺基团。聚酰胺的发现开创了人类运用有机合成方法合成实用高分子的新篇章。

聚酰胺的主要品种有 PA-6,PA-66,PA-610,PA-1010 等。其中,PA6 和 PA66 由于具有最佳性能和加工性的综合优点,因此产量最高。PA-66 的分子式如下:

$$\left[NH-(CH_2)_6-NH-\overset{\overset{\displaystyle O}{\|}}{C}-(CH_2)_4-\overset{\overset{\displaystyle O}{\|}}{C}\right]_n$$

聚酰胺有很好的耐磨性、韧性和抗冲击强度,主要用作具有自润滑作用的齿轮和轴承。表6-11列出若干脂肪族聚酰胺的典型力学性能。

表 6-11 脂肪族聚酰胺的力学性能

性 能	PA6	PA11	PA12	PA66	PA610	PA1010
拉伸强度/MPa	60～65	55	43	80	60	52～55
拉伸模量/MPa	—	1 300	1 800	2 900	2 000	—
弯曲强度/MPa	90	70		90		89
冲击强度 /kJ/m²	≥5～7 (缺口)	3.5～4.8 (缺口)	10～11.5 (缺口)	3.9 (缺口)	3.5～5.5 (缺口)	4～5 (缺口)
伸长率/%	30	300	300	60	200	100～250
熔点/℃	215～225	187	178	250～260	213～220	—
连续耐热性/℃	105	90	90	105	—	—
脆性温度/℃	—70～—30	—60	—70	—25～—30	—20	

聚酰胺的耐油性好,阻透性优良,无味,无毒,是性能优良的包装材料,可长期存装油类产

品,制作油管。将尼龙掺混在聚乙烯塑料中或做成以尼龙为内衬的复合瓶可以制成价格低廉的农药包装瓶。但尼龙在强酸或强碱条件下不稳定,应避免同浓硫酸、苯酚等试剂接触。

聚酰胺是塑料中吸湿性最强的品种之一,聚酰胺的吸水性取决于分子链上酰胺基含量,含量愈大,吸水性愈强。吸水大小排序为 PA6＞ PA66＞ PA610＞ PA1010＞ PA12。

芳香聚酰胺是一类耐高温性能十分优异的塑料。用芳香尼龙纺成的丝称为芳纶,其强度可同碳纤维媲美,是重要的增强材料,在航天工业中大量使用。

② 聚碳酸酯(Polycarbonate,PC):聚碳酸酯是指分子链中含有碳酸酯基的聚合物,可以看作是由二羟基化合物与碳酸的缩聚产物,通式为:

$$\left[\!\!\begin{array}{c} O \\ \| \\ C-O \end{array}\!\!-\!\!\left\langle\bigcirc\right\rangle\!\!-\!\!\begin{array}{c} CH_3 \\ | \\ C \\ | \\ CH_3 \end{array}\!\!-\!\!\left\langle\bigcirc\right\rangle\!\!-\!\!O\right]_n$$

聚碳酸酯具有无毒、无味、无臭的特点,呈微黄的透明状。由于其大分子链中既有刚性的苯环,又有柔性的醚键,因此是一种韧而刚的塑料。聚碳酸酯的抗冲击性在通用工程塑料乃至所有热塑性塑料中都是很突出的,其冲击强度比 PS 高 18 倍,比 HDPE 高 7～8 倍,是 ABS 的 2 倍左右,可与玻璃钢相比。但聚碳酸酯对缺口比较敏感,缺口冲击强度只有无缺口冲击强度的 50 ％左右,但仍比一般塑料高得多。

聚碳酸酯通常呈非晶结构,纯聚碳酸酯无色透明,具有良好的透光性(厚度 2 mm 的薄板透光率可达 90 ％),可用于制备飞机风挡、透明仪表板、座舱罩、帽盔等。但聚碳酸酯的表面硬度较低,耐磨性也不太好,容易磨毛而影响其透光率。

③ 聚甲醛(Polyformaldehyde,POM):聚甲醛是由甲醛或三聚甲醛聚合而成。它的分子结构式为:

$$\left[\!\!-CH_2-O\!-\!\right]_n$$

聚甲醛是一种非常坚韧、耐磨的工程塑料,它的抗张强度比黄铜和锌还高,经拉伸处理后,它的强度可同钢材媲美,即一根直径为 3 mm 的细丝可以承受 10 N 的拉力。聚甲醛是所有塑料材料中力学性能最接近金属的品种。它的硬度大、模量高、刚性好、冲击强度、弯曲强度和疲劳强度高,耐磨性优异。可广泛用于代替各种有色金属和合金制造机械、仪表、化工等行业的各种零部件,特别适于制作耐摩擦、耐磨耗及承受高负荷的零件(齿轮、轴承等),如改性 POM 作汽车万向节轴承可行驶一万公里不注油,寿命比金属的高一倍。聚甲醛的缺点是热稳定性差,易燃。

此外,聚甲醛无毒、不污染环境、全面符合国际卫生标准,是食品机械零件的理想材料。聚甲醛具有良好的耐油性、耐腐蚀、较好的气密性等优点,使其可用于气溶胶的包装、输油管、浸在油中的部件及标准电阻面板等。

④ 聚砜(Polysulfone,PSF):聚砜指的是主链中含有砜基的一类高分子聚合物。其化学式为:

聚砜力学性能的突出特点是抗蠕变能力很强,尺寸稳定性很高,随温度升高导致力学性能的下降幅度很小。在相同条件下,聚砜的蠕变值只有 PC、ABS、POM 等通用工程塑料的一半甚至更小。聚砜力学性能的缺点是抗疲劳性差,疲劳强度和寿命不如 POM 和 PA,分别是

POM 的 1/4.5 和 PA 的 1/3,不适宜应用在承受频繁重复载荷或周期性载荷的环境中。此外,还易出现应力开裂现象。

聚砜的热稳定性很好,在空气中直到 420 ℃ 以上才开始出现热降解,耐热性优于 POM、PC、PPO、PA 等工程塑料。聚砜具有优良的电绝缘性和介电性、化学稳定性,对无机酸、碱、盐的溶液很稳定,对洗涤剂和烃类也很稳定。不足之处是在有机溶液如酮类、卤代烃、芳香烃等的作用下会发生溶解或溶胀,成形加工性较差。此外,由于聚砜分子链中含有大量高度共轭的苯环和二苯砜基,使其可吸收大量辐射能而不致被破坏,因此耐辐射性好。

聚砜在工业中常用来代替金属制造高强度、耐热、抗蠕变的结构件,以及耐腐蚀零部件和电气绝缘件等,如齿轮、凸轮、仪表壳罩、电路板、家用电器部件和医疗器具等。

⑤ 酚醛树脂(Bakelite,PF):酚醛树脂是酚类单体(如苯酚、甲酚、二甲酚)和醛类单体(如甲醛、乙醛、糠醛)在酸性或碱性催化条件下加热合成的热固性树脂,其中以苯酚和甲醛为原料缩聚的酚醛树脂最为常用。其反应式为:

酚醛塑料具有较高的机械强度、耐热性、耐烧蚀性、耐酸、耐磨性,以及良好的电绝缘性等。

以木粉为原料的酚醛塑料粉又称胶木粉或电木粉,它价格低廉,但性脆、耐光性差,用于制造手柄、瓶盖、电话及收音机外壳、灯头、开关、插座等。

以云母粉、石英粉、玻璃纤维为填料的塑料粉可用来制造电闸刀、电子管插座、汽车点火器等。

以纸片、棉布、玻璃布等为填料制成的层压酚醛塑料,具有强度、耐冲击性好以及耐磨性强等特点,常用来制造承受载荷要求较高的机械零件,如齿轮、轴承、汽车刹车片等。

此外,酚醛树脂在高温下分解后残留物碳化层较厚(高达 60 % 以上),所以也常用于火箭、宇宙飞船外壳的耐烧蚀保护层材料。

⑥ 环氧塑料(Epoxy Plastics,EP):环氧树脂泛指含有两个或两个以上环氧基的有机化合物,其在适当化学助剂如固化剂存在时能形成交联结构的化合物的总称。未经交联固化的环氧树脂具有热塑性,机械强度、耐腐蚀性都较差,一般不能直接应用。因此,必须使用固化剂与环氧树脂发生反应,生成三维交联网络,以满足作为高性能结构材料的要求。环氧树脂具有液态、黏稠态、固态等多种形态。

环氧树脂具有高的力学强度,高韧性,在较宽的频率和温度范围内具有良好的电性能,以及优良的耐酸、碱及有机溶剂的性能,并且耐热、耐寒(可在 −80 ℃ ～155 ℃ 内长期使用),具有突出的尺寸稳定性等。可以用于制作塑料模具、精密量具;灌封电器和电子仪表装置;配置飞机漆、游船漆及印刷线路等。由于它的价格较贵,因此很少用它作整体塑料件。

环氧树脂对各种工程材料都有突出的黏附力,是极其优良的黏结剂,有"万能胶"之称。目前,广泛用于各种结构黏结剂和制备各种复合材料,如玻璃钢等。可代替某些铆接或铜焊,其强度有时可超过被黏结材料本身。

(3) 特种塑料

① 聚四氟乙烯(PTFE):PTFE 为线型碳链高聚物,侧基全部为氟原子,分子结构可表示为:

$$\left[CF_2-CF_2\right]_n$$

聚四氟乙烯有着卓越的耐高温和耐低温性能,使用温度范围很宽($-195 \sim 250$ ℃),在 250 ℃高温条件下经 240 h 老化后,其力学性能基本不变。

聚四氟乙烯的化学稳定性是塑料中最好的,其化学稳定性超过了玻璃、陶瓷、不锈钢及金、铂,故有"塑料王"之称。其在所有的酸、碱和和溶剂中都不会溶解,即使是在煮沸的王水中也不会发生变化。聚四氟乙烯可用作化工工业中的耐腐蚀零件,如管道、内衬材料、泵、过滤器等。

聚四氟乙烯的摩擦系数极低,只有 0.12～0.04;具有优良的减摩性、自润滑性,可用作减摩密封零件,如垫圈、密封圈、密封填料、自润滑轴承、活塞环等。若用聚四氟乙烯制成垫块,放在笨重家具的四个角上,就可以很轻松地通过滑动将家具移到房间内任意的位置。这一特性也可被用于制备不粘锅的涂料。

聚四氟乙烯有优良的电性能,它是目前所有固体绝缘材料中介电损耗最小的。主要的应用形式之一是电线电缆包覆外层,广泛用于无线电通信、广播的电子装置,也用在电子设备的连接线路中,以及高频、超高频电场作用下的电绝缘材料。另一种重要应用形式是在印刷线路板中,以覆铜层压板的形式应用。绝缘薄膜也是 PTFE 重要的应用形式,主要用于各种电机电器的包绕、电容器绝缘介质和绝缘衬垫等。

聚四氟乙烯也有不足之处,除了加工困难、原料资源少、价格高外,它的强度和硬度都较差,而且有较大的冷流性。在加压条件下,它会慢慢地变形。管道密封材料的生料带就是利用了聚四氟乙烯的冷流性。

② 有机硅塑料(SI):有机硅是一大类主链含硅的高分子化合物,属于元素有机高分子的范畴。最简单的有机硅树脂是聚二甲基硅氧烷,具有以下的结构:

$$\left[\begin{array}{c} CH_3 \\ | \\ Si-O \\ | \\ CH_3 \end{array}\right]_n$$

有机硅树脂的品种繁多,用途广泛,可用作塑料、橡胶、涂料、胶粘剂等。

有机硅树脂最突出的性能之一是优异的热氧化稳定性,在 350 ℃条件下加热 24 h 后,有机硅树脂失重(<20 %)远小于一般有机树脂失重(70 %～99 %);有机硅树脂另一突出的性能是优异的电绝缘性能,在宽的温度和频率范围内能保持良好的绝缘性能。但有机硅树脂的强度较差,通常须用填料或玻璃纤维增强,制成复合材料,如层压板材等,然后再加工成耐高温的绝缘制品。

6.1.3　合成橡胶

橡胶是具有高弹性的轻度交联的线型高聚物,它们在-40 ℃~80 ℃的范围内处于高弹性。橡胶与塑料的区别是橡胶在很宽的温度范围内处于高弹态,在较小的负荷作用下发生大的变形,而去除负荷后又能很快恢复原来的状态。

1. 橡胶的组成

工业橡胶制品主要成分是由生胶、各种配合剂和增强材料三部分组成。

① 生胶:未加配合剂的天然橡胶或人工合成橡胶统称为生胶。生胶是橡胶制品的主要成分,它不仅决定了橡胶制品的性能,而且也是把各种配合剂和骨架材料粘成一体的粘结剂。

② 配合剂:配合剂是为改善橡胶制品的各种性能而加入的物质,主要有硫化剂、硫化促进剂、防老剂、软化剂、填充剂、发泡剂及着色剂等。如硫化剂能使分子链相互交联成网状结构,从而大幅提高橡胶的强度、耐磨性和刚性;促进剂能缩短硫化时间,降低硫化温度;软化剂能增加橡胶的塑性,改善粘附力,并降低橡胶的硬度和提高其耐寒性;填充剂能增加橡胶的强度等力学性能;着色剂能使橡胶制品具有各种不同的颜色。此外,还有能赋予制品特殊性能的其他配合剂,如发泡剂、电性调节剂等。

③ 增强材料:增强材料主要有各种纤维织品、帘布及钢丝等,其主要作用是减少橡胶制品的变形,提高其承载能力,如轮胎中的帘布。

2. 橡胶的分类

橡胶的品种很多,主要有天然橡胶和合成橡胶两类。合成橡胶按其用途和使用量又可分为通用合成橡胶和特种合成橡胶,前者主要用作轮胎、运输带、胶管、垫片、密封装置等;后者指在特殊条件(如高温、低温、酸、碱、油、辐射等)下使用的橡胶制品。常用橡胶的种类、用途和性能如表 6-12 所列,表中丁基橡胶、氯丁橡胶、乙丙橡胶既属于通用橡胶,又可属于特种橡胶,可见两者之间并无明显的界限。

表 6-12　橡胶的种类、性能和用途

性　能	通用橡胶						特种橡胶				
	天然橡胶 NR	丁苯橡胶 SBR	顺丁橡胶 BR	丁基橡胶 HR	氯丁橡胶 CR	乙丙橡胶 EPDM	聚氨酯 UR	丁腈橡胶 NBR	氟橡胶 FPM	硅橡胶	聚硫橡胶
抗拉强度 /MPa	25~30	15~20	18~25	17~21	25~27	10~25	20~35	15~30	20~22	4~10	9~15
伸长率	650 %~ 900 %	500 %~ 800 %	450 %~ 800 %	650 %~ 800 %	800 %~ 1 000 %	400 %~ 800 %	300 %~ 800 %	300 %~ 800 %	100 %~ 500 %	50 %~ 500 %	100 %~ 700 %
抗撕性	好	中	中	中	好	好	中	中	中	差	差
使用温度 上限/℃	<100	80~120	120	120~170	120~150	150	80	120~170	300	-100~300	80~130
耐磨性	中	好	好	中	中	中	好	中	中	差	差
回弹性	好	中	好	中	中	中	中	中	中	差	差
耐油性	—	—	中	好	好	—	好	好	好	—	好
耐碱性	—	—	好	好	好	—	差	—	好	—	好
耐老化	—	—	—	好	好	好	—	好	好	—	—

性 能	通用橡胶						特种橡胶				
	天然橡胶 NR	丁苯橡胶 SBR	顺丁橡胶 BR	丁基橡胶 HR	氯丁橡胶 CR	乙丙橡胶 EPDM	聚氨酯 UR	丁腈橡胶 NBR	氟橡胶 FPM	硅橡胶	聚硫橡胶
成本	一	高				高			高	高	
使用性能	高强绝缘、防震	耐磨	耐磨、耐寒	耐酸碱、气密、防震绝缘	耐酸、耐碱、耐燃	耐水、绝缘	高强、耐磨	耐油、耐水、气密	耐油、耐酸碱、耐热真空	耐热、绝缘	耐油、耐酸碱
工业应用举例	通用制品、轮胎	通用制品、胶布、胶板、轮胎	轮胎、耐寒传送带	内胎、水胎、化工衬里、防振品	管道、胶带	汽车配件、散热管、电绝缘件	实心胎胶辊、耐磨件	耐油垫圈、油管	化工衬里、高级密封件、高真空胶件	耐高低温零件、绝缘件	丁腈改性用

3. 常用橡胶材料

（1）通用橡胶

① 丁苯橡胶（SBR）：丁苯橡胶是以丁二烯和苯二烯为单体共聚而成的浅黄褐色弹性体，其产量占世界合成橡胶总量的 80 % 左右。

同天然橡胶相比，丁苯橡胶的优点是耐磨性和气密性好，抗撕裂性和耐老化性也都较佳；但是丁苯橡胶的强度和弹性差，硫化速度慢，同帘子布的粘接性差，用于轮胎在行驶过程中时内耗大，发热量高。为了提高丁苯橡胶的强度，常在橡胶中填充炭黑或矿物油。填充炭黑后的丁苯橡胶强度可提高十几倍，能够满足多种用途的需要。

丁苯橡胶的性质与苯乙烯在丁苯橡胶中的含量有很大关系。通过调节苯乙烯在橡胶中的含量，可以得到性能不同的丁苯橡胶。例如，含 10 % 苯乙烯的丁苯橡胶有很好的耐寒性，可作耐寒橡胶制品；含 25 % 苯乙烯的丁苯橡胶通用性好，可用于制备汽车轮胎；而苯乙烯含量为 50 % 的丁苯橡胶，虽然强度好但弹性差，主要用于制备硬质制品，如胶轮、橡胶板等；苯乙烯含量高于 90 % 的丁苯共聚物只能作塑料使用。

② 氯丁橡胶（CR）：氯丁橡胶是由氯丁二烯通过乳液聚合的方法制成的橡胶，它的分子结构式为：

$$n\,CH_2=CH-C=CH_2 \longrightarrow \left[CH_2-CH=C-CH_2 \right]_n$$
$$\overset{|}{Cl} \qquad\qquad\qquad\qquad \overset{|}{Cl}$$

氯丁橡胶的生产成本低，是一种价廉物美的通用橡胶。它的结构同天然橡胶十分相似，但氯丁橡胶具有优良的综合性能和良好的耐油性、耐光性、耐臭氧性和不燃性。氯丁橡胶的缺点是耐寒性较差（−40 ℃），密度较大（1.23 g/cm³）。

氯丁橡胶的主要用途是做运输带、垫圈、防毒面具、电缆线，特别是海底电缆的护套，也可用作耐油胶管。用氯丁橡胶做成的鞋底比丁苯橡胶耐磨。氯丁橡胶还是制备胶粘剂的重要原料，如修补自行车或胶鞋的胶水就是用氯丁橡胶制成的。

③ 乙丙橡胶（EPDM）：乙丙橡胶是由乙烯与 15 % 左右的丙烯共聚而成。乙丙橡胶的主要特点是原料丰富、价格便宜。由于其分子链中不含双键，故结构稳定，比其他通用橡胶有更多的优点，如优异的耐臭氧老化、耐候性和优良的耐热性、耐低温性、电绝缘性。乙丙橡胶的缺点是粘着性差，硫化速度慢，加工性能差，与其他二烯类橡胶并用时共硫化性差。

乙丙橡胶的主要用途是制造工业橡胶制品,也可以作为聚合物改性剂。例如,在聚丙烯树脂中掺入一定量的乙丙橡胶,可以大大改善聚丙烯树脂的抗冲击性能,是制备汽车保险杠的重要原料。

④ 顺丁橡胶(BR):顺丁橡胶即顺－1,4－聚丁二烯,是用丁二烯($CH_2-CH-CH=CH_2$)通过定向聚合制成的。顺丁橡胶的综合性能良好,是碳链高分子中弹性最好的橡胶。顺丁橡胶的低温性能比天然橡胶还好。其玻璃化转变温度 T_g 为-110 ℃,比天然橡胶低40 ℃左右,而且耐磨性、耐老化性和耐候性都好。顺丁橡胶的主要用途是制造轮胎,占其全部用量的90 %以上。

顺丁橡胶的最大缺点是加工性能较差,抗张强度、抗撕裂强度和弯曲强度都较差。需要通过与其他橡胶一起混用的办法来弥补。

(2)特种橡胶

特种橡胶主要是指丁腈橡胶、硅橡胶和氟橡胶。

① 丁腈橡胶(NBR):丁腈橡胶是由丁二烯(约75 %)和丙烯腈共聚而成。虽然丁腈橡胶的弹性较差,但它的耐油性特别好,仅次于聚硫橡胶和氟橡胶。增加丙烯腈在橡胶中的含量可以提高橡胶的耐油性,但使耐寒性降低。丁腈橡胶主要用于制备各种耐油制品,如印刷机辊筒、油箱的密封垫圈、飞机油箱衬里、胶管和劳保手套等。由于它的耐热性能良好,可以用于制造工作温度在140 ℃以下的传送带。

② 硅橡胶(MQ):硅橡胶是由二甲基硅氧烷与其他有机硅单体共聚而成。由于硅橡胶的分子主链是由硅原子和氧原子以单键连接而成,具有高柔性和高稳定性。

硅橡胶是目前最好的耐高温和耐寒的橡胶,在-100 ℃～300 ℃使用温度范围内保持良好的弹性;在这样的低温和高温下,普通的橡胶早就脆裂或烧焦了。由于硅橡胶优良的高低温性能和耐臭氧性,硅橡胶在航空工业和电气工业中大显身手。常用于制备各种密封垫圈、防震缓冲层材料和电气绝缘材料。由于它无毒无味,又能用于制备食品工业的传送带和医疗用橡胶制品。在日常生活中,它也被大量用于制备厨具或茶具的零件,如高压锅、保暖杯的密封圈等。

③ 氟橡胶(FPM):含氟橡胶是以碳原子为主链、含有氟原子的高聚物。由于含有键能很高的碳氟键,故氟橡胶有很高的化学稳定性。

氟橡胶是特种橡胶中的全能选手,适宜在条件最最恶劣的环境中工作。它的热稳定性好,一般可在-54 ℃～315 ℃使用;化学稳定性和耐溶剂性都是最佳的,能耐强酸、强碱和强氧化剂。氟橡胶的这种特性使它主要用于国防和高科技中,如高真空设备、火箭、导弹、航天飞行器的高级密封件、垫圈、胶管、减振元件等。

3. 新型橡胶—热塑性弹性体(TPE)

大多数橡胶都要经过硫化处理,形成不溶不熔的交联结构才能使用,是热固性的材料。它们的加工过程十分复杂,劳动强度很大。而且,橡胶制品废弃物的回收成本也很高。近年来,通过高分子的合成反应,制备出具有很好的弹性,但无须硫化的弹性体。它们既像塑料一样,可以用注射成型的方法进行加工,得到的产品又具有很好的弹性,因此被称为热塑性弹性体。其主要品种是 SBS 弹性体(苯乙烯—丁二烯—苯乙烯嵌段共聚物)。它们的分子结构如图 6.6所示。

热塑性 SBS 弹性体可以通过任意调节软段和硬段的长度和比例来改变弹性体的性能。

图 6.6　SBS 弹性体的分子结构示意图

一般来说,热塑性弹性体的强度和耐磨性都优于通用橡胶,但其耐温性较差,而且价格比较高,常用于制备如旱冰鞋滚轮、飞机轮胎、塑胶跑道、运动鞋底等。

6.1.4　合成纤维

纤维是指长度与直径之比大于 100 甚至 1 000,并具有一定柔韧性的物质。纤维材料有两个主要用途,即制造织物和生产纤维增强的复合材料。此外,玻璃纤维等作为光缆主要元件的重要性在不断增加。

纤维材料分为天然纤维(如棉花、羊毛、蚕丝和麻气)与化学纤维两大类。而化学纤维又可分为人造纤维和合成纤维两种;前者是以天然高分子纤维素或蛋白质为原料经过化学改性而制成的,后者是由合成高分子为原料通过拉丝工艺而得到的。

合成纤维品种多,发展速度很快,具有强度高、耐磨、保暖、不霉烂等优点。除广泛用作衣料等生活用品外,在工农业、国防等部门也有许多重要用途。如大量用于汽车、飞机轮胎帘子线、索桥、降落伞及绝缘布等。表 6 - 13 列出了占合成纤维总产值 90 % 的六大类的性能和用途。

表 6 - 13　常用六种合成纤维的性能和用途

化学名称		聚酯纤维	聚酰胺纤维	聚丙烯腈	聚乙烯醇缩醛	聚丙烯	聚氯乙烯纤维
商品名称		涤纶 (的确良)	锦纶 (尼龙)	腈纶 (人造毛)	维纶 (人造棉)	丙纶	氯纶
产量(占合成纤维 的百分数)		>40	30	20	1	5	1
强度	干态	中	优	优	中	优	优
	湿态	中	中	中	中	优	中
相对密度/g·cm^{-3}		1.38	1.14	1.14～1.17	1.26～1.3	0.91	1.39
吸湿率/%		0.4～0.5	3.5～5	1.2～2.0	4.5～5	0	0
软化温度/℃		238～240	180	190～230	220～230	140～150	60～90
耐磨性		优	最优	差	优	优	中
耐日光性		优	差	最优	优	差	优
耐酸性		优	中	优	中	中	优
耐碱性		优	优	优	优	优	优
特点		挺阔不皱、耐冲击、耐疲劳	结实耐用	蓬松耐晒	成本低	轻、坚固	耐磨不易燃
工业应用举例		高级帘子布、渔网、缆绳、帆布	2/3 用于工业帘子布、渔网、降落伞、运输带	制作碳纤维及石墨纤维的原料	2/3 用于工业帆布、过滤布、渔具、缆绳	军用被服、绳索、渔网、水龙带、合成纸	导火索皮、口罩、帐幕、劳保用品

6.2 陶瓷材料

陶瓷材料是除金属和高聚物以外的无机非金属材料的通称。传统的陶瓷主要是指陶器和瓷器,当然也包括玻璃、搪瓷、耐火材料等。在某些特殊场合,陶瓷是唯一能选用的材料。例如内燃机的火花塞,引爆时瞬间温度可达 2 500 ℃,并要求绝缘和耐化学腐蚀。这种工作条件,金属材料与高分子材料都不能胜任,唯有陶瓷材料最合适。陶瓷在国民中的能源、电子、航空航天、机械、汽车、冶金和生物等各方面都有广阔的应用前景,是各工业技术特别是尖端技术中不可缺少的关键材料。

6.2.1 陶瓷材料的分类

目前,对陶瓷材料的分类尚未统一。一般可把陶瓷材料分为传统陶瓷与现代陶瓷两大类。

传统陶瓷又称普通陶瓷,是用黏土、石英、长石等天然原料,经粉碎、成型和烧结而成。因此,传统的陶瓷材料是指硅酸盐类材料。它主要包括玻璃、搪瓷、水泥、耐火材料、砖瓦等,用于日用品、建筑和卫生洁具,以及工业上的低压和高压瓷瓶、耐酸容器、过滤制品等。

现代陶瓷较传统陶瓷技术含量更高更先进,如制备原料高纯化("高")、制备工艺精细化("精"),而且新品种不断涌现("新"),令其获得了更加优异的力学性能和更加特殊的功能特性("特"),所以,它通常又被称作精细陶瓷、新型陶瓷、特种陶瓷、高技术陶瓷、工程陶瓷。两者在原料、成型、烧结与加工技术工艺以及最终性能品质和应用领域等各个方面的区别详见表 6 – 14。

表 6 – 14　现代陶瓷与传统陶瓷的比较

比较项目	传统陶瓷	现代陶瓷
原　料	天然矿物,主要成分为黏土、长石、石英等,具体成分因产地而异	高度精选或人工合成原料,各类化合物或单质,一般根据陶瓷最终设计配比来由人工选配
成型技术	以可塑法成型和注浆成型为主,3D 打印技术开始应用	模压、热压铸、轧膜、流延、等静压、注射成型为主,同时包括 3D 打印技术的固体无模成型发展迅速
烧结技术工　艺	窑炉常压烧结,温度一般不超过 1 350 ℃,过去以特殊木柴、煤为燃料,现在以油和气为主	窑炉和各类特殊烧结炉,分为常压、气压、热压、反应热压、热等静压烧结、微波烧结、放电等离子烧结(SPS)等。烧成温度 因陶瓷体系、烧结助剂种类和含量以及所用烧结技术不同而有很大差别,低者烧成温度可在 1 200 ℃～1 300 ℃,高者需达 2 000 ℃以上。燃料以电、气和油为主
表面施釉	需　要	一般不需要,但特殊情况会通过施加釉料等表面封孔处理,达到防止吸潮、改善性能的环境稳定性
加工技术	对尺寸精度要求不高,一般不需加工而直接使用	作为零部件使用,对尺寸精度和表面质量要求高,需要切割、磨削或打孔等,有的表面还需研磨、抛光
侧重的性能品质	以外观品质和效果为主,有时关注透光性能,但不太关注力学和热学性能	外观质量和内在品质都重要,具有更加优良的力学和热学性能,还具有传统陶瓷所不具备的电、光、磁、敏感、功能转换和生物学功能等
应用领域	餐具、茶具、墙地砖、卫生洁具等日用陶瓷和工艺美术瓷器	国防、航空航天、机械、能源、冶金、化工、交通、电子信息、家电等行业用先进工程构件或功能元器件

此外,还可以按化学组成对陶瓷进行分类:

① 氧化物陶瓷,如 Al_2O_3,ZrO_2,MgO,CaO,BeO,TiO_2,ThO,UO_2 等。

② 氮化物陶瓷,如 Si_3N_4,BN,TiN,AlN 等。

③ 碳化物陶瓷,如 SiC,B_4C,TiC,ZrC,Cr_3C_2,WC,TaC,NbC 等。

④ 硼化物陶瓷,如 ZrB_2,TiB_2,HfB_2,LaB_2,Cr_2B 等。

⑤ 其他化合物陶瓷,如赛隆陶瓷(SILON)、$MoSi_2$ 陶瓷和硫化物陶瓷等。

⑥ 复合陶瓷,指两种或两种以上化合物构成的陶瓷,例如氧氮化硅陶瓷;以及添加金属的金属陶瓷以及在陶瓷基体中添加纤维而成的纤维增强陶瓷等。

6.2.2　陶瓷材料的性能

陶瓷材料具有高硬度、耐高温、抗氧化、耐蚀以及其他优良的物理、化学性能。

1. 力学性能

(1) 高弹性模量、高硬度

陶瓷材料的弹性模量比金属的高数倍,比聚合物的高 2~4 个数量级。其在外力作用下只产生弹性变形,极不容易塑性变形。特别是氧化铝、氮化硅、碳化硅等特种陶瓷,即使在很高的温度下,蠕变也很小。

陶瓷的硬度在各类材料中也是最高的,各种陶瓷的硬度多为 1 000~5 000 HV(淬火钢为 500~800 HV,而聚合物都低于 20 HV)。陶瓷的硬度随温度升高而降低,但在高温下仍有较高的数值。常用作耐磨零件,如轴承、刀具等。

(2) 低抗拉强度和较高抗压强度

由于陶瓷内部存在大量气孔,其作用相当于裂纹,所以陶瓷拉伸时在拉应力作用下气孔使裂纹迅速扩展而导致脆断,致使其实际抗拉强度值(约为 E/1 000 − E/100 或更低)远远低于其理论值(约为 E/10~E/5)。而在压缩时,由于在压应力的作用下气孔不会使裂纹扩展,所以陶瓷材料的抗压强度较高,约为抗拉强度的 10~40 倍。另外,晶界玻璃相的存在也对强度不利。

(3) 高脆性,低韧性

陶瓷是非常典型的脆性材料,故其冲击韧度、断裂韧度都很低,其断裂韧度约为金属的 1/60~1/100,例如 45 钢的 $K_{IC}=90$ MPa·$m^{1/2}$,球墨铸铁的 $K_{IC}=20~40$ MPa·$m^{1/2}$,而氮化硅(Si_3N_4)陶瓷只有 3.5~5.5 MPa·$m^{1/2}$。脆性是陶瓷材料的最大缺点,是阻碍其作为工程结构材料广泛使用的主要因素。

(4) 优良高温强度和低抗热震性

陶瓷材料的高温强度比金属高得多。多数金属在 1 000 ℃ 以上就丧失强度,而陶瓷在高温下不仅保持高硬度,而且基本保持其室温下的强度,具有高的蠕变抗力,同时抗氧化性能好,故广泛用作高温材料。

陶瓷承受温度急剧变化的能力(即抗热震性)差,当温度剧烈变化时容易破裂。在温度急剧变化的条件下,具有高断裂强度、低弹性模量和低膨胀系数的材料抗热震性大。而陶瓷材料的热导率小,断裂强度低,弹性模量大,故陶瓷的抗热震性比金属材料差。

2. 物理、化学性能

（1）热性能

它包括熔点、比热容、热膨胀系数、热导率等与温度有关的物理性能。

高熔点：由于陶瓷离子键和共价键强有力的键合，其熔点一般都高于金属，大多在 2 000 ℃ 以上，有的甚至可达 3 000 ℃，有极好的化学稳定性和抗氧化性。被广泛用作高温材料，如制作耐火砖、耐火泥、炉村、坩埚、耐热涂层等。

导热率低：陶瓷的热传导主要依靠原子的热振动，由于没有自由电子的传热作用，所以陶瓷的导热性比金属小。受其组成和结构的影响，一般导热系数 λ＝2～50 W/（m・K）。陶瓷中的气孔对传热不利。所以，陶瓷多为较好的绝热材料。

热膨胀系数低：陶瓷的线膨胀系数比高聚物低，比金属更低，一般为 10^{-5}～10^{-6}/K。

（2）电性能

大部分陶瓷有较高的电阻率，较小的介电常数和介电损耗，是优良的绝缘材料。只有当温度升高到熔点附近时，才表现出一定的导电能力。但随着科学技术的发展，具有各种电性能的新型陶瓷材料如压电陶瓷，半导体陶瓷等作为功能材料，为陶瓷的应用开拓了广阔的前景。例如，经高温烧结的氧化锡就是半导体，可做整流器；还有些半导体陶瓷，可用来制作热敏电阻、光敏电阻等敏感元件；铁电陶瓷（钛酸钡和其他类似的钙钛矿结构）具有较高的介电常数，可用来制作较小的电容器；压电陶瓷则具有由电能转换成机械能的特性，可用做电唱机、扩音机中的换能器以及无损检测用的超声波仪器等。

（3）化学稳定性

陶瓷的结构非常稳定。在以离子晶体为主的陶瓷中，金属原子被氧原子所包围，被屏蔽在其紧密排列的间隙中，很难再同介质中的氧发生作用，甚至在 1 000 ℃ 以上的高温下也是如此，所以是很好的耐火材料。此外，陶瓷对酸、碱、盐及熔融有色金属等的腐蚀有较强的抵抗能力。氮化硅、碳化硅等特种陶瓷，除氢氟酸和熔融氢氧化钠外，几乎可抵抗一切无机酸和大部分碱溶液的腐蚀，可用于制造化工管道、泵和阀等。

（4）光学性能

某些功能陶瓷还具有特殊光学性能。如固体激光材料、光导纤维和光存储材料等，对通信、摄影、激光技术和电子计算机技术的发展有很大的影响。近代透明陶瓷的出现，是光学材料的重大突破，如氧化铝透明陶瓷，它不仅能有效透过可见光和红外线，而且具有较大的热导率、较高的高温强度、良好的热稳定性和耐腐蚀性，现已广泛用于做高压钠灯灯管、高温炉的观察窗、高温红外探测窗等；锆钛酸铅镧透明陶瓷，可被用于制作电焊工人工作使用的护目镜镜片，这种护目镜还可应用于正在核试验的工作人员与飞行员身上。

6.2.3　普通陶瓷

普通陶瓷是指黏土类陶瓷，由黏土、长石、石英配比烧制而成，其性能取决于三种原料的纯度、粒度与比例。其显微结构中，主晶相为莫来石晶体，占 25 ％～30 ％，次晶相 SiO_2；玻璃相约为 35 ％～60 ％，气相一般为 1 ％～3 ％。

这类陶瓷质地坚硬，不易氧化生锈，耐腐蚀，不导电，能耐一定高温，加工成形性好，成本低。但因玻璃相数量较多，强度较低，耐高温性能不及其他陶瓷。另外，玻璃相中的碱金属氧化物和杂质还会降低介电性能。

　　这类陶瓷历史悠久,是各类陶瓷中用量最大的一类,除日用陶瓷外,工业上主要用于绝缘的电瓷绝缘子和耐酸、碱的容器,反应塔管道等,还可用于受力不大,工作温度在 200 ℃ 以下的结构零件,如织机械中的导纱零件。

6.2.4　特种陶瓷

　　特种陶瓷主要发挥材料强度、硬度、耐热、耐蚀等性能的一类先进陶瓷,它可以承受金属材料和高分子材料难以胜任的严酷工作环境,已广泛用于能源、航天、航空、机械、汽车、冶金、化工、电子等领域,如表 6-15 所列。

表 6-15　结构陶瓷的主要应用领域

领　域	用　途	使用温度/℃	常用材料	使用要求
特殊冶金	铀熔炼堆埚	>1 130	BeO, CaO, ThO_2	化学稳定性高
	高纯铅、钯的熔炼	>1 775	ZrO_2, Al_2O_3	化学稳定性高
	制备高纯半导体单晶用坩埚	1 200	AlN, BN	化学稳定性高
	钢水连续铸锭用材料	1 500	ZrO_2	对钢水稳定
	机械工业连续铸模	1 000	B_4C	对铁水稳定,高导热
原子能反应堆	核燃料	>1 000	UO_2, UC, ThO_2	可靠性,抗辐照
	吸收热中子控制材料	≥1 000	B_4C, SmO, GdO, HfO	热中子吸收截面大
	减速剂	1 000	BeO, Be_2C	中子吸收截面小
	反应堆反射材料	1 000	BeO, WC	抗辐照
航空航天	雷达天线罩	≥1 000	Al_2O_3, ZrO_2, HfO_2	透雷达微波
	航天飞机隔热瓦	>2 000	Si_3N_4	抗热冲击,耐高温
	火箭发动机燃烧室内壁、喷嘴	2 000~3 000	BeO, SiC, Si_3N_4	抗热冲击,耐腐蚀
	制导,瞄准用陀螺仪轴承	800	B_4C, Al_2O_3	高精度,耐磨
	探测红外线窗口	1 000	透明 MgO,透明 Y_2O_3	高红外透过率
	微电机绝缘材料	室温	可加工玻璃陶瓷	绝缘,热稳定性高
	燃气机叶片,火焰导管	1 400	SiC, Si_3N_4	热稳定,高强度
	脉冲发动机分隔部件	瞬时 >1 500	可加工玻璃陶瓷	高强度,破碎均匀
磁流体发电	高温高速等离子气流通道	3 000	Al_2O_3, MgO, BeO	耐高温腐蚀
	电极材料	2 000~3 000	ZrO_2, ZrB_2	高温导电性好
玻璃工业	玻璃池窑,坩埚,炉衬材料电熔玻璃	1 450	Al_2O_3	耐玻璃液侵蚀
	电极玻璃成型高温模具	1 500	SnO_2	耐玻璃液侵蚀,导电
		100	BN	对玻璃液稳定,导热
工业窑炉	发热体	>1 500	$ZrO_2, SiC, MoSi_3$	热稳定
	炉膛	1 000~2 000	Al_2O_3, ZrO_2	荷重软化温度高
	观察窗	1 000~1 500	透明 Al_2O_3	透明
	各种窑具	1 300~1 600	SiC, Al_2O_3	抗热震,高导热

　　工程应用上最重要的是高温陶瓷,高温陶瓷主要包括氧化物陶瓷(如氧化铝陶瓷、氧化锆

陶瓷）、氮化物陶瓷（氮化硅陶瓷、氮化硼陶瓷）、碳化物陶瓷（如碳化硅陶瓷、碳化硼陶瓷）。

1. 氧化铝（Al_2O_3）陶瓷

氧化铝在地壳中的蕴藏十分丰富，约占地壳总质量的 25 %，它是高熔点（熔点 2 050 ℃）氧化物中被研究和应用最成熟、应用最广泛的一种，综合性能优秀，有"陶瓷之王"的美称。

氧化铝陶瓷的主要成分为 Al_2O_3 和 SiO_2，通常以配料或基体中 Al_2O_3 的质量分数对其进行分类。Al_2O_3 质量分数为 90 %以上的称为刚玉瓷，质量分数在 99 %、95 %和 90 %左右的分别称为 99 瓷，95 瓷和 90 瓷。Al_2O_3 质量分数在 85 %以上、75 %～85 %之间的分别称为高铝瓷、75 瓷。总之，随 Al_2O_3 质量分数的增加，氧化铝陶瓷的机械强度、介电常数、导热系数也随之提高。表 6 - 16 为常用 Al_2O_3 陶瓷及其性能。

表 6 - 16　常用的 Al_2O_3 陶瓷性能（$A_3S_2 \cdot 3Al_2O_3 \cdot 2SiO_2$）

性　能	莫来石瓷	刚玉-莫来石瓷	刚玉瓷			
		75 瓷	90 瓷	95 瓷	99 瓷	99.5 瓷
主晶相	A_3S_2. $\alpha - Al_2O_3$	$\alpha - Al_2O_3 \cdot A_3S_2$	$\alpha - Al_2O_3$			
密度/($g \cdot cm^{-3}$)	3.0	3.2～3.4	>3.40	3.50	3.90	3.90
弯曲强度/MPa	160～200	250～300	300	280～350	350	370～450
膨胀系数/($10^{-6}℃^{-1}$)	3.2～3.8	5.0～5.5	—	5.5～7.5	6.7	—
导热系数 /($W \cdot m^{-1} \cdot K^{-1}$)（20 ℃）	—	—	16.8	25.2	25.2	29.2
烧结温度/℃	1 350×(1±20)	1 360×(1±20)		1 650×(1±20)		1 700×(1±10)

氧化铝陶瓷具有高的强度和耐热强度（是普通陶瓷的 5 倍），所以是很好的高温耐火结构材料，可用来制作空压机泵零件。氧化铝陶瓷具有很高的电阻率、低的热导率和介电损耗，可用来制作电绝缘材料和绝热材料，如电路基板（见图 6.7（a）和（b））、管座、火花塞等。氧化铝陶瓷具有比重小、高刚度、高耐磨性、高尺寸稳定性等特点，可应用于高精度快速运动部件，如气浮陶瓷导轨（见图 6.7（c））、硅晶片吸盘等。同时，利用氧化铝陶瓷热硬性高的特性，可制造各种切削刀具和拉丝模具等；利用其离子导电特性，可制作太阳能电池材料和蓄电池材料；利用其光学特性和耐高温特性，可制作高压钠灯材料［见图 6.7（d）］和红外检测窗材料。此外，氧化铝陶瓷的生物相容性较好，加之具有较强的耐蚀能力，还可用来制造人工骨骼和人体关节［见图 6.7（e）］等。

2. 氮化硅（Si_3N_4）陶瓷

氮化硅（Si_3N_4）是由 Si_3N_4 四面体组成的共价键固体。Si_3N_4 有两种晶型：一种是在 1 100 ℃～1 250 ℃生成的低温相（$\alpha - Si_3N_4$）；另一种是在加热到 1 400 ℃～1 600 ℃开始形成，到 1 800 ℃完成的高温稳定相（$\beta - Si_3N_4$）。$\alpha - Si_3N_4$ 到 $\beta - Si_3N_4$ 的转变，属结构重构型相变，这是一个不可逆的过程。这两种晶型都属六方晶系，性能上无明显差别，仅仅是四面体层的排列顺序不同。

氮化物陶瓷是一类抗金属腐蚀和化学腐蚀性能优异的耐高温工程陶瓷材料，Si_3N_4 陶瓷因所用助烧剂种类和烧结技术的不同，性能也会有很大差异，如表 6 - 17 所列。

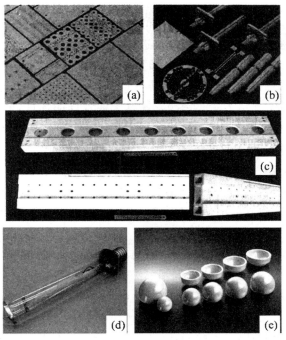

(a) 陶瓷基板　(b) 电真空器件　(c) 光刻机工件台大尺寸导轨(长度大于1 m)
(d) 高压钠灯灯管(芯部直管为Al$_2$O$_3$陶瓷管)　(e) 人工关节

图 6.7　Al$_2$O$_3$ 陶瓷产品图片

表 6 - 17　Si$_3$N$_4$ 陶瓷材料的典型性能值

材料种类	反应烧结 Si$_3$N$_4$	常压烧结 Si$_3$N$_4$	热压烧结 Si$_3$N$_4$
密度/(g·cm^{-3})	2.7~2.8	3.2~3.26	3.2~3.4
硬度(HRA)	83~85	91~92	92~93
弯曲强度/MPa	250~400	600~800	900~1 200
弹性模量/GPa	160~200	290~320	300~320
韦伯模数	15~20	10~18	15~20
热膨胀系数/(10^{-6}K^{-1})	3.2(室温~1 200 ℃)	3.4(室温~1 000 ℃)	2.6(室温~1 000 ℃)
导热系数/(W·m^{-1}·K^{-1})	17	20~25	30
抗热震性参数 ΔT_c/℃	300	600	600~800

　　氮化硅键能相当高,故化学性能稳定;由于共价晶体无自由电子,因此具有优异的电绝缘性;氮化硅硬度高,有良好耐磨性,摩擦系数小(只有 0.1~0.2),本身具有润滑性;氮化硅的热膨胀系数小,有优越的抗高温蠕变性能;虽然它的最高使用温度不及 Al$_2$O$_3$,但它的强度在1 200 ℃时仍不下降,是 Al$_2$O$_3$ 无法做到的。

　　由于 Si$_3$N$_4$ 具有很高的共价键能,它是一种难烧结材料,须采用反应烧结和热压法烧结。热压烧结可获得致密组织,故强度较高,常用于制作形状简单的制品,如金属切削刀具;反应烧结时,制品的尺寸精度较高,用于制作耐磨、耐腐蚀的泵和阀,如盐酸泵、三氯化铁泵、泥沙泵等。

　　氮化硅耐高温，又有较好的抗热冲击性和耐磨性，可用作高温轴承。它也是测量铝液温度的热电偶套管的理想材料。用它还可制作输送铝液的电磁泵管道、阀门等。氮化硅用于制作燃气轮机转子叶片，可以提高进口燃气的温度和压力，从而提高发动机功率又降低燃料消耗，还可大大减轻发动机的自重。

　　氮化硅曾被材料科学界认为是结构陶瓷领域中综合性能优良、最有希望替代镍基合金在高科技、高温领域中获得广泛应用的一种新型材料。但其脆-延转变温度低，难以与连续纤维复合，近年来逐渐被碳化硅取代。

3. 氮化硼(BN)陶瓷

　　BN 是共价键化合物，一般认为有两种晶型：六方氮化硼(HBN)和立方氮化硅(CBN)，通常为六方结构，在高温和超高压的特殊条件下，可将六方晶型转变为立方晶型。

　　(1) 六方氮化硼

　　HBN 的结构与石墨相似(见图 6.8)，但质地为白色，故又称"白石墨"。其密度为 $2.27g/cm^3$，硬度低(莫氏硬度仅为 2)；强度也较低，与滑石差不多。HBN 的机械加工性能好，可以车、铣、刨、钻、磨，而且加工精度高(制品精度可达 0.01 mm)，又因有润滑性，故可用来制作高温轴承和玻璃制品成型模具。

　　HBN 的电绝缘性能好，电阻率高，高温下达到了 $1\,016\,\Omega\cdot cm\sim1\,018\,\Omega\cdot cm$，介电常数小，是 Al_2O_3 的 1/2；介电损耗较低；在 2 000 ℃下，它仍然是绝缘体，而它又是热的良导体。所以 HBN 是理想的高温绝缘材料和散热材料，可以用作火箭燃烧室的衬里、宇宙飞船的热屏蔽材料、各种加热器的衬套等。

　　HBN 具有优良的热稳定性和化学稳定性，它对熔融态的铁、钢、铝、镍、铜、硅、冰晶石等都保持良好的化学稳定性，既不润湿也不会发生作用，因此被用于制作熔炼半导体 GaAs、GaP 的单晶坩埚及一般冶金的高温容器和管道。

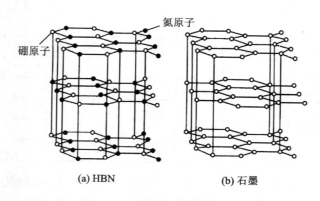

(a) HBN　　　　　　　　　　　(b) 石墨

图 6.8　HBN 和石墨的晶体结构

　　(2) 立方氮化硼

　　CBN 晶体的硬度与金刚石相近，化学稳定性比金刚石和硬质合金还要好，热稳定性能和导热性能优良，可用作金刚石的代用品，常用于制作耐磨切削刀具、高温模具和磨料等。用 CBN 制作的刀具可以加工合金工具钢、高速钢、耐磨铸铁、各种镍基、钴基合金，使用寿命是硬质合金刀具和其他陶瓷刀具的数十倍。

4. 碳化硅(SiC)陶瓷

碳化物是一组熔点最高的材料,很多碳化物的熔点(或升华)都在 2 500 ℃ 以上。碳化物在较高的温度下均会发生氧化,但许多碳化物的抗氧化能力都比 Re,W,Mo 和 Nb 等高熔点金属好。在许多情况下,碳化物氧化后所形成的氧化膜有提高抗氧化性能的作用。

碳化硅没有熔点,常压下 2 900 ℃ 时发生分解。碳化硅的硬度很高,莫氏硬度为 9.2～9.5,显微硬度为 33 400 MPa,仅次于金刚石、立方 BN 和 BC 等少数几种物质,是常用的磨料材料之一,用于制造砂轮和各种磨具。

碳化硅陶瓷的性能随制备工艺的不同会发生一定的变化,表 6-18 所列为三种不同工艺制得的碳化硅材料的物理、力学性能。

表 6-18　不同烧结方法制得的 SiC 制品的性质

性　质	热压 SiC	常压烧结 SiC	反应烧结 SiC
密度/(g·cm^{-3})	3.2	3.14～3.18	3.10
气孔率/%	<1	2	<1
硬度 HRA	94	94	94
抗弯强度/MPa(室温)	989	590	490
抗弯强度/MPa(1 000 ℃)	980	590	490
抗弯强度/MPa(1 200 ℃)	1 180	590	490
断裂韧性/(MPa·m$^{1/2}$)	3.5	3.5	3.5～4
韦伯模数	10	15	15
弹性模量/GPa	430	440	440
导热率/(W·m^{-1}·K^{-1})	65	84	84
热膨胀系数/(10^{-6}℃$^{-1}$)	4.8	4.0	4.3

碳化硅陶瓷具有高温强度高、抗蠕变、硬度高、耐磨、耐腐蚀、抗氧化、高热导、高电导和优异的热稳定性,使其成为 1 400 ℃ 以上最有价值的高温结构陶瓷。表 6-19 列出了 SiC 陶瓷的某些主要用途。

表 6-19　碳化硅陶瓷的主要用途

领　域	使用环境	用　途	主要优点
石油工业	高温、高压研磨性物质	喷嘴,轴承,密封,阀片	耐磨,导热
化学工业	强酸(HNO_3,H_2SO_4,HCl)强碱(NaOH)高温氧化	密封,轴承,泵部件,热交换器,气化管道,热电偶保温管	耐磨损,耐腐蚀.气密性
汽车、拖拉机、飞机、宇宙火箭	燃烧(发动机)	燃烧器部件,涡轮增压器,涡轮叶片,燃气轮机叶片,火箭喷嘴	低摩擦,高强度,低惯性负荷,耐热冲击性
激光	大功率、高温	反射屏	高刚度,稳定性
喷砂器	高速研削	喷嘴	耐磨损
造纸工业	纸浆废液(50%)	密封,套管,轴承衬底	耐热,耐腐蚀气密性

领 域	使用环境	用 途	主要优点
钢铁工业	高温气体、金属液体	热电偶保温管,辐射管, 热交换器,燃烧管,高炉材料	耐热,耐腐蚀 气密性
矿业	研削	内衬,泵部件	耐磨损性
原子能	含硼高温水	密封,轴套	耐放射性
冶金	塑性加工	拉丝,成型模具	耐磨,耐腐蚀性
微电子工业	大功率散热	封装材料,基片	高热导,高绝缘
兵器	高速冲击	装甲,炮筒内衬	耐磨,高硬度

6.3 复合材料

复合材料具有悠久的历史,早在几千年前人们用草茎掺入泥土制成建筑用的土坯,到目前广为使用的混凝土,以及自然界中的竹子、木材、骨骼等,都属于复合材料,然而作为材料学科的一个专门学科却只有几十年的时间。自 20 世纪 60 年代以来,随着航空、航天、机械、电子、化工、原子能、通信等行业的发展,对材料的性能要求越来越高,因此复合材料得到了迅速发展。

科学家将复合材料的发展划分为三个时代:

第一代复合材料的代表是玻璃钢,即玻璃纤维增强塑料;

第二代的代表是碳纤维强化树脂及硼纤维强化树脂;

第三代是深入研制金属基、陶瓷基、碳/碳基复合材料。

国际标准化组织对复合材料的定义是:"由两种以上在物理和化学上不同的物质结合起来而得到的一种多相固体材料"。有些钢和陶瓷材料也可以看作是复合材料,但现代复合材料的概念主要是指经人工特意复合而成的材料,而不包括天然复合材料及钢和陶瓷这一类多相固体材料。

在复合材料中,通常有一相为连续相,称为基体;另一相为分散相(增强纤维,或颗粒状或弥散的填料),称为增强材料。分散相是以独立的形态分布在整个连续相中的,两相之间存在着相界面,图 6.9 为复合材料结构示意图。

复合材料既可以保持原材料的某些特点,又能发挥组合后的新特征,它可以根据需要进行

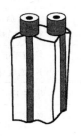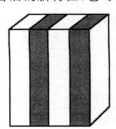

图 6.9 复合材料结构示意图

设计,从而最合理地达到使用要求的性能。由于复合材料各组分之间"取长补短""协同作用",极大地弥补了单一材料的缺点,产生单一材料所不具有的新性能。目前,不仅可复合出重量轻、力学性能高的结构材料,也能复合出具有耐磨、耐蚀、绝缘、隔热、减振、隔音、吸波、抗辐射等一系列特殊功能材料。

6.3.1　复合材料的分类

1. 按增强材料的形态分类

按照增强材料的形态,可将复合材料分为如下几类:

① 连续纤维复合材料:作为分散相的纤维,每根纤维的两个端点都在复合材料的边界处。

② 短纤维复合材料:短纤维无规则地分散在基体材料中制成的复合材料。

③ 粒状填料复合材料:微小颗粒状增强材料分散在基体中制成的复合材料。

④ 编织复合材料:以平面二维或立体三维纤维编织物为增强材料与基体复合而成。

⑤ 层状复合材料:板状基体材料通过粘结剂胶合形成的复合板材。

2. 按增强纤维种类分类

按照增强纤维的种类,可将复合材料分为如下几类:

① 玻璃纤维复合材料。

② 碳纤维复合材料。

③ 有机纤维复合材料(芳香族聚酰胺纤维、芳香族聚酯纤维、高强度聚烯烃纤维等)。

④ 金属纤维复合材料(如钨丝、不锈钢丝等)。

⑤ 陶瓷纤维复合材料(如氧化铝纤维、碳化硅纤维、硼纤维等)。

此外,如果用两种或两种以上纤维增强同一基体制成的复合材料称为混杂复合材料。混杂复合材料可以看成是两种或多种单一纤维复合材料的相互复合,即复合材料的"复合材料"。

3. 按基体材料分类

根据基体材料的不同,可将复合材料分为如下几类:

① 聚合物基复合材料:以有机聚合物(主要为热固性树脂、热塑性树脂及橡胶)为基体制成的复合材料。

② 金属基复合材料:以金属为基体制成的复合材料,如铝基复合材料、钛基复合材料等。

③ 无机非金属基复合材料:以陶瓷材料(也包括玻璃和水泥)为基体制成的复合材料。

4. 按材料作用分类

按照材料的作用,可将复合材料分为:

① 结构复合材料:用于制造受力构件的复合材料。

② 功能复合材料:具有各种特殊性能的复合材料(如阻尼、导电、导磁、换能、摩擦、屏蔽等)。

6.3.2　复合材料的性能

(1) 高比强度和高比模量

对于希望尽量减轻自重而保持高强度和高刚度的结构件来说,比强度(强度极限/密度)和比模量(弹性模量/密度)指标是非常重要的。对于航空航天的结构部件,汽车、火车、舰艇的运动结构而言,比强度高、比模量大意味着可以制成性能好、质量轻的结构。而对于化工设备和建筑工程等,材料的比强度高、比模量大则意味着可减轻自重,承受较多的载荷和改善抗震性能。

图 6.10 为传统材料与复合材料的比强度与比模量的对比。由此可见,复合材料的比强度和比模量高于传统材料,其强度与弹性模量变化的范围较大。表 6-20 给出了典型材料的比强度和比刚度。

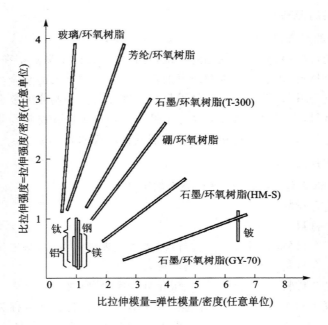

图 6.10　材料的比强度与比模量的关系

表 6-20　常用材料与复合材料性能比较

材料名称	密度/ (g·cm^{-3})	拉伸强度/ MPa	弹性模量/ (10^3 MPa)	比强度 (拉伸强度/密度)	比模量 (弹性模量/密度)
钢	7 800	1 030	210 000	0.13	27
铝	2 800	470	75 000	0.17	27
钛	4 500	960	11 4 000	0.21	25
玻璃钢	2 000	1 060	40 000	0.53	20
碳纤维Ⅱ/环氧	1 450	1 500	1 40 000	1.03	97
碳纤维Ⅰ/环氧	1 600	1 070	240 000	0.67	150
有机玻璃 PRD/环氧	1 400	1 400	80 000	1.0	57
硼纤维/环氧	2 100	1 380	210 000	0.66	100
硼纤维/铝	2 650	1 000	200 000	0.38	75

（2）高耐疲劳性和抗断裂性

纤维复合材料的基体中密布着大量的细小纤维,对缺口、应力集中敏感性小,而且纤维和基体的界面可以使扩展裂纹尖端变钝或改变方向（见图 6.11），即阻止了裂纹的迅速扩展，因此，复合材料在纤维方向受拉时的疲劳特性要比金属好得多（见图 6.12）。如碳纤维聚酯树脂复合材料疲劳极限可达其抗拉强度的 70 ％～80 ％，而金属材料只有 40 ％～50 ％。用复合材料制成在长期交变载荷条件下工作的构件，具有较长的使用寿命和破损安全性。

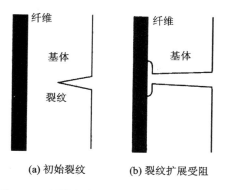

(a) 初始裂纹　　　(b) 裂纹扩展受阻

图 6.11　纤维复合材料裂纹变钝改向的示意

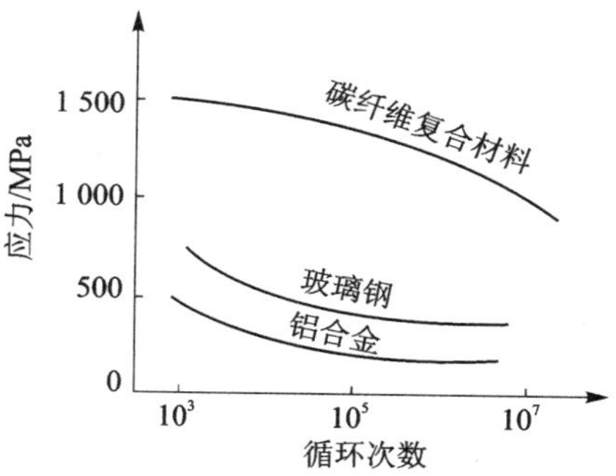

图 6.12　三种材料的疲劳强度比较

此外，纤维增强复合材料中有大量独立的纤维，平均每平方厘米面积上有几千到几万根。当构件由于超载或其他原因使少数纤维断裂时，载荷就会重新分配到其他未断的纤维上，构件不致在短期内发生突然破坏，故具有比较高的断裂韧性。

（3）减振能力强

受力结构的自振频率除与结构本身形状有关外，还与结构材料比模量的平方根成正比。复合材料比模量高，故具有高的自振频率。同时，复合材料界面具有吸振能力，使材料的振动阻尼很高。由试验得知：轻合金梁需 9 s 才能停止振动时，而碳纤维复合材料梁只需 2.5 s 就会停止同样大小的振动。图 6.13 为两类材料的振动衰减特性。

（4）高温性能好，抗蠕变能力强

各种增强纤维多具有较高的弹性模量，因而具有较高的熔点和高温强度。例如，铝合金在 400 ℃时强度已明显下降，而选用碳纤维或硼纤维增强铝材，则能显著提高材料的高温性能，400 ℃时的强度与弹性模量几乎与室温相同。图 6.14 为几种增强纤维的强度随温度变化的曲线。

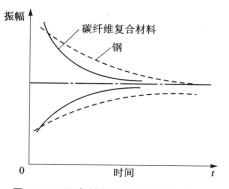

图 6.13　两类材料的阻尼特性示意图

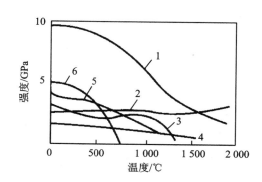

1—氧化铝纤维；2—碳纤维；3—钨纤维；4—碳化硅纤维；
5—硼纤维；6—钠玻璃纤维

图 6.14　几种增强纤维的高温强度

此外,复合材料的蠕变量比普通单一材料小(见图 6.15)。例如,碳纤维增强尼龙 66 的蠕变量是玻璃纤维增强尼龙 66 的一半,是纯尼龙 66 的 1/10。

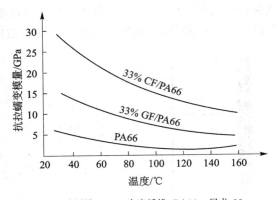

CF—碳纤维;GF—玻璃纤维;PA66—尼龙 66

图 6.15　抗拉蠕变模量与温度的关系

6.3.3　树脂基复合材料

塑料的最大优点是密度小、耐腐蚀、可塑性好、易加工成型,但其最主要的缺点是强度低、弹性模量低、耐热性差。改善其性能最有效的途径是将其制备成复合材料。树脂基复合材料是目前应用最广泛、消耗量最大的一类复合材料。

1. 玻璃纤维增强热固性塑料(代号 GFRP)

玻璃纤维增强热固性塑料是由 60 ％～70 ％的玻璃纤维或玻璃制品与 30 ％～40 ％的热固性树脂(通常为环氧、酚醛、聚酯及有机硅胶)复合而成,俗称玻璃钢。根据基体种类不同,可将 GFRP 分成三类,即玻璃纤维增强环氧树脂、玻璃纤维增强酚醛树脂、玻璃纤维增强聚酯树脂。表 6 - 21 给出了三种常用热固性玻璃钢的性能。

表 6 - 21　三种热固性玻璃钢的性能

基体材料	密度/(g·cm^{-3})	抗拉强度/MPa	抗压强度/10^2MPa	抗弯强度/MPa
聚酯	1.7～1.9	180～350	210～250	210～350
环氧	1.8～2.0	70.3～298.5	180～300	70.3～470
酚醛	1.6～1.85	70～280	100～270	270～1 100

GFRP 的突出特点是密度小、比强度高。密度为 1.6 g/cm^3～2.0 g/cm^3,比最轻的金属铝还要轻,而比强度比高级合金钢还高。"玻璃钢"这个名称便由此而来。

GFRP 还具有良好的耐腐蚀性,在酸、碱、有机溶剂、海水等介质中均很稳定,其中玻璃纤维增强环氧树脂的耐腐蚀性最为突出,其他 GFRP 虽然不如玻璃纤维增强环氧树脂,但其耐腐蚀性也都超过了不锈钢。

GFRP 也是一种良好的电绝缘材料,主要表现在它的电阻率和击穿电压两项指标都达到了电绝缘材料的标准。一般电阻率大于 10^6 Ω·cm 的物质称为电绝缘体。而 GFRP 的电阻率为 10^{11} Ω·cm,有的甚至可达到 10^{18} Ω·cm,电击穿强度达 20 kV/mm,所以它可作为耐高压的电器零件。

另外,GFRP 不受电磁作用的影响,它不反射无线电波,微波透过性好,因此可用来制造扫雷艇和雷达罩。

GFRP 还具有保温、隔热、隔音、减振等性能。

GFRP 也有不足之处,其最大的缺点是刚性差,它的刚度比木材大 2 倍,而比钢材小 10 倍。其次是玻璃钢的耐热性虽然比塑料高,但低于金属和陶瓷。导热性也很差,摩擦产生的热量不易导出,从而使 GFRP 的温度升高,导致其破坏。此外,GFRP 的基体材料是易老化的塑料,所以它也会因日光照射、空气中的氧化作用、有机溶剂的作用而产生老化现象,但比塑料老化要缓慢些。虽然 GFRP 存在上述缺点,但它仍然是一种比较理想的结构材料。

玻璃纤维增强环氧、酚醛、聚酯树脂除具有上述共同的性能特点以外,还各自有其特殊的性能。

(1) 玻璃纤维增强环氧树脂

玻璃纤维增强环氧树脂是 GFRP 中综合性能最好的一种,这是与它的基体材料环氧树脂分不开的。因环氧树脂的粘结能力最强,与玻璃纤维复合时,界面剪切强度最高。它的机械强度高于其他 GFRP。由于环氧树脂固化时无小分子放出,故而玻璃纤维增强环氧树脂的尺寸稳定性最好,收缩率只有 1 %～2 %,环氧树脂的固化反应是一种放热反应,一般易产生气泡,但因树脂中添加剂少,很少发生鼓泡现象。唯一不足的地方是环氧树脂黏度大,加工不太方便,而且成型时需要加热,如在室温下成型会导致环氧树脂固化反应不完全,因此不能制造大型的制件,使用范围受到一定的限制。

(2) 玻璃纤维增强酚醛树脂

玻璃纤维增强酚醛树脂是各种 GFRP 中耐热性最好的一种,它可以在 200 ℃下长期使用,甚至在 1 000 ℃以上的高温下,也可以短期使用。它是一种耐烧蚀材料,因此可用它制作宇宙飞船的外壳。它具有耐电弧性,故可用于制作耐电弧的绝缘材料。它的价格比较便宜,原料来源丰富。它的不足之处是性能较脆,机械强度不如环氧树脂。固化时有小分子副产物放出,故其尺寸不稳定,收缩率大。酚醛树脂对人体皮肤有刺激作用,使人的手和脸肿胀。

(3) 玻璃纤维增强聚酯树脂

玻璃纤维增强聚酯树脂最突出的特点是加工性能好,树脂中加入引发剂和促进剂后,可以在室温下固化成型,由于树脂中的交联剂(苯乙烯)也起着稀释剂的作用,所以树脂的黏度大大降低了,可采用各种成型方法进行加工成型,因此它可用于制作大型构件,扩大了应用的范围。此外,它的透光性好,透光率可达 60 %～80 %,可制作采光瓦。它的价格很便宜。其不足之处是固化时收缩率大,可达 4 %～8 %;耐酸、碱性差些,不宜制作耐酸碱的设备及管件。

2. 碳纤维增强塑料(CFRP)

CFRP 是由碳纤维与聚酯、酚醛、环氧、聚四氟乙烯等树脂组成的复合材料。

CFRP 密度小,比强度、比模量大,其中比模量是芳纶增强复合材料的 2 倍,玻璃纤维的 4～5 倍;还具优良抗蠕变、耐疲劳、耐磨和自润滑性等特性。例如,若采用钢材、GFRP 以及 CFRP 这三种材料分别制成长途客车的车身时,其中 CFRP 最轻,比 GFRP 车身轻 1/4,比钢车身轻 3～4 倍。刚度方面,从车顶的挠曲度来进行比较:GFRP 车顶弯曲下沉将近 10 cm,钢车顶下沉 2 cm～3 cm,CFRP 下沉不到 1 cm。碳纤维增强塑料的抗冲击强度也特别突出,假如用手枪在十步远的地方射向一块不到 1 cm 厚的碳纤维增强塑料板时,竟不会将其射穿。它的耐疲劳强度很大,而摩擦系数却很小,这方面性能均超过了钢材。

CFRP 可用作各类机器中的齿轮、轴承等耐磨零件和活塞、密封圈、衬垫板等。由于减重效果十分显著,碳纤维复合材料在航空航天领域显示出无可比拟的巨大应用潜力,可用于飞机的翼尖、起落架、直升机的旋翼以及火箭、导弹的鼻锥体、喷嘴、人造卫星支承架及天线构架等。例如,美国的 F-18、F-22 战斗机大量采用高强度、耐高温的树脂基复合材料。法国的"阵风"机翼大部分部件和机身的一半都采用了碳纤维复合材料。图 6.16 为美国 F-18 战斗机应用复合材料(见图中涂黑的部分)的情况。

图 6.16　复合材料在 F-18 战斗机上的应用

3. 芳纶增强复合材料

它是由芳纶有机纤维与环氧、聚乙烯、聚碳酸酯、聚酯等树脂组成的。这是美国杜邦公司于 1968 年发明成功的一种芳香族聚酰胺纤维(简称芳纶),商品名为 kavlar 纤维,化学名称为聚对苯二甲酰对苯二胺。在 500 ℃下经液晶纺丝可结晶成高度定向纤维,称为 kavlar-49 芳纶纤维。

kavlar-49 专为制造复合材料用的增强材料而设计的,抗张强度达 2 800 MPa～3700 MPa,比碳纤维和加工硬化过的钢丝还高,而密度只有 1.45,比碳纤维轻 15 %,比玻璃纤维轻45 %。它的热膨胀系数低,耐疲劳性高,富有强韧性,与橡胶有良好的粘接性,容易加工成各种复杂曲面,可用普通的纺织机械加工成各种织物,用它制成的层压制品在相同厚度下比玻璃纤维层压制品轻 30 %,而强度则高两倍。它还具有耐热性,分解温度高达 560 ℃。

kavlar-49 纤维的工艺性极好,编织后强度保持原纤维强度的 90 %。此外,它也可以与碳纤维、硼纤维或玻璃纤维混合使用。

kavlar-49 常用来增强环氧树脂,是缠绕成型复合材料的理想原料,一般采用螺旋缠绕和环向缠绕方法成型。以三叉戟发动机壳体为例,由于使用 kavlar/环氧后,其质量比具有相同尺寸的海神减轻了 50 %。此外,它还用于制作航天飞机、宇航器的某些高压容器、雷达天线罩。由于 kavlar 成本只有碳纤维的 1/3,故 kavlar 纤维的消耗远高于碳纤维,大量用于飞机轮胎帘子线以及工业用耐压管材、带材、绳索和帆布等。

4. 夹层结构复合材料

以玻璃纤维、碳纤维或硼纤维增强的复合材料(板)为蒙皮材料,以蜂窝或泡沫塑料为芯材的夹心构件称为夹层结构。夹层结构质量轻、比强度大、比刚度大,大量用于制作飞机舱壁、机翼、舵面等。另外夹层结构的保温、隔音性好,在民用工业尤其是建筑业中,以纸、木等为材料的蜂窝夹层结构被广泛使用。

（1）蜂窝夹层结构

最典型的夹层复合材料是航空航天结构件中常用的蜂窝夹层结构材料，其基本结构形式是在两层面板之间夹一层蜂窝芯，面板与蜂窝芯是采用胶粘剂或钎焊连接在一起的，如图 6.17 所示。它实际上是一种仿生结构材料。蜂窝的正六角形的薄壁结构，从刚度、强度、节省材料及质量轻等方面看，都是相当合理的。制造蜂窝填料时，先把玻璃布（棉布或牛皮纸）浸（或刷）胶，晾置后压成波纹状板，然后胶接成蜂窝夹层。胶接时巢孔中插进六角形铁条，起加压和维护六角形格子形状的作用，铁条表面涂高温润滑油以防粘结，蜂窝夹层胶接时不完全硬化，以便于以后成型。蜂窝填料的成型以及和蒙皮的胶接，一般是在模型上进行的。

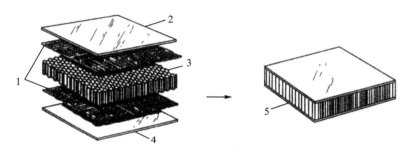

1—胶粘剂；2,4—面板；3—蜂窝；5—夹层结构板

图 6.17　蜂窝夹层结构板

（2）泡沫夹层结构

泡沫夹芯通常是在专用模具里发泡成型的，它与成型模具差一蒙皮厚度。泡沫夹芯成型后，粘贴蒙皮即制成泡沫夹层结构。

（3）空心微珠夹芯材料

这是目前正在研究发展中的一种轻质结构技术。空心微珠一般由玻璃制成，也可由酚醛树脂或碳制成。玻璃微珠壁厚约 2 μm，直径在 10 μm～250 μm，其表观密度为 0.16 g/cm^3～0.24 g/cm^3，将微珠分散在树脂中可制成轻质芯材，其具有低密度和保温性能好的特点。

6.3.4　金属基复合材料

金属基复合材料是以金属为基体，以纤维、晶须、颗粒等为增强物制成的复合材料。通过优化组合可以获得既具有金属特性，又具有高比强度、高比模量、耐热、耐磨等综合性能。目前，备受关注的金属基复合材料有长纤维增强型、短纤维或晶须增强型、颗粒增强型以及共晶定向凝固型复合材料，所选用的基体主要有铝、镁、钛及其合金、镍基高温合金以及金属间化合物。

1. 长纤维增强金属基复合材料

长纤维增强金属基复合材料常用的增强纤维有硼纤维、碳（石墨）纤维、氧化铝纤维、碳化硅纤维（单丝、束丝）等；常用的基体有 Al 及其合金、Ti 及其合金、Cu 及其合金、Ni 合金及 Ag、Pb 等。其中，铝基、镁基复合材料主要用作高性能的结构材料；而钛基耐热合金及金属间化合物基复合材料主要用于制造发动机零件；铜基和铅基复合材料则用作特殊导体和电极材料。

长纤维增强金属基复合材料的主要应用领域于航空航天、先进武器和汽车领域，同时，其在电子、纺织、体育用品等领域也具有很大的应用潜力。目前,长纤维增强金属基复合材料还存在着制备工艺复杂、成本高的缺点。

表 6-22 列出了几种典型长纤维增强金属基复合材料的性能。

表 6-22　长纤维增强金属基复合材料的性能

基　体	纤维(vol %)	密度/$(g \cdot cm^{-3})$	拉伸强度/MPa		拉伸模量/GPa	
			横向	纵向	横向	纵向
6061Al	高模石墨,40	2.44	620	—	320	—
6061Al	硼纤维,50	2.50	1380	140	230	160
60161Al	碳化硅,50	2.93	1480	140	230	140
Mg	石墨(T75),42	1.80	450	—	190	—
Ti	硼纤维,45	3.68	1270	460	220	190
Ti	碳化硅,35	3.93	1210	520	260	210

2. 短纤维及晶须增强金属基复合材料

短纤维或晶须增强金属基复合材料是由各种短纤维或晶须为增强体、金属材料为基体所形成的复合材料。可用作增强体的短纤维主要有氧化铝纤维、氧化铝-氧化硅纤维、氮化硼纤维;增强晶须主要有碳化硅晶须、氧化铝晶须、氮化硅晶须;常用的基体有铝基、镁基、钛基。

氧化铝短纤维增强铝基复合材料是较早研制和应用的一类短纤维增强铝基复合材料,现已在汽车制造等行业获得广泛应用。

碳化硅晶须增强铝基复合材料是针对航天航空等高技术领域的实际需求而开发的一类先进的复合材料。它具有良好的综合性能,如比强度、比模量高,热膨胀系数低等特点(见表 6-23),在 200 ℃下,其抗拉强度还能保持基体合金室温下的强度水平。目前,各种基体的碳化硅晶须增强铝基复合材料普遍存在着成本高(受晶须成本高的影响)、塑性及韧性低等缺点。

表 6-23　碳化硅晶须增强铝基复合材料性能相对基体的改进

材料体系	性　能	性能提高
17vol %SiC(W)/ZL109Al	耐磨性	16 倍
20vol %SiC/6061Al	疲劳强度	1 倍
15～20vol %SiC(W)/6061Al	断裂韧性	750 %
170vol %SiC(W)/ZL109Al	弹性模量	37 %
22vol %SiC/6061Al	弹性模量	53 %
20vol %SiC/6061Al	热膨胀系数	(降低)50 %～75 %

3. 颗粒增强金属基复合材料

颗粒增强金属基复合材料是由一种或多种陶瓷颗粒或金属基颗粒增强体与金属基体组成的先进复合材料。常用的颗粒增强相有碳化物(SiC,B_4C,TiC)、硼化物(TiB_2)、氮化物(Si_3N_4)和氧化物(Al_2O_3)及 C、Si、石墨等晶体颗粒,它们都可被用作铝基复合材料的增强体。颗粒增强铝基复合材料的一个主要优点是具有较好耐腐蚀性。虽然颗粒的增强效果不如纤维,但复合工艺较简单,价格较便宜。

碳化硅颗粒增强铝基复合材料是目前金属基复合材料中最早实现大规模产业化的品种。此种复合材料的密度仅为钢的 1/3、钛合金的 2/3,与铝合金相近;其比强度较中碳钢高,与钛合金相近,比铝合金高;模量略高于钛合金,比铝合金高得多。此外,碳化硅颗粒增强铝基复合材料还具有良好的耐磨性能(与钢相似,比铝合金大 1 倍)。使用温度最高可达 300 ℃～350 ℃。表 6-24 给出几种典型碳化硅颗粒增强铝基复合材料的拉伸性能。

碳化硅颗粒增强铝基复合材料目前已批量用于汽车工业和机械工业中,制造大功率汽车发动机和柴油发动机的活塞、活塞环、连杆、刹车片等。同时,还可用于制造火箭、导弹构件、红外及激光制导系统构件。此外,以超细碳化硅颗粒增强的铝基复合材料还是一种理想的精密仪表用高尺寸稳定性材料和精密电子器件的封装材料。

表 6-24　几种典型碳化硅颗粒增强铝基复合材料的拉伸性能

基　体	拉伸模量/GPa	抗拉强度/MPa	屈服强度/MPa	断裂延伸率/%
6016Al	69	310	276	12
	103	496	414	5.5
2124Al	71	455	420	9
	103	552	400	7
7090Al	72	634	586	8
	104	724	655	2

6.3.5　陶瓷基复合材料

陶瓷材料虽然强度高、硬度大、耐高温、抗氧化,高温下抗磨损性好,耐化学腐蚀性优良,热膨胀系数和密度较小。这些优异的性能是一般常用金属材料、高分子材料及其复合材料所不具备的;但陶瓷材料抗弯强度不高,断裂韧性低,限制了其作为结构材料使用。当用高强度、高模量的纤维或晶须增强后,其高温度和韧性可大幅度提高。

陶瓷基复合材料除了一般陶瓷的用途外,还可用作切削刀具,在军事和空间技术上也有很好的应用前景。例如,碳纤维-氮化硅复合材料可在 1 400 ℃温度下长期使用,用于制造飞机发动机叶片;碳纤维-石英陶瓷复合材料的冲击韧性比烧结石英陶瓷大 40 倍,抗弯强度大 5～12 倍,比强度、比模量成倍提高,能承受 1 200 ℃～1 500 ℃高温气流冲击,是一种很有发展前途的新型复合材料。

陶瓷基复合材料与其他复合材料相比发展仍较缓慢,主要原因一方面是制备工艺复杂,另一方面是缺少耐高温的纤维。

6.4　功能材料

现代工程材料按性能特点和用途大致分为结构材料和功能材料两大类。金属材料、陶瓷材料、高分子材料和复合材料作为结构材料主要被用来制造工程结构件、机械零件和工具等,因而要求其具备一定的强度、硬度、韧性及耐磨性等力学性能。那些要求具备声、光、电、磁、热等特殊物理性能的材料,正引起人们越来越多的重视。例如,激光唱片、计算机和电视机的存储及显示系统,现代武器用激光器等,都有特殊物理性能材料的贡献。

功能材料是指具有特殊的电、磁、光、热、声、力、化学性能和生物学性能及其互相转化的功能,不主要用于结构目的,而是用以实现对信息和能量的感受、计测、显示、控制和转换为主要目的的高新材料。

功能材料按其功能可分为电功能材料、磁功能材料、热功能材料、光功能材料、智能功能材料等。按照其特性又可分为超导材料、形状记忆材料、储能材料、永磁材料、光敏材料、隐形材料等。功能材料的应用领域涉及太阳能、原子能的利用,以及微电子技术、激光技术、传感器技术、工业机器人、空间技术、海洋技术、生物医学技术、电子信息技术等。

功能材料不仅对高新技术的发展起着重要的推动和支撑作用,还对我国相关传统产业的改造和升级,实现跨越式发展起着重要的促进作用。

6.4.1　导电高分子材料

高分子材料具有质量轻、化学结构灵活、耐湿热性能优异等特点,但这类材料主要是以共价键形式结合的大分子链结构,其电子被紧紧地束缚住,属于绝缘材料。随着科学技术的发展,对于这类绝缘材料也提出了导电的需求。导电高分子材料具有类似金属的电导率,通过分子设计,可以合成具有不同特性的导电高分子材料。

目前,常见的导电分子材料主要有以下两种:

一种是本征型导电高分子材料,即通过在高分子中经过化学或电化学掺杂等形式,人为地引入双烯键,使得分子间会形成共轭大 π 键,促进电子的转移,从而使其具有一定的导电性。早期使用的本征导电高分子材料为聚乙炔,其线型链结构及分子内部存在的大量 π 键,因此聚乙炔的电导率经改性后可从 10^{-9} S/cm 提高到 10^3 S/cm,甚至能与传统的 Cu 和 Au 等高导电金属相媲美。聚苯胺、聚吡咯、聚噻吩也都是常见的导电高分子。还有人利用聚苯胺与聚苯乙烯磺酸盐作为原料,让两者在交联剂的作用下发生反应,可以制备出一种具有互传网络的导电水凝胶材料。这种高分子材料的导电率能够达到 13 S/m,并且具有自修复功能。这种导电水凝胶在 3D 打印及柔性电子元器件的制备中表现出极大的潜力。

另一种是填充型导电高分子材料,即通过在高分子基体中添加适量的导电填料,使其内部形成能够传输电子的结构。通过引入不同掺杂剂,合成的复合材料的导电性可以实现较宽范围的变化。复合导电高分子材料的导电性与掺杂剂的种类、数量、形状和尺寸密切有关。例如,使用不同浓度的石墨烯纳米片和聚 3 - 羟基丁酸盐共混制备出的导电复合薄膜,其体积电阻率低至 6 $\Omega \cdot m$,并表现出了优异的氧气阻隔性。这种材料的开发为生物可降解和生物兼容柔性电子产品材料的研究生产提供了可能性;通过氧化法制备出了热稳定性良好的噻吩衍生物类导电高分子材料,实验表明,这类导电高分子材料具有低的光学带隙值和较高的光致发光量子产率,可用作电子元器件中的发光材料。

导电高分子材料与金属相比,具有质轻、柔韧、耐蚀、电阻率可调节等优点,可望用来代替金属做导线材料、电池电极材料、电磁屏蔽材料和电伴热材料等。

6.4.2　超导材料

材料的电阻随温度降低而减小并最终出现零电阻的现象称为超导电现象,这类材料被称为超导材料。使电阻完全为零的最高温度定义为临界温度 T_c，如水银的 T_c 为 4.2 K；使超导体从超导状态转变为正常状态的最低磁场强度和最小电流密度分别称为临界磁场强度 H_c 和临界电流密度 J_c，显然超导材料应有高的 T_c、H_c 和 J_c，且要易于加工成丝。

超导材料的研究发展分为两个阶段：第一阶段（1911—1986 年）是低温超导体和材料的发展阶段，从 1911 年发现汞（Hg）开始，到 1980 年发现有机超导体，在这些低温超导体中，T_c 最高的 Nb₃Ge 为 23.2 K；第二阶段为 1986 年 K. A 弥勒（Muler）和 J. G. 贝德诺尔茨（Bednorz）在陶瓷氧化物中发现高临界温度超导体为标志，使超导材料的研究由液氢温度一下跃升至液氮温度（77 K），这种氧化物高温超导体的发现与研究，为超导技术进一步走向实用化提供了前提条件。

自 1911 年发现超导电现象以来，目前已研究的纯金属、合金、金属间化合物、氧化物和有机物等超导体已超过了 1 000 多种。现阶段最常见的超导电材料仍然是低 T_c 的合金（如 Nb-Ti 系超导合金，其 $w_{Ti}=44$ %～55 %，$T_c \approx 9.8$ K，工艺性能良好）与金属间化合物（如 Nb₃Sn 化合物，其 $T_c \approx 18.5$ K，但工艺性能较差）；高超导温度的超导陶瓷体系主要有 Y - Ba - Cu - O 系、La - Sr - Cu - O 系、Ba - Pb - Bi - O 系等。此外，Bi - Pb - Sr - Ca - Cu - O 系、Y - Ba - M - Cu - O（M 代表 Dy、Lu）系、Ba - Lu - A - Cu - O（A 为 Dy、La、Y）系以及 Yb、Er 和 Eu 的相应化合物，其临界温度 T_c 都高于 90 K。尽管如此，仍需进一步提高临界温度、临界电流，使其发挥更大的社会经济效益。

在超导的应用上，目前处于领先地位的是制造高磁场的超导磁体。它不但应用于实验室，而且在高能物理、受控核反应、磁流体发电机、输电、磁悬浮列车、舰船推进、储能、医疗各领域得到应用。以磁悬浮列车为例，该设想是 20 世纪 60 年代提出的。这种高速列车通过铺设在轨道的悬浮线圈和车体内的超导磁体相互作用产生足够的排斥力，将车体悬浮起来；并在轨道上安装一系列电机电枢绕组，与车体内超导磁体产生的磁场相互作用，推进列车前进，使列车速度大大提高（≥500 km/h）。日本研制的磁悬浮列车使用的超导磁体如图 6.18 所示。日本使用低温 NbTi 超导材料，建成山梨县实验线路，长 18 km，磁悬浮高度 10 cm，时速达到 550 km/h，我国于 2 000 年年底成功研制世界上第一辆"高温超导磁悬浮"实验车。2006 年 4 月 27 日，上海磁浮列车示范运营线开通运营，这也是世界上第一条投入商业运作的磁悬浮铁路，该项目为我国走新型工业化道路积累了有益的经验，是我国交通发展史上的一次恢宏创

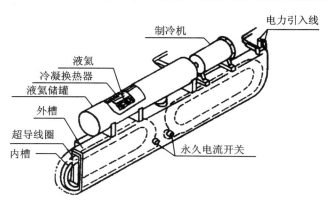

图 6.18　日本研制的磁悬浮列车上使用的超导磁体

举,也是我国科技进步的一次精彩跨越。

　　根据粗略计算,采用超导磁体后,可以使现有设备的能量消耗降低到原来的十分之一到百分之一。但已应用于实际的超导器材,还是比较少的。应用技术的发展,有待于更高级的基础技术的建立和进步,如线材和薄膜的制造技术,制冷及冷却技术,超低温用结构材料和检测技术等。

6.4.3　磁性材料

　　磁功能材料主要利用材料的磁性能和磁效应(如电磁互感效应、压磁效应、磁光效应、磁卡效应、磁阻效应和磁热效应等),实现对能量和信息的转换、传递、调制、存储、检测等功能作用,广泛应用于机械、电力、电子电信和仪器仪表等领域。工程上常按磁性能不同将磁性材料分为软磁材料(铁氧体、工业纯铁、硅钢片等)和硬磁材料(铁氧体永磁材料、金属永磁材料)两大类。前者矫顽力小、容易磁化、容易退磁;后者矫顽力高、磁能积大,磁性基本稳定。

1. 软磁材料

　　软磁材料在较低的磁场中被磁化而呈强磁性,但在磁场去除后磁性基本消失。

　　根据其性能特点可分为高磁饱和材料(低矫顽力)、中磁饱和材料和高导磁材料。软磁材料还包括耐磨高导磁材料、矩磁材料、恒磁导材料、磁温度补偿材料和磁致伸缩材料等。典型的软磁材料有纯铁、Fe－Si 合金(硅钢)、Ni－Fe 合金、Fe－Co 合金、Mn－Zn 铁氧体、Ni－Zn 铁氧体和 Mg－Zn 铁氧体等。非晶态合金是很好的软磁材料。软磁材料可用来制作电力、配电和通信变压器和继电器、电磁铁、电感器铁芯、发电机与发动机转子和定子以及磁路中的磁扼材料等。

2. 永磁材料(硬磁材料)

　　永磁材料,又称硬磁材料,其矫顽力 H_c、剩余磁感应强度 B_r 高,磁能积($B \times H$)大,在外磁场去除后仍能保持强而稳定的磁性能。高碳钢、Al－Ni－Co 合金、Fe－Cr－Co 合金、钡和锶铁氧体等都是永磁材料。永磁材料制作的永磁体能提供一定空间内的恒定工作磁场。利用这一磁场可以进行能量转化等,所以永磁体广泛应用于精密仪器仪表、永磁电机、磁选机、电声器件、微波器件、核磁共振设备与仪器、粒子加速器以及各种磁疗装置中。

　　永磁材料种类繁多,性能各异。普遍应用的永磁材料按成分可分为五种,即 Al－Ni－Co 系永磁材料、永磁铁氧体、稀土永磁材料、Fe－Cr－Co 系永磁材料和复合永磁材料。

　　Al－Ni－Co 系永磁合金是较早使用的永磁材料,其特点是高剩磁、温度系数低、性能稳定,在对永磁体性能稳定性要求较高的精密仪器仪表和装置中,多采用这种永磁合金。

　　永磁铁氧体是 20 世纪 60 年代发展起来的永磁材料。其主要优点是矫顽力高、价格低;缺点是最大磁能积与剩磁偏低、磁性温度系数高。该种材料应用于产量大的家用电器和转动机械装置等。

　　稀土永磁材料是 20 世纪 70 年代以来迅速发展起来的永磁材料,至 20 世纪 80 年代初已发展出三代稀土永磁材料。这种材料是目前磁能积最大、矫顽力特别高的一类永磁材料。所以,这类材料的产生使得永磁元件走向了微小型化及薄型化。表 6－25 给出了三代稀土永磁材料的性能指标。

表 6-25 三代稀土永磁材料的性能指标

材 料	第一代 RCo$_5$ 系	第二代 R$_2$Co$_{17}$ 系	第三代 钕铁硼合金
剩磁 B_r/T	~1.00	~1.10	~1.21
矫顽力 H_c/(kA·m^{-1})	~760	~760	~922
最大磁能积 $(BH)_{max}$/(kJ·m^{-3})	~176	~240	~280
B_r 温度系数 a_b/(%·℃)	~-0.04	~-0.03	~-0.13
密度/10^3 kg·m^{-3}	~8.3	~8.4	~7.4
居里温度/℃	~710	~820	~312

稀土永磁材料目前广泛应用于制造汽车电机、音响系统、控制系统、无刷电机、传感器、核磁共振仪、电子表、磁选机、计算机外围设备、测量仪表等。目前,科学家们通过在稀土铁合金中添加第三种或第四种元素,正积极探索和继续寻找创世纪的"第四代新型的稀土永磁材料",以期进一步降低成本,提高性能。

6.4.4 形状记忆材料

在研究 Ti-Ni 合金时发现,原来弯曲的合金丝被拉直后,当温度升高到一定值时,它又恢复到原来弯曲的形状。人们把这种现象称为形状记忆效应(Shape Memory Effect,SME),具有形状记忆效应的金属称为形状记忆合金(shape memory alloys,SMA)。

1. 形状记忆材料的分类

(1) 按材料分类

① 形状记忆合金:发现最早、应用最广的形状记忆合金是 Ti-Ni 合金。它含 Ti 50%,Ni 余量。由于 Ti-Ni 合金价格较高,其他合金不断地被研制出来,较成熟的有 Cu 基合金、Fe 基合金。以上三类合金的成分、相变温度区间、最大可恢复应变及特点如表 6-26 所列。

② 形状记忆陶瓷:有些陶瓷也具有形状记忆特性,如 ZrO$_2$。

③ 形状记忆树脂:具有形状记忆特性的聚合物,如经照射交联的聚乙烯。

表 6-26 部分 SMA 材料及特性

基底材料	合金成分	相变温度区间(℃)	最大可恢复应变(%)	特 点
Ni-Ti 基	Ni-Ti	<100	6~8	SME、超弹性、低应力循环稳定性;生物相容性好,耐磨耐腐蚀,可用于关节假体、血管支架、骨替代材料;相变温度低,难以进行高温环境应用;经济效益高
	Ni-Ti-Zr	100~250	1.6~3.7	SME、超弹性;成本低,高温 SME 效果好
	Ni-Ti-HF-Pd	200~240	2~3	SME、TWSME;高温高压(180 ℃、700 MPa)下仍有约 2%的可恢复应变;双向训练后高温有约 0.7%的 TWSME 应变
	Ni-Ti-Cu-Al	250~350	4~6	超弹性;高温高压(100 ℃、600 MPa)下仍有 5.2%的可恢复应变;滞回宽度大,可用于吸能结构

基底材料	合金成分	相变温度区间(℃)	最大可恢复应变(%)	特 点
Cu 基	Cu - Al - Ni	100～400	3～5	高温性能好,成本低;SME 及超弹性表现差
	Cu - Al - Nb	150～350	5.5～7.6	可恢复应变大
	Cu - Al - Ti	250～400	—	SME,超弹性;高温疲劳性能较差
Fe 基	Fe - Mn - Si 系	20～150	2～4	SME,马氏体相变起始温度为室温;成本低
	Fe - Ni - Co 系	0～250	2～5	塑性好,易加工,软磁合金,可开发为磁性形状记忆材料;最大超弹性应变达 13%
	Fe - Mn - Al 系	－196～240	—	－196 ℃至 240 ℃ 温度范围内,诱导马氏体转变所需的应力对温度依赖性较低;超弹性应变可达 7.1 %～10 %

（2）按变形特征分类

按变形特征可将形状记忆材料分为单程形状记忆材料、双程形状记忆材料和全程形状记忆材料。

经过"高温定形"再经"低温变形"的形状记忆材料,再次加热到转变温度以上时,其形状会恢复到"高温定形"时的形状。冷却后,单程形状记忆材料形状不再变化,材料完全恢复母相的形状,一般没有特殊说明,形状记忆效应都是指这种单向形状记忆效应,如图 6.19(a)所示。双程形状记忆材料的形状会恢复为"低温变形"时的形状,又称可逆形状记忆效应(见图 6.19(b));而全程形状记忆材料在冷热循环过程中,则产生与"高温定形"时的形状相反的变形(见图 6.19(c))。

2. 形状记忆合金变形原理

大部分合金和陶瓷记忆材料是通过热弹性马氏体相变而呈现形状记忆效应。普通的马氏体相变是钢的淬火强化方法,即把钢加热到某个临界温度以上保温一段时间,然后迅速冷却,钢转变为一种马氏体结构,并使钢硬化。但在某些合金中发现热弹性马氏体相变:马氏体一旦生成,可以随着温度降低继续长大,当温度回升时,长大的马氏体又可以缩小,直至恢复到原来的母相状态,即马氏体随着温度的变化可以可逆地长大或缩小(见图 6.20)。

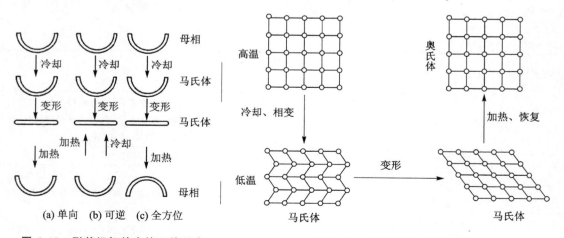

(a) 单向　(b) 可逆　(c) 全方位

图 6.19　形状记忆效应的三种形式

图 6.20　形状记忆合金原理图

3. 形状记忆合金的应用

SMA 由于具有许多优异的性能，因而广泛应用于航空航天、机械电子、生物医疗、桥梁建筑、汽车工业及日常生活等多个领域（见表 6-27）。

表 6-27　形状记忆合金的应用

应用领域	应用举例
电子仪器、仪表	温度自动调节器，火灾报警器，温控开关，电路连接器，空调自动区风向调节器，液体沸腾报警器，光纤连接，集成电路钎焊
航空航天	人造卫星天线，卫星、航天飞机等自动启闭窗门
机械工业	机械人手、脚微型调节器，各种接头、固定销、压板，热敏阀门，工业内窥镜，战斗机、潜艇用油压管、送水管接头管
医疗器械	人工关节，耳小骨连锁元件，止血、血管修复件，牙齿固定件，人工肾脏泵，去除胆固醇用环，能动型内窥镜等管
交通运输	汽车发动机散热风扇离合器，卡车散热器自动开关，排气自动调节器，喷气发动机内窥镜等
能源开发	固相热能发电机，住宅热水送水管阀门，温室门窗自动调节弹簧，太阳能电池帆板
生活用品	记忆合金眼镜架丝、手机天线丝、胸罩丝等

（1）形状记忆合金在航空航天领域的应用

① 管接头：形状记忆合金管接头以其可靠性高，安装方便，成为 SMA 最成功的应用之一。在母相状态下将记忆合金机械加工成管接头，接头内径略小于被连接管外径。将管接头冷却至低温马氏体状态，用锥形扩径棒对管接头进行扩径，扩径后管接头内径比被连接管外径稍大。管接头的连接方法十分简单，如图 6.21 所示。

早在 20 世纪 70 年代中期，Ni-Ti 记忆合金管接头就研制成功并应用，之后在美国各种型号飞机上已成功使用数百万只，至今无一例失效。采用的 Ni-Ti 记忆合金相变滞后较窄，管接头需存在于液氮中，给实际应用带来不便。为此研制出 Ni-Ti-Nb 三元形状记忆合金，其加工成的管接头具有宽滞效应，可以在常温下储存与运输，降低了应用成本，安装时加热到逆相变温度以上即可完成形状恢复，工程应用方便，成为近年来研究的热点。

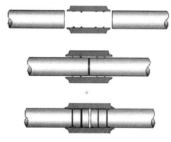

图 6.21　管接头的连接过程

② 月面天线：宙飞船登月之后，为了将月球上收集到的各种信息发回地球，必须在月球上架设直径为好几米的半月面天线。要把这个庞然大物直接放入宇宙飞船的船舱中几乎是不可能。但利用形状记忆合金则能使其成为可能。制备流程如图 6.22 所示，先用镍钛合金在高温下制成半球形的月面天线（这种合金非常强硬，刚度很好），再让天线冷却到 28 ℃以下。这时，合金内部发生了结晶构造转变，变得非常柔软，所以很容易把天线折叠成小球似的一团，放进宇宙飞船的船舱里。到达月球后，宇航员把变软的天线放在月面上，借助于阳光照射或其他热源的加热使环境温度超过奥氏体相变温度，这时天线犹如一把折叠伞那样自动张开，成为原先定形的抛物状天线，迅速投入正常的工作。

③ 铆钉连接：铆钉连接仍是轻金属合金结构的主要连接形式，结构铆接在飞机装配中广

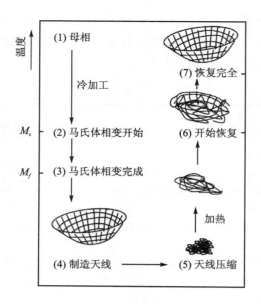

图 6.22　可变形天线制备流程

泛应用。

　　在密闭中空结构件中,普通铆钉连接难以实现,可采用 SMA 铆钉解决紧固连接的难题。图 6.23 所示为 SMA 铆钉结构,利用其形状回复的特点,可在铆接件结构紧凑、敞开性不好及操作空间不足的场合实现紧固连接。

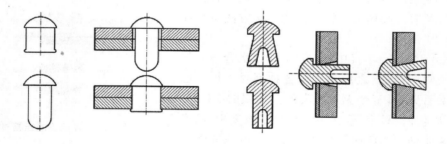

图 6.23　SMA 铆钉连接过程

　　形状记忆合金在航空领域中的应用也较为广泛。以航空发动机为例,形状记忆合金主要集中在降低民用航空发动机的噪音和实现喷口变形等方面。当在航空发动机齿形喷口结构上安装形状记忆合金驱动器时,在飞机起飞爬升过程中利用发动机喷口的高速热流对形状记忆合金进行加热,使其发生相变恢复到高温下原形状,促使结构发生变形,让锯齿形结构深入高速气流中,从而实现降低噪音的目的。当飞机处于巡航状态时,发动机功率低,发动机喷口的温度下降,形状记忆合金会发生可逆相变,使得锯齿形结构在本身约束力的作用下恢复到原始状态。这样的系统相比于传统的机械系统(液压或者马达)具有质量轻、能量密度高等特点,从而使飞机的机械结构更简单,同时也提高了系统的可靠性。

　　(2)形状记忆合金在汽车领域的应用

　　在现代车辆中,由于对安全、轻便、高性能的需求,车辆中传感器和执行器的数量正在急剧增加,新型的线驱动技术为 SMA 驱动器提供了广阔的应用前景,可逐渐替代车辆应用中的电磁驱动器。

美国通用汽车公司将 SMA 驱动器成功应用于第 7 代雪佛兰 Corvette 中,该驱动器在关闭后备箱盖的过程中起到了关键作用。该致动器可致动舱门通风口,从而使后备箱释放空气,减少后备箱盖的关闭力度,如图 6.24(a)所示。同时,通用公司在发电机、发动机舱的活动百叶窗、空气挡板和用于缓解打开车门的自适应"把手"等方面也都使用了 SMA 驱动技术。梅赛德斯 A 级的无级变速器利用了 SMA 的热敏特性,使 SMA 弹簧成为具有致动功能的传感器,在特定温度下致动阀门,从而改变油的流动方向。基于同一原理的还有汽车恒温器的设计,SMA 元件在指定温度处作为阀门控制水进出,从而完成温度调控,如图 6.24(b)所示。

 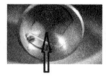 

SMA驱动元件　　　　出水口

(a) 雪佛兰克尔维特舱口的SMA驱动通风孔　　　(b) 基于SMA的新型恒温器

图 6.24　SMA 在汽车领域的应用

2017 年 11 月,美国国家航空航天局(NASA)成功研发出使用镍钛合金制成的免充气轮胎,可以很好地改善探测车轮胎(见图 6.25)。该轮胎的一个特点是在变形 30 % 情况下实现可逆回复,对于在复杂地形行驶的探测车以及越野车有这巨大使用价值。相比较于橡胶轮胎,可以避免爆胎以及漏气风险。另外,通过合金设计可以使材料不易受到正常范围内温度变化的影响。

图 6.25　形状记忆合金轮胎

(3) 形状记忆合金在建筑领域的应用

超弹性 SMA 具有优良的吸能、延展和阻尼性,可以在建筑避震中起到关键作用,世界上已有采用 SMA 作为结构加固元件应用到实际工程中的例子。

1996 年 10 月发生在意大利 Emilia Romagna 地区的 4.5 级地震,使 San Giorgio 教堂的钟塔遭到了严重的破坏,工程人员修复时将 4 根预拉伸的钢材与 4 根超弹性 SMA 杆串联在一起,自钟塔顶部至底部砌入墙角(见图 6.26),并且进行了理论研究和动态测试。结果显示,这种修复方式与传统方法相比,可以减小结构的加速度,限制结构的受力,耗能能力更强。次年 6 月,该地区再次发生地震,但修复后的钟塔地震后完好无损,成为超弹性 SMA 阻尼器抗震性能的最有力证明。

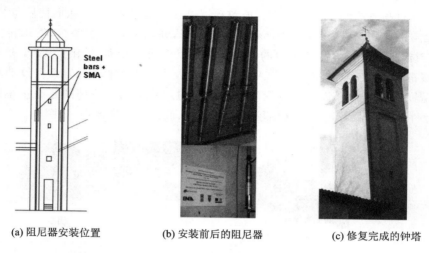

| (a) 阻尼器安装位置 | (b) 安装前后的阻尼器 | (c) 修复完成的钟塔 |

图 6.26　San Giorgio 教堂钟塔修复示意图

（4）形状记忆合金在医学领域的应用

医学上使用的形状记忆合金主要是 Ti-Ni 合金,这种材料对生物体有较好的相容性,可以埋入人体作为移植材料。在生物体内部做固定折断骨架的销,进行内固定接骨的接骨板。由于体内温度使 Ti-Ni 合金发生相变,形状改变,不但能将两段骨固定住,而且能在相变过程中产生压力,迫使断骨很快愈合。另外,假肢的连接（见图 6.27）、矫正脊柱弯曲的矫正板,都是利用形状记忆合金治疗的实例。

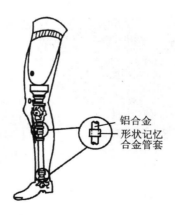

铝合金
形状记忆
合金管套

图 6.27　形状记忆合金套管连接的铝合金假肢

医用腔内支架的应用原理图 6.28 所示。将细的 Ti-Ni 丝经过预压缩变形后,能够经很小的腔隙安放到人体血管、消化道、呼吸道、胆道、前列腺腔道以及尿道等各种狭窄部位。支架扩展后形成记忆合金骨架,在人体腔内支撑起狭小的腔道,这样就能起到很好的治疗效果。

另外,形状记忆树脂可用作固定创伤部位的器材以代替传统的石膏绷带（见图 6.29）。操

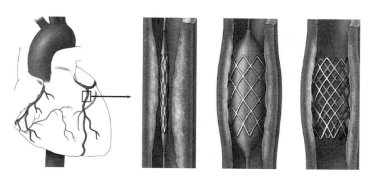

图 6.28　医用腔内支架的应用示意图

作方法是先将形状记忆树脂加工成创伤部位的形状(见图 6.29(a)),用热水或热风加热使其软化,施加外力使它变形,成为易于装配的形状,等冷却固化后装配到创伤部位,等到再加热时便可恢复到原始状态,和石膏绷带一样起到固定的作用(见图 6.29(b)),要取下时只要加热,树脂便软化,取下时很方便(见图 6.29(c))。

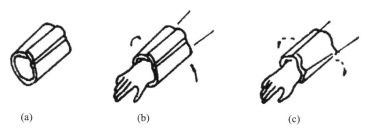

(a)　　　　　　　　　　(b)　　　　　　　　　　(c)

图 6.29　智能高分子绷带工作原理示意图

总之,随着对形状记忆材料研究的不断深入,其应用范围也日益广泛,相关工艺和制造技术取得了长足的进步。但是受限于形状记忆材料特定的工作温度以及较高的成本,整体应用率依然较低。未来需继续开发新型的形状记忆材料或改善工艺以提高其性能,将形状记忆特性与其他结构材料的特性相结合,以及开发新的应用市场,形状记忆材料的未来充满了巨大的潜力。

6.4.5　隐形材料

隐身技术始于第二次世界大战。随着美军隐身飞机频频亮相,隐身技术已为公众所瞩目,成为各国在军事高技术竞争中竞相争夺的一张重要“王牌”。现代军事技术的迅猛发展,世界各国的防御体系被敌方探测、跟踪和攻击的可能性越来越大,军事目标的生存能力和武器系统的突防能力受到了严重威胁。因而,武器的隐身得到了广泛的重视,并迅速发展,形成一项专门技术—隐身技术,并与激光武器、巡航导弹被称为军事科学上最新的三大技术成就。

隐身技术是指在一定范围内降低目标的可探测信号特征,从而减小目标被敌方信号探测设备发现概率的综合性技术。现代隐身技术按目标特征分类,可分为可见光隐身技术、雷达或微波隐身技术、红外隐身技术、激光隐身技术和声波隐身技术,其中雷达隐身占 60 % 以上,因而雷达波隐身技术是当前隐身技术研究的重点。

雷达探测目标的能力,是由目标在雷达波照射下,在雷达接收天线方向上产生的电磁散射信号强度即雷达散射截面积（RCS）决定的。所以,降低目标的 RCS 值是反雷达探测隐身技术的主要途径。目前已广泛应用的技术有:隐身外形技术、隐身材料技术、微波传播指示技术。

吸波材料是用来对抗雷达探测和激光测距的隐形材料,其原理是它能够将雷达和激光发出的信号吸收,从而使雷达、激光探测收不到反射信号。目前研制和应用的吸波材料主要有两类:一类是介电吸波材料,它是通过在高分子化合物中添加碳纤维、导电炭黑和碳化硅等电损耗性物质,来降低雷达的入射能量;另一类是电磁吸收材料,是在高分子化合物中添加铁氧体等磁性物质,依靠电磁作用来损耗雷达的入射能量。

外形的设计对飞机的隐身也有十分重要的作用。F-117A 飞机的机身表面是用吸波材料做成蜂窝状的夹层结构。为了减少雷达波散射截面,机翼的前后沿由一连串拇指大小的六角形小室构成,每个小室内填充吸波材料,材料密度从外向内递增,使用了放射性同位素涂层、塑料涂层、铁氧化涂层等六种以上涂料。入射的雷达波先投射在机翼的表面上,然后被多层吸波材料吸收,剩余的雷达波进入六角形小室,继续被吸收,几乎可完全消除来自机翼前后雷达波的反射。

隐身技术将从隐身飞机扩展至其他领域,隐身技术将成为战争中应用更广泛的高科技手段。

6.4.6　非晶态材料

非晶态合金外观上和金属材料没有任何区别,其结构形态却类似于玻璃,这种无序的原子排列状态赋予其一系列特性。

（1）强度与韧性

非晶态金属及合金的重要特性是具有高的强度和硬度。例如 $Fe_{80}B_{20}$ 非晶态合金的断裂强度高达 3 700 MPa,比一般超强高度钢高出 50 %,为一般高强结构钢的 7 倍,这类钢弹性模量的温度系数和膨胀系数都很小,是很好的低膨胀系数和恒弹性材料。

非晶态合金变形和断裂的主要特征是不均匀变形,变形集中在局部的滑移带内,使得在拉伸时由于局部变形量过大而断裂,所以伸长率很低。虽然伸长率较低但并不脆,而且具有很高的韧性,许多淬火态的金属玻璃薄带可以反复弯曲,即使弯曲 180°也不会断裂。

（2）铁磁性

非晶态合金磁性材料具有高导磁率、高磁感、低铁损耗和低矫顽力等特性,并且无磁晶各向异性。例如,非晶态磁性合金 $Fe_{78}B_{13}Si_9$、$Fe_{81}B_{13.5}Si_{3.5}C_2$ 作为变压器材料,铁损为取向硅钢片的 1/3 左右,而价格仅提高 50 %。应用非晶态合金配电变压器所带来的巨大节能效益意味着可以通过节能减少新建电厂的数量,同时减少新建电厂对环境的污染,从这个意义上讲,非晶态材料被誉为“绿色材料”。

此外,非晶态合金铁芯还广泛地应用在各种高频功率器件和传感器件上,用非晶态合金铁芯变压器制造的高频逆变焊机,大大提高了电源工作频率和效率,焊机和体积成倍缩小;采用微晶材料制造的高压互感器铁芯则可将测量精度由 0.5 级提高到 0.2 级。

（3）耐腐蚀性

在中性盐和酸性溶液中,非晶态合金的耐腐蚀性优于不锈钢。Fe-Cr 基非晶态合金(w_{Cr} 约为 10 %,不含 Ni)在 10 %$FeCl_3 \cdot 10H_2O$ 中几乎完全不受腐蚀,而各种成分的不锈钢则都有不同程度的斑蚀。

非晶态合金的结构为非晶态结构,其显微组织均匀,不含位错、晶界等缺陷,因此,腐蚀液"无缝可钻"。同时,非晶态结构合金自身的活性很高,能够在表面上迅速形成致密、均匀、稳定的高纯度钝化膜。这些原因使得非晶态合金具有高耐腐蚀性,可以用于海洋和生物医学方面,如制造海上军用飞机电缆、鱼雷、化学滤器、反应容器等。

6.4.7 储氢材料

在未来的能源结构中,以氢能为代表的一批新能源将占据越来越重要的地位。氢的储存是氢能应用的关键节点,只有当储氢材料制备技术和工艺发展成熟,制约氢能应用的桎梏才能被打破,氢能便可在新能源汽车、新型燃料电池等领域将大有作为。储氢材料的研究始于 20 世纪 60 年代末,随着科研人员的深入研究,各种类型的储氢材料相继被发现。

金属储氢材料又称储氢合金,是目前研究较多而且发展较快的储氢材料。其储氢原理就是用储氢合金材料与氢气反应,生成可逆金属氢化物来储存氢气。通俗地说,首先在一定条件下让金属像海绵吸水那样能吸取大量的氢,等到需要用氢时,再改变环境温度和压力,释放出氢气。由于合金储氢安全可靠没有爆炸危险、可重复使用而且制备技术和工艺成熟,德国和俄罗斯等的燃料电池动力潜艇都采用合金储氢系统。

此外,碳质材料由于其优良的吸附性能引起了储氢领域研究者的极大兴趣。碳质储氢材料的储氢过程就是利用吸附来实现的,主要有活性炭、碳纳米纤维、富勒烯和碳纳米管等四种碳质材料。活性炭储氢具有经济、储氢量高、解吸快、循环使用寿命长和易实现规模化生产等优点,但所需温度低;碳纳米纤维具有比活性炭更为优良的吸附性能和吸附力学性能,但其循环使用寿命较短,储氢成本较高,因而在应用中受到一定限制;富勒烯是以形成氢化物以及利用其特有的笼结构来抓捕氢,从而实现储存氢气,其储氢量可高达到 7.7 %。

另外,还有无机离子型化合物储氢材料、有机液体化合物储氢材料和金属有机物骨架化合物储氢材料。相比于气态储氢的高压、液态储氢的超低温条件,固态储氢对温度和压强的要求相对宽松,同时固态储氢具有安全、体积密度和质量密度高的优点,是一种良好的储氢方式。

到目前为止,虽然金属氢化物已在电池中有广泛应用,高压轻质容器储氢和低温液氢已能满足特定场合的用氢要求,但储氢材料的总体性能仍需要提高,其中包括进一步满足关于安全、高效、体积小、质量轻、成本低、密度高等需求,从而才能与电力一起成为新能源体系的两大支柱,开创人类的"氢经济"时代。

6.4.8 生物医用材料

生物材料种类繁多,但在医学临床中广泛使用的也仅有几十种。按照成分和性质不同,可将其分为医用金属材料、医用高分子材料、医用陶瓷材料、医用复合材料和生物衍生材料。

1. 医用金属材料

医用金属材料是一种发展较早的生物材料,主要包括不锈钢、钴基合金、钛基合金、形状记忆合金以及钽铌锆等,力学性能如表 6-28 所列。医用金属材料主要用作能承受力的硬组织系统的修复替代材料,心血管和软组织修复以及人工器官的结构部件。

表 6 – 28 不同医用金属合金的机械性能

材　　料	屈服强度/MPa	抗拉强度/MPa	弹性模量/GPa	延伸率/%
316L(冷加工)	700～800	～1 000	～200	7～10
Co – Cr合金(固溶退火)	～380	～900	～230	～60
纯 Ti 三级	～345	～415	*	～18
Ti – 6Al – 4V	～830	～896	*	～10

2. 医用高分子材料

医用高分子材料是应用最广的一类生物材料,目前已有许多具有优良性能的软硬材料以及药物控制释放材料应用于各个医学领域。医用高分子材料按性质可分为非降解型和可生物降解型。

非降解型有聚丙烯、聚乙烯、聚甲醛等高分子材料。作为医用高分子材料,要求其在生物环境中能长期保持稳定,既不能不发生降解、交联,也要尽可能减少物理磨损。这类材料主要用于制造人体软、硬组织修复,人工器官,人造血管,粘结剂和管腔制品等。例如图 6.30 所示的人造血管,是由尼龙、涤纶以及聚四氟乙烯等高分子材料编制加工而成的。从这个人造血管的外形来看,这就是微型的管道。

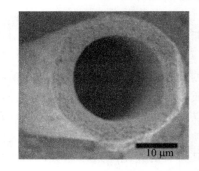

图 6.30　人造血管微观结构图

现阶段研究的新型人工血管主要包括碳涂层血管、蛋白涂层血管。以碳涂层血管为例,当碳原子均匀分布于人造血管内壁时,可使其与其余血管有机地结合为一体,大幅提升了生物相容性。此外,碳涂层会有微弱的负电性,会减少血小板在管壁沉积,因此降低了血栓的形成机会。

生物降解型有聚氨基酸、聚乳酸、聚乙烯醇以及改性的天然多糖和蛋白质,可在生物环境作用下发生结构破坏和性能退变,要求其降解产物能通过正常的新陈代谢或被机体吸收利用或排出体外,主要用于组织工程支架材料和药物缓释系统。

3. 医用生物陶瓷

医用生物陶瓷可分为三种类型:近于惰性的生物陶瓷、表面活性的生物陶瓷和可吸收生物陶瓷。

近于惰性的生物陶瓷主要包括氧化铝和氧化锆等,这些生物陶瓷能在生理环境中长期保持稳定。表面活性的生物陶瓷主要包括羟基磷灰石生物活性陶瓷和生物活性玻璃陶瓷。可吸收生物陶瓷是指石膏、磷酸钙陶瓷等。这些表面活性的生物陶瓷在生理环境中可被逐步降解和吸收。

在临床上,生物陶瓷主要用于骨和牙齿承重关节等硬组织的修复和替换,还可用于心血管系统的修复和制作药物释放和传递载体。例如利用多孔磷酸铝钙陶瓷储存荷尔蒙等激素或药物,药物可通过陶瓷微孔缓慢释放而维持长的周期,从而取得良好的疗效,并减少副作用。

习题与思考题

1. 名词辨析

　　(1) 热固性与热塑性；

　　(2) 塑料、橡胶与合成纤维。

2. 试简述常用工程塑料的种类、性能特点及应用。

3. 与金属相比，高分子材料的力学性能有何特点，它对塑料的应用有何影响？

4. 试从大分子链的结构和性能关系来比较聚乙烯(PE)和聚苯乙烯(PS)，两者力学性能和耐热性的高低。

5. 为什么有热塑性塑料和热固性塑料之分？

6. 比较线型定型和无定型高聚物的三态形成，并比较塑料、橡胶、纤维的应用特点。

7. 塑料硬度不高，但为什么常用于耐磨部件？

8. 现有原料 ABS、LDPE、HDPE、PVC、尼龙 1010、PS、聚四氟乙烯、聚丙烯、液态酚醛树脂、不饱和聚酯及织物和切短玻璃纤维。现有如下任务：

　　(1) 制造汽车防撞保险杠；

　　(2) 制造食品包装用高强薄膜；

　　(3) 制造微型仪表齿轮(要抗一定蠕变)；

　　(4) 直径中 100 cm 圆筒形外壳，要求能耐 200 ℃左右短时高温；

　　(5) 化工管道耐腐阀门，并要求 200 ℃以下长期使用。

试分别选用最合适的原料，并简述理由。

9. 试解释发生下列现象的原因：

　　(1) 尼龙的蠕变在高温下更易出现；

　　(2) 水龙头中的橡胶垫片不再密封；

　　(3) 汽车加热器胶皮管时常发生破裂；

　　(4) 紧紧缠绕在某物体上的橡胶带，数月后即失去弹性并发生断裂。

10. 什么是复合材料？复合材料有哪些种类？复合材料的性能有什么特点？

11. 增强材料有哪些？在聚合物基和金属基复合材料中，常用的基体材料有哪些？

12. 分别列举一种颗粒增强和纤维增强复合材料，说明两种增强原理的区别。

13. 为什么说复合材料是轻量化结构材料的主要发展方向之一？

14. 雷达吸波涂料是隐形飞机(如美国 F－117)雷达隐形技术的关键因素之一，你认为这种涂料应具有哪些基本特性？可能是哪些材料？

15. 高速汽轮机叶片作为结构件，应选何种结构材料？从功能材料的角度，它又应具备什么功能？

16. 试描述形状记忆合金作为温室窗户自动调节弹簧材料的工作原理。

第7章　零件选材及工艺路线设计

目前随着工程技术的发展，机械零件的结构、受力、功能、使用环境等变得越来越复杂，对零件的可靠性要求也日益增高。而机械零件是组成机器的基本单元，机械零部件的设计是机器设计的核心内容。目前存在这样一种狭隘观点：认为从事机械设计的人员对材料知识不必了解很深；而"材料科学"是为专门研究材料的人设置的，与机械设计关系甚微。因此在机械行业中存在"重设计、轻材料"的现象，导致由于选材错误和加工不当，零件在使用过程未达预期寿命而过早失效，使生产遭受较大损失的情况层出不穷。

在进行机械零部件设计时，如何正确合理地选择材料，掌握正确的工艺路线设计，准确分析零件在使用过程中遇到的各种材料问题，并及时对已出现故障寻求补救对策，是对机械类工程技术人员的基本素质要求，也是摆在机械设计工程技术人员面前的重要问题。

本章贯穿材料科学的主线索（材料的成分—组织结构—加工工艺—失效分析—性能—应用），综合运用前述各章知识内容（见图 7.1），介绍了零件失效形式与分析、合理选材的基本原则；并以典型机械零件（齿轮、轴类、弹簧、刀具等）选材分析为例，介绍了综合分析问题、解决问题的思路与方法。

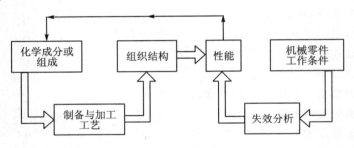

图 7.1　贯穿"工程材料"全课程的"纲"

7.1　机械零件的失效分析

任何零件均具有一定的设计功能与寿命。机械零件的失效是指在其使用过程中，因零件的外部形状尺寸和内部组织结构发生变化而失去原有的设计功能，使其低效工作或无法工作或提前退役的现象。具体失效类型如表 7-1 所列。

表 7-1　机械产品的失效的三种情况

失效类型	具体说明	举　例
完全不能工作（完全丧失功能）	零件由于断裂、腐蚀、磨损、变形等而完全丧失其功能	发动机中曲轴、连杆的断裂 涡轮机在运作中因涡轮叶片突然断裂而停止运转或使得整机遭到破坏 压力容器在运行过程中突然产生壳体开裂等

续表 7 - 1

失效类型	具体说明	举 例
能工作,但不能实现完全规定功能(部分功能丧失)	零件在外部环境作用下,部分失去其原有功能,虽然能够工作,但不能完成规定功能	发动机汽缸套、活塞环严重磨损,间隙增大,导致发动机功能降低 换热器流道变形、污垢堵塞使传热系数下降,压缩机汽缸内壁腐蚀使排出气体压力下降,这时虽然换热器和压缩机尚未完全不能使用,也可认为已经失效
能工作和完成规定的功能,但不能确保安全,应更换维修	零件整体功能并无任何变化,但其中某个构件部分或全部失去功能,然而装备还能正常工作,但在某些特殊情况下就可能导致重大事故	锅炉和压力容器的安全阀失灵、火车或汽车的刹车失灵 经长期高温运行的压力容器及管道,内部组织发生变化,继续使用存在危险等

总之,失效问题遍布航空航天、汽车、船舶等各类制造行业,小到锂电池损耗、螺丝钉断裂,大到桥梁倒塌、容器损坏、飞机爆炸等。据估算,世界各国每年因失效造成的直接经济损失高达 GDP 的 2 %～4 %,损失巨大。试举历史上国内外典型的失效案例如下:

① 1998 年 6 月 3 日上午,由德国汉诺威开往汉堡的高速火车在以 200 km/h 的速度行驶过程中突然出轨,造成数百人死亡,300 多人受伤。其肇事原因是火车轮箍发生了疲劳失效导致破损,因而车轮松脱并卡在轮对上,列车继续行进至一处转辙器时最终脱轨,酿成德国有史以来最严重的交通事故。

② 广东某斜拉桥于 1995 年某日清晨,一根钢索上段突然断裂,该断裂主要是由于 CI - 1 的腐蚀造成的。在 1999 年和 2001 年,中国西部的重庆和四川两座大桥接连倒塌,倒塌原因都与吊桥上部铆接处水泥灌浆不满导致铆接处缝隙发生严重腐蚀有关。自 2015 年来,依托中国工程院重大咨询项目"我国腐蚀状况与控制战略研究",针对基础设施、水环境等五大领域,开展的腐蚀成本和防护策略的调查结果表明,我国腐蚀总成本约为 2.1 万亿元,占当年国内生产总值(GDP)的 3.34 %。

③ 在航空史上由于关键零件材料失效,造成的空难事件并不罕见。从 1948 年到 1954 年,美国"马丁 202"型运输机、F - 86 喷气式战斗机、英国"维金"号喷气机及"彗星"I 型客机接连因疲劳损坏引发多起空难事件;1986 年 1 月甚至发生了美国宇航史上最严重的一次事故,"挑战者"号宇宙飞船在升空后 73 s 发生爆炸,事后调查认为是助推火箭的喷口密封圈在低温下发生硬化、脆裂,使氢气泄露,事故最终造成七名宇航员全部罹难;1991 年 12 月,台湾中华航空公司一架波音 747 型全货机于台北起飞后不久发生坠毁,肇事原因为其机翼下的"派龙"中梁固定螺杆断裂,使得两具引擎掉落且拉扯下机翼,导致飞机失速坠落;2002 年 5 月 25 日,"华航"CI611 航班的一架飞往香港的 B747 - 200 客机因飞机金属疲劳,在澎湖马公外海坠毁,机上 225 人全部罹难。在华航空难之后,华航将其波音 747 - 200 型货机全数提前退役。

这一桩桩惨痛的事故在警醒人们的同时,更应该反思如何才能避免灾难的发生。针对此需要,在零件使用条件日渐严苛的今天,工程技术人员需对零件进行失效分析、确定失效机理和原因、提出预防和改进措施,这对提高产品的质量与可靠性、避免事故发生具有重要意义。可以说,失效分析学是人类长期生产实践的总结,失效分析作为强大动力推动了科学技术的进步。要进行失效分析,需要深厚的材料学、摩擦学、腐蚀学、疲劳学、断裂力学、损伤力学、断口学、电子显微学、痕迹学、电接触、表面科学等众多方面的知识；并且失效分析有很强的生产使用背景，与国民经济建设存在着密切关系。图 7.2 所示为失效分析的简化模型。

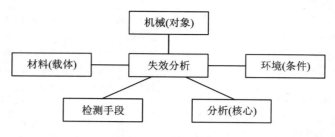

图 7.2　失效分析学与其他学科的关系

7.1.1　失效原因和失效形式

1. 失效原因

失效事故的分析研究和原因判断具有相当的复杂性和多重性，经常是一个多重因素交织的系统工程问题。一般造成零件失效的原因很复杂，主要从设计、选材、加工、装配使用、环境因素这几方面来考虑。

（1）设计原因

即使是经过仔细构思、周密计算和试验验证的设计，有时也不可避免地存在着设计缺陷。导致失效的设计原因一般包括以下几种：

① 零件尺寸和几何结构设计错误：例如当零件中存在尖角、沟槽、缺口等，会导致局部应力集中，这往往是构件破坏的起始点。

② 应力计算方面的错误：对于结构比较复杂的零件所承受的载荷性质、大小等，缺少足够的资料，易引起计算方面的错误。如对实际的工作载荷估算不足，导致组件承载能力设计不够，零部件超负荷工作。

③ 设计判据不正确：对产品的服役条件了解不够，导致设计判据的选用错误。例如：对于可能承受冲击载荷，且在交变载荷及带有腐蚀介质环境下工作的零件，仅以材料的抗拉强度和屈服强度指标作为承载能力的计算判据就很不可靠，而且还会因为追求过高的材料强度而导致过早的失效。

（2）选材原因

材料选择比较困难的原因之一，是材料的实验室数据要推广应用到长期工作的使用条件下，由于对使用条件的模拟不准确而产生早期失效，主要表现在两方面：

① 材质欠佳：如金属中存在气孔、晶粒粗大、夹杂物、杂质含量超标等冶金缺陷，这些内部的和外部的缺陷起到缺口的作用而显著降低材料的承载能力。此外，这些缺陷处也是易腐蚀的部位，焊接残余应力、烧伤等缺陷也如此。

② 选材不当：对于每种失效模式来说，均存在着特定的材料判据，即材料的特定性能指标。实际上目前并无通用的选材规则，多数情况下是凭经验进行选材。但对于特定的应用场合下，有些规则不能违背（见表 7-2）。若设计者对材料的性能指标和应用场合缺乏一个全面的了解，选材时仅根据材料的常规性能指标做出判断，而这些抗力指标与材料的实际失效形式并不符合，就会导致失效。

表7-2　特定的失效模式、载荷类型、应力状态及介质下的选材通用判据

特定情况下的失效模式	选材通用判据
金属的脆性断裂	材料的韧脆转变温度、缺口韧性及断裂韧度 K_{IC} 值
韧性金属的韧性断裂	抗拉强度及剪切屈服强度
高周疲劳断裂	有典型应力集中源存在时的预期寿命的疲劳强度
应力腐蚀开裂	材料对介质的腐蚀抗力及 K_{ISCC} 等
蠕　变	在对应的工作温度和设计寿命中的蠕变率或持久强度

（3）工艺原因

金属零部件的制造工艺一般是指铸造、焊接、塑性加工、热处理、机械加工等。无论是哪一种制造工艺，如果操作不当，都可能造成工艺缺陷，进而会产生各种工艺裂纹，造成过高的残余内应力，形成不良的表面质量、不正常的组织状态，使零部件达不到要求。例如：

① 零件表面加工不良时，会导致粗糙度增加，耐磨性、配合质量、抗疲劳强度降低。

② 铸造时浇注系统不合理，或型砂、型芯和涂料配制不当，或浇注温度过低等，会在铸件中形成气孔，使铸件报废，如图7.3所示。

③ 锻造时送进量较小而压下量较大时会形成折叠、破坏材料的连续性，降低锻件的承载能力，如图7.4所示。

④ 热处理工艺不当时，会产生氧化与脱碳、淬火开裂、硬度不足、回火脆性等问题，如图7.5所示。

图7.3　铸造过程中的气孔缺陷

图7.4　典型锻件的初生折叠　　图7.5　45钢锥套淬火裂纹的宏观形貌

（4）装配维护不当

零件安装时对中不准、固定不紧、配合错误，或维护不及时、操作不当等，都会对零部件造成损害，并加重作业的安全隐患。例如，飞机上的导管在维护安装时，固定卡子没拧紧，致使导管振动,产生疲劳断裂失效。再如,研究轴承的使用寿命时发现,轴承质量对其性能的影响仅占到 25 %,其他如润滑、安装和维护等因素实际上对轴承寿命的影响更大。在各种提前失效的轴承中,有 36 %是因为润滑脂的技术应用不当造成的,有 16 %是因为装配不当(常见情况是用力过大)和错误使用装配工具造成的。因此某些重要设备要求采用机械法、液压法或温差法来正确高效地完成轴承安装和拆卸,以实现机件工作时间的最大限度延长。

(5) 环境原因

零件的服役环境是其能否安全运行、寿命长短的主要因素。机械失效中最重要的环境原因包括腐蚀介质作用和温度效应两个方面。例如,环境温度的作用主要是降低材料的强度性能(高温下)或增加材料脆性(低温时),引起材料失效。

虽然以上只讨论了五种导致零件失效的因素,但需要说明的是,实际情况中工件失效的原因不一定是单一的,而可能是多种因素共同作用的结果。但在每一个失效事件中,都有一个导致失效的主要原因,据此可吸取经验教训,提出防止失效的主要措施,提高产品质量和可靠性,这就是研究失效的意义。

2. 失效形式

零件在工作时的受力情况一般比较复杂,往往承受多种应力的复合作用,因而造成零件的不同失效形式。根据零件破坏的外观特征,其失效模式主要有以下三种类型:变形失效、断裂失效、表面损伤(见表 7-3)。按照产品的失效形态分类便于将失效形式与失效原因结合起来,也便于在工程上进行分析研究。

表 7-3　失效形式分类及原因

序　号	失效类型	失效形式	直接原因
1	过量变形失效	拉长(如紧固件) 扭曲(如花键) 胀大超限(如液压活塞刚体) 弹性元件发生永久变形 高低温下的蠕变(如动力机械)	在一定载荷下发生过量变形,零件失去应有功能,不能正常工作
2	断裂失效	一次加载断裂(如拉伸、冲击等)	过大载荷超过材料承载能力
		疲劳断裂:低周疲劳、高周疲劳、高温疲劳	交变作用力引起的低应力破坏
		环境介质引起的断裂(应力腐蚀,氢脆,液态金属脆化等)	由环境介质和应力共同作用引起的低应力脆断
3	表面损失效	磨损:主要引起几何尺寸上的变化和表面损伤(发生在有相对运动的表面)。主要有黏着磨损和磨粒磨损	两物体接触表面在接触应力下有相对运动,造成材料流失引起失效
		腐蚀:氧化腐蚀和电化学腐蚀、冲蚀、磨蚀等;局部腐蚀和均匀腐蚀	环境气氛的化学和电化学作用引起失效

(1) 过量变形失效

零件在外力作用下产生形状和尺寸的变化即是变形。单纯因变形而引起失效的过程一般比较缓慢,大多是非灾难性的。因此,并不能引起人们的特别关注,但忽视变形失效的监督和预防,也会导致很大的损失甚至引发灾难性的事故。这是因为过量的变形最终会导致材料的断裂。

① 弹性变形失效:弹性模量主要取决于材料的本质,反映材料内部原子间结合键的强弱,

与其显微组织类型无多大的直接关系。陶瓷材料因具有强大的共价键、离子键结合,弹性模量极高;金属材料主要以金属键结合,弹性模量次之;高分子材料的分子间仅以弱范氏键结合,弹性模量很低。

零构件失去弹性功能的弹性变形失效比较容易判断,如在很小的拉力下,弹簧秤的弹簧被拉得很长;压力容器没有超压,安全阀上的弹簧就能把阀芯顶起,说明阀簧的弹力已经松弛;再如各种装备上安装的弹簧,使用一段时间后因生锈而变质,失去了原设计的应力与应变的对应性等,都是这种失效的形式。此外,在一些精密设备中,对零件的形状尺寸和匹配关系有严格要求,当弹性变形量超过规定的数值,即使在弹性极限以内,也会造成零件的不正常匹配关系而导致失效。例如镗床的镗杆若发生过量弹性变形,加工出的零件就不能保证精度,甚至造成废品;轴类零件发生弯扭弹性变形时,若产生的挠度过大会造成轴承的严重偏载,导致传动受阻……总之,以上种种因零件刚性不足,在受力过程中产生过量弹性变形,妨碍设备正常发挥原有功能而导致的失效,称为过量弹性变形失效。

根据胡克定律,单向受压(拉)的均匀截面杆件,应力-应变关系的表达式为:

$$R = P/A = E \cdot \varepsilon_e \qquad\qquad (7-1)$$

式中,R 为弹性应力,P 为外载荷,A 为杆的截面积,E 为弹性模量,ε_e 为弹性应变。

由式 7-1 可知,零件的截面积 A 越大,或材料的弹性模量 E 越高,则弹性应变 ε_e 越小,即越不容易发生弹性变形失效。因此,从零件选材的角度考虑,优先选用弹性模量高的材料,有利于防止弹性变形失效的发生。表 7-4 汇总了部分常用工程材料的弹性模量。

此外,还可通过合金化、热处理和冷变形强化等方法来提零件的弹性极限。例如,锰弹簧钢的含碳量为 0.5 %～0.7 %,加入 Si、Mn 合金元素来强化 F 基体并提高其淬透性,再经淬火、中温回火获得回火屈氏体组织,可达到最高的弹性极限,从而获得最佳的弹性性能。

零构件的刚度取决于材料的弹性模量和零件的截面尺寸、形状两个方面。单纯通过改变材料的弹性模量显著地提高零构件的刚度,其效果是很有限的。因此,如果对零构件有很高的刚度要求时,应尽量通过增加截面尺寸和改变截面形状来大幅度地增加其刚度。

表 7-4　常用工程材料的弹性模量

材　料	E/GPa	材　料	E/GPa
金刚石	1 000	Cu 合金	120～150
硬质合金	400～530	Ti 合金	80～130
SiC	450	Al 合金	69～79
Al_2O_3	390	石英玻璃	94
TiC	380	混凝土	45～50
Si_3N_4	289	木材(纵向)	9～16
低合金钢	200～207	聚酯塑料	1～5
奥氏体不锈钢	190～200	有机玻璃	3.4
铁及低碳钢	196	尼　龙	2～4
铸　铁	170～190	聚丙烯	1.32—1.42
碳纤维复合材料	70～200	聚乙烯	0.2～0.7
玻璃纤维复合材料	7～45	橡　胶	0.01～0.1

② 塑性变形失效：按塑性指标的伸长率，可衡量材料的韧、脆性状态：

$A < 3\% \sim 5\%$ 为低塑性或脆性材料，难以进行塑性加工成形，如铸铁、陶瓷等；

$A > 15\%$ 为高塑性材料，压力加工性能好，如铜、铝等软金属，低碳钢、塑料等；

$5\% < A < 15\%$ 为一般塑性材料，如高强度钢等其他材料。

设计零件时，在满足强度要求的基础上，也要兼顾塑性要求。如汽车齿轮箱的传动轴，选用中碳钢调质处理，要求 $R_{0.2} > 600\ \text{MPa} \sim 700\ \text{MPa}$，同时还要求 $A \geqslant 6\%$，这里对塑性的要求是出于安全考虑。零件工作过程中，难免偶尔过载，或者应力集中部位的应力大小超过材料的屈服强度，这时材料如果具有一定的塑性，则可用局部的塑性变形松弛或缓冲其集中的应力，避免断裂，以保证安全。

然而，当零件产生的塑性变形量，大到足以妨碍设备正常发挥预定功能时，就会发生塑性变形失效。这会导致零件的尺寸和形状发生不可恢复的改变，并破坏零件之间的相互配合关系。例如，齿轮在啮合过程中由于材料硬度不足，导致轮齿凹陷、缺损，产生过量塑性畸变（见图 7.6）；紧固件因异常弯曲应力过量变形致塑性畸变（见图 7.7），并在应力集中部位断裂。

图 7.6　轮齿塑性畸变失效

图 7.7　紧固件弯曲变形

在设计机械零件进行强度计算时，为了增加零件工作的可靠性，许用应力 $[R]$ 取值一般小于材料屈服极限，即：

$$[R] \leqslant \frac{R_{eL}}{k} \tag{7-2}$$

式中，k 为安全系数，数值大于 1。

所以，当外载荷一定时，塑性变形失效的发生取决于零件的屈服极限 R_{eL}、截面积大小 A 以及安全系数 k。从选材的角度考虑，为了避免塑性变形，零件应选用屈服极限高的材料。表 7-5 汇总了部分常用工程材料的屈服极限。

表 7 - 5　常用工程材料的屈服极限

材　料	屈服极限/MPa	材　料	屈服极限/MPa
金刚石	50 000	Cu 合金	60～960
SiC	10 000	Al 合金	120～627
Al_2O_3	5 000	碳纤维复合材料	640～670
TiC	4 000	玻璃纤维复合材料	100～300
压力容器钢	1 500～1 900	钢筋混凝土	410
低合金钢（淬-回火）	500～1 980	有机玻璃	60～110
碳钢（淬-回火）	260～1 300	尼　龙	52～90
铸　铁	220～1 030	聚苯乙烯	34～70
奥氏体不锈钢	286～500	聚乙烯（高密度）	6～20
铁素体不锈钢	240～400	泡沫塑料	0.2～10
Ti 及其合金	180～1 320	天然橡胶	3

　　表 7 - 5 中可以看出，金刚石和各种氧化物、碳化物、陶瓷材料的屈服极限较高。这类材料极脆，在做拉伸试验时，当应力远低于其屈服极限时就已发生脆性断裂（较大的脆性使这类材料难以发挥出高强度的特点），所以无法通过拉伸试验来测定屈服极限这一力学性能指标，表中给出的数据是根据硬度值推算的。高强合金钢的强度仅次于陶瓷，成为理想的结构材料，广泛用于机械制造、运输动力及航空工业等方面。高分子材料的强度虽然较低，但由于材料密度较小，故其比强度较高。

　　③ 蠕变变形失效：金属零构件在长时间的恒温、恒压力作用下，即使所受到的应力小于其屈服强度，也会缓慢地产生塑性变形，这种现象称为蠕变。蠕变积累到一定程度，超过了设计的变形范围，或者产生了破裂，就出现了蠕变变形失效。蠕变变形失效是塑性变形失效，有塑性变形特点，但不一定是过载引起的。只是载荷大时，蠕变变形失效的时间短，恒速蠕变阶段蠕变速率大。图 7.8 所示为水冷壁管在持续高温作用下发生蠕变开裂失效。

　　（2）断裂失效

　　断裂失效是产品或零部件在外力作用下导致裂纹形成并扩展，使其分离为互不相连的两个或者两个以上部分的现象。这是机械产品中最具危险性的一种失效形式，因为它不但使零件无法工作，有时还会导致严重的事故。图 7.9 为连杆上的两件侧耳断裂，导致连杆分离成三部分。

图 7.8　水冷壁管蠕变失效

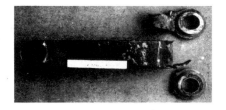

图 7.9　连杆上的两件侧耳断裂

　　① 韧性断裂失效：韧性断裂又叫塑性断裂，即零件断裂之前，其断裂部位会发生较为明

显的塑性变形。机械构件由于韧性断裂造成的失效,通常与应力过载有关。韧性断裂的主要宏观特征为颈缩,如低碳钢圆柱试样被拉断后,会呈现典型的杯锥状断口(见图7.10)。其断裂面由纤维区、放射区和剪切唇区3个明显不同的区域构成(见图7.11):

Ⅰ. 纤维区位于断裂面的中心,呈暗灰色,表面粗糙,呈纤维状,是裂纹萌生区,纤维区也即裂纹源区。

Ⅱ. 放射区在纤维区周围,宏观特征是表面呈结晶状,有金属光泽,并具有放射状纹路,纹路的放射方向与裂纹扩展方向平行,且这些纹路逆指向裂纹源;放射区也即裂纹扩展区。

Ⅲ. 剪切唇区的宏观特征是表面光滑,断面与外力方向大致呈45°,位于试样断口的边缘部位,相当于最大剪切应力的方向,如图7.11所示试样的四周边缘。剪切唇区也即剪切断裂区。

图7.10　拉伸韧性断口(颈缩后断裂)

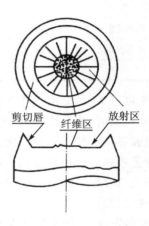

图7.11　断口三要素示意图

在扫描电镜下观察,断裂的断口上覆盖着大量显微孔坑、微坑或微孔等,称为"韧窝"。韧窝(见图7.12)是金属塑性断裂的主要微观特征,它是材料在微区范围内塑性变形产生的微孔,经形成、长大、聚集、连接后,在断口表面上所留下的痕迹。因此,韧性断裂本质上属于微孔聚集性断裂。一般在断裂条件相同时,韧窝尺寸越大、越深,表明材料的塑韧性越好。

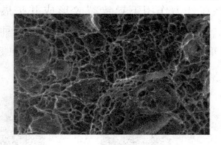

图7.12　典型的韧窝形貌

除了低碳钢等大多数金属和合金呈韧性断裂,处于玻璃化温度以上的高聚物、无机玻璃以及某些金属材料在高温时的断裂方式都是韧性断裂。

韧性断裂的主要原因是外载荷超过了材料的强度极限,故选取适当强度的工程材料并合理设置零件的工作载荷,可有效预防韧性断裂失效。表7-6列举了部分常用工程材料的强度极限。

表 7-6　常用工程材料的抗拉强度

材料	抗拉强度/MPa	材料	抗拉强度/MPa
压力容器钢	1 500～2 000	Cu 合金	250～1 000
低合金钢(淬-回火)	680～2 400	Cu	250
碳钢(淬-回火)	500～1 800	Al 合金	120～670
镍合金	400～2 000	Al	40
奥氏体不锈钢	760～1 280	Mg 合金	125～380
铸　铁	400～1 200	有机玻璃	110
铁素体不锈钢	500～800	聚碳酸酯	60
低碳钢	430	聚苯乙烯	40～70
钢筋混凝土	410	木材(纵向)	35～55
碳纤维复合材料	640～670	天然橡胶	30
玻璃纤维复合材料	100～300	泡沫塑料	0.2～10

② 脆性断裂失效:金属零件或构件在断裂之前无明显塑性变形、发展速度极快的一类断裂叫脆性断裂,因其断裂应力低于材料的屈服强度,故又称作低应力脆断。由于脆性断裂大都没有事先预兆,具有突发性,对工程构件与设备以及人身安全常常造成极其严重的危害。因此,脆性断裂是人们力图避免的一种断裂失效模式。

脆性断裂往往发生在高强金属和塑性、韧性低的金属及其他材料中。另外,在低温、粗大截面、高应变率(如冲击)条件下,或当裂纹起重要作用时,许多金属材料都会以脆性断裂的方式发生断裂。特别是由于冲击载荷导致的材料破坏,脆性断裂是其经常见到的失效形式。

脆性断口通常与正应力垂直,断口表面平齐而光亮(见图 7.13),一般可观察到放射状线条或人字纹花样(见图 7.14)。

图 7.13　脆性断裂

图 7.14　典型的脆性断口

脆性断裂没有确定的断裂强度,它取决于裂纹的形状和尺寸。研究表明,脆性断裂的实际断裂强度要比理论断裂强度低很多,主要的原因是材料内部存在着某种微裂纹和类裂纹。

在拉应力作用下,铸铁、淬火后低温回火的高碳钢、大多数陶瓷材料、室温下的无机玻璃、云母等,发生断裂时都呈现脆性断裂的性质。

③ 疲劳断裂失效:疲劳断裂失效是材料在远低于屈服点的交变应力作用下,产生裂纹且裂纹逐渐扩展,导致最终断裂的现象。材料疲劳断裂特点虽然类似脆性断裂(破坏时外观没有

明显的征兆,迅速、突然且不易察觉),但疲劳断口明显区别于其他类型断口。

疲劳断口(见图7.15)上记录着断裂过程的全部信息,按照疲劳破坏过程的先后顺序可以分为三个区:

Ⅰ.a为源区(疲劳裂缝的形成)。由于疲劳断裂对表面缺陷非常敏感,疲劳源区常在金属构件的表面,但当构件的心部或亚表面存在较大的缺陷时,疲劳断裂也可从构件的心部和次表层开始。

Ⅱ.b为裂纹扩展区。疲劳裂纹的扩展是一个包括滑移、塑性变形与不稳定断裂交替作用的复杂过程。这一阶段最突出的特征是疲劳断口上存在大量的、相互平行的条纹,称为"疲劳辉纹"(见图7.16)。疲劳辉纹的凸侧指向疲劳裂纹的扩展方向,条纹间距代表每经历一次应力循环后裂纹前进的距离。虽然从外观上看,微观特征的疲劳辉纹和宏观的海滩纹路比较相似,但两者的尺度不同,在每一条海滩纹路内都可能包含着无数条疲劳条纹。

Ⅲ.c为瞬断区。疲劳裂纹扩展到一定深度后,当剩余面积不足以承受负荷时,即发生突然断裂。

综上,疲劳断裂是一种累进式断裂,与其他一次负荷断裂有着明显的区别。此外,若将疲劳破坏的断口对接,一般都能很好地吻合(见图7.17),说明材料破坏之前无明显的塑性变形,即使是塑性很好的材料亦如此。

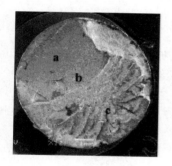
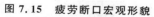
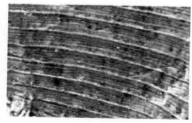

图7.15　疲劳断口宏观形貌　　图7.16　疲劳断口的疲劳条纹形貌　图7.17　疲劳断口纵向形貌

防止疲劳失效的措施有:对零件表面可进行淬火、化学热处理、喷丸、滚压等表面强化处理,使其表面产生残余压应力,提高疲劳抗力;或减小工件表面粗糙度值,降低应力集中;或减少材料在热处理、焊接、锻造、铸造过程中产生的各种缺陷;或合理选材,选取疲劳强度高的材料等等。

表7-7列举了部分常用工程材料的疲劳强度。从该表中可以看出,金属材料的疲劳强度较高,而高分子材料和陶瓷材料的疲劳强度相对较低。

表7-7　常用材料的疲劳强度

材　料	疲劳极限/MPa	材　料	疲劳极限/MPa
超高强度钢(淬-回火)	784～882	304不锈钢	200
Ti合金(TiAl4V)	627	QT400-17	196
60弹簧钢	559	HT400	118
GCr15	549	LC4(时效)	157

材　料	疲劳极限/MPa	材　料	疲劳极限/MPa
调质 40CrNiMo	529	LY12（时效）	137
调质 30CrNi3	480	H68	147
调质 35CrMo	470	ZL102	137
正火 45 钢	274	ZL301	49
正火 25 钢	176	聚乙烯	12
1Cr13 不锈钢	216	聚苯乙烯	10

（3）表面损伤

表面损伤失效是指零件在工作过程中由于磨损、疲劳、腐蚀等原因，其工作表面附近的材料受到严重损伤而造成的失效。这种表面层失效形式主要包括磨损失效和腐蚀失效。

① 磨损失效：磨损失效指两个相互接触的零部件发生相对运动时，其表面材料由于机械、物理或化学作用而脱离母体，造成零部件尺寸变化、精度降低而无法正常工作的现象（见图 7.18）。因为磨损失效导致的损失十分惊人，它是包括航空材料在内的机电材料失效的主要原因，约有 70 ％～80 ％的设备损坏是由于各种形式的磨损引起的。

磨损是一个复杂过程，按磨损机理来划分，有磨粒磨损、黏着磨损、冲蚀磨损、微动磨损、腐蚀磨损和疲劳磨损等。表 7 - 8 归纳了它们的内容、磨损特点及实例。其中，磨料磨损（约占 50 ％左右）、黏着磨损（约占 20 ％～30 ％）最为常见，危害最大。

表 7 - 8　五种磨损形式的内容、磨损特点及实例

类　型	内　容	特　点	举　例
磨料磨损	摩擦过程中，因硬颗粒或硬凸出物，切削、冲刷摩擦表面而引起材料剥落	磨料作用于材料表面而破坏	球磨机衬板与钢球；农机与矿山机械零件磨损
黏着磨损	摩擦副相对运动时，因固相焊合，接触点表面材料由一个表面转移到另一个表面	接触点黏着、剪切破坏	内燃机铝活塞壁与缸体的摩擦损伤
疲劳磨损	接触表面周期性滚动或滚动-滑动摩擦，表面因变形和应力而开裂和分离出微片或颗粒	表层受接触应力反复作用而破坏	滚动轴承齿轮副
腐蚀磨损	摩擦中金属同时与周围介质发生化学或电化学反应，产生材料损失	有化学或电化学反应表面腐蚀破坏	曲轴轴颈氧化磨损；化工设的备中零件表面
微动磨损	两接触表面相对低振幅振荡而引起表面复合磨损出现的材料损失	复合式磨损	片式摩擦离合器的内外摩擦片接合面

一个摩擦学系统的磨损形式往往是这几种磨损形式的综合作用，一般一段时期以某种磨损形式为主，并伴有其他形式的磨损。例如，失效的输出轴齿轮，因两齿轮间存在电位差，啮合过程有电流产生，电腐蚀磨损叠加黏着磨损，会导致齿轮快速失效。

② 腐蚀失效：腐蚀失效指材料表面与周围活性介质发生化学或电化学反应而导致零件结构完整性和性能改变，引起表面损伤的现象（见图 7.19）。金属腐蚀的实质是金属原子被氧化转化成金属阳离子的过程。从热力学的观点来看，除少数的贵金属（如金、铂）外，其他金属都有与周围介质发生作用而转变成离子的倾向。也就是说，金属受腐蚀是自然趋势。

图 7.18　齿轮表面被严重磨损(齿厚减小)　　　图 7.19　海水管道点蚀

7.1.2　失效分析的实施步骤

失效分析的工作就是"侦探＋医生",类似于材料诊断学。"工欲善其事,必先利其器",失效分析人员需通过各种测试仪器和实验方法,如成分测试、力学性能测试、无损探伤等,对断口或缺陷进行综合分析,查明失效原因,并采取预防措施防止同类失效再次发生。失效分析主要包含以下四项内容:

(1) 调查取证

调查取证是失效分析最关键、最费力,也是必不可少的程序,主要包括两方面内容:其一是调查并记录失效现场的相关信息,收集失效残骸或样品,确定分析区域,样品应取自失效的发源部位,或能反映失效的性质或特点的地方;其二是查询有关背景资料,如设计图样、主要零部件生产流程、设备历史失效情况、设备服役前经历等。

(2) 整理分析

对所收集的资料、证据进行整理,并从零件的设计、加工及使用等多方面进行分析,为后续试验明确方向。

(3) 试验分析

对失效试样进行宏观和微观断口分析,以及金相剖面分析,确定失效的发源地与失效形式,初步指示可能的失效原因。对材料进行成分、组织、性能的分析与测试,包括成分及均匀性分析、相结构分析及组织观察、与失效方式有关的各种性能指标的测试等。

(4) 综合分析得出结论

失效分析的最终目的是防止同类失效的再次发生,因此在综合各方面的证据资料及分析测试结果,判断并确定失效的具体原因后,还要提出失效预防的改进措施,并按照改进后的方法进行模拟实验,直至确保实际运行正常为止。

7.1.3　典型案例的失效分析

1. 某企业消防水带接口在使用过程中发生断裂①

消防水带接口的材质为 ZL104,型号为 KD 型水带接口。对消防水带接口依据 GB12154.1—2005《消防接口第 1 部分:消防接口通用技术条件》标准进行水压性能试验时发现,接口在未达到试验压力时,于扣爪处发生断裂。

---

① 该案例来自文献"杨晓洁,杨军等,消防水带接口断裂原因分析[J].材料开发与应用,2011,26(05):60-67."

（1）宏观分析

图 7.20 为 KD 型水带接口的示意图，图 7.21 为接口断裂的宏观形貌。可见断裂发生在接口的扣爪处，断口周围无明显宏观塑性变形，断口上存在片状物质。

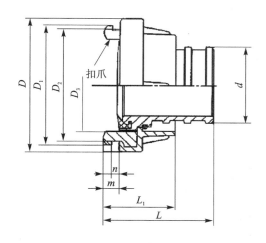

图 7.20　KD 型水带接口示意图

图 7.21　接口断裂的宏观形貌

（2）断口微观形貌观察

利用扫描电子显微镜对断口的微观形貌进行观察，如图 7.22 所示。从图中可以看出，该接口为脆性断裂。

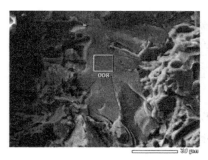

图 7.22　接口处断口微观形貌

（3）金相组织检查

利用光学显微镜对接口进行金相组织检查（见图 7.23（a）），接口显微组织为 α - Al 基体 ＋共晶硅＋粗大针片状铁相＋特殊形状铁相，最长的针片状铁相长达 381.290 μm（见图 7.23 （b）），且大部分铁相上存在微裂纹（见图 7.24）。

（4）化学成分分析

利用光谱仪对接口进行化学成分分析。表 7 - 9 分析结果显示，Fe 含量高达 2.51 ％，严重超出标准 GB/T 1173—2013《铸造铝合金》中对 ZL104 的要求。

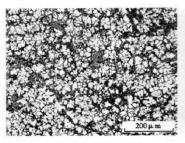 

(a) 光学显微镜图 (b) 扫描电镜图

图 7.23 接口纤维组织

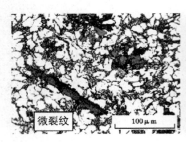 

(a) 光学显微镜图 (b) 扫描电镜图

图 7.24 铁相上的微裂纹

表 7-9 断裂接口的化学成分（$w\%$）

项 目	Mn	Si	Fe	Cu	Ti+Zr	Mg	Zn
实测值	0.27	8.81	2.51	0.08	0.023 1	0.17	0.002 1
标准值	0.2~0.5	8.0~10.5	≤0.9	≤0.1	≤0.15	0.17~0.35	≤0.25

（5）能谱分析

利用能谱仪对图 7.22 接口处断口微观形貌（见图 7.22 中标注的位置）进行能谱检测（EDS）。表 7-10 检测结果显示，铁元素质量分数分别高达 24.99 ％和 23.78 ％，说明该处为铁的富集区。

表 7-10 能谱检测结果（$w\%$）

位 置	Al	Si	Mn	Fe
图 3(a)	63.42	9.45	3.36	23.78
图 3(b)	58.58	16.43	/	24.99

接着，对断口上片状物质进行能谱分析，显示片状物质含有 Al、Si、Fe、O 四种元素，说明断口上的片状物质主要是氧化物。

然后，对粗大针片状铁相进行能谱检测，结果见表 7-11。可见，其主要包含 Al、Si 和 Fe 三种元素，依据各元素比例，可确定该相为 $\beta(Al_9Fe_2Si_2)$ 相。

表 7 - 11 针片状铁相能谱分析结果(w%)

位 置	Al	Si	Fe
位置 1	58.14	14.62	27.24
位置 2	57.51	14.74	27.76

(6)结果讨论

由断口的 SEM 形貌可以判断,该断裂为脆性断裂。断口上平台的能谱检测结果说明该处是铁元素聚集的地方,是硬而脆的铁相受力发生破碎、开裂后形成的。

化学成分结果说明该接口材料不符合标准 GB/T 1173—2013《铸造铝合金》中 ZL104 的要求,Fe 含量严重超出标准要求。Fe 是降低 Al - Si 系合金力学性能的主要元素。铁在合金中形成 α 相或者 β 相等不溶杂质相,尤其是针状 $\beta(Al_9Fe_2Si_2)$ 相,随着铁含量的增加而长大,显著降低力学性能,其危害甚大。

结合金相检验和能谱检测结果,确定该接口显微组织中存在粗大针片状和特殊形状铁相,粗大针片状相主要为 $\beta(Al_9Fe_2Si_2)$ 相。粗大针片状铁相硬而脆,割裂基体组织,使铸件性能恶化,导致合金抗拉强度和伸长率大大下降。另外,试验中观察到大部分铁相上存在微裂纹。这是因为铁相是脆性相,受力的作用容易开裂。

片状物质的能谱检测结果说明其主要为氧化物。片状氧化物的存在破坏基体的连续性,减少接口的有效承载面积,产生局部应力集中。

(7)结 论

综合以上分析,一方面由于接口化学成分中 Fe 含量严重超出标准要求,导致大量脆性铁相的生成,大量脆性铁相受力的作用产生开裂,铁相上的微裂纹成为裂纹源,在力的作用下发生扩展,到达一定程度时与相邻的脆性相裂纹交汇在一起,成为裂纹通道,进一步加速裂纹扩展。另一方面片状氧化物的存在,减少有效承载面积。在二者的综合作用下致使该接口在短时间内发生断裂失效。

2. 泰坦尼克号沉船事故案例

(1)泰坦尼克号沉没过程还原

泰坦尼克号是 20 世纪初世界上最大的豪华客轮,船体长 260 m、宽 28 m、高 51 m、重量 46 328 吨、动力 3 000 匹马力、总耗资 7 500 万英镑,可运载 3 300 名乘客(见图 7.25)。除此之外,泰坦尼克号还具备当时最先进的安全技术,它有着一英寸钢板构成的双层船壁和十六个水密隔舱构成的防水系统,因而当时被认为是艘"永不沉没的"巨轮。它的处女航于 1912 年 4 月 10 日从英国南部南安普顿港出发,直达美国纽约,航速为 40.7 km/h(见图 7.26)。但在 4 月 14 日晚 11 点 40 分,号称永不沉没的泰坦尼克号在横渡大西洋途中不幸与一块漂浮的大冰山相撞,导致船体左侧五个前仓壳体破裂进水,并于 2 小时 40 分钟后完全沉入海中(见图 7.27)。游轮上的 2 208 名船员和旅客中,只有 705 人生还,这是迄今为止世界上发生的最严重的一次航海事故。

(2)泰坦尼克号船板备用件的检验

1985 年 9 月,美国海洋学家在大西洋海底 3 700 m 深处首次发现泰坦尼克号残骸,之后海洋打捞专家对游轮进行多次探险打捞。1996 年 8 月,一支国际考察队从海底打捞出泰坦尼

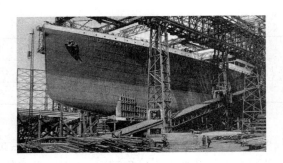

图 7.25　建造中的泰坦尼克号

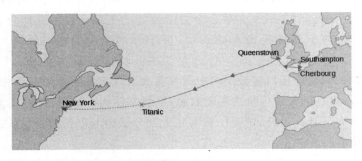

(a) 航行路线

(b) 出发时

图 7.26　泰坦尼克号首航

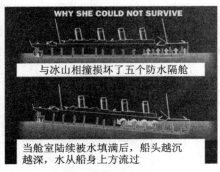

(a) 船体沉没断裂情景

(b) 沉没在大西洋海底的船头

图 7.27　泰坦尼克号沉船过程

克号船身钢板，通过对及金属残骸碎片的分析，终于解开了巨轮"泰坦尼克号"罹难之谜。

Ⅰ. 宏观分析

从船身钢板的断口可以看出（见图 7.28），其断裂处无明显塑性变形，是典型的脆性断口。而如今的造船钢材在受到冲击时可弯成 V 形，即大量塑性变形后的韧性断裂断口。

Ⅱ. 化学成分分析

为便于分析比较，表 7-12 对比了泰坦尼克号船身钢板和符合 ASTM A36 标准（美标碳素结构板，相当于国内的 Q235 钢）的同类材料的化学成分。

(a) 泰坦尼克号船钢板冲击断口　　　　(b) 现代船用钢板冲击断口（箭头处）

图 7.28　泰坦尼克号船数与现代船钢板之对比

表 7−12　泰坦尼克号钢板和 ASTM A36 钢成分对比

材料名称	C	Si	P	Cu	S	Mn
泰坦尼克号	0.21	0.017	0.045	0.024	0.069	0.47
ASTM A36	0.20	0.007	0.012	0.01	0.037	0.55

　　从上表中可以看出,泰坦尼克号钢板的硫(S)、磷(P)含量比现代钢板高得多;高 S,P 含量的同时,其锰(Mn)含量较低、Mn/S 比值(6.8/1)比现代钢(14.9/1)也低得多。

　　S 是一种有害元素,它在钢中以 FeS 和 MnS 的形态存在。由于 S 与 Fe 结合后形成的 FeS 熔点很低,S 在浇铸过程发生很严重的中心偏析,且多分布在晶界,严重降低晶界的结合力,因此钢中的 S 元素对钢板冷弯性能有很大的损害。通过在钢中控制一定的 Mn,能够使钢中的 S 与其结合生成 MnS,这种化合物具有较高的熔点,可以在一定程度上减弱偏析,并且 MnS 具备一定的塑性变形能力,降低了钢板冷弯加工过程中晶界开裂的概率,使 S 的不良影响大大减弱。

Ⅲ. 组织分析

　　泰坦尼克号和 ASTM A36 钢金相组织对比如图 7.29 所示。从该图可以看出,钢材中带有带状结构,尤其是纵向组织更加明显。此外,纵向的带状结构更接近于纤维状,很可能是热轧钢板所致,其平均晶粒直径为 60 μm,横向晶粒的平均直径为 42 μm。相比之下,ASTM A36 钢的平均晶粒直径要小得多,仅为 26 μm。细化晶粒不仅能有效减少应力集中,还能使材料的强度提高,韧性、塑形得到改善。

　　另外,泰坦尼克船身钢材的扫描电镜测试结果表明,钢材中包含铁素体、片状珠光体、以及拉长的 MnS 颗粒等非金属夹杂物,如图 7.30 所示。

Ⅳ. 冲击韧性测试

　　分别选取泰坦尼克号钢板的纵向、横向试样,以及 ASTM A36 钢材对比试样,进行不同温度范围(−55 ℃～180 ℃)的摆锤式冲击试验,结果如图 7.31 所示。从图中可以看出,泰坦尼克号钢板的冲击韧性明显差于 A36 钢。另外,随着温度的降低,材料的冲击能下降。若定义冲击能降到 20 J 时的温度为韧-脆转变温度,则泰坦尼克号船板的韧-脆转变温度(纵向试样为 32 ℃、横向试样为 56 ℃)远高于 A36 钢材(−27 ℃)。显然,泰坦尼克号船板不适于低温使用。

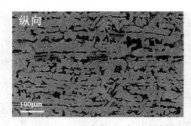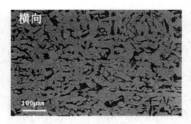

(a) 泰坦尼克号钢板纵向与横向的金相组织示意图

(b) 现代船体用钢A36的金相组织示意图

图 7.29　泰坦尼克号船板和 ASTM A36 钢金相组织对比

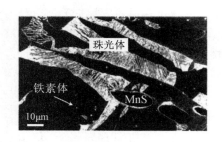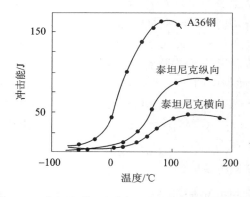

图 7.30　泰坦尼克号船板的扫描电镜图　　图 7.31　泰坦尼克号船板和 A36 钢的摆锤冲击实验

（3）事故调查结论（失效模式、机理、缺陷与起因的关系）

结论一：当时的造船工程师只考虑到要增加钢的强度，而没有想到要保证其韧性。科考队把残骸的金属碎片与如今的造船钢材作了对比试验，发现在"泰坦尼克号"沉没地点当时冰海的水温下，如今的造船钢材在受到冲击时可弯成 V 形，即大量塑性变形后的韧性断裂断口；而残骸钢材则因韧性不够而发生脆性断裂，为几乎塑性变形的平断口。由此表明了残骸钢材的冷脆性，即在 −40 ℃～0 ℃ 的低温下，钢材的力学行为由韧性变成脆性。

结论二：通过对泰坦尼克号船板备用件的成分、组织、性能进行检验，发现其具有较低的 Mn/S 比，较高的有害元素 P 含量，并且组织内存在大量的 MnS 夹杂物脆性相，以上这些都降低了该钢材的韧脆转变温度。事故发生时当时大西洋的水温是 −20 ℃，而船板的纵、横向韧脆转变温度分别为 32 ℃、56 ℃，由此可以推定，游轮与冰山相撞时的失效特征是脆性断裂。此外，船在海上航行会受到海浪的影响，船体在水流波动和冰山持续碰撞的情况下，承受周期性外力，外力在夹杂物处引发了很多裂纹，带裂纹的钢板随后快速发生疲劳扩展，最终造成了船身断裂。

结论三：焊接技术的落后也是造成这次灾难的原因之一。图 7.25 是建造中的泰坦尼克号，水线上下都由 10 张 30 in 长的高含硫、磷量钢板焊接成 300 in 的船体。当撞击冰山时，船体上这些长长的焊缝无异于一条 300 in 长的"大拉链"，使船体产生很长的裂纹，海水大量涌入使船迅速沉没。

综上，"泰坦尼克号"沉没的主要原因是当时船用钢板的冶金质量甚差（S、P 杂质含量高）、材料缺陷较多（如大量 MnS 夹杂物）、船体的焊接质量低劣，导致材料的韧性低、在低温的冰海中处于脆性状态，当"泰坦尼克号"与冰山发生撞击后船体开裂并迅速扩展，最终导致了其冰海沉船的世纪悲剧。

7.2 零件设计中的材料选择

选材是工程设计的重要组成部分，贯穿于整个工程设计制造过程。除了标准零件可查阅手册外，绝大多数要考虑材料的选用问题，因为它直接影响产品的质量、使用寿命及生产成本。毫无疑问，所选材料应满足产品（零件）使用的需要，经久耐用，易于加工，经济效益高。因此，通常情况下选材一般应遵循三个基本原则：使用性能、工艺性能和经济性能，它们是辩证的统一体。工程技术人员需要从实际情况出发，寻求三者之间的统一。此外，近年来可靠性和资源、能源和环保（环境协调性）两个因素也逐渐成为选材的重要考量，这样就构成了选材的五原则。此外，即使产品出厂后也要主动跟踪用户对产品功能、外观、可靠性等基本特征的反映，不断完善产品质量，其中可能包含了在设计过程中选材考虑不周全或设计选材、制造工艺中的错误。

7.2.1 使用性原则

使用性能指材料为满足使用所必备的力学性能、物理性能或化学性能（见表 7-13）。对结构零件而言，其使用性能以力学性能为主，以物理性能和化学性能为辅。

表 7-13 使用性能要求的简单分类

分 类	典型性能	用途举例
力学性能	强 度 刚 度 塑/韧性	各机械装置、承载结构零件，如齿轮、轴、螺栓、连杆等
物理性能	密 度	航天航空、运动机械
	导电性	电动机电器、输变电设备
	导热性	热交换器、隔热保温装置
化学性能	耐蚀性 耐热性	热工动力机械与加热设备、化工设备、海洋平台、船舶与户外结构
功能特性	电、磁、声、光、热 等性能	功能器件，敏感元件如太阳电池、压电器件等

使用性能是保证零件设计功能实现、可靠耐用的必要条件，故通常情况下是选材时的首要考虑原则。按照使用性原则选材须重点考虑零件的工作条件和失效形式，主要分析步骤如下。

（1）明确工作条件，初步确定使用性能

零件的性能须适应其工作条件。由于工况不同，零件的工作条件是极其复杂的，一般主要考虑以下三方面内容：

① 受力情况；如载荷性质（静载、动载、交变载荷）、载荷形式（拉伸、压缩、剪切和弯曲、扭转）、大小及分布状况（均匀分布、集中分布）等。力学上用有限元方法可以较准确地计算出零件各部位的应力大小。

② 工作环境；主要包括温度特性（常温、高温、低温或变温）和环境介质状况（有无腐蚀介质、润滑剂、摩擦等）。

③ 特殊性能要求；如导热性、导电性、磁性等。

设计人员需要在全面分析零件工作条件的基础上确定其使用性能，如交变载荷下，零件必备的主要使用性能是疲劳抗力；静载荷下，须具备弹性或塑性变形抗力；酸碱等腐蚀介质中工作时须具备耐蚀性等。实际上，零件对材料的使用性能要求是多因子的，因而必须首先准确判断零件所要求的某个（或某几个）使用性能，然后方可进行具体的选材工作。

但上述分析只是初步的主观预判，难免会对实际工作条件下的某些因素存在低估或遗漏的情况，因此下一步还需要进行失效分析。

（2）进行失效分析，最终确定使用性能

经过实践证明，失效分析能暴露零件的最薄弱环节，故找出产生失效的主导因素，就能准确地确定零件的主要使用性能指标。例如，曲轴是发动机的主要旋转机构，过去人们认为曲轴的必备使用性能是高的冲击韧性，必须采用45钢制造。但通过失效分析发现，曲轴的主要失效形式是疲劳断裂，对应的使用性能指标应是疲劳强度。因此，以疲劳强度指标作为曲轴选材时主要考虑因素，能使其质量和使用寿命显著提高，故在一定条件下可选用价格更便宜、工艺更简单、疲劳强度较高的球墨铸铁来制造曲轴。表7-14中列举了几种常见机械零件的工作条件、失效形式和使用性能要求。

表7-14　几个常用零件的工作条件、失效形式和必备的使用性能

零件	工作条件		主要失效形式	主要力学性能
	载荷形式	载荷性质		
紧固螺栓	拉、剪力	静载	过量塑性变形断裂	塑性，强度
弹簧	扭、弯力	交变、冲击	弹性丧失，疲劳破坏	屈强比，弹性极限，疲劳极限
传动齿轮	压、弯力	循环、冲击	齿断裂，过度磨损，接触疲劳	表面高强度、硬度及疲劳极限；心部强度韧性
冷作模具	复杂应力	交变、冲击	过度磨损，脆断	硬度，足够的强度、韧性
曲轴	弯力、扭力	循环、冲击	颈部摩擦，过度磨损，疲劳断裂	综合力学性能、表面高硬度

（3）使用性能要求的指标化

明确了零件的使用性能后，并不能马上进行选材，还要把使用性能的要求通过分析、计算量化为具体数值，再按这些数值从参考资料的材料性能数据的大致应用范围选材。

材料性能指标根据其在设计中的作用可以分为两类:设计性指标和安全性指标。

① 设计性指标:指在机械设计中可直接用于计算,确定零件截面尺寸、零件刚度和稳定性的材料性能指标,主要有屈服极限、强度极限、疲劳强度、弹性模量、断裂韧性等。

② 安全性指标:指的是不能直接用于设计计算的性能指标,如延伸率、断面收缩率、冲击韧性等。需要说明的是,传统的看法认为,这些指标是属于保证安全的性能指标,可使零件具有一定的抗过载能力和安全性。但对于具体零件的 A、Z、a_k 值要多大才能保证安全,至今还没有可靠的估算方法,而完全依赖于经验。

(4) 根据使用性能选材应注意的问题

① 零件对性能指标的要求不是单一的,有时强调考虑主要因素,有时要综合分析、全面考虑。例如:内燃机的连杆螺栓,其工作时整个截面上承受均匀分布且周期性变化的拉应力。此材料除了要求有较高的 R_{eL} 和 R_m 外,还要求有较高的 R_{-1}。同时,由于整个螺栓截面均匀受力,为保证全截面能够淬透,还要求材料有足够的淬透性。

② 材料的尺寸效应:"尺寸效应"指随着零件截面尺寸增大,其力学性能下降的现象。标准试样的尺寸一般是确定的且较小的,而实际零件的尺寸一般是较大的、各不相同的。零件的尺寸越大,其内部可能存在的缺陷数量就越多,最大缺陷的尺寸也就越大;零件的工艺性能也随之恶化,特别是热处理性能降低。例如,轧制时随着厚度的增加,轧制力无法渗透到钢板心部,造成中心部位塑性变形较小、致密度差,无法有效消除钢板中心的冶金缺陷,从而使钢板的力学性能大幅度下降;再如淬火时,钢板淬透性随其厚度增加而下降,这是因为工件在热处理冷却时,尺寸越大,心部、表层的冷却速度的差异也越大,组织和性能的差异也随之变大,最终导致工件的整体力学性能下降。

③ 各种机械设计手册上提供的材料力学性能数据,是在实验室标准小试棒(其表面光滑、形状简单)上测得的,由于试验条件和机械零件实际工作条件有差别,严格说来,手册上的数据不能确切反映零件承受载荷的实际能力。例如,实际使用的零件通常存在焊缝、裂纹、台阶、油孔、键槽等不可避免的"缺口"。缺口处容易引起应力集中,导致零件的实际力学性能低于试样的性能。例如,横孔将使零件的疲劳强度下降,从表 7-15 的试验结果可以看出,零件钻孔以后,将使 30CrMnSiA、30CrMnSiNiA、18CrNiWA 结构钢的弯曲疲劳极限分别下降 55 %、65 %、51 %。

表 7-15　横孔对零件疲劳强度的影响

钢　材	$\Phi16$ mm 光滑试棒的疲劳极限 R_{-1}/MPa	带 $\Phi10$ mm 孔的疲劳极限 R_{-1}/MPa	疲劳极限下降/%
30CrMnSiA	450	200	55
30CrMnSiNiA	623	218	65
18CrNiWA	575	290	51

④ 加工工艺对零件性能的影响:材料的力学性能不仅决定于化学成分,也取决于其在制造过程中所经历的各种工艺方法。例如,以热处理工艺为例,即使对于同样成分的共析钢材料,通过不同的淬火冷却速度和温度,也会得到不同的组织和力学性能。再如,不同加工横孔的方法对 30CrMnSiA 钢的扭转疲劳强度产生较大影响(见表 7-16);从表中可以看出,采用铰孔和横孔研磨可以提高带孔试棒的疲劳强度,而且试棒强度越高,效果越好。又如,调质40Cr 钢制汽车后桥半轴,若模锻时脱碳,其弯曲疲劳极限仅为 91 MPa~102 MPa,远低于标

准光滑试样的 545 MPa;若将脱碳层磨去,则疲劳极限可上升至 420 MPa～490 MPa,可见表面脱碳缺陷对疲劳性能影响巨大。因此,在合理选材后,还应确定合适的加工工艺参数,以保证零件质量,发挥材料潜力。

表 7 - 16 不同加工横孔的方法对零件扭转疲劳强度的影响

序 号	横孔加工工艺	30CrMnSiA 钢的扭转疲劳极限/MPa		序 号	横孔加工工艺	30CrMnSiA 钢的扭转疲劳极限/MPa	
		$R_m=780$	$R_m=1\,200$			$R_m=780$	$R_m=1\,200$
1	未钻孔的 $\phi16$ mm 光滑试棒	172	—	3	铰 孔	113	187
				4	研磨的孔	113	187
2	钻 孔	100	150	5	电火花加工	113	175

7.2.2 工艺性原则

在机械零件制造过程中,材料的使用性能即使再好,但若这种材料难以加工,也是不可取的。所谓材料的工艺性能是指材料加工成零件的难易程度。选用工艺性能良好的材料是确保产品质量、提高加工效率、降低工艺成本的重要条件之一。

选材时,工艺性能和使用性能相比,通常处于次要地位。但在某些特殊情况,如大批量生产时,应优先考虑工艺性能。例如,24SiMnWV 和 18CrMnTi 相比,虽然前者的力学性能比后者优异得多,但因 24SiMnWV 钢正火后硬度较高,不利于切削加工,因而无法解决大批量生产的问题,限制了其应用和发展。相反,某些使用性能一般的材料,如易切削钢,由于其具备优良的切削加工性能,因此极容易在自动车床进行加工生产,被广泛用来制备承载较小、且用量较大的零件。

工艺性能包括零件的加工工艺路线和材料的工艺性能两个方面。

1. 零件的加工工艺路线

常见工程材料的加工工艺路线如下。

(1) 高分子材料

高分子材料相对于其他材料,具有加工工艺性能好、工艺简单的特点,适合大批量生产和制造形状复杂的制品。但它的导热性差,在切削过程中不易散热,易使工作温度急剧升高,使其变焦(热固性塑料)或变软(热塑性塑料)。

高分子材料的不同成型工艺特点如表 7 - 17 所列。其加工工艺路线较为简单,具体如下:

聚合物材料(有机物原料或型材)→成形加工(热压、注塑、热挤、喷射、真空成形等)→切削加工或热处理、焊接等→零件。

表 7 - 17 高分子材料的主要成型工艺比较

工 艺	适用材料	形 状	表面粗糙度	尺寸精度	模具费	生产率
热压成型	范围较广	复杂形状	很低	好	高	中等
喷射成型	热塑性塑料	复杂形状	很低	非常好	很高	高
热挤成型	热塑性塑料	棒类	低	一般	低	高
真空成型	热塑性螭料	棒类	一般	一般	低	低

（2）陶瓷材料

陶瓷成形后，除了精细的磨削加工外，几乎不能进行其他任何加工。因此，与金属和高分子制品（先型材，再制成零构件）不同，陶瓷制品的开发、生产是将陶瓷材料的制备和制品的生产一体化，直接由原料制成零件或制品。其工艺路线也比较简单：

陶瓷材料（氧化物、碳化物、氮化物等粉末）→成形加工（配料→压制→烧结）→磨削加工或热处理→零件。

陶瓷材料的工艺特点见表表 7 - 18。

表 7 - 18　陶瓷材料各种成型工艺比较

工　艺	优　点	缺　点
粉浆成型	可做形状复杂件、薄塑件，成本低	收缩大，尺寸精度低，生产率低
压制成型	可做形状复杂件，有高密度和高强度，精度较高	设备较复杂，成本高
挤压成型	成本低，生产率高	不能做薄壁件，零件形状需对称
可塑成型	尺寸精度高，可做形状复杂件	成本高

（3）金属材料

图 7.32 为金属材料的加工工艺流程。金属的具体工艺性能是根据工艺流程提出的。

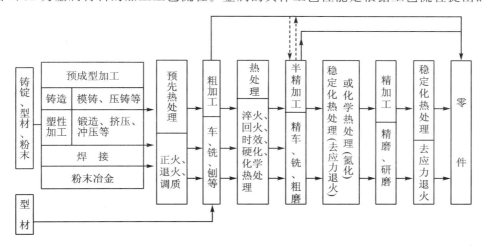

图 7.32　金属材料的加工工艺流程

根据零件的形状及性能要求，金属零件的加工工艺路线大致分为三类：

Ⅰ．性能要求不高的普通金属零件，如铸铁件、碳钢件等，加工工艺路线为：毛坯→正火或退火→切削加工→零件。

Ⅱ．性能要求较高的零件，如合金钢和高强度铝合金零件，加工工艺路线为：

毛坯→预先热处理（正火、退火）→粗加工→最终热处理（整体淬火＋回火或固溶＋时效处理或表面热处理）→精磨。

Ⅲ．尺寸精度要求高的精密零件，如合金钢制造的精密丝杠、镗杆、齿轮等，加工工艺路线为：

毛坯→预先热处理（正火或退火）→粗加工→热处理（调质或固溶＋时效处理）→精加工→最终热处理（表面热处理）或稳定化处理（去应力退火）→精磨。

在以上加工工艺路线中,预先热处理和最终热处理是衡量热处理质量好坏的重要环节。表 7-19 列举了不同钢材的预先热处理和最终热处理具体选用。

表 7-19 不同钢材的预先热处理和最终热处理选用

序　号	钢材类别	状　态	预备热处理 (后续粗加工)	最终热处理 (后续精加工)	钢号举例	工件举例
1	低碳钢	热轧供货	—	—	10	垫　圈
2		锻造	正火	—	20	一般结构件
3		锻造	正火	淬火十低温回火	20Cr	一般结构件
4		锻造	正火	渗碳+淬火十低温回火	20CrMnTi	齿　轮
5	调质钢	热轧供货	—	—	40	一般结构件
6		锻造	正火	—	40	一般结构件
7		锻造	正火	调质*	50	轴
8		锻造	正火	调质*+高频表面淬火+ 低温回火	40Cr	轴、齿轮
9		锻造	正火	调质*+渗氮	38CrMoAl	轴
10	弹簧钢	冷拔	冷卷	去应力退火	65Mn	小螺旋弹簧
11		热轧	热卷	淬火+中温回火	50CrV	大螺旋弹簧
12	工具钢	锻造	球化退火	淬火+低温回火	T10	车刀
13		锻造	球化退火	淬火+高温回火	W18Cr4V	拉刀

注*:调质处理也可作为预备热处理代替正火,而最终热处理时不再进行调质处理。

① 预先热处理:预先热处理主要包括退火、正火、调质等,目的是使下一步工序能够更好地实施,其工序位置多在粗加工前后。例如对于低(中高)碳钢材料,正火(退火或球化退火)能调整硬度,使下一步切削加工能够更好地进行。再例如中碳钢材料经调质(即淬火+高温回火)后,内部能获得均匀细小的回火索氏体组织,这样可保证零件心部的力学性能,为后续氮化或表面淬火工序减少变形做组织准备。

Ⅰ.退火、正火

正火与退火通常安排在毛坯制造之后、粗加工(如切削加工)之前。铸、锻、焊等毛坯生产的加工温度很高,生产出的毛晶粒粗大,而且往往有很高的残余应力。因此,它们一般都须退火或正火以消除内应力,细化晶粒,改善组织,改善切削加工性能,并为最终热处理作组织准备。

对于性能要求不高的普通结构零件,若正火或退火即能满足性能要求时,则以正火或退火作为最后一步热处理。对于一些大型的或形状复杂的钢件(铸件),淬火存在开裂危险,通常也以正火(退火)作为最后一步热处理。

Ⅱ.调　质

作为预备热处理,调质主要是为了保证表面淬火或化学热处理(如氮化)零件心部的力学性能,以及为易变形零件最终热处理作组织准备。

调质过程中零件有变形、氧化、脱碳等缺陷,在精加工时可以克服,但粗加工时要留有足够的余量。必要时可在调质后增加校正工序,以纠正过大的变形。

② 最终热处理:最终热处理包括各种淬火、回火、渗碳和氮化处理等,其决定了零件的最

终组织和使用性能。这类热处理的目的是提高材料的硬度、耐磨性和强度等,常安排在精加工前后。零件经最终热处理后硬度较高,一般除磨削外,不宜进行其他的切削加工。

Ⅰ. 淬　火

淬火有整体淬火和表面淬火两种,两者的工序位置相同。其中表面淬火应用较广,其不仅变形、氧化程度小,而且能够获得较高的表面强度和耐磨性,同时内部保持良好的韧性、抗冲击性。

整体淬火件的加工路线一般为:

毛坯生产→退火或正火→粗加工→淬火、回火→精加工(磨削)。

表面淬火件的加工路线一般为:

粗加工→调质→半精加工→表面淬火、低温回火→精加工(磨削)。

Ⅱ. 渗　碳

低碳钢和低合金钢多采用渗碳淬火。渗碳后工件表层的组织是珠光体和渗碳体,硬度较低,所以在渗碳后必须进行淬火、低温回火处理,这样可以使表层得到马氏体和渗碳体,硬度和耐磨性大大提高。由于渗碳工件的淬火变形大,且渗碳层深度范围为 0.5 mm～2 mm,所以渗碳后的淬火工序一般安排在半精加工和精加工之间。其工艺路线一般为:

毛坯生产→正火→粗加工→渗碳→半精加工→淬火＋低温回火→精加工。

以上是针对整体渗碳而言,对于某些需要局部渗碳的零件,其非渗碳部位可采用镀铜防渗或多留加工余量,渗碳后再去除该处的渗碳层的工艺方案。

Ⅲ. 氮　化

渗氮工艺常用于性能要求较高、且具备高尺寸精度和表面光洁度的精密金属零件。在渗氮之前,工件要经过调质处理,是为了保证材料心部的力学性能。因为氮化层很薄(一般小于0.7 mm),所以为了减少渗氮时的变形,在切削加工之后,氮化前一般需要进行消除应力的去应力退火。氮化后不再进行淬火回火处理,因为氮化温度低于回火温度,所以氮化对原来的热处理几乎没有影响。如果先氮化,再淬火,那么淬火高温就会严重影响氮化层,有开裂和剥落的危险,故氮化放在热处理工序的最后。其工艺路线一般为:

锻造→退火(或正火)→粗加工→调质→半精加工→去应力退火→粗磨→渗氮→精磨(或研磨)。

对于渗氮零件,其设计技术条件应注明渗氮部位、渗氮层深度、表面硬度、心部硬度等,对轴肩或截面改变处应有 $R>0.5$ mm 的圆角以防止渗氮层脆裂。

实际生产中,可根据实际情况对热处理工序进行调整。几种常用零件热处理的安排举例如表 7 - 20 所列。

2. 金属材料的工艺性能

具体的工艺性能是从工艺路线中提出来的。金属的工艺性能主要有铸造性能、压力加工性能、焊接性能、切削加工性能和热处理工艺性能五种。

(1) 铸造性能

铸造性能指合金在铸造成型过程中获得优质铸件的能力,通常用流动性、收缩性等指标来衡量。若设计的零件是铸件,要求材料应具有良好的铸造性能。

表 7 – 20　热处理工序的安排

零 件	二维图	热处理技术条件	工艺路线
连杆螺栓	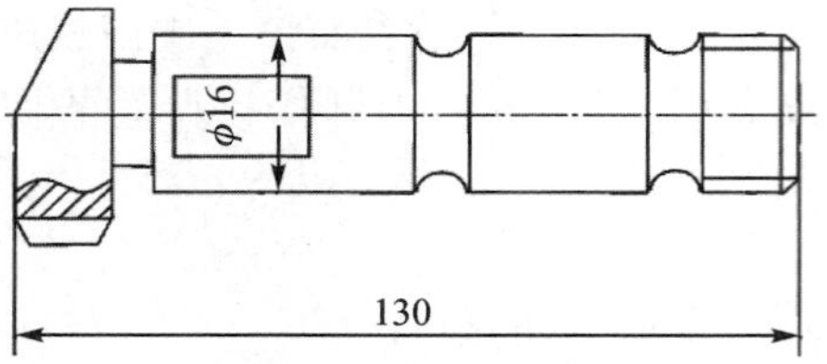	调质处理,硬度 263 ～ 322HBS,组织为回火索氏体,不允许有块状铁素体	锻造→退火或正火→粗加工→调质→精加工
尾锥套	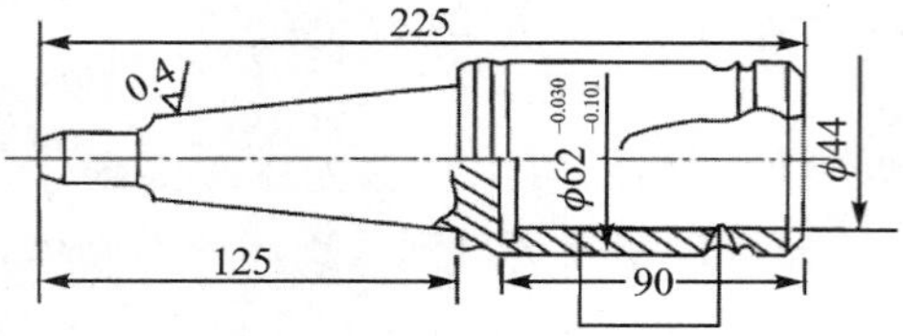	硬度:42HRC	锻造→正火→粗、半精加工→淬火、回火→精磨
汽轴	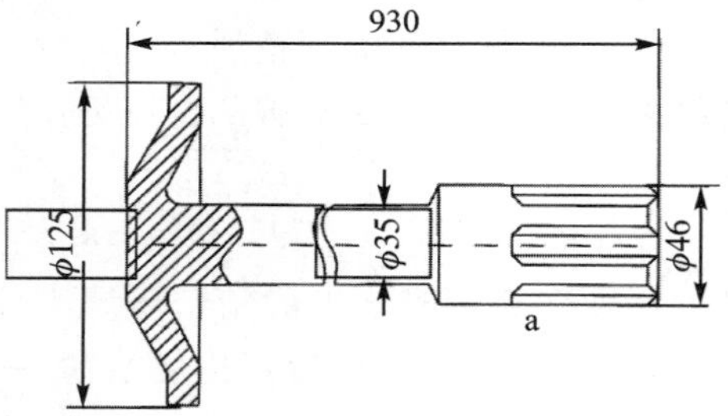	调质(或正火)处理,硬度 187 ～ 241HBS,a 处中频表面淬火,硬度 > 52 HRC,淬硬层深 4 mm ～ 6 mm	锻造→调质(或正火)→较直→粗、半精加工→中频表面淬火→低温回火→较直→磨削
混轮	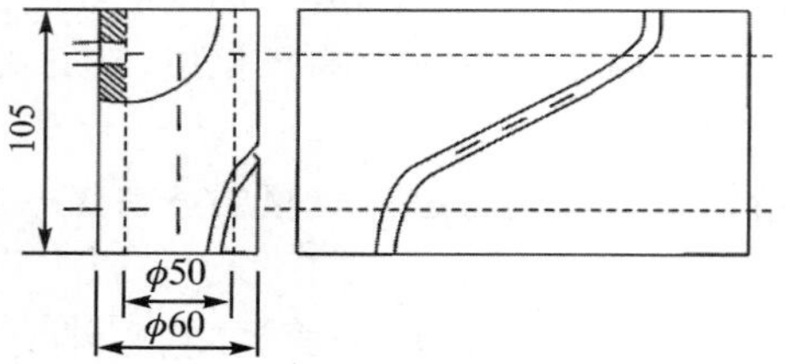	渗碳,渗碳层深度 0.9 mm,表面硬度 > 56HRC	车削(外圆留磨量,端面留防渗余量)→铣→渗碳→车削(两端去渗碳层)→精加工内孔→淬火、回火→精加工(内孔及小孔)→磨(外圆及槽)
磨床轴	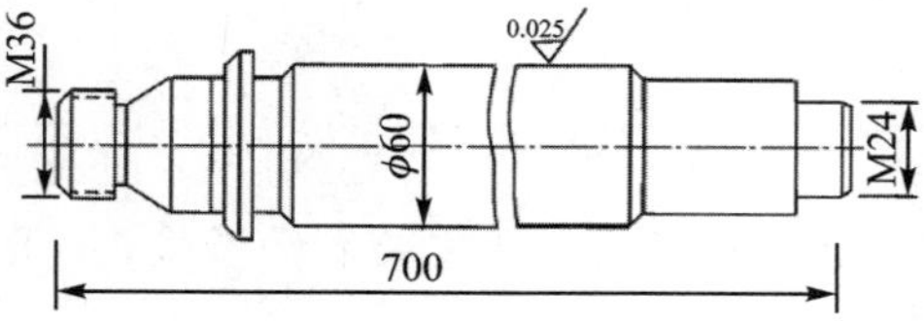	氮化,渗层深度 0.9 mm,硬度 900HV,心部硬度 28 ～ 33HRC	锻造→退火→粗车→调质→精车→去应力退火→粗磨外圆(留精磨余量)→氮化→精磨

　　从图 7.33 中可以看出,铁碳合金相图中固液两相线的间距越小、越接近共晶成分,其流动性越好。因此,铸铁的铸造性能优于铸钢,其中以灰铸铁为最好。对于受力简单、形状复杂,尤其是具有复杂内腔的零部件,常选用含有共晶体的铸铁、铸造铝合金等材料,如机床床身、汽车轮毂、发动机缸盖等。表 7 - 21 列出了常用金属材料的铸造性能。

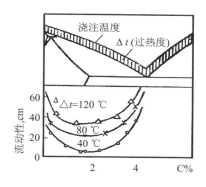

图 7.33　铁碳合金流动性随成分变化图

表 7 - 21　常用金属材料的铸造性能

材　料		铸造性能						
		流动性	收缩性		偏析倾向	熔　点	对壁的(冷却速度)的敏感性	其　他
			体收缩	线收缩				
灰铸铁		很　好	小	小(0.5 %~1.0 %)	小	较　低	较大,厚处强度低	—
球墨铸铁		比灰铸铁稍差	大(与铸钢相近)	小	小	较　低	较灰铸铁小	易形成缩孔、缩松,白口倾向较大
可锻铸铁		比灰铸铁差,比铸钢好	很大(比铸铜大)	退火后比灰铸铁小	小	较灰铸铁高	较　大	—
铸　钢		差(低碳钢更差)	大	大(2 %)	大	高	小,壁厚增加,强度无明显降低	含碳量增加,收缩率增加,导热性差,高碳铸钢易发生冷裂,低合金铸钢比碳素铸钢易裂
铸造铜合金	黄铜	较　好	小	小	较小	比铸铁低	—	易形成集中缩孔
	锡青铜	较黄铜差	最小	不大	大	比铸铁低	—	易产生缩松
	特殊青铜	好	大	—	较小	比铸铁低	—	易吸气及氧化并形成集中缩孔
铸造铝合金		尚好	—	小	大	比铸铁低	大,强度随壁厚增大,显著下降	易吸气、氧化

(2) 压力加工性能

压力加工分为热压力加工(如锻造、热轧、热挤压等)和冷压力加工(如冷冲压、冷轧、冷锻、冷挤压等),如图 7.34 所示。压力加工性能指利用外力作用使金属产生塑性变形,从而获得优质毛坯或零件的难易程度。其包括变形抗力,变形温度范围,产生缺陷的可能性及加热、冷却要求等。

金属的塑性越好,变形抗力越小,越易进行压力加工。一般来说,纯金属的压力加工性能

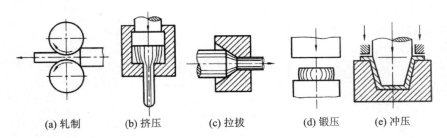

$$(a)\ 轧制 \qquad (b)\ 挤压 \qquad (c)\ 拉拔 \qquad (d)\ 锻压 \qquad (e)\ 冲压$$

图 7.34　压力加工方法示意图

优于其合金,单相固溶体优于多相合金,低碳钢优于高碳钢,非合金钢优于合金钢。细晶组织优于粗晶组织,高温慢速变形优于低温快速变形。

此外,铸铁一般不可压力加工;铝合金和铜合金在室温下即可进行压力加工;钢的压力加工性能差异较大,随着钢中碳及合金元素含量的增高,其压力加工性能变差。高碳高合金钢如高速钢、高铬钢等不能进行冷压力加工,其热加工性能也较差,高温合金的热加工性能更差。

必须指出,工厂所用金属材料大多由冶金厂轧制成一定规格的型材(圆形、方形、六角形、工字型、槽形及管、板和其他异形断面)供应。型材经压力加工,组织致密,力学性能好,但由于有纤维组织而呈明显方向性,使用时必须注意。

（3）焊接性能

焊接性能指金属接受焊接的能力,也称为可焊性,通常用焊接接头的强度和焊缝处产生裂纹、气孔、脆性等缺陷的倾向来衡量。焊接性能主要与化学成分(其中碳的影响最大)、热处理、组织和性能等有关。

一般钢中含碳量越高,可焊性越差,所以常把钢中含碳量的高低作为衡量其焊接性的重要因素。含碳量影响可焊性的主要原因是,随钢中含碳量增加,材料淬硬倾向增大,塑性下降,容易产生焊接裂纹。因此,低碳和低碳合金钢、奥氏体不锈钢、铁素体不锈钢因碳含量低而有较好的焊接性能;高碳和高碳合金钢、马氏体不锈钢的焊接性能就比较差。尤其对铸件而言,灰口铸铁的可焊性远差于碳钢,故一般只对铸件进行补焊。此外,铜合金和铝合金的导热性高,焊接时裂纹倾向大,易产生氧化、气孔等缺陷,焊接性能较差,需采用氩弧焊工艺进行焊接。

（4）切削加工性能

切削是工业生产中应用最为广泛的一种金属加工方法,切削加工性指对工件进行切削加工的难易程度。这种难易程度是比较出来的,有一定的相对性。因此,同一工件材料在不同的条件下(如使用机床、加工方法、要求的精度不同),其切削加工性的衡量指标也不同,主要考虑以下几方面:

① 已加工零件表面质量:加工后表面质量好的材料,其表面粗糙度小或冷作硬化程度低,更适宜进行切削加工,在精加工时,常以此作为加工指标。

② 切削力或切削温度:在相同切削条件下,切削抗力小或切削温度低的材料,其加工性能好;反之较差。在粗加工时,当工艺系统刚度或机床动力不足时,常用此项指标来衡量。

③ 排屑的难易程度:容易断屑的材料,其切削加工性好;反之较差。在自动机床上加工时,常以此项指标来衡量。

实践证明,在切削加工时,为了不致发生"粘刀"和使刀具严重损这两种情况,通过热处理控制钢的硬度范围是必要的,一般认为金属材料的硬度在 170 HBS～230 HBS 范围、并具有足够的脆性时较易切削。图 7.35 所示为热处理工艺与合适的切削加工硬度范围的关系。

Ⅰ．含碳量≤0.25 ％的低碳钢大多在切削加工前进行正火处理。碳含量过低，退火钢吸附大量柔软的铁素体，钢的延展性非常好，切屑易粘着刀刃而形成积屑瘤，而且切屑是撕裂断裂，以致表面光洁度变差，刀具的寿命也受到影响，因此含碳量过低的钢不宜在退火状态切削加工。

Ⅱ．含碳量在 0.25 ％～0.5 ％之间的中碳钢，为了获得较好的表面光洁度，经常采取正火处理获得较多的细片状珠光体，使硬度适当提高些。

Ⅲ．含碳量在 0.5 ％～0.6 ％范围时，宜采取一般退火处理，以获得比正火处理略低的硬度，易切削加工。

Ⅳ．含碳量超过 0.6 ％时属于高碳钢范围，它们大多先通过球化退火获得合格的球化组织，使硬度适当降低之后再进行切削加工。

表 7 - 22 比较了几种不同金属材料的切削加工性能。

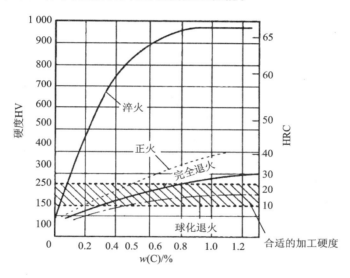

图 7.35　热处理工艺与合适的切削加工硬度范围的关系

表 7 - 22　几种金属材料的切削加工性能

等　级	金属种类	切削加工性能
1	大部分有色金属(铝、镁合金)	极容易切削
2	易切削钢(退火 15Cr)	容易切削
3	30 钢正火	
4	灰铸铁、45 钢	一　般
5	2Cr13 钢调质	
6	65Mn 钢调质、45 钢调质	难以切削
7	W18Cr4V、1Cr18Ni9Ti	
8	耐热合金	

（5）热处理工艺性能

各种材料的热处理工艺性能已在本书第 3 章中做了详细介绍。这里需要强调的是，必须首先区分是否可进行热处理强化，如纯铝、纯铜、部分变形铝合金、单相奥氏体不锈钢等材料一般无法通过淬火、回火等热处理工艺获得强化。对于可以通过热处理进行强化的金属（尤其是钢），热处理工艺性能至关重要。

热处理工艺性能指材料接受热处理的能力，包括淬透性、淬硬性、淬火变形和开裂的倾向等。一般合金钢的热处理工艺性能（如淬透性）比碳钢好，故合金钢广泛用于制造有较高强度要求、且形状结构复杂的重要机械零件和构件。

7.2.3　经济性原则

经济性原则指在保证产品质量前提下，尽量把总成本降至最低，使产品在市场上具有强竞争力。产品的经济性具体表现在材料价格、加工成本、国家资源、维护/维修/回收以及对环境污染等几方面。其中，材料价格在产品的总成本中占到 30 ％～70 ％的高比率，因此工程设计人员要密切关注材料的市场价格。

表 7 - 23 比较了不同金属材料的价格，虽然实际材料的价格动态变化，但仍可作为比较的参考。从表中可以看出，碳钢和铸铁的价格相对较低，而且加工方便。因此在能满足零件性能要求的前提下，可以优先考虑选用这两种价格较便宜的材料。此外，以铁代钢、以铸代锻、以焊代锻，甚至以工程塑料代替金属材料，这些办法均能有效降低零件成本，简化加工工艺。此外，所选材料的种类应尽量少而集中，以便于采购和管理。

但是，选材的经济性并不是单纯去选择最便宜的材料和最简单的加工工艺，而忽视零件的质量、寿命和整个加工过程。从产品的寿命周期成本构成看，降低使用成本比降低制造成本更为重要，一些产品制造成本虽然较低，但使用成本较高，运行维护费用占使用成本的比例较大；相反，有时所选材料的制造成本较高，但其寿命长、运行维护费用低，反而使总成本降低。例如，汽车用钢板，若将低碳优质碳素结构钢改为低碳低合金结构钢，虽然钢的成本提高，但由于钢的强度提高，钢板厚度可以减薄，用材总量减少，汽车自重减小，寿命提高，油耗减少，维修费减少，因此总成本反而降低。应综合考虑材料对零件功能、质量和成本的影响，以同时保证技术效果和经济效益的最优化。

表 7 - 23　常用工程材料价格

材　　料	单位质量相对价格	材　　料	单位质量相对价格
普通碳钢热轧型材	1	泡沫塑料	2.5～3.5
优质碳钢	1.4～1.5	环氧树脂	4.5
低合金钢	1.2～1.7	聚氯乙烯	2.5
合金结构钢	1.6～3.0	聚乙烯、聚丙烯	3.0
合金工具钢	2.5～7.2	聚碳酸酯	10.0
高速工具钢	9.0—16.0	尼龙 66	12.0
不锈钢	6.0～14.0	聚酰亚胺	35.0
铝及铝合金	5.0～10.0	玻　璃	4.0～4.5

材　料	单位质量相对价格	材　料	单位质量相对价格
铜及铜合金	8.0~16.0	Al_2O_3	35
钛合金	40	钢筋混凝土	0.5~0.8
镍	25	胶合板	2.5
钨	60	玻璃纤维树脂复合材料	8.0~12.0
银	3 000	碳纤维环氧树脂复合材料	500
金	50 000	硼纤维环氧树脂复合材料	1 000
Co/WC 硬质合金	250	工业金刚石	250 000

7.2.4　可靠性原则

材料的可靠性是指材料制成的零件在预定的寿命周期内完成预定的工作而不破坏的几率,亦即失效率。

按传统的设计理念,是宁可零件强度过剩也要确保设计的安全性,这是传统设计的理论和方法的不足所造成的,并未考虑零构件工作的可靠性问题。在零件的实际使用过程中,其力学性能的数值不是一成不变的,即便是对于同一批次的材料、按同样工艺加工出的零构件,亦是如此。这是因为载荷等外参数动态变动,材料的成分、冶金质量等散布,以及热处理等工艺参数也存在差异(如加热炉内不同地方的温度有波动,大批炉料不同位置如内部与外部温度的不同,等等)。可靠性设计方法的出现,为综合考虑强度和韧性提供了一个准则,即按不同失效类型的可靠度要求来进行。为此,在制造阶段就要实施精心计划的质量控制和试验步骤。

可靠性是在产品出厂以后的一种随时间而变化的特性,因此在制造阶段掌握与可靠性有明确关系的能直接测量的质量指标,并加以控制是很有必要的。对于产品的外购件(如轴承、螺栓等)也要进行可靠性控制。

7.2.5　环境协调性原则

人类在发展、利用先进的科学技术向自然获取更多的物质文明的同时,已面临着由此对自然界的破坏而造成的新的生存威胁。材料作为人类社会生存的物质基础,在保护和发展环境方面起着重要的先导作用,是实施全面、协调、可持续发展战略的基础。在工业设计过程中,考虑材料与生态环境的关系,选用环境友好材料替代传统材料,已变得越来越重要。

环境协调性是指对资源和能源消耗尽可能少、对生态环境影响小、循环再生利用率高。它要求从材料制造、使用、废弃直至再生利用的整个寿命周期中都必须具有与环境的协调共存性。

目前公认的环境负荷评估方法是 LCA(Life Cycle Assessment)。材料的环境协调性评价是将 LCA 的基本概念、原则和方法应用到材料的环境负荷评价中,与材料或产品的设计相结合,从资源消耗、人体健康和生态环境影响等方面对产品的环境影响做出定性和定量的评估。例如,不同材料在生产、使用和流通过程中所消耗的资源和能源不同,排放物的种类和数量也不同,通常采取将各种废弃物或污染物的排放量与排放标准之比换算成容易比较的数值进行分析。

　　基于环境协调性原则考虑,未来的选材或材料研究思路可从以下几方面进行:尽量不选择含有地球中蕴藏量小的枯竭性元素的材料;选择能节约资源、降低能耗的绿色材料;减少所用材料的种类;选用废弃后能自然分解并为自然界吸收的材料;选用不加任何涂镀的材料;选用可回收材料或再生材料;尽可能选用无毒材料;开发与选用环境相容性的新材料,并对现有材料进行环境协调性改性等。

7.3　典型工件的选材及工艺路线设计

　　金属材料、高分子材料、陶瓷材料是三类最主要的工程材料。

　　高分子材料的强度、刚度、韧性较低,尺寸稳定性较差且易老化,一般不能用于制作受力较大的结构件,但其密度小、弹性好、减振、耐磨,且原料丰富、生产能耗较低(为钢的 1/10、铝的 1/20),故适于制作受力小零件(如轻载传动齿轮、轴承),或减振、耐磨、密封零件(如密封垫圈、轮胎等)。表 7-24 列举了一些用塑料代替金属的应用实例,这能在使用性能不受影响的情况下降低成本。

表 7-24　某些用塑料代替金属的应用实例

零件类型		产品	零件名称	工作条件	原用材料	现用材料	代用效果
摩擦传动零件	轴承	载货汽车	底盘衬套轴承	低速、干摩擦	GCr15	聚甲醛	$>10^4$ km 不用加油保养
		转塔车床	走刀机械传动齿轮	平稳摩擦	45 钢	聚甲醛 铸型尼龙	噪声低,长期使用无损坏性磨损
	齿轮	水压机	立柱导套	往复摩擦运动	铝青铜	MC 尼龙	良好,已投入生产
		起重机	吊索绞盘传动蜗轮	最大起吊质量 6~7 t	磷青铜	MC 铸型尼龙	零件重量减轻约 80%,使用两年磨损很小
一般结构件	螺母	铣床	丝杠螺母	对丝杠的磨损极微,有一定的强度	锡青铜	聚甲醛	良好
	壳体	外圆磨床	罩壳衬板	电器按钮盒	镀锌钢板	ABS	美观,制作方便
		电风扇	开关外罩	一定的强度	铝合金	有机玻璃	良好
	手柄	磨床	手把	一般	35 钢	尼龙 6	良好
		电焊机	控制滑阀	6at*	铜	尼龙 1010	良好
	夹芯	飞机、客车、船舶	夹层结构板	一定的比强度、隔热、隔声	铝蜂窝	发泡塑料	成本大幅下降,使用可靠

　　* 1at=98.066 5 kPa。

　　陶瓷材料硬而脆,加工性能差,也不能制作重要的受力构件,但它具有高热硬性和化学稳定性,可用于制作耐高温、耐磨、耐蚀零件,如切削刀具、燃烧器喷嘴、石油化工容器等。

　　复合材料具有优良的性能,其比强度和比模量大、抗疲劳、减振、耐磨。特别是金属基复合材料,从力学性能角度看,可能是最理想的机械工程材料。但复合材料价格昂贵,在一般机械工业中很少应用,只在航天航空、船舶、武器装备等国防工业中的重要结构件上获得应用。

金属材料在力学性能、工艺性能和生产成本这三者之间保持着最佳平衡,和其他三类材料相比,具有最强的应用竞争力。因此,预计在相当长的时期内,金属材料在机械工程中的主导地位是不会改变的。以我国中型载货汽车用材为例,钢材约占 64 %,铸铁约占 21 %,有色金属约占 1 %,非金属材料约占 14 %;在轻型汽车中,非金属材料的用量虽有所增加,但金属材料仍占主体。故本节仅就钢铁材料制成的几种典型零件(齿轮、轴、弹簧、刀具)的选材及工艺路线进行分析。

7.3.1　齿轮零件

齿轮在机床、汽车、拖拉机和仪表装置中被广泛应用,主要用于传递动力、调节速度。

1. 齿轮的工作条件、失效方式及性能要求

(1) 工作条件

① 齿轮工作时,两个相互啮合的轮齿之间通过一个狭小的接触面传递动力,在啮合齿面上相互滚动和滑动,使齿面承受较大的接触应力,并伴有强烈摩擦。

② 由于传递扭矩,齿根承受较大的交变弯曲应力。

③ 由于换挡、启动或啮合不良,齿部承受一定冲击作用。

(2) 失效形式

根据齿轮的上述工作特点,其主要失效形式有以下几种:

① 齿面塑性变形:齿轮强度不够、齿面硬度低时,在低速、重载和启动、过载频繁的齿轮中容易产生。

② 疲劳断裂:主要起源在齿根(见图 7.36),常常一齿断裂引起数齿,甚至更多的齿断裂。它是齿轮最严重的失效形式。产生原因是齿根所受的弯曲应力超过材料的抗弯曲强度引起的。

③ 过载断裂:主要是短时过载或过大冲击而造成的,见图 7.37。多发生在齿轮淬透的硬齿面齿轮或脆性材料齿轮。

④ 齿面磨损:由于齿面接触区摩擦,使齿厚变小,齿隙增大,见图 7.38。此外,润滑油腐蚀及外部硬质磨粒的侵入,会使齿面产生磨粒磨损或黏着磨损等。

⑤ 麻点剥落:在交变接触应力作用下,齿面发生接触疲劳破坏,即齿面产生微裂纹并逐渐发展,引起点状剥落(或称麻点),如图 7.39 所示。

图 7.36　齿轮根部的贝壳状疲劳断口形貌

图 7.37　过载造成断齿

图 7.38　齿面严重磨损、齿厚变薄

图 7.39　齿轮表面出现点状剥落

（3）性能要求

根据工作条件和失效形式,齿轮材料应具有如下性能:

① 高的弯曲疲劳强度和接触疲劳强度:特别是齿根部要有足够的强度,使工作时所产生的弯曲应力不致造成疲劳断裂。

② 齿面有高的硬度和耐磨性:使齿面在受到接触应力后不致发生麻点剥落。

③ 齿轮心部要有足够的强度和韧性。

2. 齿轮类零件选材

由于齿轮的工作条件不同,齿轮的尺寸和类型不同,所用的制造材料也不同。

① 受中小载荷的齿轮:其转速较低,一般选用碳钢且是具有良好综合力学性能的中碳钢,如 40、45 钢等(见图 7.40(a))。经正火或调质处理后再进行表面淬火＋低温回火,其齿面硬度可达 50HRC,齿心硬度为 220～250HBW。

② 重要机械上的齿轮(如机床变速箱和走刀箱齿轮):这类齿轮运转速度较高,传递扭矩较大,长期工作下的疲劳应力很大,一般均需选用 40Cr、40CNi、40MnB、35CrMo 等合金调质钢,并选用锻造成形毛坯,如图 7.40(b)所示。热处理工艺同(1),其齿面硬度可提高到 58HRC 左右,心部强韧性也有所改善。

③ 受较大冲击载荷的齿轮(如精密机床主轴传动齿轮、走刀齿轮和变速箱的高速齿轮):这类齿轮传递功率大,接触应力大,运转速度高,且又承受较大的冲击载荷,通常选用合金渗碳钢 20Cr、20CrMnTi 等合金渗碳钢,经渗碳淬火＋低温回火处理后使用,其齿面硬度可达 58～62HRC,心部硬度为 30～45HRC。

④ 受低速或中速的低应力、低冲击载荷的齿轮:可选用铸造成型的毛坯(见图 7.40(c)),并以 HT250、HT300,HT350,QT600－03,QT700－02 为毛坯材料。例如汽车发动机上的凸轮、齿轮,其材料可选用灰铸铁 HT200,用铸造成形法制造毛坯,硬度为 170～229 HBS。

⑤ 特殊情况下也可选用工程塑料,如受力不大或在无润滑条件下工作的齿轮,可选用尼龙、聚碳酸酯等高分子材料来制造。

当齿轮钢在大批量生产时,一般选用轧制型材做毛坯,也可选用低碳钢经焊接成形的毛坯(见图 7.40(d)),待加工后再经表面处理工艺满足其使用要求。

3. 典型齿轮类零件的选材实例

（1）机床齿轮的选材及工艺路线

车床、钻床、铣床等机床的变速箱齿轮、车床挂轮齿轮等,工作时受力不大,转速中等,工作较平稳,无强烈冲击。因此,对强度和韧性要求均不高,一般用中碳钢制造,如 45 钢;对于性能

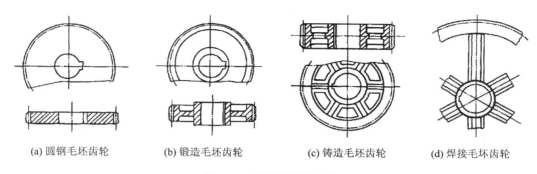

| (a) 圆钢毛坯齿轮 | (b) 锻造毛坯齿轮 | (c) 铸造毛坯齿轮 | (d) 焊接毛坯齿轮 |

图 7.40　不同类型的齿轮

要求较高,如受力较大时,可选用 40Cr 钢等中碳合金钢制造。热处理工艺路线如下:

下料→锻造→正火→粗加工→调质→半精加工→表面淬火＋低温回火→精磨

在上述工艺路线中,预备热处理的正火是为了得到合适的硬度,便于机械加工,同时改善锻造组织,为调质处理作好准备。

调质处理后得到的组织是回火索氏体,它使齿轮有较高的综合力学性能和疲劳强度;为了更好地发挥调质效果,将调质安排在粗加工后进行,若在调质过程中有变形、氧化等缺陷,可在精加工时去除。

表面淬火及低温回火处理是决定齿轮表面质量的关键工序。表面淬火加热速度快,淬火后脱碳倾向和变形小,可得到比普通淬火高的表面硬度和耐磨性,在齿轮表面形成压应力层,从而增强其抗疲劳能力,延长齿轮的使用寿命。为了消除淬火应力、稳定组织,表面淬火后及时进行低温回火。

以上工艺处理后,齿轮表面的组织为回火马氏体,心部为回火索氏体。

(2) 汽车、拖拉机齿轮的选材与工艺路线

汽车齿轮主要分装在变速箱和差速器中(见图 7.41),在变速箱中,通过不同的齿轮组合来改变发动机曲轴和主轴齿轮的速比;在差速器中,通过齿轮增加扭矩,在转弯时调节左右轮

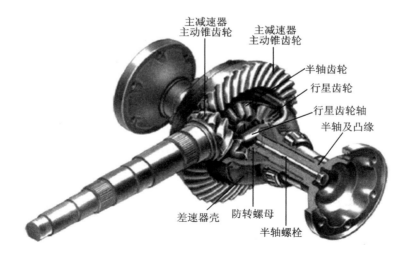

图 7.41　桑塔纳轿车主减速器和差速器

的转速。由于全部发动机的动力均通过齿轮传给车轴,驱动汽车运行,所以汽车齿轮常在高转速、高负荷以及转速和负荷不断交变的情况下工作,故其在耐磨性、疲劳强度、心部强度以及冲击韧度等方面的要求比机床齿轮要高得多。这种情况下采用中碳钢或中碳合金钢高频淬火已无法满足使用要求,所以需用合金渗碳钢来做重要齿轮。表 7-25 所示列举了汽车、拖拉机齿轮常用钢种及热处理方法。

表 7-25　汽车、拖拉机齿轮常用钢种及热处理方法

序　号	齿轮类型	常用钢种	热处理	
			主要工序	技术条件
1	汽车变速箱和分动箱齿轮	40Cr	碳氮共渗	层深:>0.2 mm 表面硬度:51～61HRC
		20CrMnTi 20CrMo 等	渗　碳	层深 $m_n<5$ 时,0.6 mm～1.0 mm $3<m_n<5$ 时,0.9 mm～1.3 mm $M_n>5$ 时,1.1 mm～1.5 mm (m_n:法面模数、m_s:端面模数) 齿面硬度:58～64HRC 心部硬度: $m_n\leqslant5$ 时,32～45HRC $m_n>5$ 时,29～45HRC
2	汽车驱动桥差速器行星及半轴齿轮	20CrMo 20CrMnTi 20CrMnMo	渗　碳	同序号 1 中渗碳工序
3	汽车驱动桥主动及从动圆锥齿轮 汽车驱动桥主动及从动圆柱齿轮	20CrMnTi 20CrMnMo 20CrMnTi 20CrMo	渗　碳	渗层深度按图纸要求,硬度要求同序号 1 中渗碳工序 层深: $m_s<5$ 时,0.9 mm～1.3 mm $5<m_n<8$ 时,1.0 mm～1.4mm $m_s>8$ 时,1.2 mm～1.6 mm 齿面硬度:58～64HRC 心部硬度: $m_s\leqslant8$ 时,32～45HR $m_s>8$ 时,29～45HRC
4	汽车起动机齿轮	15Cr 20Cr 20CrMo 20CrMnTi	渗　碳	层深:0.7 mm～1.1 mm 表面硬度:58～63HRC 心部硬度:33～43HRC
5	汽车曲轴正时齿轮	35、40、45、40Cr	正　火	149～179HB
			调　质	207～241HB
6	汽车发动机凸轮轴齿轮	灰口铸铁 HT150 HT200		170～229HB

序　号	齿轮类型	常用钢种	热处理	
			主要工序	技术条件
7	拖拉机传动齿轮，动力传动装置中的圆柱齿轮，圆锥齿轮及轴齿轮	20Cr 20CrMo 20CrMnMo 20CrMnTi 30CrMnTi	渗　碳	层深：不小于模数的 0.18 倍，但不大于 2.1 mm 各种齿轮渗层深度的上下限不大于 0.5 mm，硬度要求同序号 1、2
		40Cr 45Cr	碳氮共渗	同序号 1 中碳氮共渗工序
8	汽车里程表齿轮	20 Q215	碳氮共渗	层深：0.2 mm～0.35 mm
9	汽车拖拉机油泵齿轮	40，45	调　质	28～35HRC
10	拖拉机曲轴正时齿轮，凸轮轴齿轮，喷油泵驱动齿轮	45	正　火	156～217HB
			调　质	217～255HB
		灰口铸铁 HT150		170～229HB

现以解放牌载重汽车变速器变速齿轮（见图 7.42）为例来说明，该齿轮将发动机动力传递到后轮，并起倒车的作用，工作时，承载、磨损及冲击负荷均较大。要求齿轮表面有较高的耐磨性和疲劳强度，硬度为 58～60 HRC，心部有较高的强度及韧性。可采用 20CrMnTi、20CrMnMo 等合金渗碳钢制造，其加工工艺路线如下：

下料→锻造→正火→粗加工→渗碳、淬火＋低温回火→喷丸处理→精磨

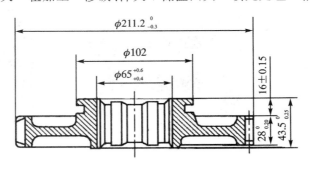

图 7.42　汽车变速齿轮

在上述工艺路线中，渗碳是为了提高齿轮表面的碳的质量分数在 0.8 %～1.05 %之间，以保证淬火后得到高硬度和良好耐磨性的马氏体组织。

渗碳后淬火是为了除使表面有高硬度外，还能使心部获得足够的强度和韧性。此时，齿轮的表面组织为高碳 $M+A_{残}$，心部组织为低碳 M 心部。

低温回火是为了消除淬火应力，减少齿轮的脆性、获得回火马氏体组织的必要工序。此时，齿轮表面的组织为高碳回火 $M+A_{残}$＋颗粒状碳化物，心部淬透时为低碳回火 M；齿面硬度可达 58 HRC～62 HRC，心部硬度为 35 HRC～45 HRC，淬硬层深 0.8 mm～1.3 mm。

喷丸处理不仅可清除表面氧化皮,而且可使齿面形成压应力,提高材料的疲劳强度。喷丸处理后,齿面硬度可提高 1 HRC～3 HRC,耐用性可提高 7～11 倍。这样,加工后的齿轮表面硬度高,耐磨性好;心部韧性好、耐冲击,达到"外硬内韧"的要求。

7.3.2 轴类零件

在机床、汽车和各类机器等制造工业中,轴类零件有着不容忽视的重要地位。其主要作用是支撑旋转零件,传递运动和转矩,因此轴质量的好坏将直接影响机器的工作寿命和运转精度。轴类零件的种类很多,如各种传动轴、机床主轴、齿轮轴、凸轮轴、曲轴、连杆、丝杆等。它们在工作时承受多种应力的作用,故选取的材料应具备优良的综合机械性能;并且,局部承受摩擦的部位(如轴颈处)要求有一定的硬度,以提高其耐磨损能力。

1. 轴类零件的工作条件、失效方式及性能要求

(1) 工作条件

尽管不同设备中的各类轴的大小、载荷、环境各不相同,但其在工作中具有以下共同特征:

① 传递扭矩、承受交变扭转载荷、交变弯曲载荷和拉、压载荷。

② 轴颈或花键处承受较大的摩擦和磨损。

③ 承受一定的过载或冲击载荷。

(2) 失效形式

① 长期交变载荷下,引起的疲劳断裂,包括扭转疲劳和弯曲疲劳断裂,如图 7.43 所示。

② 大载荷或冲击载荷作用下,引起的过量塑性变形,甚至断裂,如图 7.44 所示。

③ 轴套、轴承、轴瓦或其他零件相对运动时,产生的表面过度磨损,如图 7.45 所示。

图 7.43 活塞杆弯扭疲劳断口　　图 7.44 飞机螺旋桨驱动齿轮轴扭断　　图 7.45 轴颈被硬粒子磨损

(3) 性能要求

① 具有良好的综合力学性能;即强度、塑性、韧性的合理配合,既应防止轴的过量变形,又要防止在过载或冲击载荷下轴的折断或扭断。

② 具有高的疲劳强度;防止其在交变载荷长期作用下发生疲劳断裂。

③ 具有良好的耐磨性;轴颈或花键处承受强烈磨损,故应有足够的硬度以增加耐磨性。

④ 具有良好的工艺性能;如切削加工性、淬透性。

2. 轴类零件选材

高分子材料的强度和刚度太低,极易变形;陶瓷材料,太脆,韧性差,也不适合。因此,轴几乎都是选用金属材料,大多是经过锻造或轧制的低、中碳钢或中碳合金钢,有时也采用球墨铸铁件、铸钢件或焊接件。根据承载能力的大小,轴类零件具体选材方法如下:

① 低速、轻载或不重要的轴(如心轴、联轴节、拉杆、螺栓等),可选用 Q235、Q255、Q275 等碳素结构钢,这类钢通常不进行热处理。

② 对于承受中等载荷且转速、精度不高的轴类零件(如曲轴、连杆、机床主轴等),可选用优质碳素结构钢,如 35、40、45、50 钢等,其中 45 钢最常用。

③ 对受力较大、尺寸较大、形状复杂的重要轴,可选用综合力学性能更好的合金调质钢来制造,如 40Cr,40MnVB 等。

④ 当轴受到强烈冲击载荷作用时,宜用低碳钢(如 20Cr,20CMnTi)渗碳制造。

⑤ 对于要求高精度、高尺寸稳定性及耐磨性的主轴例如镗床主轴,往往用 38CrMoAlA 钢制造,经调质处理后再进行渗氮处理。

除了上述碳钢和合金钢外,还可以采用球墨铸铁作为轴的材料。常用的球墨铸铁有 QT900-2 等,大多用于内燃机的凸轮轴、曲轴等零件。

此外,选用具体材料时,也应考虑载荷类型和淬透性大小。例如,承受弯曲和扭转载荷的轴类,其应力分布具有表面较大、心部较小的特点,因此可不必用淬透性很高的钢,一般用 45 钢、40Cr 钢即可;而承受拉、压载荷的轴类,因应力沿轴截面均匀分布,当其尺寸较大,形状较复杂时,应选用淬透性高的钢,如 40CrNiMo。

3. 典型轴类零件的选材实例

(1) 车床主轴的选材及工艺路线

以 C620 车床主轴为例进行选材,其简图如图 7.46 所示。该主轴受交变弯曲和扭转复合应力作用,但载荷和转速均不高,冲击载荷也不大,所以具有一般综合机械性能即可满足要求。另外,大端的轴颈、锥孔与卡盘、顶尖之间有摩擦,这些部位要求有较高的硬度和耐磨性。根据以上分析,该车床主轴可选用 45 钢或 40Cr 钢(载荷较大、尺寸较大的轴用 40Cr 钢),工艺路线如下:

下料→锻造→正火→粗加工→调质→精加工→表面淬火→低温回火→精加工

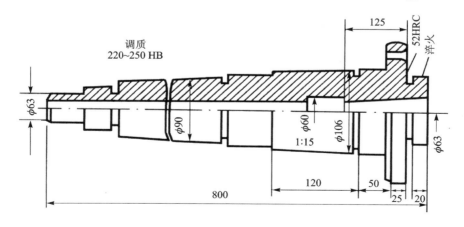

图 7.46　C620 车床主轴简图

若这类轴承受较大的冲击载荷和疲劳载荷时,则可采用合金渗碳钢(20CrMnTi、

20SiMnVB、18Cr2Ni4W 等)制造,其工艺路线如下:

下料→锻造→正火→粗加工→渗碳、淬火＋低温回火→喷丸处理→精磨

以上各热处理工序的作用与机床齿轮、汽车齿轮分别相同。

其他机床主轴的工作条件、选材及热处理工艺等列于表 7 - 26 中。

表 7 - 26　机床主轴的工作条件、选材、热处理工艺汇总

序 号	工作条件	材 料	热处理工艺	硬度要求	应用举例
1	在滚动轴承中运转 低速、轻或中等载荷 精度要求不高 稍有冲击载荷	45	正火或调质	220～250HBS	一般简易机床主轴
2	在滚动轴承中运转 转速稍高,轻或中等载荷 精度要求不太高 冲击、交变载荷不大	45	整体淬硬 正火或调质 ＋局部淬火	40～45HRC ≤229HBS(正火) 220～250HBS (调质) 46～52HRC(局部)	龙门铣床、立式铣床、小型立式车床主轴
3	在滚动或滑动轴承内运转 低速、轻或中等载荷 精度要求不很高 有一定的冲击、交变载荷	45	正火或调质 后轴颈局部 表面淬火整 体淬硬	≤229HBS(正火) 220～250HBS (调质) 46～57HRC(表面)	CB3463、CA6140、C61 200 等重型车床主轴
4	在滚动轴承中运转 中等载荷、转速略高 精度要求不太高 交变、冲击载荷不大	40Cr 40MnB 40MnVB	调质后局部 淬硬	40～45HRC 220～250HBS (调质) 46～52HRC(局部)	滚齿机、组合机床主轴
5	在滑动轴承内运转 中或重载荷、转速略高 精度要求较高 有较高的交变、冲击载荷	40Cr 40MnB 40MnVB	调质后轴颈 表面淬火	220～280HBS (调质) 16～55HRC(表面)	铣床、M74758 磨床砂轮主轴
6	在滚动或滑动轴承内运转 轻、中载荷、转速较低	50Mn2	正 火	≤240HBS	重型机主轴
7	在滑动轴承内运转 中等或重载荷 轴颈部分需有更高的耐磨性 精度很高 交变应力较大,冲击载荷较小	65Mn	调质后轴颈 和头部局部 淬火	250～280HBS (调质) 56～61HRC (轴颈表面) 50～55HRC(头部)	M1450 磨床主轴
8	工作条件同上,但表面硬度要求更高	GCr15 9Mn2V	调质后轴颈 和头部局部 淬火	250～280HBS 局部(调质) ≥59HRC	MQ1420、MB1432A 磨床砂轮主轴

序　号	工作条件	材　料	热处理工艺	硬度要求	应用举例
9	在滑动轴承内运转 重载荷,转速很高 精度要求极高 有很高的交变、冲击载荷	38CrMoAl	调质后渗氮	≤260HBS (调质) ≥850HV (渗氮表面)	高精度磨床砂轮轴,T68 镗杆 T4240A 坐标镗床主轴
10	在滑动轴承内运转 重载荷,转速很高 高的冲击载荷 很高的交变压力	20CrMnTi	渗碳淬火	≥50HRC (表面)	Y7163 齿轮磨床、 CG1107 车床、SG8630 精密车床主轴

（2）镗床镗杆的选材及工艺路线

图 7.47 为 T611 镗床镗杆结构图。镗杆在重负荷条件下工作,承受冲击载荷,且精度要求极高（≤0.005 mm）。此外,内锥孔和外锥圆经常有相对摩擦。因此,镗杆表面要求有极高的硬度（HV850 以上）,心部有较高的综合力学性能。

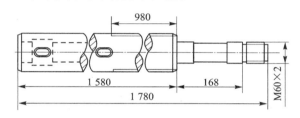

图 7.47　T611 镗床镗杆结构图

根据镗杆的工作条件和性能要求,选用 38CrMoAl 调质渗氮钢,其加工工艺路线：

下料→锻造→退火→粗加工→调质→精加工→去应力退火→粗磨→渗氮→精磨

其中,退火的作用是消除锻造组织缺陷,细化晶粒,退火后组织为珠光体＋铁素体（由于钢中含有一定的合金元素,适宜采用完全退火;若采用正火,会使硬度偏高,难于机械加工）。

调质处理后获得回火索氏体组织,具有良好的综合力学性能。

去应力退火可消除精加工产生的加工应力,零件在释放应力时产生的变形用后一步工序粗磨消除,保证镗杆精度。

渗氮后表层获得高硬度的氮化层（均匀细小分布的 AlN,CrN,MoN 等）,渗氮后不需要进行回火处理。通常渗氮温度比调质处理的回火温度低,因此渗氮不会对心部的回火索氏体组织造成改变。渗氮后安排研磨,确保镗杆的精度。

7.3.3　弹簧零件

弹簧的作用是利用材料的弹性和弹簧本身的结构特点,在载荷作用下产生变形时,把机械功或动能转变为形变能;在恢复变形时,把形变能转变为动能或机械功。弹簧的种类很多,按形状分主要有螺旋弹簧、板弹簧、片弹簧和蜗卷弹簧几种,如图 7.48 所示。

弹簧的主要用途有:缓冲或减震,比如汽车、火车中使用的悬挂弹簧;储存和释放能量,比如钟表、玩具中的发条;定位,如机床定位销弹簧;复原,如发动机的气门弹簧;测力,如弹簧秤,

螺旋簧蜗　　　　　　　板弹簧　　　　　　　片簧蜗　　　　　　　涡卷弹簧

图 7.48　各类弹簧照片

测力计等等。

1. 弹簧的工作条件、失效方式及性能要求

（1）工作条件

① 弹簧在外力作用下压缩、拉伸、扭转时，材料将承受弯曲应力或扭转应力。

② 缓冲、减震或复原用的弹簧承受交变应力和冲击载荷的作用。

③ 某些弹簧受到腐蚀介质和高温的作用。

（2）失效形式

一般用作缓冲、减震的弹簧或者用作复原的弹簧会受到交变应力和冲击载荷的作用，所以失效形式有疲劳断裂和塑性变形。疲劳断裂指在交变应力作用下，弹簧表面缺陷（裂纹，折叠、刻痕、夹杂物）处产生疲劳源，裂纹扩展后造成断裂失效。塑性变形指外载荷去掉后，弹簧不能恢复到原始尺寸和形状。

（3）性能要求

① 具有高的弹性极限和屈强比（R_{eL}/R_m）。为提高弹簧抗疲劳破坏和抗松弛的能力，弹簧材料应具有一定的屈服强度与弹性极限，尤其要有高的屈强比（通常 $R_{eL}/R_m \geqslant 0.9$），以保证优良的弹性性能，即吸收大量的弹性能而避免弹簧在高载荷下产生塑性变形。

② 具有足够的塑性和冲击韧性。在弹簧制造过程中，材料需经受不同程度的加工变形，因此要求材料具有一定的塑性和韧性以防止冲击断裂。例如形状复杂的拉伸和扭转弹簧的钩环及扭臂，当曲率半径很小时，在加工卷绕或冲压弯曲成形时，弹簧材料均不得出现裂纹、折损等缺陷。同时弹簧在承受冲击载荷或变载荷时，材料应具有良好的韧性，这样能明显提高弹簧的使用寿命。

③ 弹簧一般是在长时间、交变载荷下工作，因而要求其有很高的疲劳强度，以免弹簧在长期震动和交变载荷应力的作用下产生疲劳破坏。对于用在重要场合的弹簧，如轿车发动机气门弹簧，一般要求疲劳寿命 2.3×10^7 次～3.0×10^7 次，中高档轿车悬架弹簧一般要求 2.0×10^6 次～5.0×10^6 次甚至更长的疲劳寿命。

2. 弹簧零件选材

弹簧种类很多，载荷大小相差很大，所以能制造弹簧的材料很多，如金属材料、非金属的塑料、橡胶等。由于金属材料的成型性好、容易制造，在实际生产中，多选用弹性极高的金属材料来制造弹簧，如碳素弹簧钢和各种合金弹簧钢等。

（1）碳素弹簧钢

碳素弹簧钢按照其锰含量又分为一般锰含量的碳素弹簧钢和较高锰含量的碳素弹簧钢两种。

① 一般锰含量的碳素弹簧钢，通常指 65、70、85 钢，其碳含量为 0.6 %～0.9 %，锰含量为

0.50 %～0.80 %。这类弹簧钢有很高强度、硬度、屈强比,但淬透性差,当直径大于 12 mm～15 mm 时在油中不能淬透。多用于一般机器上的螺旋弹簧、小型机械的弹簧。

② 较高锰含量的碳素弹簧钢,通常指 65Mn 钢。与一般锰含量的碳素弹簧钢(如 65 号钢)相比,锰含量提高到 0.90 %～1.20 %,因此提高了淬透性、强化了铁素体基体和提高了回火稳定性,可制造尺寸稍大(截面小于 25 mm)的弹簧。其在工程中的用量很大,制造各种小截面扁簧、圆簧、发条等,亦可制气门弹簧、减振器和离合器簧片、刹车簧等。

（2）合金弹簧钢

合金弹簧钢一般碳含量为 0.45 %～0.7 %,根据主加合金元素种类不同可分为两大类:Si – Mn 系弹簧钢(如 60Si2Mn)和 Cr 系弹簧钢(如 50CrVA)。前者淬透性较碳素钢高,价格不很昂贵,用途很广,可制造各种中等截面(<25 mm)的重要弹簧,如汽车、拖拉机板簧、螺旋弹簧等;后者的淬透性较好,综合力学性能高,弹簧表面不易脱碳,但价格相对较高,一般用于截面尺寸较大(50 mm～60 mm)的重要弹簧:如发动机阀门弹簧、常规武器取弹钩弹簧、破碎机弹簧,以及耐热弹簧,如锅炉安全阀弹簧、喷油嘴弹簧、汽缸胀圈等。

3. 典型弹簧零件选材实例

汽车钢板弹簧在汽车行驶过程中承受各种应力的作用,其中以反复弯曲应力为主,绝大多数是疲劳破坏,可选用淬透性好、弹性极限、屈强比和疲劳极限均较高的 60Si2Mn 材料。其加工工艺路线大致如下:

下料→加热奥氏体化后、压力成型→淬火＋中温回火→喷丸

在上述热处理工艺中,淬火、中温回火的目的在于获得回火屈氏体组织,其具有很高的屈服强度和弹性极限。喷丸处理在表面造成残余压应力,可提高弹簧的疲劳强度。

7.3.4　刃具零件

刃具主要用来切削各种材料,如切削加工使用的车刀、铣刀、钻头、锯条、丝锥等工具,如图7.49 所示。

铣刀　　　　　车刀　　　　　丝锥

图 7.49　常用刃具零件

1. 刃具的工作条件、失效形式及性能要求

（1）工作条件

① 刃具切削材料时,会受到被切削材料的强烈挤压,所以刃部受到很大的弯曲应力。对于某些扩孔钻头、铰刀等,还会受到较大的扭转应力作用。

② 刃具刃部与被切削材料强烈摩擦,会产生大量的热量,使刃部温度可升到 500 ℃～600 ℃。

③ 在切削过程中承受着一定的冲击震动。

（2）失效形式

①　磨损：由于摩擦，刀具刃部易磨损，这不但增加了切削抗力，降低切削零件表面质量；也由于刃部形状变化，使被加工零件的形状和尺寸精度降低。

②　断裂：因刀具自身脆性较大、不耐磨或因受到较大冲击力作用产生断裂或破碎。

③　刃部软化：切削速度较大时，由于摩擦产生热，使刀具温度升高。若刀具材料的红硬性较低（红硬性指材料在高温下仍然能保持其硬度的能力），就会使刃部硬度显著下降，丧失切削加工能力。

④　崩刃：由于刃部长期承受周期性循环应力造成疲劳破坏或受到较大冲击力或材料自身脆性大、韧性低等原因，出现的微小崩刃、大块崩刃及掉齿现象。

（3）性能要求

①　高硬度和高耐磨性：刃具的硬度必须高于被切削工件的硬度，一般要大于 62 HRC。

②　足够的强度和韧性：防止刀具在切削时折断和崩刃。

③　高速切削时还应具有高的红硬性。

④　良好的淬透性，可降低淬火冷却速度，防止变形与开裂。

2. 刃具零件选材实例

制造刃具的材料主要有碳素工具钢、低合金刃具钢、高速钢、硬质合金和陶瓷等，根据刃具的使用条件和性能要求的不同进行选材。

（1）机械切削刀具

①　简单、低速的手用刃具：如木工刨刀、锉刀、刮刀等，主要要求高硬度、高耐磨性能，可选用碳素工具钢制造，如 T8、T10、T12 钢等。碳素工具钢的含碳量在 0.7 %～1.3 % 之间，价格较低，但红硬性和淬透性较差，其制造刃具的使用温度一般低于 200 ℃。

②　形状较复杂的、低速切削的刃具：如丝锥、小型拉刀、板牙等，可选用合金工具钢制造（9SiCr、CrWMn 钢等）。因钢中加入了 Cr、W、Mn、Si 等合金元素，使钢的淬透性和耐磨性大大提高，耐热性和韧性也有所改善，可在小于 300 ℃ 的温度下使用。

③　高速切削用的刃具：如钻头、铣刀、齿轮滚刀等，可选用高速工具钢制造（W6Mo5Cr4V2、W18Cr4V 钢等）。高速钢具有高硬度、高耐磨性、高的红硬性、好的强韧性和高的淬透性等特点，因此在刃具制造中广泛使用，可用来制造车刀、铣刀、钻头和其他复杂且精密的刀具。高速钢的硬度为 62 HRC～68 HRC，切削温度可达 500 ℃～550 ℃，价格较贵。

④　对于切削速度更快、硬度更高的刃具，可选用硬质合金或陶瓷制造。

Ⅰ.硬质合金是由硬度和熔点很高的碳化物（TiC、WC）粉末为原料，用钴或镍作黏结剂烧结而成的粉末冶金制品。其切削速度比高速钢高几倍，允许切削温度可达到 1 000 ℃。但缺点是加工工艺性差，抗弯强度和冲击韧度较低，常用来制成形状简单的刀头，再将其焊接在刀杆上，适用于高速强力切削和难加工材料的切削。典型牌号为 YG6、YG8、YT5、YT15 等。

Ⅱ.陶瓷（如复合氮化硅陶瓷、复合氧化铝陶瓷等）具有很高的热硬性，在 1 200 ℃ 时硬度尚能达到 80HRA，但抗弯强度和冲击韧度较差，易崩刃。故一般制成刀片，装夹在夹具中使用，适用于淬硬钢等高硬度、难加工材料的加工。

（2）日用刀具

日用刀具与机械切削刀具的工作条件和性能要求有较明显的差别：

Ⅰ.日用刀具的形状薄、窄、小，要求较高的韧性以防止折断；

Ⅱ．切断对象往往较软、磨损不严重，故无须过高的硬度和耐磨性；

Ⅲ．需满足日常清洁需求，且工作条件下多伴有腐蚀，故应有较好的耐蚀性等。

表 7 - 27 为常见日用刀具与推荐材料，选用时应综合考虑硬度、韧性、耐蚀性及刀具的形状、尺寸等要求。

表 7 - 27　常见日用刀具与推荐材料

刀具名称	推荐材料	硬度要求（HRC）
餐刀	20Cr13、30Cr13	≥45
服装剪	60 钢、65Mn、T10	56～62
	40Cr13	55～60
菜刀	65 钢、65Mn、70 钢	54～61
	30Cr13、40Cr13	50～55
民用剪	50 钢、55 钢、60 钢、65Mn	54～61
理发剪	65 钢、70 钢、75 钢、65Mn	58～62
	40Cr13	55～60
理发刀	Cr06、CrWMn	713～856HV
	95Cr18	664～795HV
双面刮脸刀	CrO6	798～916HV

3. 典型刃具零件选材

下面以锉刀为例（见图 7.50），进行刃具的选材和工艺分析。

锉刀属于简单、低速的手用刃具，不要求有高的热硬性，但工作部分应有高的硬度和耐磨性，同时为避免在使用中扭断，心部和柄部应具有一定的强度和韧性。可选用碳素工具钢 T12 钢制造。加工工艺路线如下：

下料→锻（轧）柄部→球化退火→机加工→淬火＋低温回火→检验

在上述热处理工艺中，球化退火能使珠光体中的层状渗碳体变为球状渗碳体（见图 7.51），降低硬度，改善切削加工性能；同时为淬火作组织准备，使最终成品组织中含有细小的碳化物颗粒，提高钢的耐磨性。

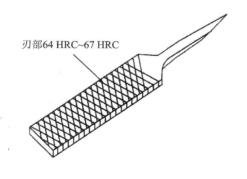

刃部64 HRC~67 HRC

图 7.50　板　锉

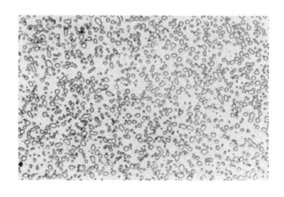

图 7.51　球状珠光体的金相组织照片

7.3.5 冷作模具

冷作模具的工作条件与失效形式见表7-14,要求模具型面有适当的硬化深度和耐磨性,心部有足够的强度和韧性(特别是在重载工作条件下),且模具有一定的高温硬度和热稳定性。此外,还要考虑加工工件的材料种类、厚度、生产工件的批量以及模具的尺寸和复杂程度等。

各种冷作模具推荐选择的材料如表7-28所列。

表 7-28　冷作模具材料的选用

分 类	模具性能要求	工 况	批 量	材料(牌号、代号)		
冷冲模	高耐磨性、高强、韧性和高硬度	轻载	小 批	T8、T10A		
			中 批	CrWMn、9Mn2V、GCr15		
			大 批	Cr4W2MoV、Cr12MoV		
		重载	中、小批	9SiCr、60Si2Mn、6CrW2Si、YG15		
			大 批	W6Mo5Cr4V2、 Cr5Mo1V、 Cr12Mo1V1、 GD ＊、7CrSiMnMoV(CH)＊、5Cr4Mo3SiMnVAl(012Al)＊、GM＊、LD＊、ER5＊		
冷模	高硬度,58~62 HKC,模具型面硬化深度3~4 mm,心部有一定强韧性,重载采用镶块加模框式模具结构	轻载	小 批(形状简单)	T10A		
		重载	小 批(形状复杂)	CrWMn、9SiCr、GCr15、CH＊、GD＊、65Nb＊		
			大 批	镶块:YG15＊、Cr12Mo1V1		
				模框:35CrMnSi、4Cr5MoSiV1		
冷挤压模	凹模硬度60~64 HRC,凸模硬度60~62 HRC;高强韧性、高耐磨性、高回火稳定性	轻载、重载	小 批	凹模	T10	
					Cr5Mo1V、CrWMn	
			大 批		Cr12MoV、012Al＊、65Nb＊、ER5＊、LM1＊、GD＊、GM＊	
		轻载、重载	中、小批	凸模	CrWMn、Cr5Mo1V	
			大 批		W6Mo5Cr4V2、65Nb、LD＊、012Al＊、CG-2＊、6W6Mo5Cr4V2	
			特大批		镶块:YG15、YG20、GT35＊、DT40＊、TLMW50＊	
					模框:30CrMnSi、35CrMo	

注:＊中 GT35、DT40、TLMW50 为硬质合金;部分 ＊ 为新型模具钢,如 LD、65Nb(基体钢)和 GD 为高强韧性冷作模具钢;GM 为高耐磨性冷作模具钢;CH 为火焰淬火型冷作模具钢

现以落料凹模(见图7.52)为例,分析其选材及热处理工艺。该凹模是冲切黄铜制的接线板,冲切件的厚度小,尺寸小,抗剪强度低,故凹模所受载荷较轻。但凹模如在淬火时变形超差,则无法用磨削法修正,因凹模内腔较复杂,且有螺纹孔、销孔,壁厚也不均匀。如选碳素工具钢,淬火变形开裂倾向大。可选 CrWMn 钢或 9Mn2V 钢,淬火回火后硬度为 HRC58~HRC60。

接线板落料凹模的加工路线为:

下料→锻造→球化退火→机械加工→去应力退火→淬火、低温回火→磨模面。

为了使淬火变形尽可能减小,其最终热处理应采用分级淬火,凹模的热处理工艺如图7.53所示。

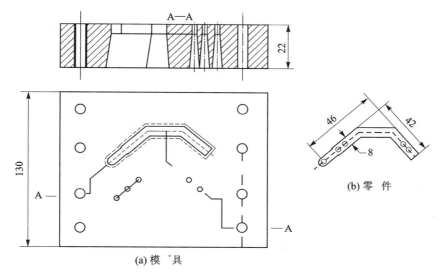

图 7.52　落料凹模及钣金件图

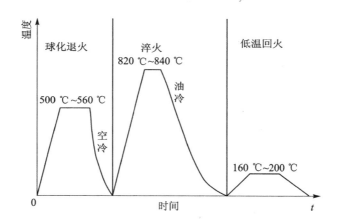

图 7.53　CrWMn 凹模热处理工艺曲线

　　热处理安排去应力退火是为了消除淬火前凹模内存在的残余应力,使淬火后变形减少。淬火时采用分级淬火,凹模淬火温度稍低于 M_s 点的热浴中(硝盐或油),保温一段时间,使一部分过冷奥氏体转变为马氏体,并在随后保温时转变为回火马氏体。这样,不仅消除凹模内外温差引起的热应力,也消除了部分过冷奥氏体转变为马氏体产生的组织应力。在随后空冷中,由于截面上同时形成马氏体,且数量有所减少,故引起的组织应力也较小,而抵消淬火时由于形成马氏体所引起的体积膨胀,因而使凹模变形较小。淬火、低温回火后,凹模硬度可达 HRC58～HRC60。

7.3.6　其他零件

　　表 7-29 至表 7-31 所列为部分箱体支承类零件、汽车发动机零件,以及锅炉和汽轮机主要零件的选材和热处理工艺,可供参考。

表 7 - 29　部分箱体支承类零件用材

代表性零件	材料种类及牌号	使用性能要求	热处理及其他
机床床身、轴承座、齿轮箱、缸体、缸盖、变速器壳、离合器壳	灰口铸铁 HT200	刚度、强度、尺寸稳定性	时　效
机床座、工作台	灰口铸铁 HT150	刚度、强度、尺寸稳定性	时　效
齿轮箱、联轴器、阀壳	灰口铸铁 HT250	刚度、强度、尺寸稳定性	去应力退火
差速器壳、减速器壳、后桥壳	球墨铸铁 QT400—15	刚度、强度、韧性、耐蚀	退　火
承力支架、箱体底座	铸钢 ZG270—500	刚度、强度、耐冲击	正　火
支架、挡板、盖、罩、壳	钢板 Q235、08、20、16Mn	刚度、强度	不热处理
车辆驾驶室、车厢	钢板 08、IF	刚　度	冲压成形

表 7 - 30　汽车发动机零件用材

代表性零件	材料种类及牌号	使用性能要求	主要失效方式	热处理及其他
缸体、缸盖、飞轮、正时齿轮	灰口铸铁 HT200	刚度、强度、尺寸稳定	产生裂纹、孔壁磨损、翘曲变形	不处理或去应力退火
缸套、排气门座等	合金铸铁	耐磨、耐热	过量磨损	铸造状态
曲轴等	球墨铸铁 QT600 - 2	刚度、强度、耐磨、疲劳抗力	过量磨损、断裂	表面淬火、圆角滚压、氮化，也可以用锻钢件
活塞销等	渗碳钢 20、20Cr、20CrMnTi	强度、冲击、耐磨	磨损、变形、断裂	渗碳、淬火、回火
连杆、连杆螺栓、曲轴等	调质钢 45、40Cr、40MnB	强度、疲劳抗力、冲击韧性	过量变形、断裂	调质、探伤
各种轴承、轴瓦	轴承钢和轴承合金	耐磨、疲劳抗力	磨损、剥落、烧蚀破裂	不热处理
排气门	耐热气阀钢 4Cr3Si2、6Mn20Al5MoVNb	耐热、耐磨	起槽、变宽、氧化烧蚀	淬火、回火
气门弹簧	弹簧钢 65Mn、5CrVA	疲劳抗力	变形、断裂	淬火、中温回火
活塞	高硅铝合金 ZL108、ZL110	耐热强度	烧蚀、变形、断裂	淬火、时效
支架、盖、罩、挡板、油底壳等	钢板 Q235、08、20、16Mn	刚度、强度	变　形	不热处理

表 7-31　锅炉和汽轮机主要零件的选材

热能设备	零件名称	工作温度		选用材料
锅炉	水冷壁管、省煤气管	≤450 ℃		20A
	过热气管	≤550 ℃		15CrMo
		≤580 ℃		12Cr1Mo
		≤600 ℃~620 ℃		12CrMoWVB、12Cr3MoWVB
		≤600 ℃~650 ℃		德国 X20CrMoWV121（F11）、瑞典 HT9
	蒸气导管	≤510 ℃		15CrMo
		≤540 ℃		12Cr1MoV
		≤550 ℃~570 ℃		12CrMoWVB、12Cr3MoWVB
		≤600 ℃~650 ℃		德国 X20CrMoWV121（F11）、瑞典 HT9
	汽　包	工作能力	低	12Mng、15MnVg
			高	14MnMoVg、14MnMoVBReg、14CrMnMoVBg
	吹灰器	短时达 800 ℃~1 000 ℃		1Cr13、1Cr18Ni9Ti
	固定、支撑 零件（吊架、定位板等）	长时达 800 ℃~1 000 ℃		Cr6SiMo、Cr20Ni14Si2、Cr25Ni12
汽轮机	汽轮机叶片	<480 ℃ 的后级叶片		1Cr13、2Cr13
		<580 ℃ 前级叶片		Cr11Mo、Cr12WMoV
		<650 ℃		1Cr17Ni13W、1Cr14Ni18W2NbBRe
		<750 ℃		Cr14Ni40MoWTiAl
		<850 ℃		镍基合金 Nimonic90
		<900 ℃		Nimonic100
		<950 ℃		Nimonic115
	转　子	<480 ℃		34CrMo、17CrMo1V（焊接转子）
		<520 ℃		27Cr2MoV（整锻转子）
		<400 ℃		34CrNi3Mo、33Cr3MoWV（大型整锻转子）

习题与思考题

一、填空题

1. 韧性断口的宏观特征为_____，微观特征为_____。

2. 脆性断口的宏观特征为_____，微观特征为_____。

3. 对齿轮材料的性能要求是_____、_____。

4. 齿轮材料主要是_____、_____和_____。

5. 车床主轴材料主要是_____、_____和_____。

6. 手用钢锯锯条用_____钢制造，其热处理工艺是_____。

7. 齿轮滚刀用_____钢制造。

8. 选材时应考虑_____原则、_____原则、_____原则、_____原则和_____原则。

9. 预先热处理包括_____、_____、_____等。

10. 最终热处理包括 ＿＿＿＿＿＿＿＿ 、＿＿＿＿＿＿＿ 、＿＿＿＿＿＿＿ 等。

二、问答题

1. 什么是零件的失效？零件的失效类型有哪些？分析零件失效的主要目的是什么？

2. 为什么轴类、齿轮类零件多用锻件毛坯，而箱体类零件多采用铸件？

3. 在满足零件使用性能和工艺性能的前提下，材料价格越低越好，这句话是否正确？为什么？

4. 表面损伤失效是在什么条件下发生的？通常以哪几种形式出现？

5. 某汽车齿轮用 20 CrMnTi 钢制造，加工工艺路线为：

下料→锻造→正火→切削加工→渗碳→淬火及低温回火→喷丸→磨削加工。

试分析渗碳、淬火及低温回火处理及喷丸处理的目的。

6. 某车床主轴选用 40Cr 制造，其工艺路线为：

下料→锻造→正火→粗加工→调质→精加工→表面淬火及低温回火→精磨。

试分析正火处理、调质处理和表面淬火及低温回火的目的。

7. 一从动齿轮用 20 CrMnTi 钢制造，使用一段时间后轮齿严重磨损，如附图 7 - 1 所示。从齿轮 A、B、C 三点取样进行化学成分、显微组织和硬度分析，结果如下：

A 点碳质量分数为 1.0 ％，组织为 S＋碳化物，硬度为 30HRC；

B 点碳质量分数为 0.8 ％，组织为 S，硬度为 26HRC；

C 点碳质量分数为 0.2 ％，组织为 F＋S，硬度为 86HRB。

据查，该批齿轮的制造工艺是：锻造→正火→机加工→渗碳→预冷淬火→低温回火→磨加工。并且与该齿轮同批加工的其他齿轮没有这种情况。试分析该齿轮失效的原因。

8. 分析下列要求能否达到，为什么？

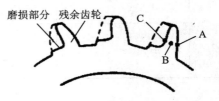

附图 7 - 1　磨损齿轮示意图

1) 图纸上用 45 钢制造直径 20 mm 的轴类零件，表面硬度要求 50 HRC ～ 55 HRC，产品升级后，此轴类零件直径增加到 40 mm，为达到原表面硬度改用 40Cr 制造。

2) 制造小直径的零件（如连杆螺栓）原经调质处理时采用了中碳钢，现拟改用低碳合金钢经淬火后使用。

3) 汽车、拖拉机齿轮原选用 20CrMnTi 经渗碳淬火、低温回火后使用，现改用 40Cr 钢经调质高频淬火后使用。

9. 现有以下四种零件：弹簧、手动切削刀具、车床主轴（要求综合力学性能，且外硬内韧）、汽车齿轮（要求冲击韧性，且外硬内韧）。

1) 对上述四种零件分别选择合适的材料（可多选）：

备选材料：T12、60Si2Mn、T8、20CrMnTi、45 、40Cr、QT600 - 2、HT200、16Mn。

2) 在 1) 的基础上，写出上述零件的热处理工序。

3) 在 2) 的基础上，写出上述零件的最终组织及相应的力学性能。

附　录

附录 A　符号(拉丁字母及希腊字母)名称对照表

符号	名　称	单 位	符号	名　称	单 位
$A(\gamma)$	奥氏体		ES	即 A_{cm} 线	℃
A	纯铁的熔点(Fe-C 相图中)	℃	ETFE	乙烯-四氟乙烯共聚物	—
$a/b/c$	晶格常数	nm	EP	环氧塑料	—
A_1	共析线 PSK(727 ℃)	℃	EVA	乙烯-醋酸乙烯酯共聚物	—
A_{c1}	加热下临界温度	℃	E	碳在 γ-Fe 中的最大溶解度	—
A_3	GS 线,上临界温度	℃		弹性模量	MPa
A_{c3}	加热上临界温度	℃	ECF	共晶线,1 148 ℃	℃
A_{cm}	ES 线,奥氏体的固溶线	℃	$F(\alpha)$	铁素体	—
	加热上临界温度	℃	F_b	材料所能承受的最大载荷	N
A_{r1}	冷却下临界温度	℃	F_s	材料屈服时的外加载荷	N
A_{r3}	冷却上临界温度	℃	S_0	拉伸试样的原始截面积	mm^2
$A_r(A_残)$	残留奥氏体	—	f	频率	Hz
$A'(A_过)$	过冷奥氏体	—	FCC(fcc)	面心立方晶格	—
A_k	冲击吸收功	J	FRP	纤维增强塑料	—
a_k	冲击韧度性	J/m^2	FRTP	纤维增强热塑性塑料	—
$A(\delta)$	断后伸长率	%	G	纯铁 912 ℃同素异构转变点	℃
ABS	丙烯腈-丁二烯-苯乙烯共聚物	—		石　墨	—
B	包晶点(Fe-C 相图中)	℃	GFRP	玻璃钢(玻璃纤维增强 CFRP)	—
	贝氏体	—	GS	A_3 线,冷却时自 A 中析出 F 开始线	℃
$B_上$	上贝氏体	—			
B_F	下贝氏体	—			
BCC(bcc)	体心立方晶格	—	GP	冷却时自 A 中析出 F 终止线	℃
C	共晶点(Fe-C 相图中)				
	碳	—	H	磁场强度	A/m
Fe$_3$C	渗碳体	—	HBW	布氏硬度值	kgf/mm^2
TTT	等温冷却转变		HRA	洛氏 A 标度硬度值	
CCT	连续冷却转变		HRB	洛氏 B 标度硬度值	
CR	氯丁橡胶		HRC	洛氏 C 标度硬度值	
C/Al	碳纤维增强铝		HV	维氏硬度值	
CRTP	碳纤维增强热塑性塑料		Hz	赫兹(频率单位)	
CM	复合材料		HJB	包晶线(Fe-C 相图中)	℃
CFRP	聚合物基复合材料	—	HCP(hcp)	密排六方晶格	—
D	渗碳体的熔点(Fe-C 相图中)	℃	HDPE	高密度聚乙烯	
D_0	临界淬透直径	mm	HUPS	高抗冲聚苯乙烯	
d	晶面间距	μm	J HRC/d	末端淬火法钢材淬透性值	—

符　号	名　称	单　位	符　号	名　称	单　位
J	包晶点(Fe-C相图中)	℃	Q	室温碳在a-Fe中最大溶解度	℃
	电　流		r	原子半径	mm
K	冲击吸收能量	J	R	半　径	mm
	绝对温度的单位			工作应力	MPa
	致密度		$R_m(\sigma_m)$	抗拉强度	MPa
K	凯夫拉纤维		R_{eH}	上屈服强度	MPa
K_{IC}	断裂韧性	MPa·m$^{1/2}$	$R_{eL}(\sigma_s)$	下屈服强度	MPa
L	液　相		$R_{-1}(\sigma_{-1})$	疲劳强度	MPa
l_1	试样拉断后的标距长度	mm	S	索氏体	—
l_0	试样原始标距长度	mm	$S_回$	回火索氏体	—
LDPE	低密度聚乙烯		SBR	丁苯橡胶	
M	马氏体	—	T	温　度	℃
$M_回$	回火马氏体	—		托氏体	
M_s	A向M转变开始温度	℃	T_c	临界(超导)温度	
M_f	A向M转变终了温度	℃	T_k	韧脆转变温度	℃
MPa	1 MPa＝1 N/mm^2(应力单位)		$T_回$	回火托氏体	
MMC	金属基复合材料		UR	聚氨酯橡胶	
NR	天然橡胶	—	V	冷却速度	℃/s
NBR	丁腈橡胶	—		伏　特	电压单位
n	晶胞原子数	—		晶胞的体积	
P/F	外力(施加的载荷)	N	v	原子的体积	
P	珠光体		V_k	临界冷却速度	℃/s
PA	聚酰胺(尼龙)		W	瓦(功率单位)	
PC	聚碳酸酯		$Z(\psi)$	断面收缩率	%
PE	聚乙烯		α	α固溶体即铁素体	—
PF	酚醛塑料		β	β固溶体	
PET	聚对苯二甲酸乙二酯		φ	直　径	mm
PI	聚酰亚胺		γ	γ固溶体即奥氏体	
PMMA	聚甲基丙烯酸甲酯		Δl	绝对伸长量	mm
PP	聚丙烯		ΔT	过冷度	℃
PPS	聚苯硫醚		ε	应　变	
PS	聚苯乙烯		λ	导热系数	W/(m·K)
POM	聚甲醛		μm	微　米	
PTFE	聚四氟乙烯		θ	相邻晶粒间的位相差	°
PVC	聚氯乙烯		ρ	电阻率	Ω·m
PRCM	离子增强复合材料			密　度	g/cm^3
P_s	A向P转变的开始线	℃		位错密度	1/cm^2
P_f	A向P转变的终止线	℃	τ	切应力	MPa

附录B 材料工程主要国家标准名录

性 能 测 试

GB/T 228.1—2010	金属材料 拉伸试验 第1部分:室温试验方法
GB/T 228.2—2015	金属材料 拉伸试验 第2部分:高温试验方法
GB/T 228.3—2019	金属材料 拉伸试验 第3部分:低温试验方法
GB/T 230.1—2018	金属材料 洛氏硬度试验 第1部分:试验方法
GB/T 230.2—2012	金属材料 洛氏硬度试验 第2部分:硬度计(A、B、C、D、E、F、G、H、K、N、T标尺)的检验与校准
GB/T 231.1—2018	金属材料 布氏硬度试验 第1部分:试验方法
GB/T 231.2—2012	金属材料 布氏硬度试验 第2部分:硬度计的检验与校准
GB/T 32660.1—2016	金属材料 维氏硬度试验 第1部分:试验方法
GB/T 4340.2—2012	金属材料 维氏硬度试验 第2部分:硬度计的检验与校准
GB/T 24523—2020	金属材料 快速压入(布氏型)硬度试验方法
GB/T 37900—2019	超薄玻璃硬度和断裂韧性试验方法 小负荷维氏硬度压痕法
GB/T 37782—2019	金属材料 压入试验 强度、硬度和应力—应变曲线的测定
GB/T 33362—2016	金属材料 硬度值的换算
GB/T 1040.1—2006	塑料拉伸性能的测定 第1部分:总则
GB/T 2411—2008	塑料和硬橡胶 使用硬度计测定压痕硬度(邵氏硬度)
GB/T 6031—2017	硫化橡胶或热塑性橡胶 硬度的测定(10IRHD~100IRHD)
GB/T 229—2007	金属材料 夏比摆锤冲击试验方法
GB/T 4161—2007	金属材料平面应变断裂韧度试验方法
GB/T 4337—2015	金属材料疲劳试验旋转弯曲方法
GB/T 12444—2006	金属材料 磨损试验方法 试环-试块滑动磨损试验

组 织 分 析

GB/T 10561—2005	钢中非金属夹杂物含量的测定标准评级图显微检验法
GB/T 13298—2015	金属显微组织检验方法
GB/T 6394—2017	金属平均晶粒度测定方法
GB/T 13299—1991	钢的显微组织评定方法
GB/T 1979—2001	结构钢低倍组织缺陷评级图
GB/T 38720—2020	中碳钢与中碳合金结构钢淬火金相组织检验
GB/T 34474.1—2017	钢中带状组织的评定 第1部分:标准评级图法
GB/T 3488.1—2014	硬质合金 显微组织的金相测定 第1部分:金相照片和描述
GB/T 3488.2—2018	硬质合金 显微组织的金相测定 第2部分:WC晶粒尺寸的测量
GB/T 3246.1—2012	变形铝及铝合金制品组织检验方法 第1部分:显微组织检验方法
GB/T 11354—2005	钢铁零件 渗氮层深度测定和金相组织检验

材 料 处 理

GB/T 12603—2005	金属热处理工艺分类及代号
GB/T 7232—2012	金属热处理工艺术语
GB/T 16923—2008	钢件的正火与退火
GB/T 16924—2008	钢件的淬火与回火
GB/T 8121—2012	热处理工艺材料术语
GB/T 13324—2006	热处理设备术语
GB/Z 18718—2002	热处理节能技术导则
GB/T 225—2006	钢 淬透性的末端淬火试验方法（Jominy 试验）
GB/T 39191—2020	不锈钢和耐热钢件热处理
GB/T 39192—2020	高温合金件热处理
GB/T 37584—2019	钛及钛合金制件热处理
GB/T 37558—2019	大型锻钢件的锻后热处理
GB/T 37435—2019	热处理冷却技术要求
GB/T 34891—2017	滚动轴承 高碳铬轴承钢零件 热处理技术条件
GB/T 25745—2010	铸造铝合金热处理
GB/T 22561—2008	真空热处理
GB/T 32484—2016	表壳体及其附件 气相沉积镀层
GB/T 9450—2005	钢件渗碳淬火硬化层深度的测定和校核
GB/T 13911—2008	金属镀覆和化学处理标识方法
GB/T 18719—2002	热喷涂术语、分类
GB/T 15519—2002	化学转化膜钢铁黑色氧化膜规范和试验方法
GB/T 18839—2002	涂覆涂料前钢材表面处理方法
GB/T 18682—2002	物理气相沉积 TiN 薄膜技术条件

材 料 类 型

GB/T 17616—2013	钢铁及合金牌号统一数字代号体系
GB/T 13304.1—2008	钢分类 第 1 部分：按化学成分分类
GB/T 13304.2—2008	钢分类 第 2 部分：按主要质量等级和主要性能或使用特性的分类
GB/T 221—2008	钢铁产品牌号表示方法
GB/T 15574—2016	钢产品分类
GB/T 17505—2016	钢及钢产品 交货一般技术要求
GB/T 1222—2016	弹簧钢
GB/T 1299—2014	工模具钢
GB/T 1591—2008	低合金高强度结构钢
GB/T 3077—2015	合金结构钢
CB/T 699—2015	优质碳素结构钢
GB/T 700—2006	碳素结构钢
GB/T 5613—2014	铸钢牌号表示方法

GB/T 18254—2016	高碳铬轴承钢
GB/T 1220—2007	不锈钢棒
GB/T 15067.2—2016	不锈钢餐具
GB/T 14992—2005	高温合金和金属间化合物高温材料的分类和牌号
GB/T 5680—2010	奥氏体锰钢铸件
GB/T 5612—2008	铸铁牌号表示方法
GB/T 9439—2010	灰铸铁件
GB/T 1348—2009	球墨铸铁件
GB/T 8731—2008	易切削结构钢
GB/T 6478—2015	冷锻和冷挤压用钢
GB/T 9943—2008	高速工具钢
GB/T 18376.1—2008	硬质合金牌号 第1部分:切削工具用硬质合金牌号
GB/T 17111—2008	切削刀具 高速钢分组代号
CB/T 4309—2009	粉末冶金材料分类和牌号表示方法
GB/T 1173—2013	铸造铝合金
GB/T 16474—2011	变形铝及铝合金牌号表示方法
GB/T 5231—2012	加工铜及铜合金牌号和化学成分
GB/T 3620.1—2016	钛及钛合金牌号和化学成分
GB/T 5153—2016	变形镁及镁合金牌号和化学成分
GB/T 1174—1992	铸造轴承合金
GB/T 38884—2020	高温不锈轴承钢
GB/T 38886—2020	高温轴承钢
GB/T 38915—2020	航空航天用高温钛合金锻件
GB/T 38916—2020	航空航天用高温钛合金板材
GB/T 38917—2020	航空航天用高温钛合金棒材
GB/T 1844 系列—2008	塑料 符号和缩略语
GB/T 5577—2008	合成橡胶牌号规范
GB/T 13460—2016	再生橡胶 通用规范
GB/T 13553—1996	胶粘剂分类
GB/T 2705—2003	涂料产品分类和命名
GB/T 15018—1994	精密合金牌号
GB/T 19619—2004	纳米材料术语
GB/T 34558—2017	金属基复合材料术语
GB/T 39491—2020	汽车用碳纤维复合材料覆盖部件通用技术要求
GB/T 38136—2019	化学纤维 产品分类
GB 24627—2009	医疗器械和外科植入物用镍-钛形状记忆合金加工材料
GB/T 25080—2010	超导用 Nb-Ti 合金棒坯、粗棒和细棒

其 他 相 关

GB/T 24040—2008	环境管理 生命周期评价 原则与框架

GB/T 16705—1996	环境污染类别代码
GB/T 18455—2010	包装回收标志
GB 16487.12—2017	进口可用作原料的固体废物环境保护控制标准——废塑料
GB 13456—2012	钢铁工业水污染物排放标准
GB/T 7826—2012	系统可靠性分析技术 失效模式和影响分析(FMEA)程序
GB/T 38727—2020	全生物降解物流快递运输与投递用包装塑料膜、袋
GB/T 37866—2019	绿色产品评价 塑料制品
GB/T 32163.2—2015	生态设计产品评价规范 第2部分:可降解塑料
GB/T 37129—2018	纳米技术 纳米材料风险评估
GB/T 33059—2016	锂离子电池材料废弃物回收利用的处理方法
GB/T 32882—2016	电子电气产品包装物的材料声明
GB 8624—2012	建筑材料及制品燃烧性能分级
GB/T 20285—2006	材料产烟毒性危险分级
GB 8410—2006	汽车内饰材料的燃烧特性

附录C　常用钢的临界温度

种　类	钢　号	临界温度近似值/℃				
		A_{c1}	A_{c3}	A_{r3}	A_{r1}	M_s
	08F,08	732	874	854	680	
	10	724	876	850	682	
	15	735	863	840	685	
	20	735	855	835	680	
	25	735	840	824	680	
	30	732	813	796	677	380
	35	724	802	774	680	
	40	724	790	760	680	
优质碳素	45	724	780	751	682	
结构钢	50	725	760	721	690	
	60	727	766	743	690	
	70	730	743	727	693	
	85	725	737	695		220
	15Mn	735	863	840	685	
	20Mn	735	854	835	682	
	30Mn	734	812	796	675	
	40Mn	726	790	768	689	
	50Mn	720	760	—	660	

种　类	钢　号	临界温度近似值/℃				
		A_{c1}	A_{c3}	A_{r3}	A_{r1}	M_s
	20Mn2	725	840	740	610	400
	30Mn2	718	804	727	627	
	40Mn2	713	766	704	627	340
	45Mn2	715	770	720	640	320
	25Mn2V		840			
	42Mn2V	725	770			330
	35SiMn	750	830		645	330
	50SiMn	710	797	703	636	305
	20Cr	766	838	799	702	
	30Cr	740	815		670	
	40Cr	743	782	730	693	355
	45Cr	721	771	693	660	
	50Cr	721	771	693	660	250
	20CrV	768	840	704	782	*
	40CrV	755	790	745	700	218
	38CrSi	763	810	755	680	
	20CrMn	765	838	798	700	
合金结构钢	30CrMnSi	760	830	705	670	
	18CrMnTi	740	825	730	650	
	30CrMnTi	765	790	740	660	
	35CrMo	755	800	750	695	271
	40CrMnMo	735	780		680	
	38CrMoAl	800	940		730	
	20CrNi	733	804	790	666	
	40CrNi	731	769	702	660	
	12CrNi3	715	830		670	
	12Cr2Ni4	720	780	660	575	
	20Cr2Ni4	720	780	660	575	
	40CrNiMo	732	774			
	20Mn2B	730	853	736	613	
	20MnTiB	720	843	795	625	
	2MnVB	720	840	770	635	
	45B	725	770	720	690	
	40MnB	735	780	700	650	
	40MnVB	730	774	681	639	

种　类	钢　号	临界温度近似值/℃				
		A_{c1}	A_{c3}	A_{r3}	A_{r1}	M_s
弹簧钢	65	727	752	730	696	
	70	730	743	727	693	
	85	723	737	695		
	65Mn	726	765	741	689	
	60Si2Mn	755	810	770	700	
	50CrMn	750	775			220
	50CrVA	752	788	746	688	270
	55SiMnMoVNb	744	775	656	550	305
滚动轴承钢	GCr9	730	887	721	690	
	GCr15	745			700	
	GCr15SiMn	770	872		708	
碳素工具钢	T7	730	770		700	
	T8	730			700	
	T10	730	800		700	
	T11	730	810		700	
	T12	730	820		700	
合金工具钢	6SiMnV	743	768			
	5SiMnMoV	764	788			
	9CrSi	770	870		730	
	3Cr2W8V	820～830	1100		790	
	CrWMn	750	940		710	
	5CrNiMo	710	770		630	
	MnSi	760	865		708	
	W2	740	820		710	
高速工具钢	W18Cr4V	820	1330			
	W9Cr4V2	810				
	W6Mo5Cr4V2Al	835	885	770	820	177
	W6Mo4Cr4V2	835	885	770	820	177
	W9Cr4V2Mo	810			760	

种 类	钢 号	临界温度近似值/℃				
		A_{c1}	A_{c3}	A_{r3}	A_{r1}	M_s
不锈钢、耐热钢	12Cr13	730	850	820	700	
	20Cr13	820	950		780	
	30Cr13	820			780	
	40Cr13	820	1100			
	10Cr17	860			810	
	95Cr18	830			810	145
	14Cr17Ni2	810			780	357
	12Cr5Mo	850	890	790	765	

附录 D   国内外常用钢材牌号对照表

名称	中 国	美 国	日 本	德 国	英 国	法 国
	GB	AST	JIS	DIN、DINEN	BS、BSEN	NF、NFEN
	牌号	牌号	牌号	牌号	牌号	牌号
优质碳素结构钢	08F	1008 1010	SPHD SPHE		040A10	
	10	1010	S10C S12C	CKl0	040A12	XC10
	15	1015	S15C S17C	CKl5	08M15	XC12
	20	1020	S20C S22C	C22	IC22	C22
	25	1025	S25C S28C	C25	IC25	C25
	40	1040	S40C S43C	C40	IC40 080A40	C40
	45	1045	S45C S48C	C45	IC45 080A47	C45
	50	1050	S50C S53C	C50	IC50 080M50	C50
	15Mn	1019			080A15	

名称	中国 GB 牌号	美国 AST 牌号	日本 JIS 牌号	德国 DIN、DINEN 牌号	英国 BS、BSEN 牌号	法国 NF、NFEN 牌号
碳素工具钢	T7(A)		SK7	C70W2	060A67 060A72	C70E2U
	T8(A)	T72301 W1A – 8	SK5 SK6	C80W1	060A78 060A81	C80E2U
	T8Mn(A)		SK5	C85W	060A81	Y75
	T10(A)	T72301 W1A – 91/2	SK3 SK4	C105W1	1407	C105E2U
	T11(A)	T72301 W1A – 10l/2	SK3	C105W1	1407	C105E2U
	T12(A)	T72301 W1A – 111/2	SK2		1407	C120E3U
合金工具钢	Cr12	T30403(UNS) (D3)	SKD1	X210Cr12	BD3	X210Cr12
	Cr12Mo1V1	T30402(UNS) (D2)	SKD11	X155CrVMo121	BD2	
	5CrMnMo					
	5CrNiMo	T61206(UNS) (L6)	SKT4	55NiCrMoV6	BH224/5	55NiCrMoV7
	3Cr2W8V	T20821	SKD5		BH21	X30WCrV9
高速工具钢	W18Cr4V	T1 2001(UNS) (T1)	SKH2		BT1	HS18 – 0 – 1
	W18Cr4VCo5	T1 2004(UNS) (T4)	SKH3	S18 – 1 – 2 – 5	BT4	HS18 – 1 – 1 – 5
	W6Mo5Cr4V2	T11302(UNS) (M2)	SKH51	S6 – 5 – 2	BM2	HS6 – 5 – 2
不锈钢	1Cr18Ni9	S30200(UNS) (302)	SUS302	X10CrNiS 18 – 9	302S31 302S25	Z12CN18 – 09
	1Cr18Ni9Ti	S32100(UNS) (321)	SUS321	X6CrNiTi 18 – 10	X6CrNiTi 18 – 10	X6CrNiTi 18 – 10
	2Cr13	S42 000(UNS) (420)	SUS420J1	X20Cr13	420S37 X20Crl3	X20Crl3
	40Mn	1043	SWRH42B	C40	080M40 1C40	C40
	45Mn	1046	SWRH47B	C45	080M47 2C45	C45
	65Mn	1065				

名称	中　国	美　国	日　本	德　国	英　国	法　国
	GB	AST	JIS	DIN、DINEN	BS、BSEN	NF、NFEN
	牌号	牌号	牌号	牌号	牌号	牌号
易切削钢	Y12	1211 G12110(UNS)	SUM12 SUM21	10S20	S10M15	13MF4
	Y12Pb	12L13	SUM22L	10SPb20		
	Y20	1117 G11170(UNS)	SUM32	C22	C22 210M15	C22
	Y40Mn	1144 G11440(UNS)	SUM43		226M44	45MF6.3
	Y45Ca	1145		C45	C45	C45
	Y1Cr18Ni9		SUS303	X8CrNiS18-9	303S31 303S21	
低合金结构钢	Q295A	Gr.42 Gr.A	SPFC490	E295	E295	E295
	Q295B	Gr.42 Gr.A	SPFC490	S275JR	S275JR	S275JR
	Q345C	Gr.50 Gr.A Gr.C、Gr.D A808M	SPFC590	S335JO	S335JO	S335JO
	Q345E	Type7 Gr.50	SPFC590	S355NL S355ML	S355NL S355ML	S355NL S355ML
	Q420B	Cr60 Gr.E	SEV295 SEV345	S420NL S420ML	S420NL S420ML	S420NL S420ML
	Q420C	Gr.B Type7	SEV295 SEV345	S420NL S420ML	S420NL S420ML	S420NL S420ML
	Q460D	Gr.65	SM570 SMA570W SMA570P	S460NL S460ML	S460NL S460ML	S460NL S460ML
合金结构钢	20Mn2	1524	SMn420	P355GH	0355GH	P0355GH
	15Cr	5115	SCr415	17Cr3	527A17	
	20Cr	5120	SCr420	20Cr4	590M17	
	30Cr	5130	SCr430	34Cr4	34Cr4	34Cr4
	40Cr	5140	SCr440	41Cr4	41Cr4	41Cr4
	45Cr	5145	SCr445	41Cr4	41Cr4	4lCr4
	30CrMo	4130	SCM430	25CrMo4	25CrMo4	25CrMo4
	35CrMo	4317	SCM435	34CrMo4	34CrMo4	34CrMo4
	42CrMo	4140	SCM440	42CrMo4	42CrMo4	42CrMo4
	38CrMoAl		SCM645	41CrAlMo7	905M39	

名称	中国	美国	日本	德国	英国	法国
	GB	AST	JIS	DIN、DINEN	BS、BSEN	NF、NFEN
	牌号	牌号	牌号	牌号	牌号	牌号
合金结构钢	50CrVA	6150	SCPl0	51CrV4	51CrV4	51CrV4
	40CrMnMo	4140 4142	SCM440	42CrM04	42CrMo4 708Mn40	42CrMo4
弹簧钢	85	1084	SUP3	CK85		FMR86
	55Si2Mn	9260 H92600	SUP6 SUP7	55Si7	251H60	56SC7
	60Si2Mn	H92600	SUP6 SUP7	60SiCr7	25H60	61SiCr7
	55CrMnA	H51550 G51550	SUP9	55Cr3	525A58 527A60	55Cr3
	60Si2CrVA					
	50CrVA	H51 500 G61 500	SUPl0	50CrV4	735A51	50CV4
轴承钢	GCr9	51100	SUJ1			
	GCr15	52100	SUJ2	100Gr6		100Gr6
	9Cr18Mo	440C	SUS440C			Z100CD17

附录 E　若干物理量单位换算表

物理量	符　号	原单位	国际制单位	换算关系
强　度	R	kg/mm^2	N/m^2(Pa)	1 kg/mm^2=9.81 MN/m^2=9.81 MPa
冲击韧度	a_k	kg・m/cm^2	J/m^2	1 kg・m/cm^2=9.81 J/cm^2=98.1 kJ/m^2 *
冲击功	A_k	kg・m	J	1 kg・m=9.81 J
断裂韧性	K_{IC}	MN/m$^{3/2}$ MPa・m$^{1/2}$		1 MN/m$^{3/2}$=1 MPa・m$^{1/2}$
长　度	l	Å	m	1Å=10^{-10} m=0.1 nm
压　强	P	kg/mm^2 at Torr、mmHg	N/m^2(Pa)	1 kg/mm^2=9.81 MN/m^2=9.81 MPa 1 at=0.0981 MPa 1 Torr=l mmHg=133.3 Pa
能　量	E	kgf・m	J	1 kgf・M=9.81 J 1 eV=1.602×10^{-19} J 1 kW・g=3.6 MJ

* 冲击韧度 1 kg・m/cm^2 相当于冲击功 7.83 J。

附录F 机械工程材料常用词汇汉英对照

A

A_1 温度 A_1 temperature

A_3 温度 A_3 temperature

A_{cm} 温度 A_{cm} temperature

ABS 树脂 ABS

奥氏体 austenite

奥氏体本质晶粒度 austenite inherent；grain size

奥氏体化 austenization；austenitizing

B

B(硼) boron

Be(铍) beryllium

巴氏合金 babbitt metal

白口铸铁 white cast iron

白 铜 white brass；copper-nickel alloy

板条马氏体 lathe martensite

板织构 sheet texture

半导体 semiconductors

棒 材 bar

包晶反应 peritectic reaction

包晶相图 periteotia phase diagram

薄板 sheet

薄膜技术 thin film technology

爆炸连接 explosive bonding

贝氏体 bainite

本质晶粒度 inherent grain size

苯 环 benzene ring

比 热 specific heat

比刚度(模量) stiffness-to-weight ratio

比强度 strength-to-weight ratio；specific strength

变形加工 deformation processes

变质处理 modification；inoculation

变质剂 modifier；modifying agent；modificator

表面技术 surface technology

表面粗糙度 surface roughness

表面淬火 surface quenching

表面腐蚀 surface corrosion

表面损伤失效 surface damage failure

表面硬化 surface hardening

玻 璃 glass

玻璃化 vitrification

玻璃化温度 vitrification point

玻璃化转变温度 glass transition temperature

玻璃钢 fiberglass；glass fiber reinforced plastics

玻璃态 vitreous state，glass state

玻璃纤维 glass fiber

不饱和键 unsaturated bond

不可热处理的 non-heat-treatable

不锈钢 stainless steel

布氏硬度 Brinell hardness

布拉菲点阵 Bravais lattice

C

Co(钴) Cobalt

材料强度 strength of material

残余奥氏体 residual austenite；retained austenite

残余变形 residual deformation

残余应力 residual stress

层片状珠光体 lamellar pearlite

层片间距 interlamellar spacing

淬火 quench；quenching

淬透性 hardenability

淬透性曲线 hardenability curve

淬硬性 hardenability；hardening capacity

超导金属 superconducting metal

超级(耐热)合金 superalloy

超导体 superconductors

超声波检验 ultrasonic testing

超声波加工 ultrasonic machining

超塑性 superplasticity

过饱和固溶体 supersaturated solid solution

穿晶断裂 transgranular fracture

沉淀相 precipitate

沉淀硬化 precipitation hardening

成核 nucleate；nucleation

成形 forming；shaping

持久极限 endurance limit

磁性材料 magnetic materials

冲击能 impact energy

冲击性能　impact properties
冲击试验　impact test
冲击韧性　impact toughness
吹塑成形　blow molding
纯　铁　pure iron
磁感应强度　inductance
瓷器　china
粗晶粒　coarse grain
脆　性　brittleness;fragility;shortness
脆性断裂　brittle fracture

D

钽（Ta）　tantalum
带　材　band;strip
单　晶　single crystal;unit crystal
单　体　monomer;element
氮化层　nitration case
氮化硅陶瓷　silicon-nitride ceramic
氮化物　nitride
刀　具　cutting tool
导磁性　magnetic conductivity
导电性　electric conductivity
导热性　heat conductivity ; thermal conductivity
导体　conductor
等离子堆焊　plasma surfacing
等离子弧喷涂　plasma spraying
等子增强化学气相沉积
　　　　plasma chemical vapour deposition（PCVD）
等温转变曲线　isothermal transformation curve
等温淬火　isothermal hardening ; isothermal quenching
等轴区　equaxied zone
涤　纶　dacron
低合金钢　low alloy steel
低碳钢　low carbon steel
低碳马氏体　low carbon martensite
低温回火　low tempering
点腐蚀　pitting corrosion
点缺陷　point defect
点　阵　lattice
点阵常数　grating constant;lattice constant
电场（强度）　electric field
电　镀　electroplating ; galvanize
电流密度　current density

电弧喷涂　electric arc spraying
电负性　electronegativity
电化学腐蚀　electrochemical corrosion
电化学原电池　electrochemical cell
电火花加工　electro-discharge machining
电极电位　electrode potential ;electrode voltage
电解质　electrolyte
电刷镀　brush electro-plating
电位差　potential difference
电泳涂装　electro-coating
电子显微镜　electron microscope
电子束焊　electron beam welding
电阻率　electrical resistivity
顶端淬火距离　Jominy distance
端淬试验　Jominy test ; end quenching test
丁二烯　butadiene
定向结晶　directional solidification
等温退火　isothermal annealing
等温转变　isothermal transformation
断裂（口）　fracture
断口分析　fracture analysis
断裂力学　fracture mechanics
断裂强度　fracture strength ; breaking strength
断裂韧性　fracture toughness
断面收缩率　contraction of cross sectional area
锻造　forge;forging;smithing
锻模　forging dies
锻造温度范围　forging temperature interval
对苯二甲酸二甲酯　dimethyl terephthalate
钝化过程　passivation
多边形组织　polygonization
多晶体　polycrystal;multicrystal

E

二次渗碳体　secondary cementite
二元合金　binary alloy;two-component alloy

F

钒（Ⅴ）　vanadium
发泡剂　blowing agents
反（抗）铁磁性　antiferromagnetism
反射　reflection
反射系数　reflectivity

范德瓦耳斯键　Van der Waals bond
非晶态　amorphous state
沸腾钢　rimmed steel；boiling steel
分　解　decomposition；disintergration；digestion
分子键　molecular bond
分子结构　molecular structure
分子量　molecular weight
酚醛树脂　resole；phenolic；phenolic resin；bakelite
粉末冶金　powder metallurgy（PM A）
粉末静电喷涂　electrostatic powder spraying
蜂　窝　honey comb
腐　蚀　corrosion；corrode；etch；etching
腐蚀剂　corrodent；corrosive；etchant
复合材料　composite materials

G

感应淬火　induction quenching
刚度　stiffness；rigidity
钢　steel
钢板　steel plate
钢棒　steel bar
钢锭　steel ingot
钢化玻璃　tempered glass
钢管　steel tube；steel pipe
钢筋混凝土　reinforced concrete
钢丝　steel wire
钢球　steel ball
高分子聚合物　superpolymer；high polymer
高合金钢　high alloy steel
高锰钢　high manganese steel
高频淬火　high frequency quenching
高速钢　high speed steel；quick-cutting steel
高碳钢　high-carbon steel
高碳马氏体　high carbon martensite
高弹态　elastomer
高温回火　high temper
各向同性　isotropy
各向异性　anisotropy；anisotropism
工程材料　engineering material
工具钢　tool steel
工业纯铁　industrial pure iron
工艺　technology
共聚物　copolymer

共价键　covalent bond
共晶体　eutectic
共晶反应　eutectic reaction
共析体　eutectoid
共析钢　eutectoid steel
功　率　power
功能材料　functional materials
固溶体　solid solution
固溶处理　solid solution treatment
固溶强化
　　　solid solution strengthening；solution strengthening
固　相　solid phase
硅酸盐　silicate
光子　photon
光电导性　photoconduction
滚动轴承钢　Steel for Rolling Bearing
过饱和固溶体　supersaturated solid solution
过共晶合金　hypereutectic alloy
过共析钢　hypereutectoid steel
过冷　undercooling；over-cooling；supercooling
过冷奥氏体　supercooled austenite
过冷度　degree of supercooling
过热　overheat；superheat

H

焊接　weld；welding
航空材料　aerial material
合成纤维　synthetic fiber
合成橡胶　synthetic rubber
合金钢　alloy steel
合金化　alloying
合金结构钢　structural alloy steel
黑色金属　ferrous metal
红硬性　red hardness
滑移　slip；glide
滑移方向　slip direction；glide direction
滑移面　glide plane；slip plane
滑移系　slip system
化合物　compound
化学气相沉积　chemical vapour deposition（CVD）
化学热处理　chemical heat treatment
化学预处理　chemical pretreatment
化学腐蚀　chemical corrosion

化学还原法　chemical redaction
化学转变涂层　chemical conversion coating
环氧树脂　epoxy
还原反应　reduction reaction
灰口铸铁　gray cast iron
回复　recovery
回火　temper；tempering
回火马氏体　tempered martensite
混凝土　concrete
滑动轴承　sliding bearing

J

机械混合物　mechanical mixture
激光　laser
激光热处理　heat treatment with a laser beam
激光熔凝　laser melting and consolidation
激光表面硬化　surface hardening by laser beam
激光加工　laser beam machining
极性　polarity
加聚物　addition polymer
加热　heating
甲烷　ethane
间隙原子　interstitial atom
间隙化合物　interstitial compound
交联　cross-linking
胶接　gluing
胶黏剂　adhesive
浇注温度　pouring temperature
矫顽场强，矫顽力　coercive field
结构材料　structural material
结合能　binding energy
结晶　crystallize；crystallization
结晶度　crystallinity
结晶型（态）聚合物　crystalline polymer
解理作用　cleavage
界面能　interfacial energy
介电材料　dielectrics
介电常数　dielectric constant
介电强度　dielectric strength
介电损耗　dielectric loss
剪切模量　shear modulus
金刚石　diamond
金属材料　metal material

金属化合物　metallic compound
金属间化合物　intermetallic compounds
金属键　metallic bond
金属组织　metal structure
金属结构　metallic framework
金属塑料复合材料　plastimets
金属塑性加工　metal plastic working
金属陶瓷　metal ceramic
金相显微镜　metallographic microscope；metalloscope
金相照片　metallograph
晶胞　cell
晶胞中的原子数　atoms per cell
晶格　crystal lattice
晶格常数　lattice constant
晶格空位　lattice vacancy
晶核　nucleus
晶间腐蚀　intergranular corrosion
晶界　grain boundary
晶粒　crystal grain
晶粒度　grain size
晶粒度强化　grain size strengthening
晶粒细化　grain refining
晶粒细化剂　grain refinement
晶粒长大　grain growth
晶胚　embryo
晶体结构　crystal structure
晶体管　transistor
晶内偏析　coring
晶须　whiskers
居里温度　Curie temperature
聚苯乙烯　polystyrene（PS）
聚丙烯　polypropylene（PP）
聚丙烯腈　polyacrylonitrile
聚丁二烯　polybutadiene
聚丁烯　polybutylene
聚合度　degree of polymerization
聚合反应　polymerization
聚合物　polymer
聚甲基丙烯酸甲酯　polymethyl methacrylate（PMMA）
聚氯乙烯　polyvinyl chloride（PVC）
聚四氟乙烯　polytetrafluoroethylene（PTFE）
聚碳酸酯　polycarbonate（PC）
聚酰胺　polyamide（PA）

聚乙烯　polyethylene（PE）

聚异戊二烯　polyisoprene

聚酯　polyester

聚酯薄膜　mylar

绝热材料　heat-insulating material

绝缘体　insulator

绝缘材料　insulating material

均质形核　homogeneous nucleation

均匀化热处理　homogenization heat treatment

K

抗拉强度　tensile strength

抗压强度　compression strength

抗弯强度　bending strength

抗磁性　diamagnetism

可锻铸铁　malleable cast iron

可焊性　weldability

可靠性　reliability

可铸性　castability

颗粒增强复合材料

　　　　　particulate（particle）reinforced composite

空位　vacancy

扩散　diffusion;diffuse

扩散连接　diffusion bonding

扩散系数　diffusion coefficient

L

老化　aging

莱氏体　ledeburite

冷变形　cold deformation

冷加工　cold work;cold working

冷却　cool;cooling

冷却速率　cooling rate

冷变形强化　cold deformation strengthening

冷作硬化　cold hardening

离子　ion

粒状珠光体　granular pearlite

力学性能　mechanical property

连续浇注　continuous casting

连续冷却转变图

　　　　　continuous cooling transformation diagram

连续转变曲线

　　　continuous cooling transformation（CCT）curve

链节　mer

裂纹　cracking

临界温度　critical temperature

临界分剪应力　critical resolved shear Stress

流变成形　rheoforming

流动性　fluidity

硫化　vulcanization

孪晶　twin crystal

孪生　twinning;twin

螺（旋）型位错　screw dislocation;spiral dislocation

洛氏硬度　Rockwell hardness

氯丁橡胶　polychloroprene

氯化钠　sodium chloride

铝合金　aluminum alloys

铝青铜　aluminum bronze

M

马氏体　martensite(M)

马氏体板条　martensite lath

马氏体片　martensite plate

马氏体钢　martensite steel

马氏体时效　martensite ag(e)ing

马氏体淬火　marquench

马氏体回火　martensite tempering

马氏体（型）转变　martensite transformation

马氏体转变开始点　　　（M_s）martensite starting point

马氏体转变终了点　（M_f）martensite finish（ing）point

麻口铸铁　mottled cast iron

弥散的　disperse

弥散强化　dispersion strengthening

密排方向　close-packed directions

密排晶面　close-packed planes

密排六方晶格　hexagonal close-packed lattice（HCP）

面心立方晶格　face-centered cubic lattice（FCC）

面间距　interplanar spacing

面缺陷　surface defects

敏感性　sensibility;sensitivity; sensitization

镁　magnesium

钼　molybdenum

摩擦　friction

磨损　wear;abrade;abrasion

磨料　abrasive; grinding material

磨料磨损　abrasive wear

模具钢　die steel

M_s 点　martensite finishing point

M_f 点　martensite starting point

N

纳米材料　nanophase materials

耐火材料　refractory；fireproofing

耐磨钢　wear-resistant steel

耐磨性　wear resistance；resistance to abrasion

耐热钢　heat resistant steel；high temperature steel

内耗　internal friction

内应力　internal stress

尼龙　nylon

铌（Nb）　niobium

黏弹性　viscoelasticity

黏土　clay

凝固　solidify；solidification

凝结　coagulation

扭转强度　torsional strength

扭转疲劳强度　torsional fatigue strength

浓度梯度　concentration gradient

O

偶联剂　coupling agent

偶极子　dipoles

P

泡沫塑料　foamplastics；expanded plastics

配位数　coordination number

喷丸（硬化）处理　shot peening；shot blasting

硼　boron

疲劳强度　fatigue strength

疲劳寿命　fatigue life

疲劳断裂　fatigue fracture（fatigue failure）

偏析　segregation

片状马氏体　lamellar martensite；plate type martensite

平面长大　planar growth

泊松比　Poisson ratio；Poissons ratio

普通碳钢　plain carbon steel；ordinary steel

Q

气体渗碳　gas carburizing

切变　shear

切削　cut；cutting

切应力　shearing stress

氰化　cyaniding

氢电极　hydrogen electrode

球化退火　spheroidizing annealing

球化　nodulizing

球墨铸铁

　　　nodular graphite cast iron；spheroidal graphite cast iron

球状珠光体　globular pearlite

球状渗碳体　spheroidite cementite

屈服强度　yield strength；yielding strength

屈强比　yield-to-tensile ratio

屈氏体　troostite（T）

去应力退火　stress-relief annealing，relief annealing

缺陷　defect；imperfection

R

热处理　heat treatment

热加工　hot work；hot working

热喷涂　thermal spraying

热弹性　thermoelasticity

热固性　thermosetting

热固性塑料　thermoset

热塑性　hot plasticity；thermal plasticity

热塑性塑料　thermoplastics

热脆性　hot shortness

热硬性　hot hardness

热硬化　thermohardening

热膨胀系数　coefficient of thermal expansion

热偶　thermocouple

柔顺性　flexibility

人工时效　artificial ageing

刃具　cutting tool

刃型位错　edge dislocation；blade dislocation

韧性　toughness

熔化温度（熔点）　melting temperature（T_m）

融化　melt；thaw

熔化区　fusion zone

溶质　solute

溶剂　solvent

溶解度曲线　solvus；solubility curve

蠕变　creep

蠕变速率　creep rate

蠕变抗力　creep resistance

蠕虫状石墨　vermicular graphite

蠕墨铸铁　vermicular cast iron;
　　　　　quasiflake graphite cast iron

软磁　soft magnet

S

三元相图　ternary phase diagram

扫描电镜　scanning electron microscope（SEM）

闪锌矿结构　zincblende structure

上贝氏体　upper bainite

烧结　sintering

渗氮　nitriding

渗硫　sulfurizing

渗碳　carburizing;carburization

渗碳体　cementite（Cm）

渗层厚度　case depth

失效　failure

石墨　graphite（G—）

石墨化　graphitization

C 曲线　time temperature transformation（TIT）curve

时效硬化　age-hardening

实际晶粒度　actual grain size

使用寿命　service life

使用性能　usability

始锻温度　start-forging temperature

收缩　shrinkage

树枝状晶　dendrite

树脂　resin

双金属　bimetal;bimetallic;duplex metal

水淬　water quenching;water hardening water

水韧处理　water toughening

顺磁性　paramagnetism

松弛　relaxation

塑料　plastics

塑性　ductile;ductility

塑（延）性断裂　ductile fracture

塑性变形　plastic deformation

缩聚物　condensation polymer

缩醛　polyether

索氏体　sorbite

T

Ti(钛)　titanium

太阳能电池　solar cell

TTT 图(时间-温度-相变图)　TTT diagram

弹簧钢　spring steel

弹性　elasticity;spring

弹性变形　elastic deformation

弹性极限　elastic limit

弹性模量　elastic modulus;modulus of elasticity

弹性体(橡胶)　elastomer

碳素钢　carbon steel

碳含量　carbon content

碳化物　carbide

碳素工具钢　carbon tool steel

炭黑　carbon black

碳当量　carbon equivalent

碳氮共渗　carbonitriding

碳化　carbonizing

碳化硅陶瓷　silicon-carbonate ceramic

陶瓷　ceramics

陶瓷材料　ceramic material

陶器　earthenware

体心立方结构　body-centered cubic lattice(BCC)

体型聚合物　three-dimensional polymer

调质处理　quenching and tempering

调质钢　quenched and tempered steel

铁碳平衡图　iron-carbon equilibrium diagram

铁素体　Ferrite

铁氧体磁性　ferrimagnetism

铁电体　ferroelectric

铁磁性　ferromagnetism

同素异构转变　allotropic transformation

铜合金　copper alloys

涂层　coat;coating

透射　transmission

退火　annealing

退火织构　annealing texture

脱碳　decarburization

脱氧　deoxidation

脱硫　desulfurization

托氏体　troostite（T）

W

外延长大　epitaxial growth

网状聚合物　network polymer

稳定化处理　stabilization

稳定剂　stabilizer

无定型的　amorphous
无定形聚合物　amorphous polymers
无规(聚合物)　atactic

X

X 射线　X-ray
X 射线结构分析　X-ray structural analysis
析出　precipitation
吸收(作用)　absorption
锡青铜　tin bronze
下贝氏体　lower bainite
夏氏(比)冲击试验　charpy test
纤维　fiber;fibre
纤维织构　fiber texture
纤维增强复合材料
　　　　fiber - reinforced composites;filament
　　　　reinforced composites
显微照片 metallograph; microphotograph; micrograph
显微组织　microscopic structure;microstructure
线型聚合物　linear polymer
相对磁导率　relative permeability
相　phase
相变　phase transition
相图　phase diagram
橡胶　rubber
去应力退火　stress relief annealing
小角度晶界　small angle grain boundaries
形状记忆合金　shape memory alloys
形变　deformation
形变强化　deformation strengthening
形变热处理　ausforming
性能　property

Y

一次键　primary bond
乙烯　ethylene
压电体　piezoelectric
压力加工　press work
压延成形　calendering
压缩模法　compression molding
亚共晶铸铁　hypoeutectic cast iron
亚共析钢　hypoeutectoid steel
衍射　diffraction
延伸率　elongation

延(展)性　ductility
氧化反应　oxidation reaction
氧化物陶瓷　oxide ceramics
阳离子　cation
阳极　anode
阳极反应　anode reaction
阳极保护　anodic protection
阳极化　anodizing
杨氏模量　young's modulus
延伸率　elongation percentage
盐浴淬火　salt bath quenching
液相　liquid phase
液相线　liquidus
阴离子　anion;negion
阴极　cathode
应变　strain
应变硬化　strain hardening
应变硬化系数　strain hardening coefficient
应力　stress
应力场强度因子　stress intensity factor
应力断裂失效　stress-rupture failure
应力腐蚀　stress, corrosion
应力松弛　stress relaxation;relaxation of stress
硬磁材料　hard magnetic material
硬质合金　carbide alloy;hard alloy
油淬　oil quenching;oil hardening
有机玻璃　methyl-methacrylate;plexiglass(s)
有色金属　nonferrous metal
原子间距　interatomic spacing
原子键　atomic bonding
匀晶　uniform grain
孕育处理　inoculation; modification
孕育期　incubation

Z

再结晶退火　recrystallization annealing
再结晶温度　recrystallization temperature
载荷　load
择优取向　preferred orientation
增强塑料　reinforced plastic
增塑剂　plasticizer
黏着磨损　adhesive wear
真空成形　vacuum for ming

针状的　acicular

针状马氏体　acicular martensite

镇静钢　killed steel

正火　normalizing;normalize;normalization

终锻温度　finish-forging temperature

支化　branching

织构　texture

致密度　tightness;soundness

滞弹性　anelasticity

支链型聚合物　branched polymer

智能材料　intelligent materials

中合金钢　medium alloy steel

轴承钢　bearing steel

轴承合金　bearing alloy

珠光体　pearlite（P）

柱状晶体　columnar crystal

柱状区　columnar zone

铸造　cast;foundry

注（射）模成形　injection molding

转变温度　transition temperature

自然时效　natural ageing

自由能　free energy

阻燃剂　flame retardant

组元　component;constituent

组织　structure

参考文献

[1] 高为国,钟利萍. 机械工程材料[M]. 长沙:中南大学出版社,2018

[2] 王章忠. 机械工程材料[M]. 北京:机械工业出版社,2019.

[3] 齐宝森,张刚,肖桂勇. 机械工程材料[M]. 哈尔滨:哈尔滨工业大学出版社,2018.

[4] 沈莲. 机械工程材料[M]. 4版. 北京:机械工业出版社,2018.

[5] 刘胜新. 金属材料力学性能手册[M]. 2版. 北京:机械工业出版社,2018.

[6] 王爱珍. 机械工程材料[M]. 北京:北京航空航天大学出版社,2009.

[7] 杨晓洁,杨军,袁国良. 金属材料失效分析[M]. 北京:化学工业出版社,2019.

[8] 付广艳. 机械工程材料[M]. 北京:北京理工大学出版社,2014.

[9] 徐婷,刘斌. 机械工程材料[M]. 北京:国防工业出版社,2017.

[10] 刘红. 工程材料[M]. 北京:北京理工大学出版社,2019.

[11] 梁戈,时惠英,王志虎. 机械工程材料与热加工工艺[M]. 2版. 北京:机械工业出版社,2016.

[12] 陈照峰. 无机非金属材料学[M]. 2版. 西安:西北工业大学出版社,2016.

[13] 刘锦云. 工程材料学[M]. 哈尔滨:哈尔滨工业大学出版社,2016.

[14] 刘瑞雪,高丽君,马丽. 高分子材料[M]. 开封:河南大学出版社,2018.

[15] 刘勇,田保红,刘素芹. 先进材料表面处理和测试技术[M]. 北京:科学出版社,2008.

[16] 李慕勤,李俊刚,吕迎,等. 材料表面工程技术[M]. 北京:化学工业出版社,2010.

[17] 强颖怀. 材料表面工程技术[M]. 徐州:中国矿业大学出版社,2016.

[18] 沈承金,王晓虹,冯培忠. 材料热处理与表面工程[M]. 徐州:中国矿业大学出版社,2017.

[19] 苗景国. 金属表面处理技术[M]. 北京:机械工业出版社,2018.

[20] 原梅妮. 航空工程材料与失效分析[M]. 北京:中国石化出版社,2014.

[21] 张彦华. 工程材料学[M]. 2版. 北京:科学出版社,2019.

[22] 郑明新. 工程材料[M]. 4版. 北京:清华大学出版社,2009.

[23] 范悦. 工程材料[M]. 北京:北京航空航天大学出版社,2003.

[24] 杨华明. 无机功能材料[M]. 北京:化学工业出版社,2007.

[25] 高长有. 高分子材料概论[M]. 北京:化学工业出版社,2018.

[26] 董炎明. 奇妙的高分子世界[M]. 北京:化学工业出版社,2012.

[27] 陈立东,刘睿恒,史迅. 热电材料与器件[M]. 北京:科学出版社,2018.

[28] 汪济奎,郭卫红,李秋影. 新型功能材料导论[M]. 上海:华东理工大学出版社,2014.

[29] 梁耀能. 机械工程材料[M]. 2版. 广州:华南理工大学出版社,2011.

[30] 冯瑞华,鞠思婷. 新材料[M]. 北京:科学普及出版社,2015.

[31] 郝士明. 功能材料图传[M]. 北京:化学工业出版社,2017.

[32] 朱张校. 工程材料[M]. 北京:高等教育出版社,2006.

[33] 汪传生,刘春廷. 工程材料及应用[M]. 西安:西安电子科技大学出版社,2008.

[34] 陈惠芬. 金属学与热处理[M]. 北京:冶金工业出版社,2009.

[35] 刘宗昌,等. 金属学与热处理[M]. 北京:化学工业出版社,2008.

[36] 樊东黎. 热处理工程师手册[M]. 3版. 北京:机械工业出版社,2011.

[37] 朱张校,姚可夫. 工程材料[M]. 5版. 北京:清华大学出版社,2013.

[38] 于永泗,齐民. 机械工程材料[M]. 9版. 大连:大连理工大学出版社,2012.

[39] 崔占全,孙振国. 工程材料[M]. 3版. 北京:机械工业出版社,2013.

[40] 师昌绪,李恒德,周廉. 材料科学与工程手册[M].北京:化学工业出版社,2004.

[41] 胡赛祥,蔡珣. 材料科学基础[M].上海:上海交通大学出版社,2000.

[42] 徐自立.工程材料及应用[M].武汉:华中科技大学出版社,2007.

[43] 陈文哲.机械工程材料[M].长沙:中南大学出版社,2009.

[44] 刘瑞堂,刘文博.工程材料力学性能[M].哈尔滨:哈尔滨工业大学出版社,2002.

[45] 张栋,钟培道,陶春虎,等. 失效分析[M].北京:国防工业出版社,2004.

[46] 布鲁克斯,考霍菜. 工程材料的失效分析[M].谢斐娟,孙家骧,译.北京:机械工业出社,2003.

[47] 汪传生,刘春廷.工程材料及应用[M].西安:西安电子科技大学出版社,2008.

[48] 牛豪杰,林成新.形状记忆合金的应用现状综述[J].天津理工大学学报,2020,36(04):1-6.

[49] 郭良,张修庆.金属基形状记忆合金研究进展[J].功能材料与器件学报,2020,26(05):323-330.

[50] WILIAM D. CALLISTER, JR. Fundamentals of Materials Science and Engineering. 5th ed. New Jersey:John Wiley & Sons, Inc. , 2001.

[51] Murakami Y. Metal Fatigue:Effect of Small Defects and Nonmetallic Inclusions. Oxford:Elsevier Science Ltd. 2002.

[52] Schaffer J P, Saxena A, Antolovich S D, et al. The Science and Design of Engineering Materials. 2nd ed. New York:The McGraw-Hill Companies, Inc. , 1999.